高职高专电气电子类系列教材

融媒体

特色教材

- 中国石油和化学工业优秀教材奖 · 二等奖
- 技工教育和职业培训“十四五”规划教材

工厂供配电技术

—— 项目化教程

第二版

张　静　主　编

唐　静　李　林　程月平　副主编

李　骥　主　审

· 北 京 ·

内容简介

本书是依据高职高专的培养目标，结合供配电岗位能力需求，本着“工学结合，项目引导，任务驱动，教学做一体化”的原则编写而成。全书共七个项目，包括供配电系统认知、供配电系统计算、供配电系统一次回路的运行与维护、供配电线路的敷设与选择、供配电系统的保护、供配电系统二次回路的调试与运行、工厂供配电系统电气设计。每个项目由若干任务组成，共21个任务，每个任务都按照“任务描述”“相关知识”“任务实施及考核”的顺序组织内容。通过项目学习，使学生熟悉工矿企业供配电系统相关知识，掌握其运行维护、安装检修及设计等方面的基本技能，初步具备电气工程规划、设计和运行等方面的能力。

本书力求体现项目式课程的特色与设计思想，巧妙融入课程思政元素，以任务为出发点，借助相关课程思政案例激发学习兴趣，然后通过具体任务实施强化操作技能，最后借助考核来检验所学知识与技能，力求使学生学以致用，养成爱岗敬业的职业观。本书配备丰富的数字化教学资源，学生可通过扫描书中二维码阅读课程思政案例，下载任务实施单，进行在线测试，随扫、随学、随测，更加有助于“线上线下”翻转课堂教学的实施。

本书可作为高职高专电气自动化技术类相关专业的教材，也可用作成人教育相关专业的教材和工程技术人员的参考书。

图书在版编目(CIP)数据

工厂供配电技术：项目化教程／张静主编．—2版．—北京：化学工业出版社，2022.2（2024.11重印）
ISBN 978-7-122-40337-7

Ⅰ.①工…　Ⅱ.①张…　Ⅲ.①工厂－供电系统－高等职业教育－教材②工厂－配电系统－高等职业教育－教材　Ⅳ.①TM727.3

中国版本图书馆CIP数据核字（2021）第241960号

责任编辑：葛瑞祎　王听讲
责任校对：宋　玮　　　装帧设计：刘丽华

出版发行：化学工业出版社（北京市东城区青年湖南街13号　邮政编码100011）
印　　装：河北延风印务有限公司
787mm×1092mm　1/16　印张16½　字数443千字　2024年11月北京第2版第5次印刷

购书咨询：010-64518888　　　售后服务：010-64518899
网　　址：http://www.cip.com.cn
凡购买本书，如有缺损质量问题，本社销售中心负责调换。

定　　价：48.00元

第二版 前言

为适应新形势下的人才需求和我国电力系统不断发展的需要，本教材立足高职高专教育培养目标，突出应用性和针对性，融入课程思政元素，以实际工程任务为导向，按照工学结合的项目化教学模式组织编写。根据多年教学中第一版的使用情况及用书院校的反馈，编者以职业教育国家规划教材建设文件精神为指导，结合“三教”改革工作要求，对本书进行了修订。

本书在保持原有教材特点和特色的基础上，着重在以下五个方面进行了修订。

1. 与电力企业合作开发教材，对相关知识和内容进行了必要的整合，删减理论较深、分析过程较繁琐的内容，补充了工程实践中所需要的新知识、新技术。例如删减了欧姆法计算短路电流，增加了无功功率补偿装置、低压配电系统的漏电保护与等电位联结等。

2. 对教材部分内容编排进行了调整，使其整体编写架构更加清晰精练，更加符合高职学生认知过程和接受能力。例如对电气主接线的设计与分析、避雷器部分进行重新关联化、逻辑化。

3. 针对第一版没有配套的实验实训教材的情况，本次修订增加了任务实施及考核的环节，扫描相应二维码即可查看下载，全书 21 个任务实施涵盖了本课所对接的岗位应具备的职业技能点，突出对学生综合能力和创新能力的培养。

4. 充分利用信息化技术，有效地实现“线上线下”翻转课堂的教学模式，本次修订增加了在线测试的内容，学习者可以通过扫描书中二维码进行自测。

5. 以“电气中国”之“电力中国”为落脚点，加入思政元素，以期将价值引领和知识传授合二为一。

全书共七个项目，包括供配电系统认知、供配电系统计算、供配电系统一次回路的运行与维护、供配电线路的敷设与选择、供配电系统的保护、供配电系统二次回路的调试与运行、工厂供配电系统电气设计。本书力求体现项目式课程的特色与设计思想，以任务为出发点，借助相关知识激发学习兴趣，然后通过具体实施强化操作技能，最后借助考核来检验所学知识与技能，力求使学生学以致用。

本书由辽宁建筑职业学院张静担任主编并统稿，由辽宁建筑职业学院唐静、成都纺织高等专科学校李林和武汉职业技术学院程月平担任副主编，辽阳电能发展有限公司高级工程师李骥担任主审，辽宁建筑职业学院的王文魁、岳威、韩沚伸也参与了部分内容的编写。其中程月平编写了项目一，岳威编写了项目二，唐静编写了项目三，王文魁编写了项目四，张静编写了项目五，韩沚伸编写了项目六，李林编写了项目七。本书编写过程中，辽宁建筑职业学院的王志国老师对本书提出了宝贵建议并提供了部分资料，谨在此表示衷心的谢意。

由于编者能力有限，书中不妥之处在所难免，殷切希望广大读者和同行批评指正。

编者

2021. 11

目录

项目一　供配电系统认知 / 001

项目二　供配电系统计算/ 021

项目三　供配电系统一次回路的运行与维护 / 052

项目四 供配电线路的敷设与选择 / 122

项目五 供配电系统的保护 / 145

项目六　供配电系统二次回路的调试与运行 / 193

项目七　工厂供配电系统电气设计 / 218

附录 / 234

项目一

供配电系统认知

【知识目标】

① 了解电力系统的基本概念和组成。
② 了解供电质量及其改善措施。
③ 熟悉供配电电压选择。
④ 理解电力系统中性点的运行方式及特点。

【能力目标】

① 能够解释电力系统、电力网和动力系统。
② 能够确定和选择电力系统的额定电压。
③ 能够分析电力系统中性点的运行方式。

【素质目标】

通过“电力工业发展简史”的案例，了解中国电力发展的百年历程，培养社会责任感和可持续发展意识，坚定科技自信。

任务一　供配电系统基本概念认知

【任务描述】

为建立电力系统的整体概念，本次任务组织学生到学校周边地区的火电厂、变电所、大型工厂企业配电室、开关厂、学院变配电所等现场参观，以便对电力系统的不同环节有一个感性认识，熟悉供配电系统的组成及相关的基本概念。

【相关知识】

一、供配电技术发展概况及基本概念

电力工业发展简史

（一）电力系统的发展概况及前景

电能可以方便地转换为其他形式的能量（如光能、热能、机械能等）；电能可以大规模生产，远距离输送和分配；电能易于调节、操作和控制；电能的使用十分方便和经济，在终端使用时是最清洁的能源。电能已成为现代社会使用最广、需求增

长最快的能源，在技术进步和社会经济发展中起着极其重要的作用。电力工业是国民经济的一项基础工业，它是一种将煤、石油、天然气、水能、核能、风能、太阳能等一次能源转换成电能这个二次能源的工业，电力工业是国民经济发展的先行产业，其发展水平是反映一个国家经济发达程度的重要标志。

自从 20 世纪初发明三相交流电以来，供配电技术就朝着高电压、大容量、远距离、高自动化的目标不断发展。20 世纪 70 年代，欧美各国对交流 1000kV 级特高压输电技术进行了大量的研究开发，早在 1985 年苏联就建成了世界上第一条 1150kV 的工业输电线路，日本随后在 20 世纪 90 年代也建成了 1000kV 输电线路。在近五十年的时间内，我国的供配电技术也取得了突破性进展。2009 年建成的长江三峡工程是世界上最大的电站，总装机容量为 18200MW，是曾经世界上最大的巴西伊泰普水电站的 1.4 倍；已建成的装机容量为 240×10^4kW 的广州抽水蓄能电站是世界上最大的抽水蓄能电站；西藏的羊卓雍湖水电站是世界上海拔最高的电站等。目前水电总装机容量跃居世界第一。1994 年，浙江秦山核电站一期 30×10^4kW 国产机组和广东大亚湾核电站（装机容量 $2\times90\times10^4$kW）的投产运行实现了我国核能发电零的突破。目前，全国已有东北、华北、华东、华中、西北、南方、川渝 7 个跨省电网，还有山东、福建、新疆、海南、西藏 5 个独立省（自治区）网，在跨省电网和部分独立省（自治区）网中形成 500kV（或 330kV）的骨干网架。“西电东送，南北互供，全国联网”的发展战略，为我国电力系统带来了极大的发展空间。

（二）供配电系统的基本概念

1. 电力系统

电力系统是由发电厂、电力网和电能用户组成的一个发电、输电、变配电和用电的整体，称为电力系统，如图 1-1 所示。

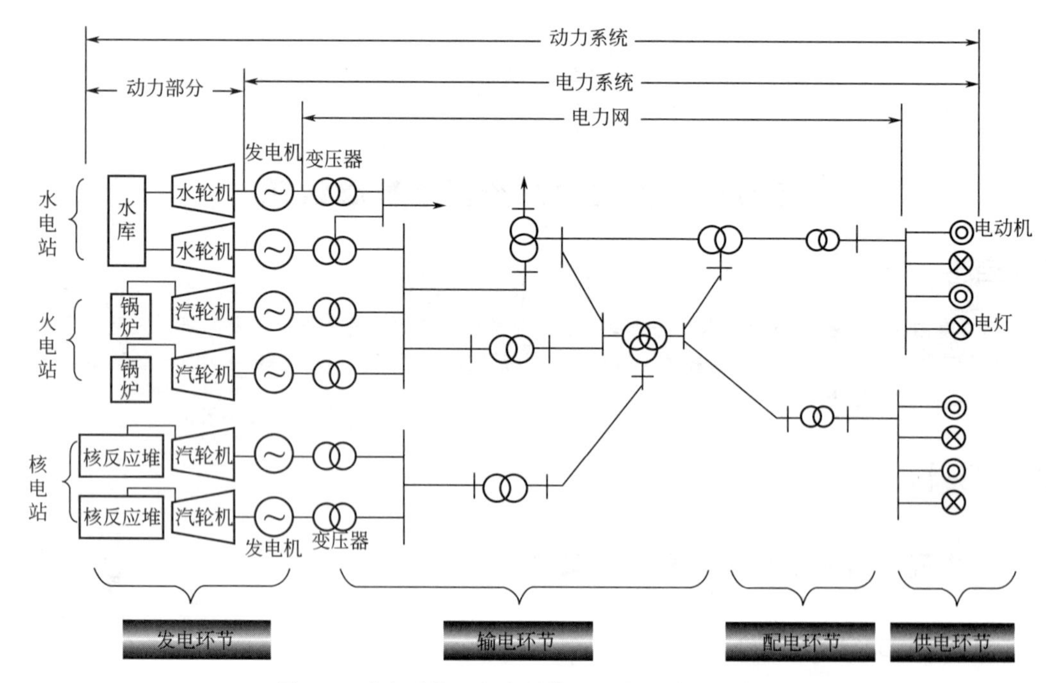

图 1-1 动力系统、电力系统、电力网关系示意图

（1）发电厂 发电厂是生产电能的工厂。它把其他形式的能源，如煤炭、石油、天然气、水能、原子核能、风能、太阳能、地热能、潮汐能等，通过发电设备转换为电能。我国

以火力发电为主，其次是水力发电和原子能发电。

① 火力发电厂，是指用煤、油、天然气等为燃料的发电厂，见图 1-2(a)。其简单的生产过程是将燃料送入锅炉内燃烧，使炉膛内水管中的水被加热成高温高压的蒸汽，通过推动汽轮机来带动发电机旋转发电。其能量转换过程是：燃烧的化学能→热能→机械能→电能。

② 水力发电厂，是利用水流的位能来生产电能，见图 1-2(b)。发电的过程为高位的水所具有的势能冲击水轮机叶片使水轮机旋转，水轮机带动发电机发电。水力发电成本仅为火电发电成本的 1/4～1/3。其能量转换过程是：水流位能→机械能→电能。

③ 原子能发电厂，见图 1-2(c)，又称为核电站，如我国秦山、大亚湾核电站，是利用核裂变能量转换为热能，再按火力发电厂方式发电的，只是它的“锅炉”为原子能反应堆，以少量的核燃料代替了大量的煤炭。其能量转换过程是：核裂变能→热能→机械能→电能。

④ 风力发电厂，是利用风力的动能来生产电能，见图 1-2(d)。风能是一种具有随机性和不稳定性的能源，风力发电必须配备一定的蓄电装置，以保证其连续供电。风能是一种取之不尽的清洁、廉价和可再生的能源。

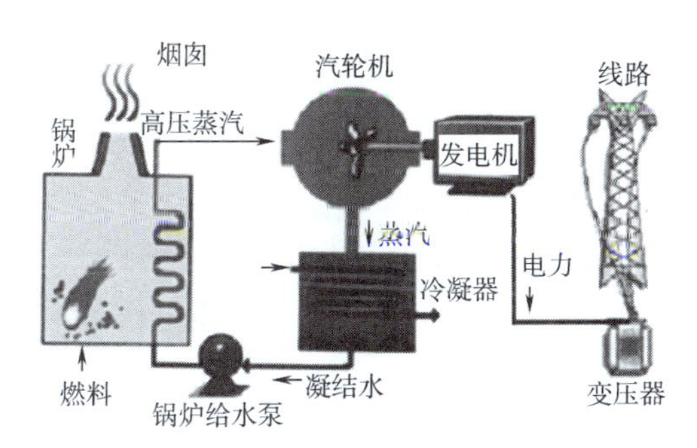

(a) 火力发电厂

(b) 水力发电厂

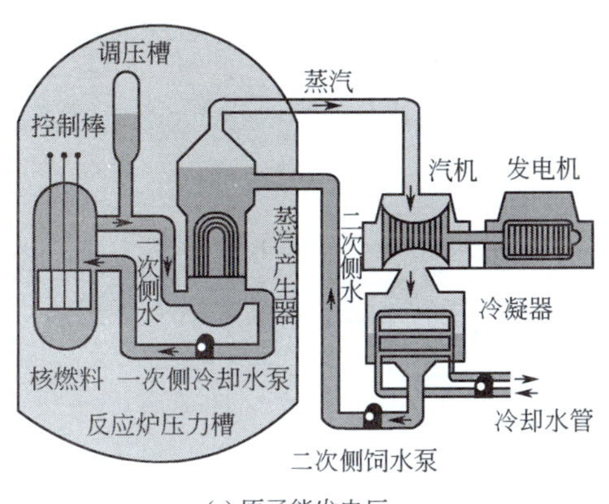

(c) 原子能发电厂

(d) 风力发电厂

图 1-2　发电厂

(2) 变配电所　变电站起着接收电能、变换电能电压与分配电能的作用，是联系发电厂和用户的中间环节。如果变电所只用以接收电能和分配电能，则称为配电所，如图 1-3 所示。

① 电力系统中的变电所　电力系统中的变电所分为地区降压变电所和终端变电所。地区降压变电所一般将 220～500kV 电压降为 35～110kV，为某一区域供电；终端变电所是将 35～110 kV 电压降为 6～10kV，为某些具体用电单位供电。

② 工厂变电所　工厂变电所分为总降压变电所和车间变电所。总降压变电所是将 35～110kV 电压降为 6～10kV，在几千米以内供电；车间变电所是将 6～10kV 降为 380/220V，

在 500m 以内供电。

(3) 电力线路　电力线路又称输电线路。电力线路的作用是输送电能，并将发电厂、变配电所和电能用户连接起来，见图 1-4。

图 1-3　某变电所一角

图 1-4　输电线路

电力线路按功能不同，可分为输电线路和配电线路。输电线路用于远距离输送较大的电功率，其电压等级为 110～500kV。配电线路用于向用户或者各负荷中心分配电能，其电压等级为 3～110kV 的，称为高压配电线路。低压配电变压器低压侧引出的 0.4kV 配电线路，称为低压配电线路。

电力线路按照线路结构或所用器材不同，可分为架空线路和电缆线路。

电力线路按照传输电流的种类又可分为交流线路和直流线路。

(4) 电能用户　电能用户又称电力负荷。在电力系统中，一切消费电能的用电设备均称为电能用户。

2. 电力网

电力系统中各级电压的电力线路及其连接的变电所总称为电力网，简称电网。电力网是电力系统的一部分，是输电线路和配电线路的统称，是其输送和分配电能的通道。电力网是把发电厂、变电所和电能用户联系起来的纽带。电力网示意图见图 1-5。

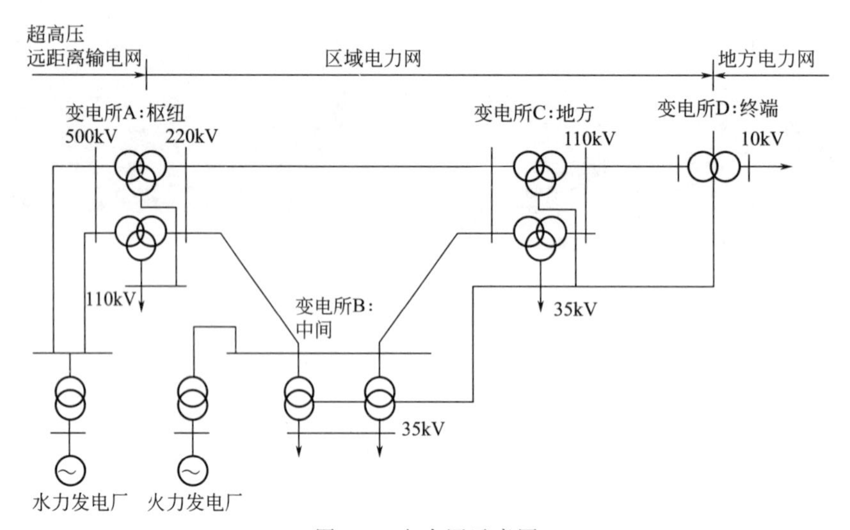

图 1-5　电力网示意图

电网由各种不同电压等级和不同结构类型的线路组成。电力网按电压等级分为低压（1kV 及以下）、中压（1～10kV）、高压（10～330kV）、超高压（330～750kV）和特高压

（1000kV 及以上）；按电压等级高低和供电范围可分为地方电力网、区域电力网和超高压远距离输电网。地方电力网一般电压等级为 35kV 及以下，供电范围在 20～50km 以内。区域电力网则为 35kV 以上（一般为 110～220kV），供电半径超过 50km，输送功率大。超高压远距离输电网电压等级为 330～500kV，其主要任务是将远处发电厂生产的电能输送到负荷中心，同时还联系若干区域电力网形成跨省、跨地区的大型电力系统。

3. 动力系统

电力系统加上带动发电机转动的动力装置构成的整体称为动力系统。动力系统、电力系统、电力网三者的联系与区别如图 1-6 所示。

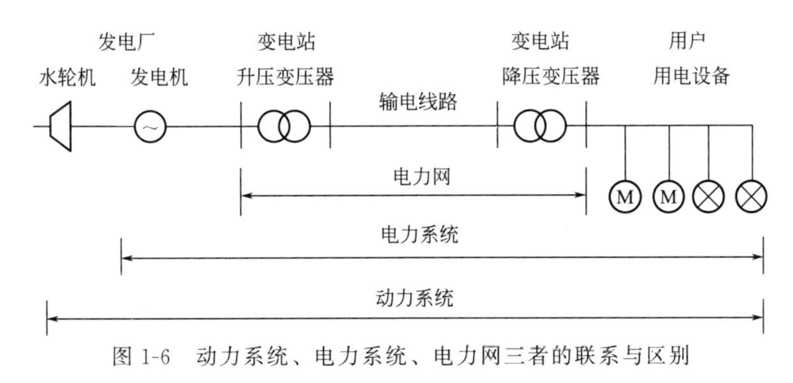

图 1-6　动力系统、电力系统、电力网三者的联系与区别

二、电力系统的供电质量及其改进措施

（一）供电质量的主要指标

电能质量是指供配电装置正常情况下不中断和不影响用户使用电能的指标，电能质量表征了供配电系统工作的优劣。衡量供电质量的主要指标是交流电的电压和频率。

1. 电压

电压质量对各类用电设备的工作性能、使用寿命、安全和经济运行都有直接的影响。对电动机而言，当电压降低时，其转矩急剧减小，使得转速降低，甚至停转，从而导致产生废品，甚至引起重大事故。对照明用的白炽灯而言，当电压降低时，白炽灯的发光效率降低，灯光变暗，降低工作效率。用电设备除对供电电压的高低有要求外，还要考虑供电电压波形畸变的问题。近些年来，随着硅整流、晶闸管变流设备、各种微机及网络和各种非线性负荷的增加，致使大量谐波电流注入电网，造成电压正弦波波形畸变，使电能质量大大下降，给供电设备及用电设备带来严重危害，不仅损耗增加，某些用电设备不能正常运行，甚至可能引起系统谐振。

2. 频率

我国规定工业频率为 50Hz，称为“工频”。有些工业企业有时采用较高的频率，以提高生产效率。如汽车制造或其他大型流水作业的装配车间采用频率 175～180Hz 的高频设备，某些机床采用 400Hz 的电动机以提高切削速度、锻压及热处理等。当电力网低于额定频率运行时，所有电力用户的电动机转速都将相应降低，因而工厂产品的产量和质量都将不同程度地受到影响。电力网频率的变化对工厂供电系统运行的稳定性影响很大，因而对频率的要求比对电压的要求更严格，频率的允许变化范围为±0.5Hz。

频率的调整主要依靠发电厂调节发电机的转速来实现，在供配电系统中频率是不可调的，只能通过提高电压质量来提高供配电系统的电能质量。

（二）提高电能质量的措施

1. 电压偏移

电压偏移是指用电设备端电压 U 与用电设备额定电压 U_N 差值的百分数，即

$$\Delta U\% = \frac{U - U_N}{U_N} \times 100\% \tag{1-1}$$

电压偏移是由于系统改变运行方式或电力负荷缓慢变化等因素引起的，其变化是相当缓慢的。

我国规定，正常运行情况下，用电设备端子处电压偏移的允许值为：

① 电动机±5%。

② 照明灯一般场所±5%。在视觉要求较高的场所为－2.5%～5%。

③ 其他用电设备无特殊规定时±5%。

2. 电压调整

为了保证用电设备在最佳状态下运行，必须采取相应的电压调整措施。

（1）正确选择供电变压器的变比和电压分接头　变压器一次线圈额定电压应合理选择，离电源很近的用户可选用 10.5kV 或 6.3kV 的变压器，离电源远的用户则可选用 10kV 或 6kV 的变压器，以使其二次电压接近额定值。一般变压器高压侧电压分接头可调整的总范围是 10%，合理选择变压器的电压分接头或采用有载调压型变压器，使之在负荷变动的情况下，有效地调节电压，输出电压低接－5%，输出电压高接＋5%，保证用电设备端电压的稳定。

（2）合理减少供配电系统的阻抗　系统阻抗是造成电压偏移的主要因素之一，合理选择导线及截面以减少系统阻抗，可在负荷变动的情况下使电压水平保持相对稳定。由于高压电缆的电抗远小于架空线，故在条件允许时，应采用电缆线路供电。

（3）均衡安排三相负荷　在设计和用电管理中应尽量使三相负荷平衡，三相负荷分布不均匀将产生不平衡电压，从而加大了电压偏移。

（4）合理调整供电系统的运行方式　对于一班制或两班制的生产企业，在工作班时负荷大，往往电压偏低，此时可将供电变压器高压绕组的分接头设置在－5%的位置，在非工作班时为了防止电压过高，可切除部分变压器，改用低压联络线供电；对于两台主变压器并列运行的变电所，在负荷轻时切除一台变压器，同样可以起到降低过高压的作用，并可与变压器的经济运行综合考虑。

（5）采用无功功率补偿装置　由于用户存在大量的感性负荷，使供电系统产生大量的相位滞后的无功功率，降低功率因数，增加系统的电压降；采用并联电容器法可以产生相位超前的无功功率，减小了线路中的无功输送，也就减小了系统的电压降。

（6）采用有载调压变压器　利用有载调压变压器可以根据负荷的变动及供电电压的实际水平而实现有效的带负荷调压，在技术上有较大的优越性，但一般只应用于大型枢纽变电所，它可使一个地区内大部分用户的电压偏移符合规定。对于个别电压质量要求高的重要负荷，可考虑设置小型有载调压变压器进行局部调压。

（三）用户对供电质量的基本要求

为了保证生产和生活用电的需要，工厂供电工作需要达到以下基本要求。

1. 保证供电的安全性

保证供电的安全性是对供电系统的最基本的要求。供电系统如果发生故障或遇到异常情况，将影响整个电力系统的正常运行，造成对用户供电的中断，甚至造成重大或无法挽回的

损失。例如1977年7月13日，美国纽约市的电力系统由于遭受雷击，供配电系统的保护装置出现了误动作，致使全系统瓦解，至少造成3.5亿美元的经济损失；又如我国湖北电力系统，在1972年7月21日出现了继电保护错误操作，造成武汉和黄石两地区电压崩溃，使受端系统全部瓦解，经济损失达2700万元；还有就是2008年1月的冰灾，南方相当多的输电网被覆冰大规模压垮，引发南方电力系统的大部分瘫痪，特别是湖南电网500kV线路几乎全部瘫痪，造成的直接损失超过百亿元，因此，电力先行，安全第一。

2. 保证供电的可靠性

供电的可靠性是指电力系统应满足为用户连续供电的要求。供电的可靠性指标，一般以全部平均供电时间占全年时间的百分比来表示。例如全年时间8760h，用户平均停电时间为8.76h，则停电时间占全年时间的0.1％，供电可靠性为99.9％。

从某种意义上讲，绝对可靠的电力系统是不存在的。但应借助保护装置把故障隔离，防止事故扩大，尽快恢复供电，维持较高的供电可靠性指标。

3. 保证电能的良好质量

供配电系统应满足用户对电能质量的要求。电压和频率是衡量电能质量的重要指标。电压和频率过高或过低都会影响电力系统的稳定性，对用电设备造成危害。因此，我国规定电力系统中用户电压的变动范围为：35kV以上电压供电的用户为±5％；10kV以下高压和低压供电的用户为±7％；低压照明的用户为－10％～＋5％。

4. 保证电力系统运行的经济性

电能的经济性指标主要体现在发电成本和网络的电能损耗上。为了保证电能利用的经济合理性，供配电系统要做到技术合理、投资少、运行费用低，尽可能地节约电能和有色金属消耗量。另外还要处理好局部和全局、当前和长远的关系，既要照顾到局部和当前利益，又要有全局观念，按照统筹兼顾、保证重点、择优供应分配的原则，做好企业供配电工作。

【任务实施及考核】

详细的实施步骤及考核扫描右侧二维码即可查看下载。

项目一任务一任务实施单

任务二　电力系统额定电压的确定和选择

【任务描述】

作为电力系统从业人员，要熟悉供电质量及其改善措施，掌握电力用户供电电压的确定及选择。本次任务是学会电力系统各组成部分额定电压的确定。

【相关知识】

一、电力系统额定电压的确定

交流发电VS直流发电

（一）额定电压

能使受电器（电动机、白炽灯等）、发电机、变压器等正常工作的电压，称为电气设备的额定电压（U_N）。当电气设备按额定电压运行时，一般可使其技术性能和经济效果为最好。

（二）额定电压等级

电气设备的额定电压在我国已经统一标准化，发电机和用电设备的额定电压分成若干标准等级，电力系统的额定电压也与电气设备的额定电压相对应，它们统一组成了电力系统的标准电压等级。

标准电压等级是根据国民经济发展的需要，考虑技术经济上的合理性，以及电机、电器的制造技术水平和发展趋势等一系列因素而制定的。为使电气设备实现标准化和系列化，国家规定了交流电网和电力设备的额定电压等级，如表 1-1 所示。

表 1-1　我国交流电网和电力设备的额定电压（线电压）　　单位：kV

用电设备与电力网的额定电压	发电机额定电压	变压器额定电压		
		原边绕组		副边绕组
		接电力网	接发电机	
0.22	0.23	0.22	0.23	0.23
0.38	0.40	0.38	0.40	0.40
3	3.15	3	3.15	3.15、3.3
6	6.3	6	6.3	6.3、6.6
10	10.5	10	10.5	10.5、11
35		35		38.5
60		60		66
110		110		121
220		220		242
330		330		363
500		500		550
750		750		825

1. 电力线路（或电网）的额定电压

线路首端与末端的平均电压即电网的额定电压，同一电压的线路允许电压损耗为±5%，电力线路的额定电压由国家确定。由于输送电能时在线路和变压器等元件上产生的电压损失，会使线路上各处的电压不相等，使各点的实际电压偏离额定电压，即线路首端的电压将高于额定电压，线路末端的电压将低于额定电压。通常采用线路首端和末端电压的算术平均值作为电力网的额定电压。目前，我国电力网的额定电压等级有 0.22kV、0.38kV、3kV、6kV、10kV、35kV、60kV、110kV、220kV、330kV、500kV、750kV 等。

电力线路（或电网）的额定电压等级是国家根据国民经济发展的需要及电力工业的水平，经全面技术经济分析确定的。它是确定各类用电设备额定电压的基本依据。

2. 用电设备的额定电压

用电设备运行时，电力线路上有负荷电流流过，因而在电力线路上引起电压损失，造成电力线路上各点电压略有不同，如图 1-7 所示。但成批生产的用电设备，额定电压不可能按使用地点实际电压来制造，所以用电设备的额定电压与同级电力线路的额定电压是相等的。

3. 发电机的额定电压

发电机总是处于电力网首端，其额定电压比电力网的额定电压高 5%，即允许线路电压降为 10%，从而保证用电设备的工作电压均在±5%以内。发电机的额定电压等级如表 1-1 所示。其单机容量越大，采用的额定电压越高。其中 6.3kV 电压等级广泛应用于容量 500～20000kW 的中小型发电机，而 3.15kV 电压等级现已很少采用。

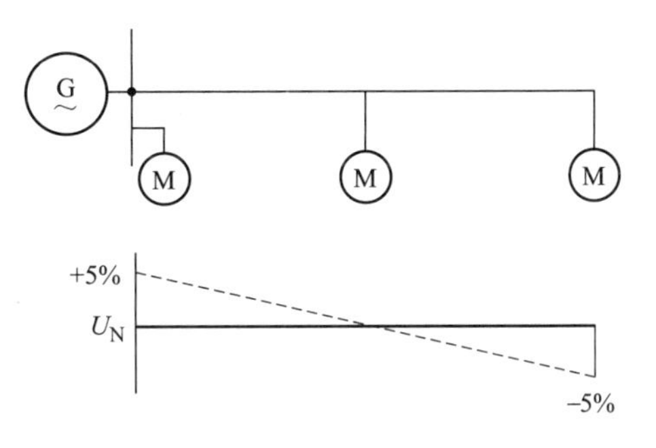

图 1-7　用电设备和发电机额定电压说明

4. 电力变压器的额定电压

变压器在电力系统中具有发电机和用电设备的双重性。变压器的一次绕组是从电网接收电能的，故相当于用电设备；其二次绕组是输出电能的，相当于发电机。因此对其额定电压的规定有所不同。

(1)变压器一次绕组的额定电压

① 当变压器直接与发电机相连时，如图 1-8 中的变压器 T1，变压器一次绕组的额定电压与发电机的额定电压相同，高于同级电网额定电压的 5%。

② 当变压器不与发电机相连而是连接在线路上时，如图 1-8 中的变压器 T2，则可看作是线路上的用电设备，因此，其一次绕组额定电压应与电网额定电压相同。

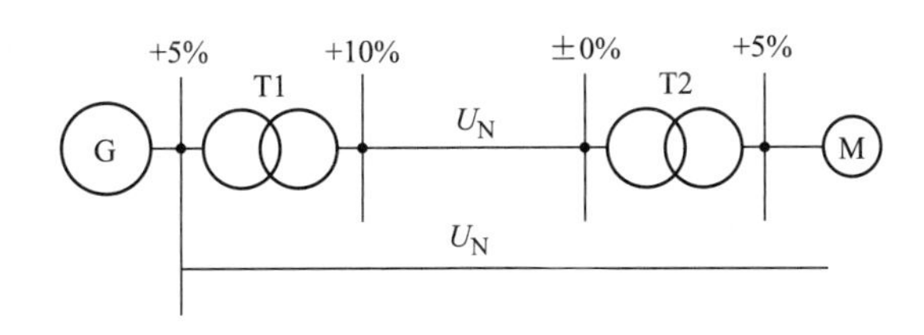

图 1-8　电力变压器额定电压

(2)变压器二次绕组的额定电压　变压器二次绕组的额定电压，是指变压器一次绕组接上额定电压而二次绕组开路时的电压，即空载电压。而变压器在满载运行时，二次绕组内约有 5%的阻抗电压降。

① 变压器二次侧供电线路较长，如图 1-8 中的变压器 T1，其二次绕组额定电压应比相连电网额定电压高 10%，其中 5%是用于补偿变压器满负荷运行时绕组内部的约 5%的电压降，另外变压器满负荷时输出的二次电压相当于发电机，还要高于电网额定电压的 5%，以补偿线路上的电压损耗。

② 变压器二次侧供电线路不长时，如为低压(1000V 以下)电网或直接供电给高、低压用电设备时，如图 1-8 中的变压器 T2，其二次绕组额定电压只需高于所连电网额定电压的 5%，仅考虑补偿变压器满负荷运行时绕组内部的约 5%的电压降。

二、工厂供配电电压的选择

工厂供配电电压的高低，对提高电能质量及降低电能损耗均有重大的影响。在输送功率一定的情况下，若提高供电电压，就能减少电能损耗，提高用户端电压质量；但从另一方面讲，电压等级越高，对设备的绝缘性能要求随之增高，投资费用也相应增加。因此，供配电电压的选择主要取决于用电负荷的大小和供电距离的长短。常用各级电压电力网的经济输送容量与输送距离的参考值如表 1-2 所示。

表 1-2 常用各级电压电力网的经济输送容量与输送距离的参考值

线路电压/kV	线路结构	输送功率/kW	输送距离/km
0.38	架空线	≤100	≤0.25
	电缆线	≤175	≤0.35
6	架空线	≤2000	3～10
	电缆线	≤3000	≤8
10	架空线	≤3000	5～15
	电缆线	≤5000	≤10
35	架空线	2000～15000	20～50
63	架空线	3500～30000	30～100
110	架空线	10000～50000	50～150
220	架空线	100000～500000	200～300

（一）电压等级划分及适用范围

1. 电压等级划分

按照电力行业标准《电业安全工作规程（发电厂和变电所电气部分）》（DL 408—1991）规定：

低压：指设备对地电压在 250V 及 250V 以下。

高压：指设备对地电压在 250V 以上。

此划分主要是从人身安全角度考虑的。

实际上，我国的一些设计、制造和安装规程通常是以 1kV 为界限来划分高、低压的。因此，通常工厂所指的高压即为 1kV 及以上电压。

2. 电压的适用范围

220kV 及其以上的电压为输电电压，用来完成电能的远距离输送。110kV 及以下电压，一般为配电电压，完成对电能的降压处理并按一定的方式分配至电能用户。35～110kV 配电网为高压配电网，10～35kV 配电网为中压配电网，1kV 以下配电网为低压配电网。3kV、6kV、10kV 是工矿企业高压电气设备的供电电压。

供配电系统中的所有设备，都是在一定的电压和频率下工作的。为使供配电设备实现生产标准化、系列化，供配电系统中的电力变压器、电力线路及各种供配电设备，均按额定电压进行设计和制造，电气设备长期在额定电压下运行，其技术与经济指标最佳。

（二）工厂供电电压的选择

用户对供电电压的选择，一般规律是用户所需的功率大，供电电压等级应相应提高；输电线路长，要相应提高供电电压等级，以降低线路的电能损耗；供电线路的回路数多，通常考虑降低供电电压等级。这些规律仅是从用户用电角度考虑的，权衡这些规律选择供电电压等级，还要看用户所在地的电网能否方便和经济地提供用户所需的电压。

① 对于一般没有高压用电设备的小型工厂，设备容量在 100kW 以下，输送距离在

600m 以内的，可选用 220/380V 电压供电。

② 对于中、小型工厂，设备容量在 100～2000kW，输送距离在 4～20km 以内的，可采用 6～10kV 电压供电。

③ 对于大型工厂，设备容量在 2000～50000kW，输送距离在 20～150km 以内的，可采用 35～110kV 电压供电。

（三）工厂配电电压的选择

工厂的高压配电电压一般选用 6～10kV。6kV 与 10kV 比较，变压器、开关设备投资差不多，传输相同功率情况下，10kV 线路可以减少投资，节约有色金属，减少线路电能损耗和电压损耗，更适应发展，所以工厂内一般选用 10kV 作为高压配电电压。但如果工厂供电电源的电压就是 6kV，或工厂使用的 6kV 电动机多而且分散，可以采用 6kV 的配电电压。3kV 的电压等级太低，作为配电电压不经济。

工厂的低压配电电压，除因安全所规定的特殊电压外，一般采用 220/380V。380V 为三相配电电压，供电给三相用电设备及 380V 单相用电设备。对矿山及化工等部门，因其负荷中心离变电所较远，为了减少线路电压损耗和电能损耗，提高负荷端的电压水平，也有采用 660V 配电电压的。

目前提倡提高低压供配电电压等级，目的是减少线路的电压损耗，保证远端负荷的电压水平，减少导线截面积和线路投资，增大供配电半径，减少变配电点，简化供配电系统。因此，提高低压供配电电压等级有明显的经济效益，也是节电的一项有效措施，在世界上已经成为一种趋势。

项目一任务二任务实施单

在线测试一（电力系统额定电压）

【任务实施及考核】

详细的实施步骤及考核扫描右侧二维码即可查看下载。

任务三　供配电系统中性点运行方式的分析

【任务描述】

中性点在电力系统中是一个很重要的概念，中性点的运行方式对于整个电网都至关重要。本次任务要求熟悉电力系统中性点的三种运行方式的特点及适用范围。

【相关知识】

一、电力系统的中性点运行方式

电力系统的中性点是指发电机或变压器的中性点。在电力系统中，作为供电电源的发电机和变压器的中性点有三种运行方式：一种是中性点不接地的方式，一种是中性点经消弧线圈接地的方式，第三种是中性点直接接地的方式。前两种属小接地电流系统，后一种属大接地电流系统。

中性点不同的运行方式，在电网发生单相接地时有明显的不同，因而决定着系统保护与监测装置的选择与运行。各种接地方式都有其优缺点，对不同电压等级的电网亦有各自的适用范围。

目前，在我国电力系统中，110kV 以上的高压系统，为降低设备绝缘要求，多采用中性点直接接地的运行方式；3～66kV，特别是 3～10kV 系统，为提高供电可靠性，首选中性点不接地的运行方式，当接地电流不满足要求时，可采用中性点经消弧线圈接地的运行方式。

我国的 220/380V 低压配电系统，广泛采用中性点直接接地的运行方式。

（一）中性点直接接地的电力系统

中性点直接接地的系统称为大接地电流系统。这种系统中，发生单相对地绝缘破坏时，就构成单相短路，用符号 $k^{(1)}$ 表示。由于变压器和线路的阻抗都很小，故所产生的单相短路电流 $I_{k^{(1)}}$ 比线路中正常的负荷电流大得多。因而保护装置动作使断路器跳闸或线路熔断器熔断，将短路故障部分切除，其他部分则恢复正常运行，如图 1-9 所示。这种方式下的非故障相对地电压不变，电气设备绝缘按相电压考虑，降低设备要求。此外，在中性点直接接地的低压配电系统中，如为三相四线制供电，可提供 380V 和 220V 两种电压，供电方式更为灵活。中性点直接接地系统主要有以下几个特点。

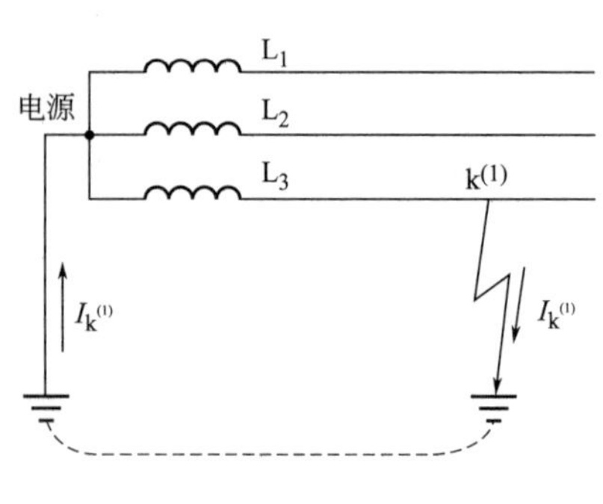

图 1-9　单相接地时的中性点直接接地系统

① 当发生单相接地故障时，形成单相短路，由于短路电流较大，保护装置动作，立即切断电源。为了减少单相接地故障引起停电次数，在高压系统中普遍采用的是自动重合闸装置。当发生单相接地故障时，在保护装置下跳闸，经过一段时间后自动合闸送电，若为瞬间单相接地故障，则用户供电即可得到恢复；若为永久性单相接地故障，则保护动作再次跳闸停电并被锁住。

② 中性点直接接地后，中性点经常保持零电位。在发生单相接地时，其他非故障两相电压不会升高，因此用电设备的相对地绝缘可只需要按照相电压考虑，这对于 110kV 及以上的高压、超高压系统有较大的经济技术价值。高压电器特别是超高压电器，其绝缘是设计和制造的关键，绝缘要求的降低，实际上就降低了造价，同时也改善了高压电器的性能。因此，我国 110kV 及以上的高压、超高系统均采取中性点直接接地的运行方式。

③ 低压供电系统采用中性点直接接地后，当发生单相接地故障时，由于能限制非故障相对地电压的升高，从而保证了单相用电设备安全。中性点直接接地后，单相接地故障电流较大，一般可使漏电保护或过电流保护装置动作，切断电流，造成停电；发生人身单相对地触电时，危险也较大。此外，在中性点直接接地的低压电网中可接入单相负荷。

（二）中性点不接地的电力系统

我国 3～10kV 电网，一般采用中性点不接地方式。这是因为在这类电网中，单相接地故障占的比例很大，采用中性点不接地方式可以减少单相接地电流，从而减轻其危害。中性点不接地电网中，单相接地电流基本上由电网对地电容决定。

1. 运行分析

（1）正常运行　系统正常运行时，电力系统三相导线之间都存在着分布电容。三相电压对称，三相经对地电容入地的电流相量和为零，没有电流在地中流动，中性点 N 点的电位应为零电位。各相对地电压就等于相电压 $\dot{U}_1$、$\dot{U}_2$ 和 $\dot{U}_3$。其电路与相量关系如图 1-10 所示。

$\dot{U}_1+\dot{U}_2+\dot{U}_3=0$，即中性点对地电压 $\dot{U}_0=0$。

各相对地电压：$\dot{U}_1+\dot{U}_0=\dot{U}_1$，$\dot{U}_2+\dot{U}_0=\dot{U}_2$，$\dot{U}_3+\dot{U}_0=\dot{U}_3$

三相对地电容电流也对称，$\dot{I}_{C1}+\dot{I}_{C2}+\dot{I}_{C3}=0$，中性点无电流流过。

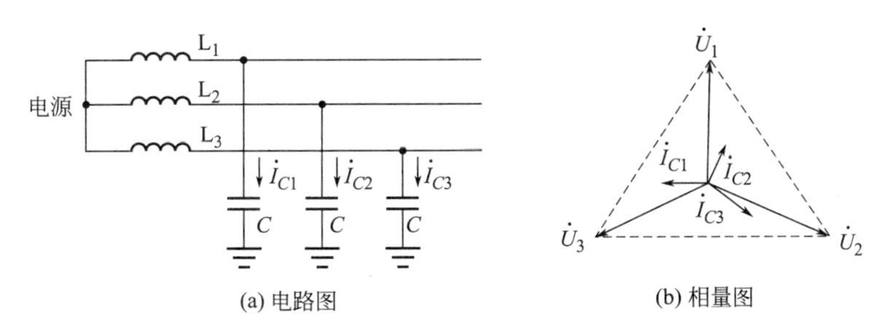

(a) 电路图　(b) 相量图

图 1-10　正常运行时中性点不接地系统

(2) 故障运行　当中性点不接地系统由于绝缘损坏发生单相接地时，各相对地电压、对地电容电流都要发生改变。例如第 3 相接地，如图 1-11 所示。此时，接地的第 3 相对地电压为 0，即 $\dot{U}_3+\dot{U}_0=0$，$\dot{U}_0=-\dot{U}_3$。

第 1、第 2 相对地电压为：

$$\dot{U}_1+\dot{U}_0=\dot{U}_1+(-\dot{U}_3)=\dot{U}_{13}=\dot{U}'_1\text{（线电压）}$$

$$\dot{U}_2+\dot{U}_0=\dot{U}_2+(-\dot{U}_3)=\dot{U}_{23}=\dot{U}'_2\text{（线电压）}$$

这表明，当中性点不接地电网发生单相接地时，其余两非故障相相电压将升高到线电压，因而易使电网在绝缘薄弱处被击穿，造成两相接地短路。这是中性点不接地方式的缺点之一。

当第 3 相接地时，电网的接地电流（电容电流）$\dot{I}'_3$ 应为 1、2 两相对地电容电流之和。取电源到负荷为各相电流的正方向，可得

$$\dot{I}_3=-(\dot{I}_{C1}+\dot{I}_{C2}) \tag{1-2}$$

由图 1-11（b）可知，$\dot{I}_3$ 相位超前 $\dot{U}'_3 90°$，在量值上，由于 $I_3=\sqrt{3}\dot{I}_{C1}$，而 $\dot{I}_{C1}=U'_1/X_C=\sqrt{3}U_1/X_C=\sqrt{3}I_{C1}$，故得

$$I_3=3I_{C1}=3I_{C0} \tag{1-3}$$

即一相接地的电容电流为正常运行时每相对地电容电流 I_{C0} 的 3 倍。

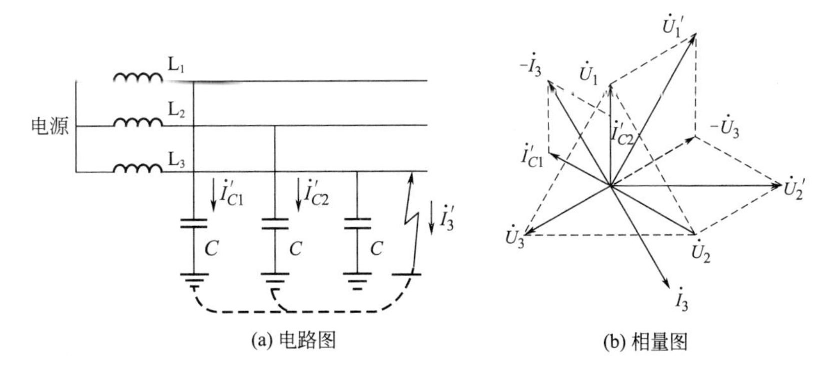

(a) 电路图　(b) 相量图

图 1-11　单相接地时的中性点不接地系统

2. 特点

综上所述，中性点不接地系统发生单相接地时有以下特点：

① 中性点对地电压升高为相电压。

② 接地相对地电压为 0，非接地相对地电压升高为线电压。

③ 线电压与正常时相同。

④ 因非接地相对地电压为原来的 $\sqrt{3}$ 倍，电容电流也为原来的 $\sqrt{3}$ 倍。

⑤ 接地点总的电容电流为正常运行时电容电流的 3 倍，即 $I_3=3I_{C0}$。

电容电流通常采用下列经验公式来计算：

$$I_C=\frac{U_N(l_{oh}+35l_{cab})}{350} \tag{1-4}$$

式中，I_C为中性点不接地系统的单相接地电容电流，A；U_N为系统的额定电压，kV；l_{oh}为同一电压U_N的具有电气联系的架空线路总长度，km；l_{cab}为同一电压U_N的具有电气联系的电缆线路总长度，km。

3. 运行管理

① 对于高电压、长距离输电线路，单相接地电容电流较大，在接地点容易发生电弧周期性的熄灭与重燃，引起电网高频振荡，形成过电压，造成短路故障。

② 在发生单相接地时，电网线电压的相位和量值均未发生变化，三相用电设备仍可照常运行。规程规定，发生单相接地故障时，允许暂时运行两小时；经两小时后接地故障仍未消除时，就应该切除此故障线路。

③ 对于危险易爆场所应立即跳闸断电，以确保安全。

（三）中性点经消弧线圈接地的电力系统

在中性点不接地系统中，当单相接地电流超过规定数值时，电弧不能自行熄灭。一般采用经消弧线圈接地措施来减小接地电流，使故障电弧自行熄灭。这种方式称为中性点经消弧线圈接地的运行方式，如图 1-12 所示。

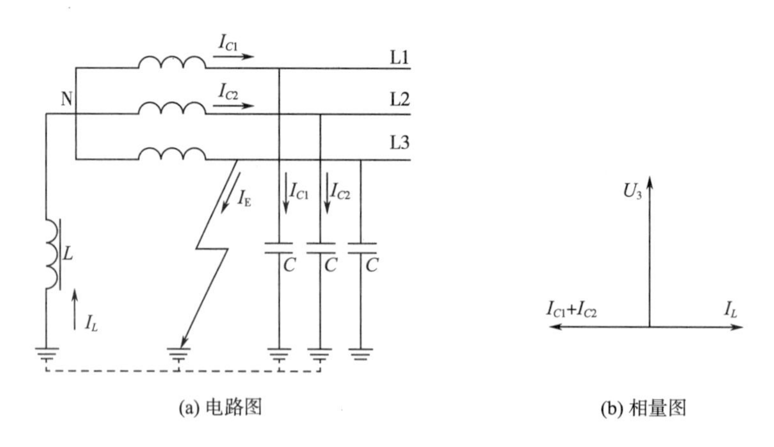

(a) 电路图　　(b) 相量图

图 1-12　中性点经消弧线圈接地的电力系统

消弧线圈实际上就是铁芯线圈式电抗器，其电阻很小，感抗很大，利用电抗器的感性电流补偿电网的对地电容电流，可使总的接地电流大为减少。

在正常运行情况下，三相系统是对称的，中性点电流为零，消弧线圈中没有电流流过。

当发生单相接地时（如 C 相），就把相电压 U_C 加在消弧线圈上，使消弧线圈有电感电流 I_L 流过。因为电感电流 I_L 和电容电流 I_C 相位相反，因此在接地处互相补偿。如果消弧线圈电感选用合适，会使接地电流减到很小，而使电弧自行熄灭。

与中性点不接地方式一样，当中性点经消弧线圈接地方式发生单相接地时，其他两相对地电压也要升高到线电压，但三相线电压正常，也允许继续运行两小时用于查找故障。

在各级电压网络中，当发生单相接地故障时，通过故障点总的电容电流超过下列数值时，必须尽快安装消弧线圈。

① 对 3～6kV 电网，故障点总电容电流超过 30A。

② 对 10kV 电网，故障点总电容电流超过 20A。

③ 对 22～66kV 电网，故障点总电容电流超过 10A。

目前电力系统中已广泛应用了具有自动跟踪补偿功能的消弧线圈装置，避免了人工调节消弧线圈的诸多不便，不会使电网的部分或全部在调谐过程中暂时失去补偿，并有足够的调谐精度。自动跟踪补偿装置一般由驱动式消弧线圈和自动测控系统配套构成，自动完成在线跟踪测量和跟踪补偿。当被补偿的电网运行状态改变时，装置自动跟踪测量电网的对地电容，将消弧线圈调谐到合理的补偿状态；或者当电网发生单相接地故障时，迅速将消弧线圈调谐到接近谐振点的位置，使接地电弧变得很小而快速熄灭。

二、低压配电系统的中性点运行方式

我国 220/380V 低压配电系统中，广泛采用中性点直接接地运行方式，引出线有中性线（N 线）、保护线（PE 线）、保护中性线（PEN 线）。

中性线（N 线），一是用来提供额定电压为相电压的单相用电设备电能；二是用来传导不平衡电流和单相电流；三是减少中性点电压偏移。

保护线（PE 线），是为保障人身安全、防止触电事故用的接地线。系统中所有设备的外露可导电部分（指正常不带电压，但故障情况下能带电压的易被触及的导电部分，如金属外壳、金属构架等）通过保护线接地，可在设备发生接地故障时减小触电危险。

保护中性线（PEN 线）兼有中性线（N 线）和保护线（PE 线）的功能。这种保护中性线在我国通称为“零线”，俗称“地线”。

根据供电系统中性点及电气设备的不同接地方式，保护接地可分为三种不同类型：TN、TT、IT 系统。

（一）TN 系统

在建筑电气中应用较多的是 TN 系统。TN 系统的电源中性点直接接地，并引出 N 线，属三相四线制系统，如图 1-13 所示。当设备带电部分与外壳相连时，短路电流经外壳和 N 线（或 PE 线）而形成单相短路，显然该短路电流较大，可使保护设备快速而可靠地动作，将故障部分与电源断开，消除触电危险。

其中，N 线和 PE 线完全分开的称 TN-S 系统（又称三相五线制）；N 线与 PE 线前段共用，后段分开的称 TN-C-S 系统；N 线与 PE 线完全共用的称为 TN-C 系统。

1. TN-C 系统

这种系统的 PE 与 N 合为一根 PEN，投资较省。设备外露可导电部分均接 PEN 线。PEN 线可能有电流流过，设备外壳正常带对地电压和杂散电流，打火容易引起火灾和爆炸及会对电子设备产生电磁干扰。如 PEN 线断线，会使接 PEN 的设备外露可导电部分带电，造成人身触电危险，会使单相设备烧坏。在发生单相接壳或接地故障时，过电流保护装置动

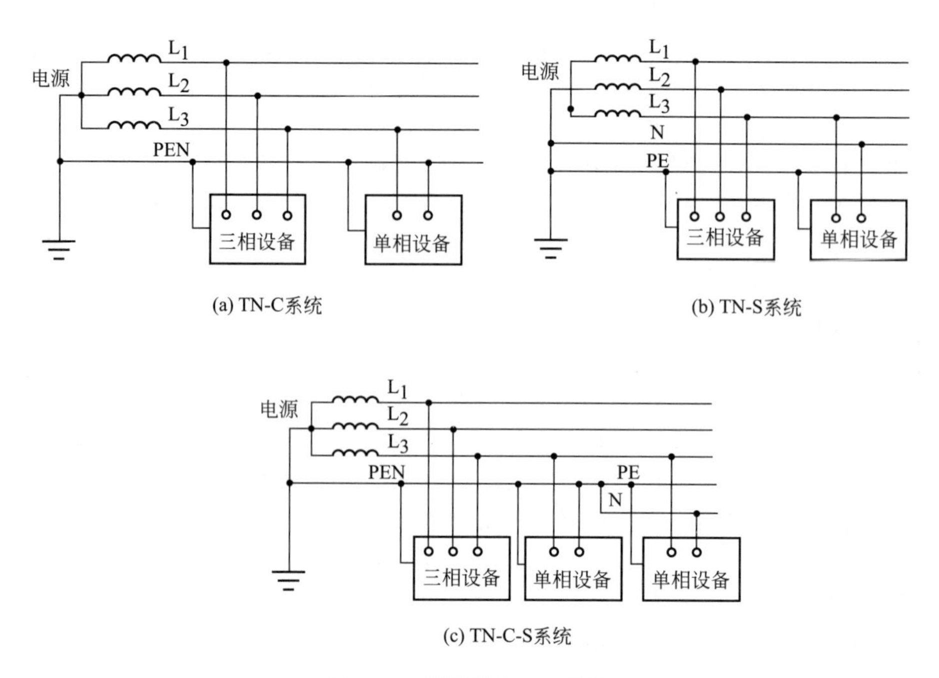

图 1-13 低压配电 TN 系统

作，将切除故障线路。这种系统一般能够满足供电可靠性的要求，而且投资较省，节约有色金属，所以在中国的低压配电系统中应用较为普遍，适用于工厂配电，但不适用于安全要求高及抗电磁干扰要求高的场所。

2. TN-S 系统

这种系统的 PE 线与 N 线分开，PE 线中无电流流过，设备外露可导电部分均接 PE 线，因此对接 PE 线的设备无电磁干扰。PE 线断线时，正常情况下不会使 PE 的设备外露可导电部分带电，但在有设备发生单相接壳故障时，将会带电，危及人身安全。在发生单相接壳或接地故障时，过电流保护装置动作，将切除故障线路。PE 线与 N 线分开，投资较 TN-C 系统高，适用于对安全或抗电磁干扰要求高的场所，常用于变压器设在用电建筑物中的民用建筑供电。

3. TN-C-S 系统

这种系统的前部分全为 TN-C 系统，而后边有一部分为 TN-C 系统，有一部分为 TN-S 系统。设备外露可导电部分分接 PEN 线或 PE 线，综合了 TN-C 与 TN-S 系统的特点。PE 线与 N 线一旦分开，两者不能再相连。此系统比较灵活，对安全或抗电磁干扰要求高的场所采用 TN-S 系统，而其他情况则采用 TN-C 系统。它广泛地应用于分散的民用建筑中，特别适合一台变压器供好几幢建筑物用电的系统。

（二）TT 系统

TT 系统中所有设备的外露可导电部分均各自经 PE 线单独接地，如图 1-14 所示。TT 系统各设备的 PE 线之间无电磁联系，因此互

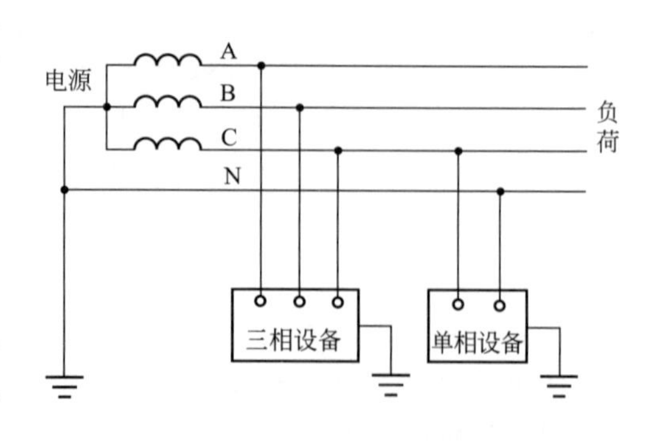

图 1-14 低压配电 TT 系统

相之间无电磁干扰。当发生单相接地故障时则形成单相短路，但短路电流不大，影响保护装置动作，此时设备外壳对地电压近 1/2 相电压（110V），危及人身安全。TT 系统省去了公共 PE 线，较 TN 系统经济，但单独装设 PE 线，又增加了麻烦。

TT 系统适用于以低压供电、远离变电所的建筑物，对环境要求防火防爆的场所，以及对接地要求高的精密电子设备和数据处理设备等。如我国低压公用电，推荐采用 TT 系统。

TT 系统的电源中性点直接接地，也引出 N 线，属三相四线系统，而设备的外露可导电部分则经各自的 PE 线分别接地，其功能可用图 1-15 来说明。

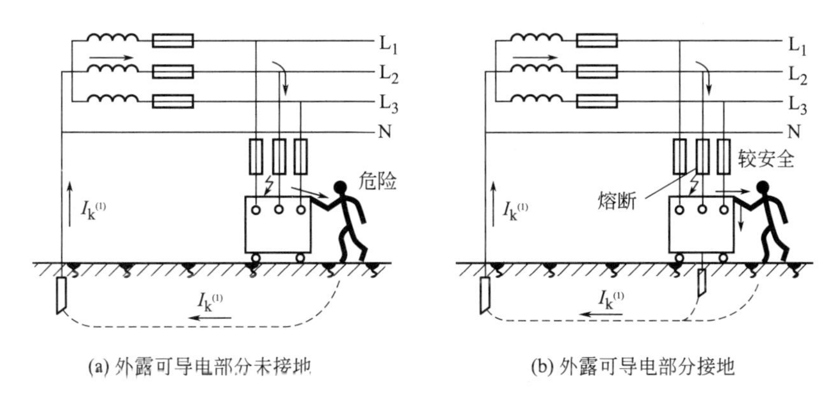

图 1-15 TT 系统保护接地功能说明

如图 1-15(a) 所示，电气设备没有采用接地保护措施时，一旦电气设备漏电，其漏电流不足以使熔断器熔断（或过流保护装置动作），设备外壳将存在危险的相电压。若人体误触其外壳时，就会有电流流过人体，其值 I_m 为

$$I_m = U_\phi/(R_m + R_0) \tag{1-5}$$

式中 R_0——变压器中性点的接地电阻；

U_ϕ——相电压；

R_m——人体电阻。

R_0 值一般取 4Ω，与 R_m 相比可以略去。$U_\phi=220V$，$R_m=1000\Omega$，则该经人体的电流 $I_m=0.22A$，这个电流对人体是危险的。

在 TT 系统中，电气设备采用接地保护措施后，如图 1-15(b) 所示，当发生电气设备外壳漏电时，由于外壳接地故障电流通过保护接地电阻 R_E 和中性点接地电阻回到变压器中性点，其值为 $I_k=U_\phi/(R_0+R_E)=220/(4+4)=27.5A$，这一电流通常能使故障设备电路中的过电流保护装置动作，切断故障设备电源，从而减少人体触电的危险。

因某种原因，即使过电流保护装置不动作，由于人体电阻 R_m 远大于保护接地电阻 R_E（此时相当于 R_m 与 R_E 并联），因此通过人体的电流也很小，一般小于安全电流，对人体的危险也较小。

由上述分析可知，TT 系统的使用能减少人体触电的危险，但是毕竟不够安全。因此，为保障人身安全，应根据国际 IEC 标准加装漏电保护器（漏电开关）。

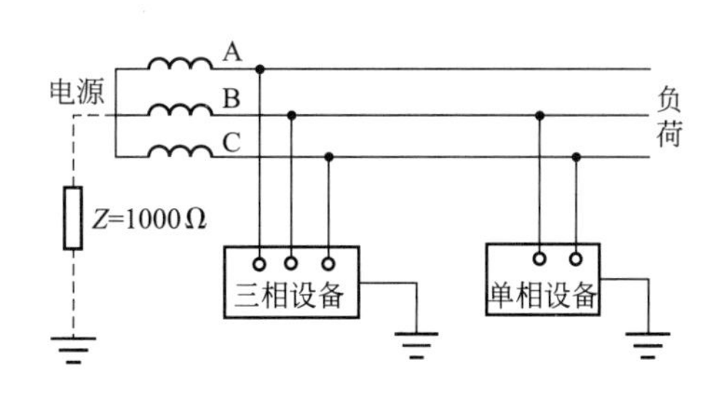

图 1-16 低压配电 IT 系统

（三）IT系统

IT系统中所有设备的外露可导电部分也都各自经PE线单独接地，如图1-16所示。它与TT系统不同的是，其电源中性点不接地或经1000Ω阻抗接地，且通常不引出中性线，不适于接相电压的单相设备。而电气设备的导电外壳经各自的PE线分别直接接地，互相之间无电磁干扰，因此它又被称为三相三线制系统。

在IT系统中，当电气设备发生单相接地故障时，接地电流将通过人体和电网与大地之间的电容构成回路，如图1-17所示。由图1-17可知，流过人体的电流主要是电容电流。一般情况下，此电流是不大的，但是，如果电网绝缘强度显著下降，这个电流可能达到危险程度。

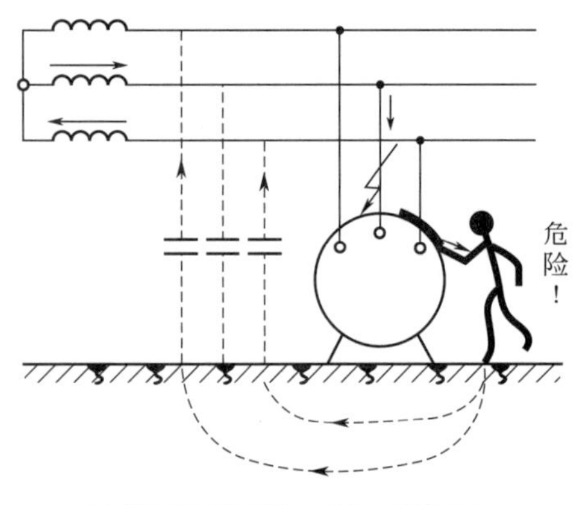

(a) 没有保护接地的电动机一相碰壳时

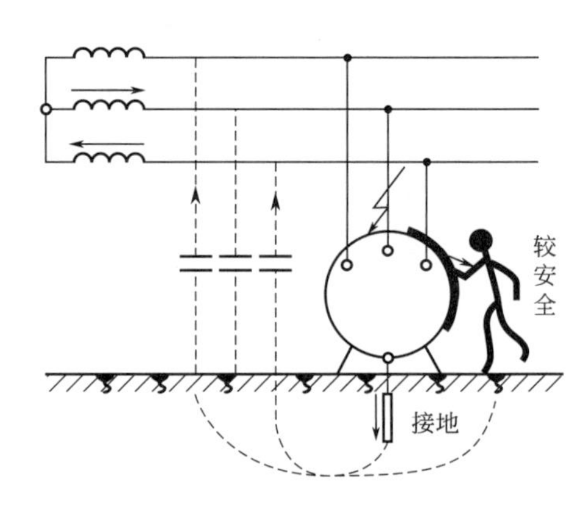

(b) 装有保护接地的电动机一相碰壳时

图1-17 保护接地的作用

在IT系统中，如果一相导体已经接地而未被发现（此时三相设备仍可继续正常运行），人体又误触及另一相正常导体，这时人体所承受的电压将是线电压，其危险程度不言而喻。因此，为确保安全必须在系统内安装绝缘监测装置，当发生单相接地故障时，及时发出灯光或音响信号，提醒工作人员迅速清除故障以绝后患。该系统应用于对连续供电要求高及有易燃易爆物的危险场所。

【例1-1】 某楼内附10/0.4kV变电站，本楼采用TN-S系统，该站提供与其相距100m外的后院一幢多层住宅楼0.22/0.38kV电源，因主楼采用了TN-S系统，故该住宅楼也只能采用TN-S系统，是否正确？

分析： 对于该住宅楼的供电采用何种接地系统，其目的是保证安全，称保护性接地。根据图1-18可知，这三种接地形式配上相应保护设备，均是可行的。但从图1-18(b)中可以看出，其所示方案比较经济，同时在总N线因故拆断时，其N线已接地，不会因相负荷不平衡而造成基准电位大的漂浮而烧坏家用电器。图1-18(c)所示为TT系统，也是可行的、经济的，但必须设置漏电保护。

【例1-2】 在TT系统中，N线和PE线接错后的危害是什么？

分析： 在TT系统中，N线和PE线接地时是相互独立的，因此绝对不允许接错。

如图1-19所示，假设在1#设备处接错，2#设备接法正确，其结果是1#设备为一相一地运行，是不允许的，如果在N线F点断开，将造成1#设备金属外壳对地呈现危险电压，是极不安全的。

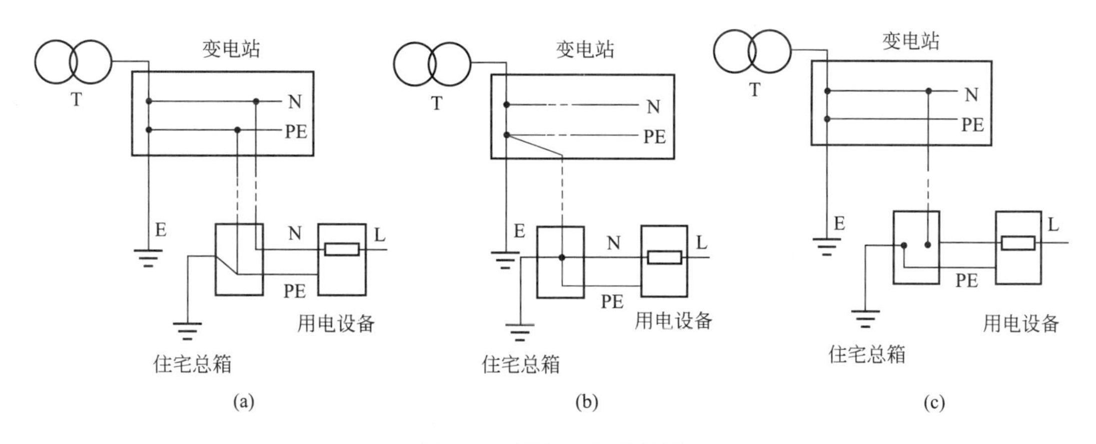

图 1-18　【例 1-1】分析图

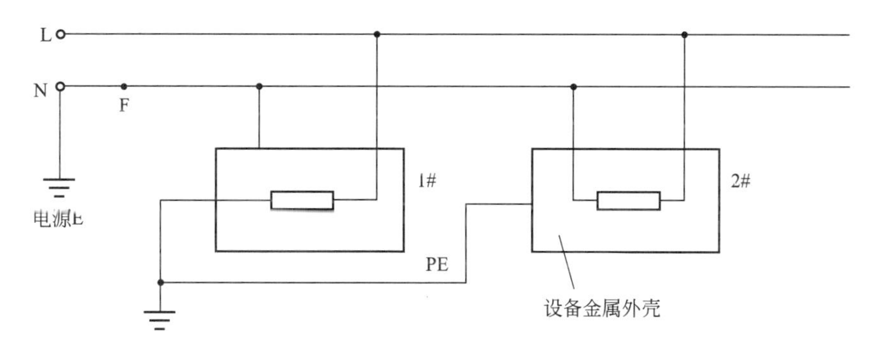

图 1-19　TT 系统接线错误情况

【任务实施及考核】

详细的实施步骤及考核扫描右侧二维码即可查看下载。

项目一任务三任务实施单

在线测试二（电力系统中性点运行方式）

思考与练习

1-1　一次能源包括哪些？电能是一次能源吗？

1-2　为什么国家电网要向更高等级的电压发展？

1-3　什么是电力系统？什么是电力网？什么是动力系统？

1-4　什么叫电压偏移？电压偏移对用电设备有什么影响？应采取哪些措施进行电压调整？

1-5　用户电能的频率是通过什么环节进行调整的？在供配电系统中频率可调吗？

1-6　在如图 1-20 所示的电力系统中，试标出各变压器一、二次侧的额定电压。

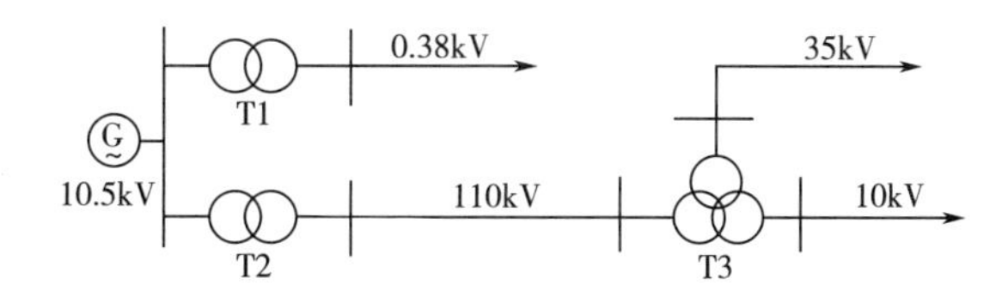

图 1-20　电力系统

1-7 供配电电压的选择主要取决于什么？

1-8 电力系统中性点接地方式有哪几种？采用中性点不接地系统有何优缺点？

1-9 中性点不接地的电力系统若发生单相接地故障，其故障相对地电压等于多少？此时接地点的短路电流是正常运行的单相对地电容电流的多少倍？

1-10 为什么小电流接地系统发生单相接地时，允许系统暂时继续运行，但不允许长期运行？

1-11 中性点直接接地系统发生单相接地时，各相对地电压如何变化？系统能否继续运行？

1-12 低压配电系统中的中性线（N）和保护线（PE）各有哪些作用？

1-13 什么是 TT 系统？它在接线上有何特点？

1-14 什么是 TN 系统？它有包括哪几种类型？各自有何特点？

1-15 为了保护线路，有人在 TN-C 系统的 PEN 线上安装了熔断器，你认为此系统可否安全运行？举例说明其危害。

项目二

供配电系统计算

【知识目标】

① 了解工厂供配电系统设计的基本原则。
② 掌握工厂计算负荷的确定。
③ 理解短路的过程及相关概念。
④ 掌握用标幺值法进行短路电流计算的方法。
⑤ 熟悉工厂年电能消耗量的计算方法。

【技能目标】

① 会进行一般工厂负荷的计算。
② 能够根据功率因数进行无功功率补偿容量的计算。
③ 会进行一般工厂短路电流的计算。
④ 会根据短路电流进行热效应和动效应的校验。
⑤ 会根据工厂负荷和短路电流等相关参数选择和校验供配电系统的设备。

【素质目标】

通过“美国和加拿大停电之启示”“南方特大雪灾”的案例，增强对专业的认同感，深刻了解电力故障所造成的严重后果，增强社会责任感。

任务一　电力负荷计算

【任务描述】

工厂供电系统设计是整个工厂设计的重要组成部分。工厂供配电设计的质量直接影响到工厂的生产及其发展。作为从事工厂供电工作的工程技术人员，必须了解和学习有关工厂供电设计的相关知识、掌握工厂用电负荷的计算，以便使工厂供电系统工作安全可靠，运行维护方便，投资经济合理。

【相关知识】

一、电力负荷和负荷曲线

（一）电力负荷

电力负荷也称电力负载，是指企业耗用电能的用电设备或用电单位。有时也把用电设备或用电单位耗用的功率或电流称为电力负荷。

负荷可分为有功功率、无功功率和视在功率。

（1）有功功率 P（单位 kW） 用电设备真实消耗的功率，称为有功负荷，如机械能、光能、热能等。

（2）无功功率 Q（单位 kvar） 在电、磁场间交换的那部分能量，没有做功，称为无功负荷。

（3）视在功率 S_N（单位 kV·A） 额定电压 U_N 和额定电流 I_N 的乘积，称为视在功率。

三相交流设备的视在功率计算公式为：

$$S_N=\sqrt{3}U_N I_N$$

以上三者符合直角三角形关系，见图 2-1。

1. 电力负荷的分级

（1）一级负荷 当一级负荷供电突然中断时，将造成人身伤亡的危险，或造成重大设备损坏及产品大量报废，或给国民经济带来重大的损失等。因此一级负荷除要求有两个独立电源供电外，还必须备有应急电源。

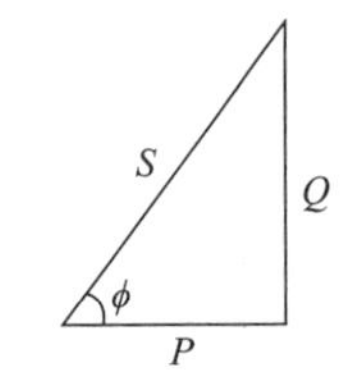

图 2-1 功率三角形

（2）二级负荷 当二级负荷供电突然中断时，将给企业造成较大的经济损失。这类负荷允许短时停电几分钟。它在工业企业内部占的比例最大。二级负荷要求两路以上线路供电，或由一路专线供电。

（3）三级负荷 所有不属于一级和二级负荷的电能用户均属于三级负荷。三级负荷对供电无特殊要求，可采用单回路供电。

2. 用电设备的工作制

工厂用电设备种类繁多，用途各异，工作方式不同，按其工作制不同可划分为三类。

（1）长期工作制 长期工作制的电气设备在恒定负荷下运行，且运行时间长到足以使之达到热平衡状态，如通风机、水泵、电炉、照明灯或发电机组。

（2）短时工作制 短时工作制的用电设备工作的时间短而停歇时间很长，如机床上的某些辅助电机等。

（3）断续周期工作制 断续周期工作制的用电设备工作时间短，停歇时间也短，以断续方式反复交替进行工作，其周期一般不超过 10min。通常用暂载率（又称负荷持续率）来描述其工作性质。暂载率为一个工作周期内工作时间与工作周期的百分比值，用 ε 表示，即

$$\varepsilon=\frac{t}{T}\times 100\%=\frac{t}{t+t_0}\times 100\% \tag{2-1}$$

式中，T 为工作周期；t 为工作周期内的工作时间；t_0 为工作周期内的停歇时间。

（二）负荷曲线

负荷曲线是表征用电负荷随时间变动的一种图形，反映了电力用户用电的特点和规律。在负荷曲线中通常用纵坐标表示负荷（有功负荷或无功负荷）大小，横坐标表示对应负荷变动的时间（日、月、年）。负荷曲线的种类有工厂的、车间的或某台设备的负荷曲线；有有功和无功负荷曲线；有年的、月的、日的和工作班的负荷曲线；有依点连成的负荷曲线和梯形负荷曲线。

1. **负荷曲线的绘制**

日负荷曲线表示全天 24h 内每小时的平均负荷，如图 2-2(a) 所示。

年每日最大负荷曲线表示全年 365 天内每日的最大负荷变动情况。此曲线用于系统运行需要，如图 2-2(b) 所示。

年负荷持续时间曲线表示全年 8760h 内各种负荷的持续时间（大负荷靠近左侧）。此曲线用于系统分析需要，如图 2-2(c) 所示。

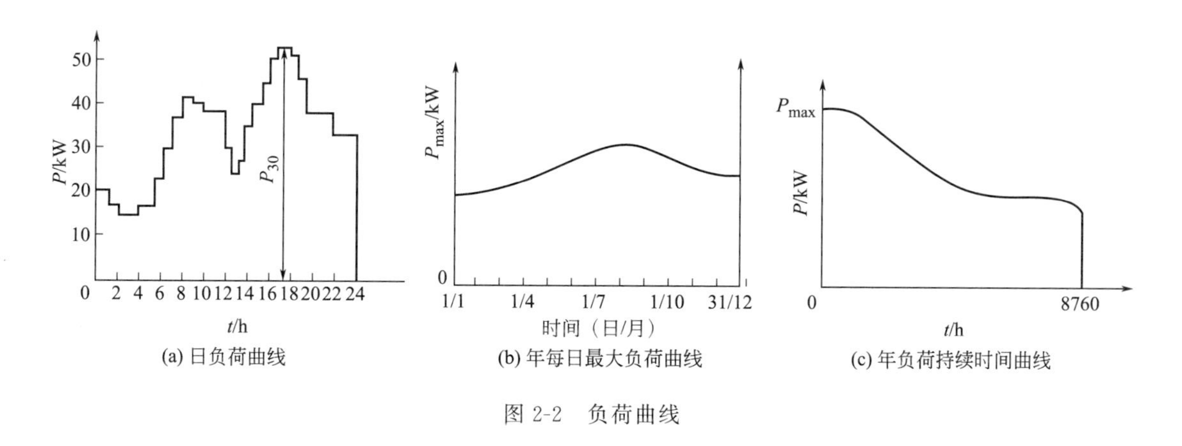

图 2-2　负荷曲线

2. **与负荷曲线有关的物理量**

(1) 年最大负荷 P_{max} 和年最大负荷利用时间 T_{max}　年最大负荷 P_{max} 是指全年中负荷最大的工作班内，消耗电能最大的半小时平均功率。通常用 P_{max}、Q_{max} 和 S_{max} 表示年有功、无功和视在最大功率。因此年最大负荷也就是某天某班的半小时最大负荷 P_{30}、Q_{30} 和 S_{30}。

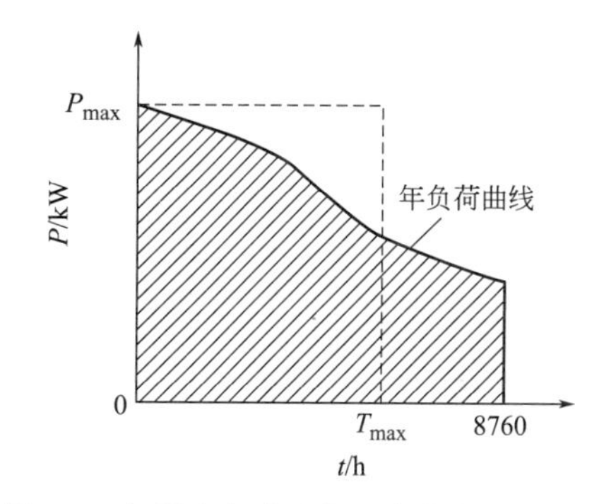

图 2-3　年最大负荷和年最大负荷利用时间

年最大负荷利用时间 T_{max} (h) 是指假如工厂以年最大负荷 P_{max} 持续运行了 T_{max}，则该工厂消耗的电能恰好等于其全年实际消耗的电能 W_a，即图 2-3 中虚线与实线包围的面积相等。因此最大负荷利用时间为

$$T_{max}=\frac{W_a}{P_{max}} \tag{2-2}$$

T_{max} 的大小表明了工厂消耗电能是否均匀，最大负荷利用时间越长，则负荷越平稳。T_{max} 一般与工厂类型及生产班制有较大关系。例如一班制工厂 $T_{max}=1800\sim3600$h；两班制工厂 $T_{max}=3500\sim4800$h；三班制工厂 $T_{max}=5000\sim7000$h；居民用户 $T_{max}=1200\sim2800$h。

(2) 平均负荷 P_{av} 和负荷系数 K_L　平均负荷 P_{av} 是指电力负荷在一段时间内消耗功率的平均值。

$$P_{av}=W_t/t \tag{2-3}$$

式中　W_t——t 时间内消耗的电能，kW·h；

　　t——实际用电时间，h。

利用负荷曲线求平均负荷的曲线如图 2-4 所示。图中剖面线部分为年负荷曲线所包围的面积，也就是全年电能的消耗量。另外，再作一条虚线与两坐标轴所包围的面积与剖面线部分的面积相等，则图中 P_{av}就是年平均负荷。

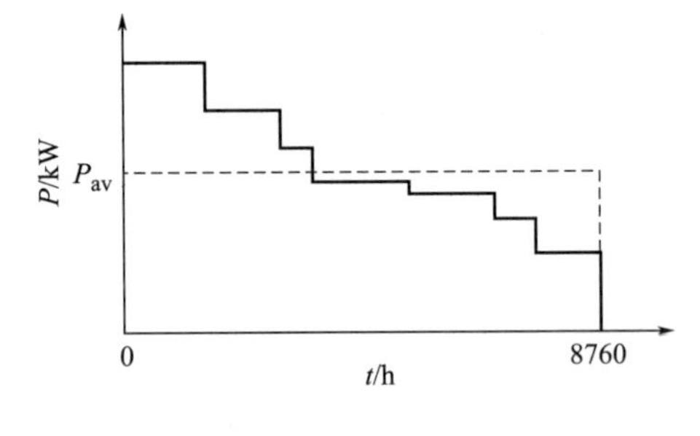

图 2-4 年平均负荷

负荷系数 K_L 又称为负荷率，是指平均负荷与最大负荷之比，它表征了负荷变动的程度。负荷系数分为有功负荷系数 α 和无功负荷系数 β。

$$\alpha=P_{av}/P_{max},\beta=Q_{av}/Q_{max} \tag{2-4}$$

一般工厂 α=0.7～0.75，β=0.76～0.8。负荷系数越接近 1，表明负荷变动越缓慢；反之，则表明负荷变动激烈。

对单个用电设备或用电设备组，负荷系数则是指其平均有功负荷 P_{av}和它的额定容量 P_N 之比，它表征了该设备或设备组的容量是否被充分利用，即

$$K_L=P_{av}/P_N \tag{2-5}$$

二、负荷计算方法

美国和加拿大停电之启示

（一）用电设备的额定容量与设备容量

1. 用电设备的额定容量

用电设备的额定容量是指用电设备在额定电压下、在规定的使用寿命内能连续输出或耗用的最大功率。

电动机额定容量是指其轴上正常输出的最大功率，因此其耗用的功率即从电网吸取的功率，应为其额定容量除以其本身的效率。对电灯和电炉等，其额定容量是指其在额定电压下耗用的功率，而不是指其输出的功率。

2. 负荷计算中的设备容量

引入设备容量的原因在于设备存在三种不同的工作制，在进行负荷计算时，需要将不同的工作制下用电设备的额定容量（功率）P_N换算到同一工作制下，经换算后的额定容量（功率）称为设备容量，用 P_e表示。设备容量 P_e的换算方法如下。

（1）长期工作制、短期工作制的设备容量 P_e的换算

设备容量 P_e等于其铭牌功率 P_N，即 $P_e= P_N$。

（2）断续周期工作制的设备容量 P_e的换算

① 吊车电动机换算到标准暂载率 ε_N=25%时的有功功率为

$$P_e=P_N\sqrt{\frac{\varepsilon_N}{\varepsilon_{25}}}=2P_N\sqrt{\varepsilon_N}$$

② 电焊机换算到标准暂载率 ε_N=100%时的有功功率为

$$P_e=P_N\sqrt{\varepsilon_N}=S_N\cos\phi\sqrt{\varepsilon_N}$$

（3）照明设备的设备容量 P_e的换算

$$P_e=(1.1\sim1.3)P_N$$

【例 2-1】　某车间有一台吊车，其额定功率 P_N 为 39.6kW（$\varepsilon_N=40\%$），$\eta=0.8$，$\cos\phi=0.5$，其设备容量为多少？

解：$P_e=P_N\sqrt{\varepsilon_N/\varepsilon_{25}}=2P_N\sqrt{\varepsilon_N}=2\times39.6\times\sqrt{0.4}=50.09\text{kW}$。

（二）负荷计算

用户的实际负荷并不等于所有用电设备额定功率之和。这是因为用电设备不可能全部同时运行，每台设备也不可能全部满负荷，各种用电设备的功率因数也不可能完全相同。

在设计时，必须找出这些用电设备的等效负荷。一般电气设备大约经 30min 后可达到稳定工作状态。因此取半小时平均最大负荷 P_{30}、Q_{30} 和 S_{30} 作为"计算负荷"。

计算负荷是供配电设计计算的基本依据。如果计算负荷确定过大，将使设备和导线、电缆选择偏大。如果计算负荷确定过小，又将使设备和导线、电缆选择偏小，运行时过热，增加电能损耗和电压损耗，甚至烧毁。实际上，负荷计算也只能是力求接近实际的估算值。

目前，经常采用确定计算负荷的方法有需要系数法和二项式法。其中以需要系数法应用最广泛，它适合不同类型的企业，计算结果也基本符合实际。二项式法主要适合机械加工企业计算负荷的确定。此处重点介绍需要系数法。

1. 需要系数法

（1）需要系数法基本公式　按需要系数法进行负荷计算的基本过程是先确定计算范围（如某低压干线上的所有设备），然后将不同的工作制下用电设备的额定功率 P_N 换算到同一工作制下，经换算后的额定功率称为设备容量 P_e，再将工艺性质相同的设备合并成组，算出每一组用电设备的计算负荷，最后汇总各级计算负荷得到总的计算负荷。

需要系数法基本公式：

$$P_{30}=K_dP_e \tag{2-6}$$

无功计算负荷：

$$Q_{30}=P_{30}\tan\phi \tag{2-7}$$

视在计算负荷：

$$S_{30}=P_{30}/\cos\phi=\sqrt{P_{30}^2+Q_{30}^2} \tag{2-8}$$

计算电流：

$$I_{30}=\frac{S_{30}}{\sqrt{3}U_N} \tag{2-9}$$

（2）需要系数 K_d 的含义　考查车间的一组用电设备，该组用电设备共有 n 台电动机，其设备容量的总和为 $P_{e\Sigma}$。由于 $P_{e\Sigma}$ 是指设备的最大输出容量，它与输入容量存在一个效率η；考虑到这些电动机不可能同时运行，因此引入一个同时系数 K_Σ；又因为即使运行的电动机也不太可能都满负荷出力，因此引入一个负荷系数 K_L；再者用电设备在运行时线路还有功耗，因此引入网络供电效率η_{WL}。由此，电网供给的有功计算负荷 P_{30} 为

$$P_{30}=\frac{K_LK_\Sigma}{\eta\eta_{WL}}P_{e\Sigma}=K_dP_{e\Sigma} \tag{2-10}$$

其中

$$K_d=\frac{K_L K_\Sigma}{\eta \eta_{WL}} \tag{2-11}$$

K_d 为用电设备组的需要系数，即用电设备组在最大负荷时的有功功率与其设备容量的比值。实际上，需要系数 K_d 不仅与用电设备的工作性质、设备台数、设备效率和线路损耗等因数有关，而且还与操作人员的技能和生产组织等多种因素有关，因此尽可能通过实际测量分析确定。一般情况下，设备台数多时取较小值，台数少时取较大值，以尽量接近实际。

本书附录的附表 1 和附表 2 列出了各种用电设备组的需要系数，可供参考。

2. 三相计算负荷的确定

（1）单台设备的计算负荷　当只有一台用电设备时，不能直接按附表 1 取需要系数，这是因为影响需要系数的几个因素除用电设备本身的效率η外均可能为 1，此时的需要系数只包含了效率η，因此有

$$\begin{cases} P_{30}=P_e/\eta=P_N/\eta & (\text{kW}) \\ Q_{30}=P_{30}\tan\phi & (\text{kvar}) \\ S_{30}=\dfrac{P_{30}}{\cos\phi} & (\text{kV}\cdot\text{A}) \\ I_{30}=\dfrac{P_{30}}{\sqrt{3}U_N\cos\phi} & (\text{A}) \end{cases} \tag{2-12}$$

式中　P_e——单台用电设备容量；

P_N——用电设备额定功率；

η——设备在额定负载下的效率；

$\tan\phi$——设备铭牌给出的功率因数角正切值；

U_N——用电设备的额定电压；

$\cos\phi$——用电设备的功率因数。

【例 2-2】 某 220V 单相电焊变压器，其参数 $S_N=42\text{kV}\cdot\text{A}$，$\varepsilon_N=60\%$，$\cos\phi=0.62$，$\eta=0.92$，试求该电焊变压器的计算负荷。

解：

$$P_e=S_N\sqrt{\varepsilon_N/\varepsilon_{100}}\cos\phi=42\times\sqrt{0.6/1}\times0.62=20.2\ (\text{kW})$$

其计算负荷为：

$$P_{30}=P_e/\eta=20.2/0.92=21.9\ (\text{kW})$$

$$Q_{30}=P_{30}\tan\phi=21.9\times1.26=27.6\ (\text{kvar})$$

$$S_{30}=\frac{P_{30}}{\cos\phi}=\frac{21.6}{0.62}=35.3\ (\text{kV}\cdot\text{A})$$

$$I_{30}=\frac{P_{30}}{\sqrt{3}U_N\cos\phi}=\frac{21.9}{\sqrt{3}\times0.22\times0.62}=92.7\ (\text{A})$$

（2）单组用电设备的计算负荷　单组用电设备组是指用电设备性质相同的一组设备，即 K_d 相同，如图 2-5中 E 层面负荷。其计算公式为

$$\begin{cases} P_{30}=K_{d}P_{e\Sigma} \\ Q_{30}=P_{30}\tan\phi \\ S_{30}=\sqrt{P_{30}^{2}+Q_{30}^{2}}=\dfrac{P_{30}}{\cos\phi} \\ I_{30}=\dfrac{S_{30}}{\sqrt{3}U_{N}}=\dfrac{P_{30}}{\sqrt{3}U_{N}\cos\phi} \end{cases} \tag{2-13}$$

式中 $P_{e\Sigma}$——用电设备组设备容量总和（备用设备不计入）；

K_{d}——该设备组的需要系数（查附表 1）；

U_{N}——用电设备组的额定线电压；

$\tan\phi$——该用电设备组的功率因数角正切值（查附表 1）。

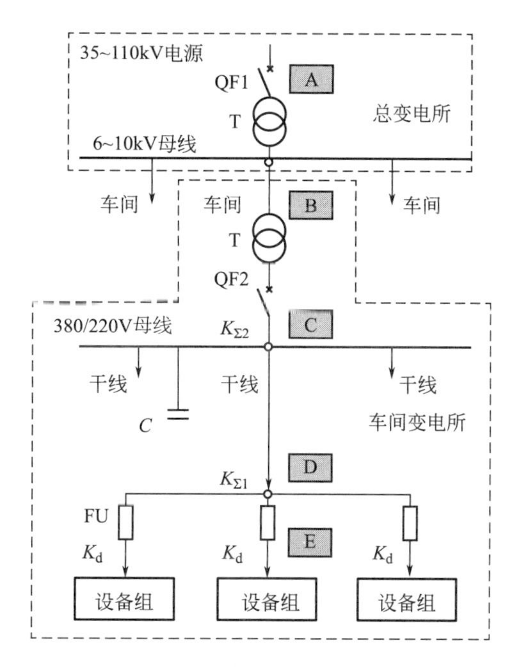

图 2-5 工厂供电系统各点电力负荷计算

【例 2-3】 已知某化工厂机修车间采用 380V 供电，低压干线上接有冷加工机床 34 台，其中 11kW 1 台，4.5kW 8 台，2.8kW 15 台，1.7kW 10 台，试求该机床组的计算负荷。

解： 该设备组的总容量为

$$P_{e\Sigma}=11\times1+4.5\times8+2.8\times15+1.7\times10=106\ (\text{kW})$$

查附表 1

$K_{d}=0.16\sim0.2$（取 0.2），$\tan\phi=1.73$，$\cos\phi=0.5$

$P_{30}=0.2\times106=21.2$（kW）

$Q_{30}=21.2\times1.73=36.68$（kvar）

$S_{30}=21.2/0.5=42.2$（kV·A）

$I_{30}=42.4/\sqrt{3}\times0.38=64.4$（A）

（3）多组用电设备的计算负荷（低压干线的计算负荷） 低压干线是给多组不同工作制的用电设备供电的，如通风机组、机床组、水泵组等。因此，其计算负荷也就是图 2-5 中 D 点的计算负荷。应先分别计算出 E 层面每组（例如机床组、通风机组等）的计算负荷，然后将每组有功计算负荷、无功计算负荷分别相加，得到D点总的有功计算负荷 P_{30} 和无功计算负荷 Q_{30}，最后确定视在计算负荷 S_{30} 和计算电流 I_{30}，即

$$\begin{cases} P_{30}=K_{\Sigma 1}\sum_{i=1}^{n}P_{30(i)} \\ Q_{30}=K_{\Sigma 1}\sum_{i-1}^{n}Q_{30(i)} \\ S_{30}=\sqrt{P_{30}^{2}+Q_{30}^{2}} \\ I_{30}=\dfrac{S_{30}}{\sqrt{3}U_{N}} \end{cases} \tag{2-14}$$

式中，$P_{30(i)}$ 和 $Q_{30(i)}$ 表示E层面各用电设备组的有功和无功计算负荷；$K_{\Sigma 1}$ 是考虑到各用电设备组最大负荷不可能同时出现而引入的同时系数，一般取0.85～0.97，视负荷多少而定。由于各组的 $\cos\phi$ 不相同，因此低压干线视在计算负荷 S_{30} 和计算电流 I_{30} 不能用各组的 $P_{30(i)}$ 和 $Q_{30(i)}$ 之和来计算。

【例 2-4】 某机修车间380V低压干线（图2-5），接有如下设备。

① 小批量生产冷加工机床电动机：7kW有3台，4.5kW有8台，2.8kW有17台，1.7kW有10台。

② 吊车电动机：$\varepsilon_N=15\%$ 时铭牌容量为18kW、$\cos\phi=0.7$，共两台，互为备用。

③ 专用通风机：2.8kW有2台。

试求各用电设备组和低压干线（D点）的计算负荷。

解： 显然各组用电设备工作性质相同，需要系数相同，因此先求出各用电设备组的计算负荷。

① 冷加工机床组

设备容量：

$P_{e(1)}=7\times3+4.5\times8+2.8\times17+1.7\times10=121.6$ （kW）

查附表1，取 $K_d=0.2$，$\cos\phi=0.5$，$\tan\phi=1.73$

则

$P_{30(1)}=K_d P_{e(1)}=0.2\times121.6=24.32$ （kW）

$Q_{30(1)}=P_{30(1)}\tan\phi=24.24\times1.73=42.07$ （kvar）

② 吊车组（备用容量不计入）

设备容量：

$P_{e(2)}=2\sqrt{\varepsilon_N}P_N=2\times\sqrt{0.15}\times18=13.94$ （kW）

查附表1，取 $K_d=0.15$，$\cos\phi=0.5$，$\tan\phi=1.73$

则

$P_{30(2)}=K_d P_{e(2)}=0.15\times13.94=2.1$ （kW）

$Q_{30(2)}=P_{30(2)}\tan\phi=2.1\times1.73=3.63$ （kvar）

③ 通风机组

设备容量：

$P_{e(3)}=2\times2.8=5.6$ （kW）

查附表1，取 $K_d=0.8$，$\cos\phi=0.8$，$\tan\phi=0.75$

则

$P_{30(3)}=K_d P_{e(3)}=0.8\times5.6=4.48$ （kW）

$Q_{30(3)}=P_{30(3)}\tan\phi=4.48\times0.75=3.36$ (kvar)

④ 低压干线的计算负荷(取 $K_{\Sigma}=0.9$)

总有功功率:

$P_{30}=K_{\Sigma1}[P_{30(1)}+P_{30(2)}+P_{30(3)}]=0.9\times(24.32+2.1+4.48)=27.81$ (kW)

总无功功率:

$Q_{30}=K_{\Sigma1}[Q_{30(1)}+Q_{30(2)}+Q_{30(3)}]=0.9\times(42.07+3.63+3.36)=44.15$ (kvar)

总视在功率:

$$S_{30}=\sqrt{P_{30}^2+Q_{30}^2}=\sqrt{27.81^2+44.15^2}=52.18\ (\text{kV}\cdot\text{A})$$

总计算电流:

$$I_{30}=\frac{S_{30}}{\sqrt{3}U_N}=\frac{52.18}{\sqrt{3}\times0.38}=79.28\ (\text{A})$$

(4) 车间低压母线的计算负荷 确定低压母线上的计算负荷也就是确定图 2-5 中 C 点的计算负荷。C 点计算负荷的确定类似于 D 点。同样,考虑到干线最大负荷不一定同时出现,因此在确定 C 点的计算负荷时,低压也引入一个同时系数 $K_{\Sigma2}$,即

$$\begin{cases} P_{30}=K_{\Sigma2}\sum_{i=1}^{n}P_{30(i)} \\ Q_{30}=K_{\Sigma2}\sum_{i=1}^{n}Q_{30(i)} \\ S_{30}=\sqrt{P_{30}^2+Q_{30}^2} \\ I_{30}=\dfrac{S_{30}}{\sqrt{3}U_N} \end{cases} \tag{2-15}$$

式中,n 为用电设备组的组数;$K_{\Sigma2}$一般取 0.8~0.9,当 n 值较大,其数值可取小些,反之,其数值可取大些。

3. 单相计算负荷的确定

因无论需要系数法或二项式系数法求计算负荷,所有公式都是适用于三相负荷的。那么单相负荷只有换算成三相负荷才能应用上述方法求计算负荷。

(1) 单相用电设备的容量小于三相用电设备的总容量的 15%,单相负荷与三相负荷直接相加不必换算。

(2) 对接在相电压上的单相用电设备,按最大负荷相上的单相设备容量乘以 3,即为等效三相设备容量。

(3) 当单相负荷全部接在线电压上时

$$P_e=\sqrt{3}P_{e1}+(3-\sqrt{3})P_{e2} \tag{2-16}$$

式中 P_{e1}——最大相单相设备容量,kW;

P_{e2}——次大相单相设备容量,kW。

(4) 单相设备既有接在线电压上的,又有接在相电压上的,计算步骤如下。

① 先将接在线电压上的设备容量换算为接在相电压上的设备容量。

② 分相计算各相的设备容量和计算负荷。

③ 总的等效三相有功计算负荷为最大有功计算负荷相的有功计算负荷的 3 倍,总的等效三相无功计算负荷就是对应最大有功负荷相的无功计算负荷的 3 倍,最后再按公式计算出 S_{30} 和 I_{30}。

接在线间的单相负荷换算为接在相间的单相负荷的换算公式为：

A 相　$P_A = p_{AB-A}p_{AB} + p_{CA-A}p_{CA}$

　　　$Q_A = q_{AB-A}p_{AB} + q_{CA-A}p_{CA}$

B 相　$p_B = p_{BC-B}p_{BC} + p_{AB-B}p_{AB}$

　　　$Q_B = q_{BC-B}p_{BC} + q_{AB-B}p_{AB}$

C 相　$p_C = p_{CA-C}p_{CA} + p_{BC-C}p_{BC}$

　　　$Q_C = q_{CA-C}p_{CA} + q_{BC-C}p_{BC}$

其中的换算系数 p_{AB-A}、p_{CA-A}、q_{AB-A}、q_{CA-A}、p_{BC-B}、p_{AB-B}、q_{BC-B}、q_{AB-B}、p_{CA-C}、p_{BC-C}、q_{CA-C}、q_{BC-C}见表 2-1。

表 2-1　换算系数

换算系数	负荷功率因数								
	0.35	0.4	0.5	0.6	0.65	0.7	0.8	0.9	1.0
p_{AB-A}、p_{BC-B}、p_{CA-C}	1.27	1.17	1.0	0.89	0.84	0.80	0.72	0.64	0.5
p_{AB-B}、p_{BC-C}、p_{CA-A}	−0.27	−0.17	0	0.11	0.16	0.2	0.28	0.36	0.5
q_{AB-A}、q_{BC-B}、q_{CA-C}	1.05	0.86	0.58	0.38	0.3	0.22	0.09	−0.05	−0.29
q_{AB-B}、q_{BC-C}、q_{CA-A}	1.63	1.44	1.16	0.96	0.88	0.8	0.67	0.53	0.29

【例 2-5】 在如图 2-6 所示的 220/380V 三相四线制线路上，接有 220V 单相电热干燥箱 4 台，其中 2 台 10kW 接于 A 相，1 台 30kW 接于 B 相，1 台 20kW 接于 C 相。另有 380V 单相对焊机 4 台，其中 2 台 14kW（$\varepsilon=100\%$）接于 AB 相间，1 台 20kW（$\varepsilon=100\%$）接于 BC 相间，1 台 30kW（$\varepsilon=60\%$）接于 CA 相间。试求此线路的计算负荷。

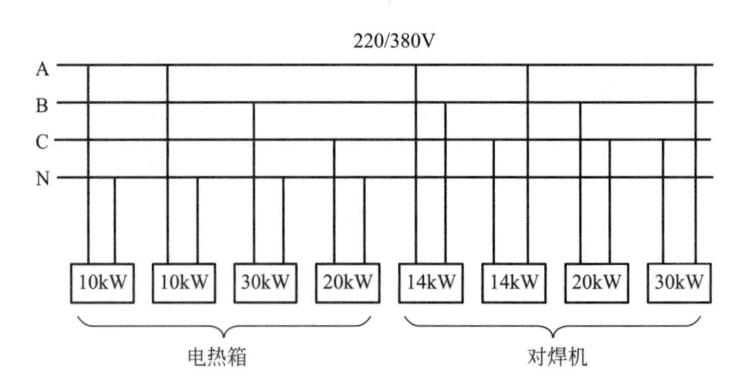

图 2-6　220/380V 三相四线制线路

解：① 电热干燥箱的各相计算负荷

查附录表 1 得 $K_d=0.7$，$\cos\phi=1$，$\tan\phi=0$

计算其有功计算负荷：

A 相　$P_{30.A(1)} = K_d P_{e.A} = 0.7\times2\times10 = 14$（kW）

B 相　$P_{30.B(1)} = K_d P_{e.B} = 0.7\times1\times30 = 21$（kW）

C 相　$P_{30.C(1)} = K_d P_{e.C} = 0.7\times1\times20 = 14$（kW）

② 对焊机的各相计算负荷

先将接于 CA 相间的 30kW（$\varepsilon=60\%$）换算至 $\varepsilon=100\%$的容量

$P_{CA}=\sqrt{0.6}\times30=23$（kW）

查附录表1得 $K_d=0.35$，$\cos\phi=0.7$，$\tan\phi=1.02$

再查系数表，当 $\cos\phi=0.7$ 时的功率换算系数为

$p_{AB\text{-}A}=p_{BC\text{-}B}=p_{CA\text{-}C}=0.8$，　$p_{AB\text{-}B}=p_{BC\text{-}C}=p_{CA\text{-}A}=0.2$，

$q_{AB\text{-}A}=q_{BC\text{-}B}=q_{CA\text{-}C}=0.22$，$q_{AB\text{-}B}=q_{BC\text{-}C}=q_{CA\text{-}A}=0.8$

因此对焊机换算到各相的有功和无功设备容量为

A相　$P_A=0.8\times2\times14+0.2\times23=27$（kW）

　　　$Q_A=0.22\times2\times14+0.8\times23=24.6$（kvar）

B相　$P_B=0.8\times20+0.2\times2\times14=21.6$（kW）

　　　$Q_B=0.22\times20+0.8\times2\times14=26.8$（kvar）

C相　$P_C=0.8\times23+0.2\times20=22.4$（kW）

　　　$Q_C=0.22\times23+0.8\times20=21.1$（kvar）

各相的有功和无功计算负荷为

A相　$P_{30.A(2)}=0.35\times27=9.45$（kW）

　　　$Q_{30.A(2)}=0.35\times24.6=8.61$（kvar）

B相　$P_{30.B(2)}=0.35\times21.6=7.56$（kW）

　　　$Q_{30.B(2)}=0.35\times26.8=9.38$（kvar）

C相　$P_{30.C(2)}=0.35\times22.4=7.84$（kW）

　　　$Q_{30.C(2)}=0.35\times21.1=7.39$（kvar）

③ 各相总的有功和无功计算负荷

A相　$P_{30.A}=P_{30.A(1)}+P_{30.A(2)}=14+9.45=23.45$（kW）

　　　$Q_{30.A}=Q_{30.A(1)}+Q_{30.A(2)}=0+8.61=8.61$（kvar）

B相　$P_{30.B}=P_{30.B(1)}+P_{30.B(2)}=21+7.56=28.56$（kW）

　　　$Q_{30.B}=Q_{30.B(1)}+Q_{30.B(2)}=0+9.38=9.38$（kvar）

C相　$P_{30.C}=P_{30.C(1)}+P_{30.C(2)}=14+7.84=21.84$（kW）

　　　$Q_{30.C}=Q_{30.C(1)}+Q_{30.C(2)}=0+7.39=7.39$（kvar）

④ 总的等效三相计算负荷

因B相的有功计算负荷最大，故取B相计算其等效三相计算负荷，由此可得

$P_{30}=3P_{30.B}=3\times28.56=85.68$（kW）　　$Q_{30}=3Q_{30.B}=3\times9.38=28.14$（kvar）

$S_{30}=\sqrt{85.68^2+28.14^2}=90.18$（kV·A）　　$I_{30}=\dfrac{90.18}{\sqrt{3}\times0.38}=137$（A）

三、供配电系统的功率损耗和电能损耗

为了合理选择工厂变电所各种主要电气设备的规格型号，以及向供电部门提出用电容量申请，必须确定工厂总的计算负荷 S_{30} 和 I_{30}。在确定低压母线的计算负荷后，还要考虑线路和变压器的功率损耗。

（一）线路功率损耗和电能损耗

1. 线路功率损耗

供电线路的三相有功功率损耗和三相无功功率损耗为

$$\Delta P_{WL}=3I_{30}^2R_{WL}\times10^{-3}(\text{kW})$$
$$\Delta Q_{WL}=3I_{30}^2X_{WL}\times10^{-3}(\text{kvar})\qquad(2\text{-}17)$$

式中 I_{30}——线路的计算电流；

R_{WL}——线路的每相电阻，$R_{WL}=R_0 l$，l 为线路长度，R_0 为线路单位长度的电阻，可查本书附表 14；

X_{WL}——线路的每相电抗，$X_{WL}=X_0 l$，X_0 为线路单位长度的电抗值，可查本书附表 14。

【例 2-6】 有一条 35kV 高压线路给变电所供电。已知该线路长度为 12km；采用钢芯铝线 LGJ-70，导线的几何均距为 2.5m，变电所的总视在计算负荷 $S_{30}=4917\text{kV}\cdot\text{A}$，试计算此高压线路的有功功率损耗和无功功率损耗。

解： 查附表 14 知，LGJ-70 的 $R_0=0.48\Omega/\text{km}$，当几何均距为 2.5m 时，$X_0=0.40\Omega/\text{km}$。该线路的有功功率损耗和无功功率损耗为

$$\Delta P_{ML}=3I_{30}^2 R_{ML}\times 10^{-3}=\frac{S_{30}^2}{U_N^2}R_{ML}\times 10^{-3}$$

$$=\frac{4917^2}{35^2}\times 0.48\times 12\times 10^{-3}=105\ (\text{kW})$$

$$\Delta Q_{ML}=3I_{30}^2 X_{ML}\times 10^{-3}=\frac{S_{30}^2}{U_N^2}X_{ML}\times 10^{-3}$$

$$=\frac{4917^2}{35^2}\times 0.4\times 12\times 10^{-3}=94.7\ (\text{kvar})$$

2. 线路全年的电能损耗计算

线路全年电能损耗的计算公式为：

$$\Delta W_a=3I_{30}^2 R_{WL}\tau \tag{2-18}$$

式中，τ 为年最大负荷损耗小时，$\tau=T_{max}^2/8760$，其值可从图 2-7 查得。其中一班制企业，$T_{max}=1800\sim3000\text{h}$；两班制企业，$T_{max}=3500\sim4800\text{h}$；三班制企业，$T_{max}=5000\sim7000\text{h}$。

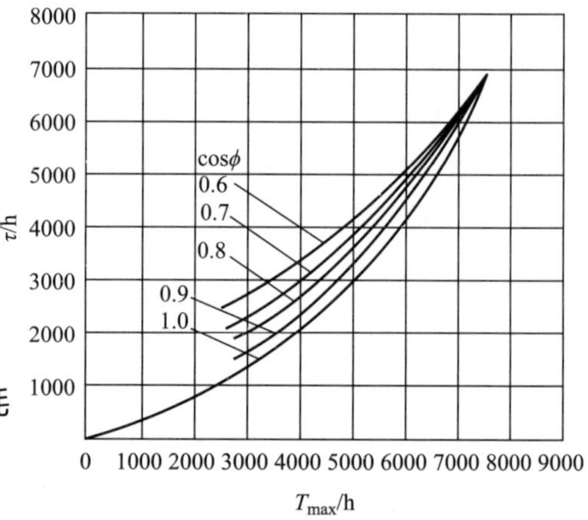

图 2-7 τ-T_{max} 关系曲线

（二）电力变压器的功率损耗和电能损耗

1. 电力变压器的功率损耗

电力变压器的功率损耗包括有功损耗和无功损耗。

（1）有功损耗 ΔP_T 电力变压器的有功功率损耗由铁损（约为空载损耗 ΔP_0）和铜损（约为短路损耗 ΔP_K）构成。

$$\Delta P_T\approx\Delta P_0+\Delta P_K\left(\frac{S_{30}}{S_N}\right)^2$$

（2）无功损耗 ΔQ_T 电力变压器的无功功率损耗由空载无功功率损耗 ΔQ_0 和负载无功功率损耗 ΔQ_N 构成。

$$\Delta Q_T=\Delta Q_0+\Delta Q_N\left(\frac{S_{30}}{S_N}\right)^2\approx S_N\left[\frac{I_0\%}{100}+\frac{U_k\%}{100}\left(\frac{S_{30}}{S_N}\right)^2\right]$$

式中，空载损耗 ΔP_0、短路损耗 ΔP_K、空载电流 $I_0\%$ 及短路电压 $U_k\%$ 见附表 6。

在工程设计中变压器的有功损耗和无功损耗可以用下式估算。

对普通变压器：

$$\Delta P_{\mathrm{T}} \approx 0.02S_{30}$$

$$\Delta Q_{\mathrm{T}} \approx 0.08S_{30}$$

对低损耗变压器：

$$\Delta P_{\mathrm{T}} \approx 0.015S_{30}$$

$$\Delta Q_{\mathrm{T}} \approx 0.06S_{30}$$

【例 2-7】 已知某车间变电所选用变压器的型号为 SJL1-1000/10，电压为 10/0.4kV，其技术数据如下：空载损耗 $\Delta P_0=2.0\mathrm{kW}$，短路损耗 $\Delta P_{\mathrm{K}}=13.7\mathrm{kW}$，短路电压百分值 $U_{\mathrm{k}}\%=4.5$，空载电流百分值 $I_0\%=1.7$，该车间的 $S_{30}=800\mathrm{kV\cdot A}$，试计算该变压器的有功损耗和无功损耗。

解：变压器的有功损耗为

$$\Delta P_{\mathrm{T}}=\Delta P_0+(S_{30}/S_{\mathrm{N}})^2\Delta P_{\mathrm{K}}=2.0+(800/1000)^2\times13.7=2.0+8.8=10.8\ (\mathrm{kW})$$

变压器的无功损耗为

$$\Delta Q_{\mathrm{T}} \approx S_N\left[\frac{I_0\%}{100}+\frac{U_{\mathrm{k}}\%}{100}\left(\frac{S_{30}}{S_N}\right)^2\right]=1000\times\left(\frac{1.7}{100}+\frac{4.5}{100}\times0.8^2\right)=45.8\ (\mathrm{kvar})$$

2. 电力变压器的电能损耗

电力变压器的电能损耗主要是铁损 ΔP_{Fe} 和铜损 ΔP_{Cu}。

（1）全年铁损电能损耗　其中变压器铁损近似等于空载损耗 ΔP_0，全年铁损电能损耗为：

$$\Delta W_{\mathrm{a(1)}}=\Delta P_{\mathrm{Fe}}\times8760=\Delta P_0\times8760$$

（2）全年铜损电能损耗　变压器铜损 ΔP_{Cu} 近似等于短路损耗 ΔP_{K}。全年铜损电能损耗为：

$$\Delta W_{\mathrm{a(2)}}=\Delta P_{\mathrm{Cu}}\beta^2\tau\approx\Delta P_{\mathrm{K}}\beta^2\tau$$

变压器全年总电能损耗为：

$$\Delta W_{\mathrm{a}}=\Delta W_{\mathrm{a(1)}}+\Delta W_{\mathrm{a(2)}}=\Delta P_0\times8760+\Delta P_{\mathrm{K}}\beta^2\tau$$

（三）用户年耗电量

用户年耗电量分别为年有功电能消耗量 $W_{\mathrm{p.a}}$ 和年无功电能消耗量 $W_{\mathrm{q.a}}$。

1. 年有功电能消耗量

$$W_{\mathrm{p.a}}=\alpha P_{30}T_{\mathrm{a}}$$

式中，α 为年平均有功负荷系数，一般取 0.7～0.75；T_{a} 为年实际工作小时，一班制可取 2000h，两班制可取 4000h，三班制可取 6000h。

2. 年无功电能消耗量

$$W_{\mathrm{q.a}}=\beta Q_{30}T_{\mathrm{a}}$$

式中，β 为年平均无功负荷系数，一般取 0.76～0.82。

【例 2-8】 变压器高压侧有功计算负荷 $P_{30}=661\mathrm{kW}$，无功计算负荷 $Q_{30}=312\mathrm{kvar}$，用户为两班制生产，试计算其年耗电量。

解：取 $\alpha=0.7$，$\beta=0.8$，$T_{\mathrm{a}}=4000\mathrm{h}$。

年有功电能消耗量

$$W_{\mathrm{p.a}}=0.7\times661\times4000=1.85\times10^6\ (\mathrm{kW\cdot h})$$

年无功电能消耗量

$$W_{\mathrm{q.a}}=0.8\times312\times4000=0.998\times10^6\ (\mathrm{kvar\cdot h})$$

四、功率因数的提高及全厂负荷的计算

（一）功率因数的提高及无功功率补偿

1. 功率因数及种类

（1）功率因数　功率因数是交流电路中特有的物理量，是负载所消耗的有功功率与其视在功率的比值。电气设备在一定电压和功率下，该值越高效益越好，发电设备越能充分利用，常用 $\cos\phi$ 表示。

供电部门要求，高压供电的工厂，功率因数 $\cos\phi \geqslant 0.9$；其他工厂，$\cos\phi \geqslant 0.85$。

为什么如此要求呢？因感性设备要从供电电源中吸收无功功率来建立磁场，从而使供电系统功率因数降低，功率因数太低将会导致以下三种情况发生。

① 电能损耗增加。当输送功率和电压一定时，由 $P=\sqrt{3}UI\cos\phi$ 可知，功率因数越低，线路上电流越大，因此在输电线上产生的电能损耗 $\Delta P=I^2R_1$ 增加。

② 电压损失增加。线路上电流增加，必然也造成线路压降的增大，而线路压降增大，又会造成用户端电压降低，从而影响供电质量。

③ 供电设备利用率降低。无功电流增加后，供电设备的温升会超过规定范围。为控制设备温升，工作电流也受到控制，在功率因数降低后，不得不降低输送的有功功率 P 来控制电流 I 的值，这样就降低了供电设备的供电能力。

正是由于功率因数在供配电系统中影响很大，所以要求电力用户功率因数达到一定值，不能太低，太低就必须进行补偿。国家标准 GB/T 3485—1998《评价企业合理用电技术导则》中规定，应在负荷侧集中补偿无功功率，即集中安装无功补偿设备电容器。为鼓励提高功率因数，供电部门规定，凡功率因数低于规定值时，将予以罚款，相反，功率因数高于规定值时，将予以奖励，即采用“高奖低罚”的原则。

（2）功率因数的种类

① 瞬时功率因数：功率因数的瞬时值称为瞬时功率因数。由功率因数表读出或经有功功率表、电流表、电压表读数按下式计算得到。

$$\cos\phi=\frac{P}{\sqrt{3}UI} \tag{2-19}$$

式中　P——三相总有功功率，kW；

I——线电流，A；

U——线电压，V。

瞬时功率因数只用来了解和分析工厂或设备在生产过程中无功功率的变化情况，以便采取适当的补偿措施。

② 平均功率因数：一段时间内（如一个月）功率因数的平均值，即

$$\cos\phi=\frac{W_p}{\sqrt{W_p^2+W_q^2}}=\frac{1}{\sqrt{1+\left(\frac{W_q}{W_p}\right)^2}} \tag{2-20}$$

式中　W_p——某一时间段内消耗的有功电能，从有功电度表读出，kW·h；

W_q——某一时间段内消耗的无功电能，从无功电度表读出，kvar·h。

平均功率因数是电力部门每月向企业收取电费时作为调整收费标准的依据。

③ 最大负荷功率因数：最大负荷的功率因数。可按下式计算：

$$\cos\phi = P_{30}/S_{30} \tag{2-21}$$

未装补偿设备时的功率因数称为自然功率因数；装设补偿设备时的功率因数称为补偿后功率因数。最大负荷功率因数是功率因数补偿的依据。

2. 无功功率补偿

我国有关规程规定：对于高压供电的工厂，最大负荷功率因数应为 $\cos\phi \geqslant 0.9$；其他工厂，$\cos\phi \geqslant 0.85$。一般工厂的自然功率因数往往低于这个数值，这是因为在工厂中感性负荷占的比重较大，如大量使用感应电动机、变压器、电焊机等。如何提高功率因数，几乎是每个工厂都面临的问题。

提高功率因数，通常有两个途径：提高自然功率因数即提高电动机、变压器等设备的负荷率，或是降低用电设备消耗的无功功率。但自然功率因数的提高往往有限，一般还需采用人工补偿装置来提高功率因数。无功补偿装置可选择同步电动机或并联电容器等。

(1) 电力电容器　电力电容器在交流电路中，其电流始终超前电压90°，发出容性无功功率，并具有聚集电荷而储存电场能量的基本性能，因此电力系统中常利用电力电容器进行无功功率补偿。

① 电力电容器的工作原理　电力系统的负荷如感应电动机、电焊机、感应电炉等，不但需要消耗有功功率，还要吸收无功功率。在电力系统中，无功功率是用来建立磁场的能量，这部分能量给有功功率的转换创造了条件。

由于电力系统中许多设备不仅需要消耗有功功率，设备本身的电感损失还要消耗无功功率，使系统的功率因数降低。如果把能“发出”无功功率的电力电容器并联在负荷或供电设备上运行，那么，负荷或供电设备要“吸收”的无功功率正好由电容器“发出”的无功功率供给，从而起到无功功率补偿的作用，这就是电力电容器在电力系统中的主要作用。

② 电力电容器的基本结构　电力电容器的结构主要由外壳、电容元件、液体和固体绝缘、紧固件、引出线和套管等组成。无论是单相还是三相电力电容器，电容元件均放在外壳（油箱）内，箱盖与外壳焊在一起，其上装有出线套管，套管的引出线通过出线连接片与元件的极板相连接。箱盖的一侧焊有接地片，做保护接地用。在外壳的两侧焊有两个搬运用的吊环。单相电力电容器的外形如图2-8(a)所示，内部结构如图2-8(b)所示。

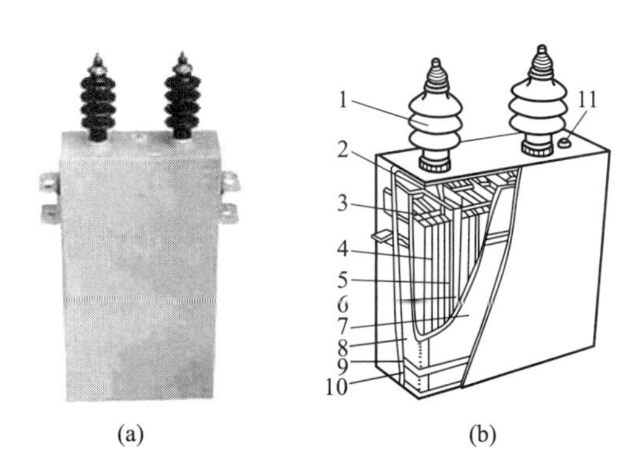

图2-8　单相电力电容器

1—出线套管；2—出线连接片；3—连接片；4—元件；5—出线连接片固定板；6—组间绝缘；7—包封件；8—夹板；9—紧箍；10—外壳；11—封口盖

电力电容器的型号及其含义如下：

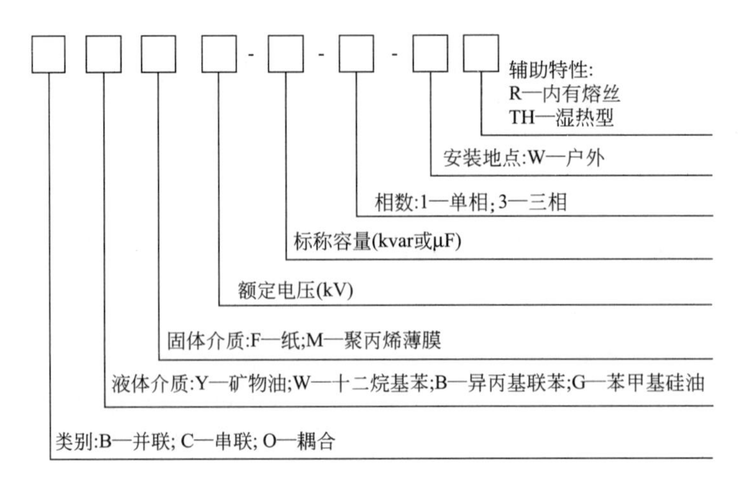

例如：电力电容器 CY0.6-10-1 中 C 表示串联用电容，Y 表示油浸式，0.6 表示额定电压为 0.6kV，10 表示标称容量为 10kvar，1 表示单相。

③ 电力电容器的接线　单相电容器组接入三相电网时可采用三角形连接或星形连接，但必须满足电容器组的线电压与电网电压相同。

当三个电容为 C 的电容器接成三角形时，容量为

$$Q_C(\triangle)=3\omega CU^2$$

式中，U 为三相线路的线电压。如果三个电容为 C 的电容器接成星形时，容量为

$$Q_C(\mathrm{Y})=3\omega CU_\phi^2$$

式中，U_ϕ 为三相线路的相电压。

由于 $U=\sqrt{3}U_\phi$，因此 $Q_C(\triangle)=3Q_C(\mathrm{Y})$。这是并联电容器采用三角形接线的一个优点，如图 2-9 所示。

另外电容器采用三角形接线时，任一电容器断线，三相线路仍得到无功补偿；而采用星形接线时，一相断线时，断线的那一相将失去无功补偿。

（2）电容器容量的确定　无功功率补偿如图 2-10 所示。

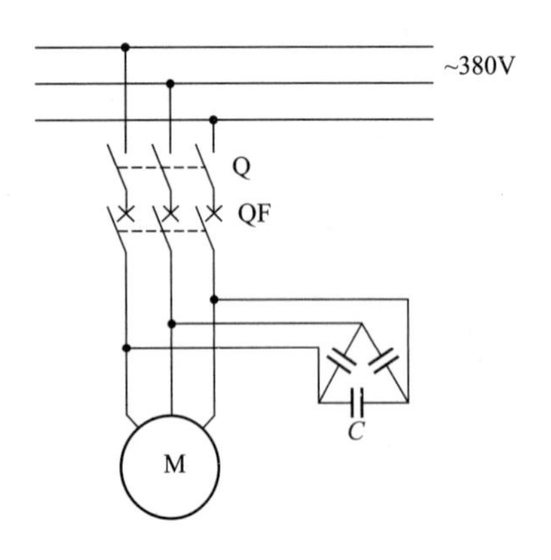

图 2-9　电力电容器三角形接线

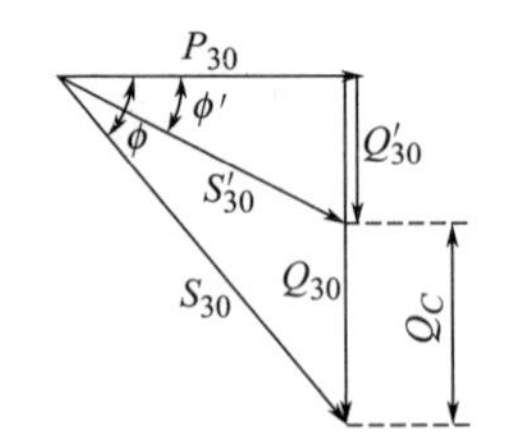

图 2-10　无功功率补偿

补偿前：有功功率 P_{30}，无功功率 Q_{30}，视在功率 S_{30}，功率因数 $\cos\phi$（低）。

补偿后：有功功率 P_{30}（补偿前、后不变），无功功率 Q_{30}'，视在功率 S_{30}'，功率因数 $\cos\phi'$（高）。

所需无功补偿的电容容量如下：

$$Q_C = P_{30} \Delta q_C \tag{2-22}$$

式中，$\Delta q_C = \tan\phi - \tan\phi'$，称为无功补偿率，其单位为 kvar、kW，它表示功率因数由 $\cos\phi$ 提高到 $\cos\phi'$时，单位有功功率所需补偿的无功功率，Δq_C 值可查附表 5。

在中小企业中，使用较多的人工补偿设备是并联电容器。常见的并联电容器的主要技术数据见附表 4。在计算出所需的补偿容量 Q_C 后，根据附表 4 和附表 5 计算出电容器所需个数。需要指出的是，如果选择单相电容器，则电容器的个数应取 3 的倍数，以便三相对称分配。

无功补偿的并联电容器，可装设在车间的低压母线上，也可装设在工厂的高压母线上，在实际应用中，电容器尽可能接在高压侧，这是因为补偿所需的电容器容量大小与电压的平方成正比：$Q_C = \omega C U^2$。

工厂或车间装设了无功补偿并联电容器后，能使装设地点前的供电系统减少相应的无功损耗。补偿后计算负荷按以下公式确定。

$$\begin{cases} P'_{30} = P_{30} \\ Q'_{30} = Q_{30} - Q_C \\ S'_{30} = \sqrt{P'^2_{30} + Q'^2_{30}} \\ I'_{30} = S'_{30} / (\sqrt{3} U_N) \end{cases} \tag{2-23}$$

（二）全厂计算负荷的最终确定

1. 全厂计算负荷最终确定的计算步骤

① 设备容量换算（考虑设备工作制）。

② 计算各组计算负荷（考虑需要系数）。

③ 计算低压干线负荷（考虑同时系数）。

④ 计算线路和变压器的功率损耗。

⑤ 计算功率因数及补偿无功功率。

⑥ 进行变电所一次侧的负荷计算。

2. 全厂计算负荷最终确定的实例讲解

【例 2-9】 某工厂有功计算负荷为 650kW，无功计算负荷为 800kvar。为使工厂的功率因数不得低于 0.9，现要在工厂变电所低压侧装设并联电容器进行无功补偿，问需要装设多大补偿容量的并联电容器？补偿前工厂变电所主变压器的容量选择为 1250kV・A，则补偿后工厂变电所主变压器的容量有何变化？

解： ① 补偿前的变压器容量

$$S_{30(2)} = \sqrt{650^2 + 800^2} \approx 1031\ (\mathrm{kV})$$

变电所二次侧的功率因数

$$\cos\phi_{(2)} = P_{30(2)} / S_{30(2)} = 650/1031 \approx 0.63$$

② 按相关规定，补偿后变电所高压侧的功率因数不应低于 0.9，即 $\cos\phi_{(2)} \geqslant 0.9$。考虑到变压器的无功功率损耗远大于有功功率损耗，所以低压侧补偿后的功率因数应略高于 0.9，取 0.92。因此，在低压侧需要装设的并联电容器容量为

$$Q_{30C} = 650 \times (\tan \arccos 0.63 - \tan \arccos 0.92) \approx 524\ (\mathrm{kvar})$$

③ 变压器低压侧的视在计算负荷为

$$P'_{30(2)}=P_{30(1)}=650\ (\text{kW})$$

$$Q'_{30(2)}=Q_{30(2)}-Q_{30C}=800-524=276\ (\text{kvar})$$

$$S'_{30(2)}=\sqrt{P'^2_{30(2)}+Q'^2_{30(2)}}=\sqrt{650^2+276^2}=704\ (\text{kV}\cdot\text{A})$$

④ 变压器的功率损耗为

$$\Delta P_T=0.015S'_{30(2)}=0.015\times704\approx10.6\ (\text{kW})$$

$$\Delta Q_T=0.06S'_{30(2)}=0.06\times704\approx42.2\ (\text{kvar})$$

⑤ 变电所高压侧的计算负荷为

$$P'_{30(1)}=650+10.6=661\ (\text{kW})$$

$$Q'_{30(1)}=800-530+42.2\approx312\ (\text{kvar})$$

$$S_{30(1)}=\sqrt{661^2+312^2}\approx731\ (\text{kV}\cdot\text{A})$$

补偿后的功率因数为

$$\cos\phi'=661/731\approx0.904$$

⑥ 无功补偿前后进行比较

$$S'_N-S_N=1250-800=450\ (\text{kV}\cdot\text{A})$$

补偿后变压器的容量减小了 450kV·A，由此可以看出，在变电所低压侧装设了无功补偿装置后，低压侧总的视在功率减小，变电所主变压器的容量也减小，功率因数提高。因为我国电力部门对工业用户实行的是“两部电费制”：一部分叫基本电费，是按所装用的主变压器容量来计费的，规定每月按 kV·A 容量缴费，容量越大缴的基本电费就越多；另一部分叫电度电费，是按每月实际耗用的电能 kW·h 来计算电费的，而且要根据月平均功率因数的高低乘上一调整系数，凡是平均功率因数高于一定值的，可按一定比率减收电费，而低于一定值时，则要按一定比率加收电费。可见，提高功率因数一方面可对电力系统带来好处，另一方面可以少缴纳基本电费和电度电费。

五、尖峰电流的计算

（一）尖峰电流的概念

尖峰电流是由于电动机启动等原因，短时间（1～2s）出现的比额定电流大几倍的电流。尖峰电流是选择熔断器、整定自动空气开关、整定继电保护装置的重要依据。

（二）尖峰电流的计算方法

（1）单台设备尖峰电流的计算　单台用电设备的尖峰电流就是其启动电流，因此

$$I_{PK}=I_{st}=K_{st}I_N \tag{2-24}$$

式中　I_N——用电设备的额定电流；

I_{st}——用电设备的启动电流；

K_{st}——用电设备的启动电流倍数，可查设备铭牌。

（2）多台用电设备尖峰电流的计算　对接有多台用电设备的配电线路，其尖峰电流可按下式确定：

$$I_{PK}=I_{30}+(I_{st}-I_N)_{max} \tag{2-25}$$

式中　$(I_{st}-I_N)_{max}$——电动机中最大的那台电动机的电流差值；

I_{30}——全部用电设备投入时，线路上的计算电流，即 $I_{30}=K_{\Sigma}\sum I_N$；

K_{Σ}——多台用电设备的同时系数，按台数的多少可取0.7～1。

【例2-10】 有一条380V的线路，供电给4台电动机，负荷资料如表2-2所示，试计算该380V线路上的尖峰电流。

表2-2　电动机负荷资料

参　数	电　动　机			
	1M	2M	3M	4M
额定电流/A	5.8	5	35.8	27.6
启动电流/A	40.6	35	197	193.2

解： 取 $K_{\Sigma}=0.9$，则 $I_{30}=K_{\Sigma}\sum I_N=0.9\times(5.8+5+35.8+27.6)=66.78\text{ (A)}$

由表2-2知，4M的 $I_{st}-I_N=193.2-27.6=165.6\text{ (A)}$ 为最大，所以

$I_{PK}=I_{30}+(I_{st}-I_N)_{max}=66.78+(193.2-27.6)=232.38\text{ (A)}$

项目二任务一任务实施单

在线测试三（负荷计算）

【任务实施及考核】

详细的实施步骤及考核扫描右侧二维码即可查看下载。

任务二　短路电流计算

【任务描述】

在供配电系统的设计和运行中，不仅要考虑系统的正常运行状态，还要考虑系统的不正常运行状态和故障情况，最严重的故障是短路故障。

短路电流计算的目的：一是校验所选设备在短路状态下是否满足动稳定和热稳定的要求；二是为线路过电流保护装置动作电流的整定提供依据。

本次任务要求会用标幺值法进行三相短路电流的计算。

【相关知识】

一、短路基本概念

南方特大雪灾

工厂供电系统在向负荷提供电能，保证用户生产和生活正常运行的同时，也可能由于各种原因出现一些故障，从而破坏系统的正常运行。这些故障通常是由于短路引起的。

（一）短路及短路的原因

短路是指不同电位的导体之间的电气短接。简单地说，短路原因有以下几种。

① 电气设备载流部分的绝缘损坏。例如，设备长期运行，绝缘自然老化；设备本身设计、安装、老化与运行维护不良；绝缘强度不够而被正常电压击穿；设备绝缘正常而被过电压击穿；设备绝缘受到外力损伤等都可能造成短路。

② 误操作。工作人员由于未遵守安全操作规程而发生误操作，或者将低压设备接入较

高电压电路中，也可能造成短路。

③ 电力线路发生断线和倒杆事故可能导致短路。

④ 鸟兽跨越在裸露的相线之间或相线与接地物体之间，或者咬坏设备导线的绝缘。

（二）短路的危害

发生短路时，由于短路回路的阻抗很小，产生的短路电流较正常电流大数十倍，可能高达数万甚至数十万安培。同时系统电压降低，离短路点越近电压降越大，三相短路时，短路点的电压可能降到零。因此，短路将造成严重危害。

① 短路产生很大的热量，导体温度升高，将绝缘损坏。

② 短路产生巨大的电动力，使电气设备受到机械损坏。

③ 短路使系统电压严重降低，电气设备正常工作受到破坏。例如，异步电动机的转矩与外施电压的平方成正比，当电压降低时，其转矩降低使转速减慢，造成电动机过热而烧坏。

④ 短路造成停电，给国民经济带来损失，给人民生活带来不便。

⑤ 严重的短路将影响电力系统运行的稳定性，使并联运行的同步发电机失去同步，严重的可能造成系统解列，甚至崩溃。

⑥ 单相短路产生的不平衡磁场，对附近的通信线路设备产生严重的电磁干扰，影响其正常工作。

由此可见，短路产生的后果极为严重，在供配电系统的设计和运行中应采取有效措施，设法消除可能引起短路的一切因素，使系统安全可靠地运行。

（三）短路的类型

在电力系统中，短路故障对电力系统的危害最大，按照短路的情况不同，短路类型可分为三相短路、两相短路、两相接地短路和单相短路 4 种，如图 2-11 所示。

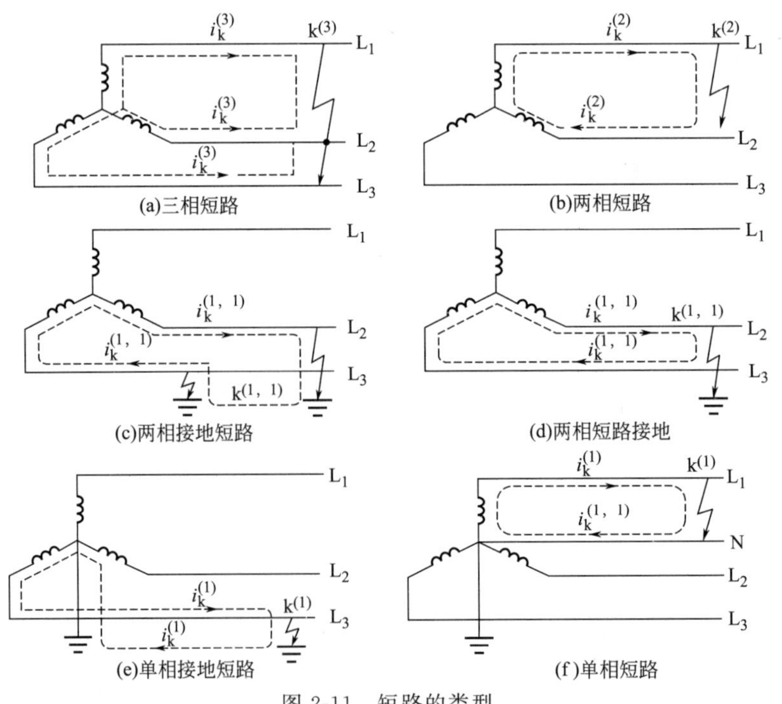

图 2-11 短路的类型

单相短路是指供配电系统中任一相经大地与中性点或中性线发生的短路，用 $k^{(1)}$ 表示；两相短路是指三相供配电系统中任意两相导体间的短路，用 $k^{(2)}$ 表示；三相短路是指供配电系统三相导体间的短路，用 $k^{(3)}$ 表示；两相接地短路是指中性点不接地系统中任意两相发生单相接地而产生的短路，用 $k^{(1,1)}$ 表示。

当三相短路线路设备发生三相短路时，由于短路的三相阻抗相等，因此，三相电流和电压仍是对称的，所以三相短路又称为对称短路，其他类型的短路不仅相电流、相电压大小不同，而且各相之间的相位角也不相等，这些类型的短路统称为不对称短路。

电力系统中，发生单相短路的可能性最大，而发生三相短路的可能性最小，但它却是危害最严重的短路形式，因此常以三相短路时的短路电流热效应和电动力效应来检验电气设备。

二、三相短路的分析

（一）无限大容量供电系统的概念

无限大容量电力系统，就是端电压保持稳定，没有内部阻抗和容量无限大（相对于用户内部供配电系统容量大）的电力系统，以致用户的负荷不论如何变动甚至发生短路时，电力系统变电所馈电母线的电压能基本维持不变。

在实际用户供电设计中，当电力系统总阻值不超过短路电路总阻值的 5%～10%，或电力系统容量超过用户供配电系统容量的 50 倍时，可将电力系统视为“无限大容量电源”。

对一般企业供配电系统来说，由于企业供配电系统的容量远比电力系统总容量小，而其阻抗又较电力系统大得多，因此企业供配电系统内发生短路时，电力系统变电所馈电母线上的电压几乎维持不变，也就是说，可将电力系统看作无限大容量的电源。

（二）三相短路的过程分析

1. 三相短路分析

供配电系统发生三相短路时，示意图见图 2-12。

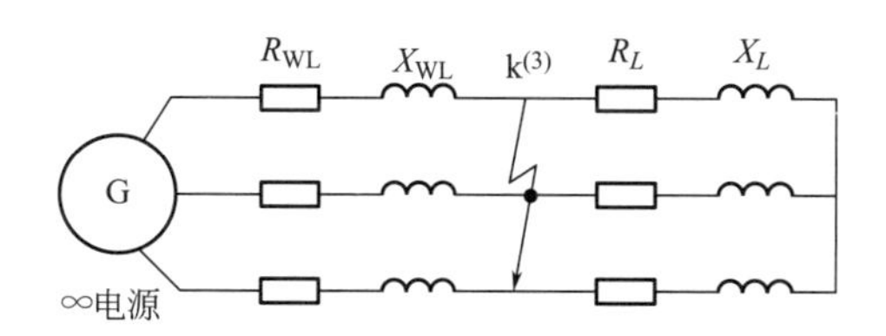

图 2-12　供配电系统发生三相短路时的示意图

供配电系统发生三相短路时，分析过程如下（图 2-13）。

① 系统正常时，电路中电流取决于电源电压和电路中的总阻抗。

② 三相短路时，由于负载被短路，电路中的电流会突然增大，这是电源产生的，其大小一直按正弦规律变化，称为短路周期分量 i_p。

③ 由于电路中存在电感，根据楞茨定律，在短路瞬间，会产生一个与 i_p 方向相反的电流，此电流随着电感中能量的减小而按指数规律逐渐减小到零，称为非周期分量 i_{np}。

④ 任一瞬间的短路全电流 i_k 为其周期分量 i_p 和非周期分量 i_{np} 之和，即 $i_k = i_p + i_{np}$。

⑤ 由于 i_{np} 逐渐减小到零，所以最后系统中只有 i_p。

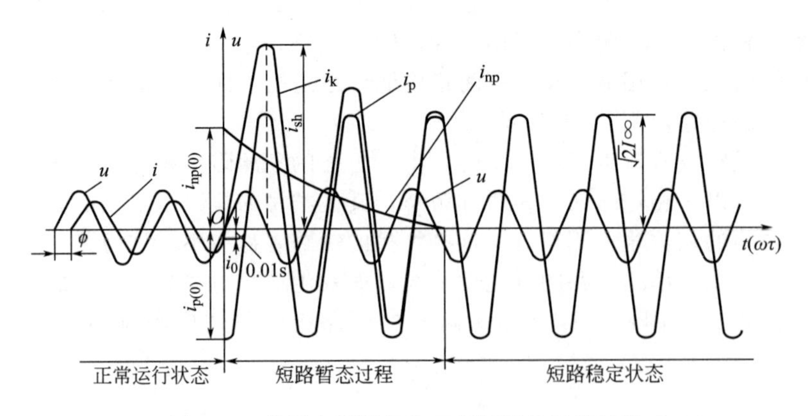

图 2-13 供配电系统发生三相短路的过渡过程

2. 三相短路电流的有关参数

(1) 短路电流周期分量 I_p 无限大容量电源系统发生三相短路的电流在暂态过程中包含两个分量：周期分量和非周期分量。周期分量属于强制电流，它的大小取决于电源电压和短路回路的阻抗。

(2) 短路电流非周期分量 I_{np} 由于电路中存在电感，在短路发生时，电感要产生一个与 $i_p(0)$ 方向相反的感生电流，以维持短路瞬间（$t=0$ 时刻）电路中的电流不突变。这个反向电流就是短路电流非周期分量 I_{np}。

(3) 短路全电流 任一瞬间的短路全电流 i_k 为其周期分量 i_p 和非周期分量 i_{np}之和，即

$$i_k=i_p+i_{np} \tag{2-26}$$

在无限大容量电源系统中，短路电流周期分量的幅值和有效值是始终不变的，习惯上将周期分量的有效值写作 I_k，即

$$I_p=I_k \tag{2-27}$$

(4) 短路次暂态电流的有效值 I'' 短路次暂态电流的有效值 I''是短路后第一个周期的短路电流周期分量的有效值。

(5) 短路电流稳态电流 I_∞ 短路电流非周期一般经过 0.2s 就衰减完毕，短路电流达到稳定状态，这时的短路电流称为短路稳态电流 I_∞。

在无限大容量系统中，短路电流周期分量有效值在短路全过程中始终是恒定不变的，所以有

$$I''=I_\infty=I_k=I_p \tag{2-28}$$

(6) 短路冲击电流 短路后经过半个周期（0.01s），短路电流瞬时值达到最大值，这一瞬时电流称为短路冲击电流。

在高压电路中发生三相短路时有

$$\begin{aligned} i_{sh}&=2.5I'' \\ I_{sh}&=1.5I'' \end{aligned} \tag{2-29}$$

在 1000kV·A 及以下的电力变压器二次侧及低压电路中发生三相短路时有

$$\begin{aligned} i_{sh}&=1.84I'' \\ I_{sh}&=1.09I'' \end{aligned} \tag{2-30}$$

三、三相短路电流的计算

（一）短路电流计算中有关物理量单位的选取

短路是电力系统中不可避免的故障。在供电系统的设计和运行中，需要进行短路电流的计算，主要是因为：

① 选择电气设备和载流导体时，需用短路电流校验其动稳定性和热稳定性，以保证在发生可能的最大短路电流时不至于损坏。

② 选择和整定用于短路保护的继电保护装置时，需应用短路电流参数。

③ 选择用于限制短路电流的设备时，也需进行短路电流计算。

短路计算中有关物理量一般采用以下单位：电流为 kA；电压为 kV；短路容量和断流容量为 MV・A；设备容量为 kW 或 kV・A；阻抗为 Ω 等。

三相短路电流常用的计算方法有欧姆法和标幺值法两种。欧姆法是最基本的短路计算方法，适用于两个及两个以下电压等级的供电系统；而标幺值法适用于多个电压等级的供电系统。

（二）用标幺值法计算短路电流

1. 标幺值法

标幺值法又称为相对值法，就是在分析计算过程中，将电压、电流、功率、阻抗等物理量采用标幺值表示的方法。

（1）标幺值　任一物理量的标幺值，等于该物理量的实际值与所选定的基准值的比值。它是一个相对值，没有单位。标幺值上标用“*”表示，基准值下标用“d”表示。

值得注意的是，在说明一个物理量的标幺值时，必须说明其基准值，否则标幺值是没有意义的。原则上说，电压、电流、功率、阻抗这四个物理量的基准值是可以任意选取的，但由于这些物理量彼此之间存在一定的约束关系，所以可独立选取的基准值实际只有两个，另外两个物理量的基准值通过推导得出。基准值中一般选定基准容量 S_d 和基准电压 U_d。

基准容量，工程设计中通常取 $S_d=100\text{MV}\cdot\text{A}$。

基准电压，通常取元件所在处的短路点计算电压，$U_d=U_C=1.05U_N$。

选定基准容量和基准电压后，基准电流和基准电抗按下式计算：

$$I_d=\frac{S_d}{\sqrt{3}U_d} \tag{2-31}$$

$$X_d=\frac{S_d}{\sqrt{3}I_d}=\frac{U_d^2}{S_d} \tag{2-32}$$

（2）电抗标幺值的计算

取 $S_d=100\text{MV}\cdot\text{A}$，$U_d=U_C$，则

① 电力系统电抗标幺值

$$X_S^*=\frac{S_d}{S_{oc}} \tag{2-33}$$

式中，S_{oc} 为系统出口断路器断流容量。

② 电力变压器电抗标幺值

$$X_T^*=\frac{U_k\%}{100}\times\frac{S_d}{S_N} \tag{2-34}$$

式中，$U_k\%$为变压器阻抗电压，查附表 6。

③ 电力线路电抗标幺值

$$X_{WL}^{*}=\frac{X_0 l S_d}{U_C^2} \tag{2-35}$$

式中，X_0 为电路每公里电抗，查附表 13，附表 14。

对于 35kV 以下线路，架空线取 $X_0=0.38\Omega/km$，电缆取 $0.08\Omega/km$；对于低压线路，架空线取 $0.32\Omega/km$，电缆取 $0.066\Omega/km$。

短路电路中各主要元件的电抗标幺值求出以后，即可利用等效电路图进行电路化简，计算其总电抗标幺值。由于各元件电抗均采用标幺值，与短路计算点的电压无关，因此无需进行电压换算，这也是标幺值法优于欧姆法的地方。

2. 短路电流计算

（1）短路电流计算公式

① 三相短路电流 $I_k^{(3)}$。无限大容量系统三相短路时，其短路电流周期分量有效值的标幺值为

$$I_k^{(3)*}=\frac{I_k^{(3)}}{I_d}=\frac{U_C}{\sqrt{3}X_{\Sigma}}\times\frac{\sqrt{3}U_d}{S_d}=\frac{U_d^2}{S_d}\times\frac{1}{X_{\Sigma}}=\frac{X_d}{X_{\Sigma}}=\frac{1}{X_{\Sigma}^{*}} \tag{2-36}$$

故无限大容量系统三相短路电流周期分量有效值为

$$I_k^{(3)}=I_k^{(3)*}I_d=\frac{I_d}{X_{\Sigma}^{*}} \tag{2-37}$$

② 三相短路容量 $S_k^{(3)}$。

$$S_k^{(3)}=\sqrt{3}U_C I_k^{(3)}=\frac{\sqrt{3}U_C I_d}{X_{\Sigma}^{*}}=\frac{S_d}{X_{\Sigma}^{*}} \tag{2-38}$$

③ 两相短路电流 $I_k^{(2)}$

$$I_k^{(2)}=0.866I_k^{(3)} \tag{2-39}$$

④ 单相短路电流 $I_k^{(1)}$

$$I_k^{(1)}=U_{\phi}/|Z_{\phi-0}| \tag{2-40}$$

式中，$|Z_{\phi-0}|$ 单相短路回路的阻抗，可查有关手册。

（2）标幺值法短路计算步骤

① 画出短路计算系统图，标出各元件的参数和短路点。

② 画出计算短路电流的等效电路图，元件标出序号和电抗值，分子标序号，分母标电抗值，电源用小圆表示，并标出短路点。

③ 选取基准容量和基准电压，计算各元件的电抗标幺值。

④ 求出短路回路总电抗的标幺值。

⑤ 按公式计算短路电流、短路冲击电流和三相短路容量。

【例 2-11】 试用标幺值法计算图 2-14 所示供配电系统中 k-1 及 k-2 点的短路电流及短路容量。

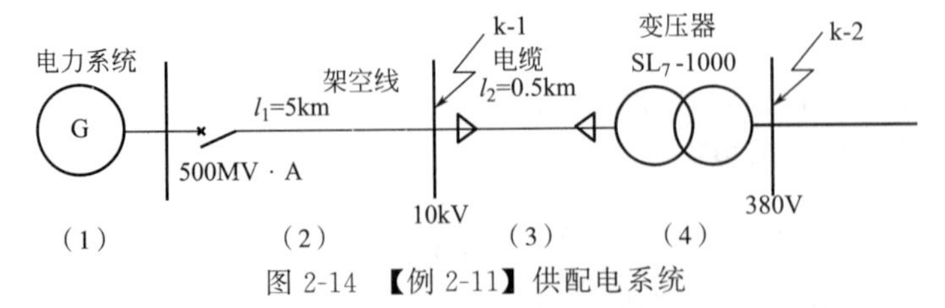

图 2-14 【例 2-11】供配电系统

解：①选定基准值

取　$S_d=100\text{MV}\cdot\text{A}$，$U_{c1}=10.5\text{kV}$，$U_{c2}=0.4\text{kV}$

$$I_{d1}=\frac{S_d}{\sqrt{3}U_{c1}}=5.5\text{kA}$$

$$I_{d2}=\frac{S_d}{\sqrt{3}U_{c2}}=144\text{kA}$$

② 绘出等效电路图，并求各元件电抗标幺值

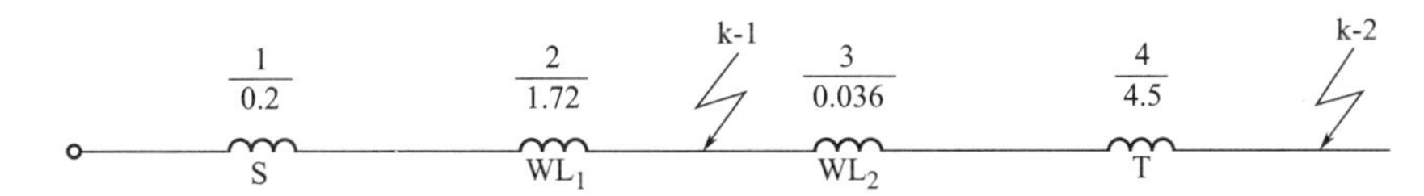

电力系统电抗标幺值

$$X_s^*=\frac{100}{S_{oc}}=\frac{100}{500}=0.2$$

架空线路电抗标幺值

$$X_{WL1}^*=X_0l_1\frac{S_d}{U_c^2}=0.38\times5\times\frac{100}{10.5^2}=1.72$$

电缆线路电抗标幺值

$$X_{WL2}^*=X_0l_2\frac{S_d}{U_c^2}=0.08\times0.5\times\frac{100}{10.5^2}=0.036$$

变压器电抗标幺值

$$X_T^*=\frac{U_k\%S_d}{100S_N}=\frac{4.5\times100\times10^3}{100\times1000}=4.5$$

③ 计算短路电流和短路容量

k-1 点短路时总电抗标幺值

$$X_{\Sigma}^*=X_S^*+X_{WL1}^*=0.2+1.72=1.92$$

k-1 点短路时的三相短路电流和三相短路容量

$$I_{k-1}^{(3)}=\frac{I_{d1}}{X_{\Sigma1}^*}=\frac{5.5}{1.92}=2.86\text{kA}$$

$$i_{sh}^{(3)}=2.55I''^{(3)}=2.55\times2.86=7.29\text{kA}$$

$$S_{k-1}^{(3)}=\frac{S_d}{X_{\Sigma1}^*}=\frac{100}{1.92}=52.08\text{MV}\cdot\text{A}$$

k 2 点短路时总电抗标幺值

$$X_{\Sigma2}^*=X_s^*+X_{WL1}^*+X_{WL2}^*+X_T^*=0.2+1.72+0.036+4.5=6.456$$

k-2 点短路时的三相短路电流及三相短路容量

$$I_{k-2}^{(3)}=\frac{I_{d2}}{X_{\Sigma2}^*}=\frac{144}{6.456}=22.3\text{kA}$$

$$i_{sh}^{(3)}=1.84I''^{(3)}=1.84\times22.3=41.0\text{kA}$$

$$S_{k-2}^{(3)}=\frac{S_d}{X_{\Sigma2}^*}=\frac{100}{6.456}=15.5\text{MV}\cdot\text{A}$$

【例 2-12】 某供电系统如图 2-15 所示。已知电力系统出口断路器为 SN10-10 型。试求该用户变电所高压 10kV 母线上 k-1 点短路和低压 380V 母线上 k-2 点短路的三相短路电流和短路容量。

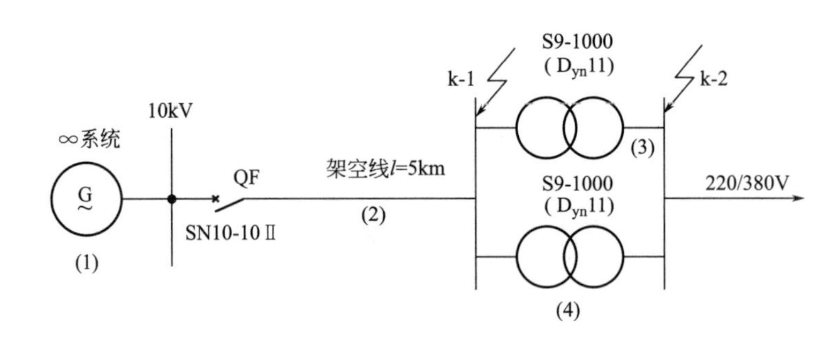

图 2-15 【例 2-12】的供电系统

解：（1）确定基准值

取 $S_d=100\text{MV}\cdot\text{A}$，$U_{d1}=U_{C1}=10.5\text{kV}$，$U_{d2}=U_{C2}=0.4\text{kV}$，而

$$I_{d1}=\frac{S_d}{\sqrt{3}U_{C1}}=\frac{100}{\sqrt{3}\times10.5}=5.5\text{kA}$$

$$I_{d2}=\frac{S_d}{\sqrt{3}U_{C2}}=\frac{100}{\sqrt{3}\times0.4}=144\text{kA}$$

（2）计算短路电路中各元件的电抗标幺值

① 电力系统的电抗标幺值：由附表 9 可查得 SN10-10 Ⅱ 型断路器的断流容量 $S_{oc}=500\text{MV}\cdot\text{A}$，因此

$$X_1^*=\frac{S_d}{S_{oc}}=\frac{100}{500}=0.2$$

② 架空线路的电抗标幺值：$X_0=0.38\Omega/\text{km}$，因此

$$X_2^*=X_0 l\frac{S_d}{U_{C1}}=0.38\times5\times\frac{100}{(10.5)^2}=1.72$$

③ 电力变压器的电抗标幺值：由附表 4 查得 $U_k\%=5$，因此

$$X_3^*=X_4^*=\frac{U_k\%S_d}{100S_N}=\frac{5\times100\times10^3}{100\times1000}=5.0$$

绘短路等效电路如图 2-16 所示。图上标出各元件的序号（分子）和电抗标幺值（分母），并标出短路计算 k-1 和 k-2。

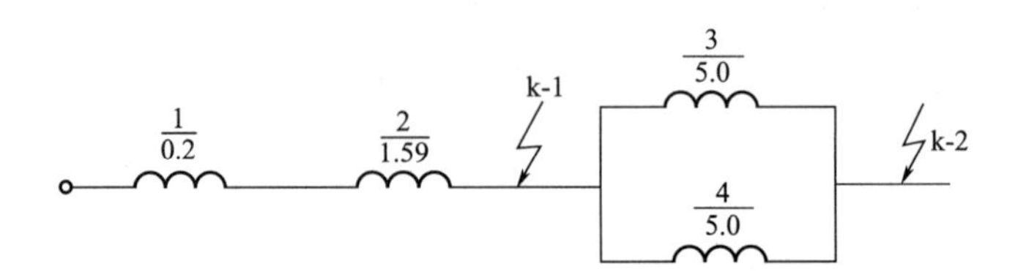

图 2-16 【例 2-11】电路图

（3）k-1 点的短路电路总电抗标幺值及三相短路电流和短路容量

① 总电抗标幺值

$$X_{\Sigma(k-1)}^{*}=X_{1}^{*}+X_{2}^{*}=0.2+1.72=1.92$$

② 三相短路电流周期分量有效值

$$I_{k-1}^{(3)}=\frac{I_{d1}}{X_{\Sigma(k-1)}^{*}}=\frac{5.50\text{kA}}{1.92}=2.86\text{kA}$$

③ 三相短路冲击电流

$$i_{sh}^{(3)}=2.55I''^{(3)}=2.55\times2.86\text{kA}=7.29\text{kA}$$

④ 三相短路容量

$$S_{k-1}^{(3)}=\frac{S_{d}}{X_{\Sigma(k-1)}^{*}}=\frac{100}{1.79}=55.87\text{MV}\cdot\text{A}$$

(4) k-2 点的短路电路总电抗标幺值及三相短路电流和短路容量

① 总电抗标幺值

$$X_{\Sigma(k-2)}^{*}=X_{1}^{*}+X_{2}^{*}+X_{3}^{*}X_{4}^{*}/(X_{3}^{*}+X_{4}^{*})=0.2+1.72+\frac{5.0}{2}=4.42$$

② 三相短路电流周期分量有效值

$$I_{k-2}^{(3)}=\frac{I_{d2}}{X_{\Sigma(k-2)}^{*}}=\frac{144}{4.42}=32.58\text{kA}$$

③ 三相短路冲击电流

$$i_{sh}^{(3)}=1.84I''^{(3)}=1.84\times32.58=59.9\text{kA}$$

④ 三相短路容量

$$S_{k-2}^{(3)}=\frac{S_{d}}{X_{\Sigma(k-2)}^{*}}=\frac{100}{4.42}=22.6\text{MV}\cdot\text{A}$$

四、短路电流的效应

通过短路计算可知，供电系统发生短路时，短路电流是相当大的。如此大的短路电流通过电器和导体，一方面要产生很高的温度，即热效应；另一面要产生很大的电动力，即电动效应。这两类短路效应，对电器和导体的安全运行威胁很大，必须充分注意。

（一）短路电流的热效应

1. 短路时导体的发热过程

电力系统正常运行时，额定电流在导体中发热产生的热量一方面被导体吸收，并使导体温度升高，另一方面通过各种方式传入周围介质中，当电力线路发生短路时，短路电流通过导体。由于短路后线路的保护装置很快动作，将故障点切除，所以短路电流通过导体的时间很短（一般不会超过 2～3s)，其热量来不及向周围介质中散发，因此，可以认为全部热量都用来升高导体的温度了。

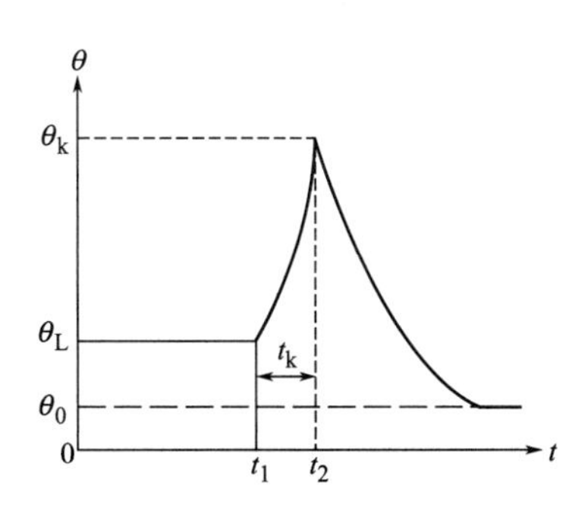

图 2-17　短路前后导体的温升变化曲线

图 2-17 表示短路前后导体的温升变化情况。导体在短路前正常负荷时的温度为 θ_L。假设在 t_1 时发生短路，导体温度按指数函数规律迅速升高；而达到 t_2 时，线路保护装置动作，切除短路故障，这时导体温度已升至最高温度 θ_k。短路故障切除后，导

体不再产生热量，只向周围介质按指数函数规律散热，直至导体温度等于周围介质温度 θ_0 为止。

根据导体的允许发热条件，导体在正常负荷和短路时最高允许温度如附表 15 所示。如果导体和电器在短路时的发热温度不超过允许温度，则认为其短路热稳定度满足要求。

2. 短路发热假想时间

一般采用短路稳态电流来等效计算实际短路电流所产生的热量。由于通过导体的实际短路电流并不是短路稳态电流，因此需要假定一个时间，在此时间内，假定导体通过短路稳态电流时所产生的热量，恰好与实际短路电流在实际短路时间内所产生的热量相等。这一假想时间称为短路发热的假想时间，用 t_{ima} 表示。

$$t_{ima}=t_k+0.05$$

$$t_k=t_{oc}+t_{op}$$

式中 t_{op}——保护装置动作时间；

t_{oc}——断路器动作时间（慢速断路器取 0.2s，快速和中速断路器可取 0.1～0.15s）。

当 $t_k>1s$ 时，$t_{ima}=t$；当 $t_k>1s$ 时，可以认为 $t_{ima}=t_k$。

3. 短路热稳定度的校验

（1）一般电气设备热稳定度的校验条件

$$I_t^2 t \geqslant I_{\infty}^{(3)2} t_{ima} \quad (2\text{-}41)$$

式中 I_t——试验电流，查附表 9 等；

t——试验时间；

I_{∞}——短路稳态电流；

t_{ima}——短路电流作用假想时间。

（2）检验母线、电缆和绝缘导线的热稳定度的校验条件

$$A_{min} \geqslant I_{\infty}\frac{\sqrt{t_{ima}}}{C} \quad (2\text{-}42)$$

式中，C 为导体的短路热稳定系数，可查附表 15；A_{min} 为最小允许截面面积。

【例 2-13】 已知某车间变电所 380V 侧采用 80×10mm² 铝母线，其三相短路稳态电流为 36.5kA，短路保护实际动作时间为 0.5s，低压断路器的断路时间为 0.05s。试校验此母线的短路热稳定度。

解： 查附表 15 得，$C=87A \cdot s^{1/2}/mm^2$。

$$t_{ima}=t_k+0.05=t_{oc}+t_{op}+0.05=0.5+0.05+0.05=0.6\ (s)$$

故最小允许截面面积为

$$A_{min}=I_{\infty}^{(3)}\frac{\sqrt{t_{ima}}}{C}=36.5\times10^3\times\frac{\sqrt{0.6}}{87}=325\ (mm^2) \quad (2\text{-}43)$$

由于母线实际截面面积 $A=80\times10mm^2=800mm^2>A_{min}$，因此该母线满足短路热稳定度要求。

（二）短路电流的电动效应

1. 短路电流的电动效应

供电系统短路时，短路电流特别是短路冲击电流将使相邻导体之间产生很大的电动力，有可能使电器和载流部分遭受严重破坏。为此，要使电路元件能承受短路时最大电动力的作用，电路元件必须具有足够的电动稳定度。

三相短路冲击电流在中间相产生的电动力最大，即

$$F^{(3)}=\sqrt{3}I_{sh}^{(3)2}L\times10^{-7}/a \tag{2-44}$$

式中，L 为导体两支撑点间的距离，即档距；a 为导体间的轴线距离。

2. 短路动稳定度的校验

电器和导体的动稳定度校验，依校验对象的不同而采用不同的校验条件。

（1）一般电器的动稳定度校验条件

$$i_{max}\geqslant i_{sh}^{(3)} \tag{2-45}$$

或

$$I_{max}\geqslant I_{sh}^{(3)} \tag{2-46}$$

式中，i_{max}为电器的极限通过电流（动稳定电流）峰值；I_{max}为电器的极限通过电流（动稳定电流）有效值。

以上 i_{max}和 I_{max}可由有关手册或产品样本查得。附表 9 列出了部分常用高压断路器的主要技术数据，供参考。

（2）绝缘子的动稳定度校验条件

$$F_{al}\geqslant F_{C}^{(3)} \tag{2-47}$$

式中，F_{al}为绝缘子的最大允许载荷，可由有关手册或产品样本查得；如果手册或样本给出的是绝缘子的抗弯破坏载荷值，则应将抗弯破坏载荷值乘以 0.6 作为 F_{al}；$F_{C}^{(3)}$ 为短路时作用于绝缘子上的计算力；如果母线在绝缘子上为平放［图 2-18(a)］，$F_{C}^{(3)}$ 按式(2-44)计算，即 $F_{C}^{(3)}=F^{(3)}$，如果母线为竖放［图 2-18(b)］，则 $F_{C}^{(3)}=1.4F^{(3)}$。

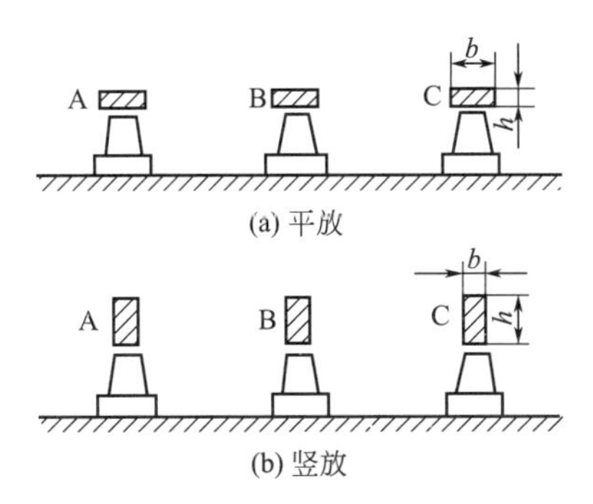

图 2-18 母线的放置

（3）硬母线的动稳定度校验条件

$$\sigma_{al}\geqslant\sigma_{C} \tag{2-48}$$

式中，σ_{al}为母线材料的最大允许应力（Pa），硬铜母线（TMY）的 $\sigma_{al}=140$MPa，硬铝母线（LMY）的 $\sigma_{al}=70$MPa；σ_{C} 为母线通过 $i_{sh}^{(3)}$ 时所受到的最大计算应力。

上述最大计算应力按下式计算。

$$\sigma_{C}=M/W \tag{2-49}$$

式中，M 为母线通过 $i_{sh}^{(3)}$ 时所受到的弯曲力矩；当母线的档数为 1～2 时，$M=F^{(3)}l/8$；当档数大于 2 时，$M=F^{(3)}l/10$；l 为母线的档距；W 为母线的截面系数，母线水平放置时 $W=b^{2}h/6$；b 为母线截面的水平宽度；h 为母线截面的垂直高度。

电缆的机械强度很好，无须校验其短路动稳定度。

【例 2-14】 已知某车间变电所 380V 侧母线上接有 380V 感应电动机 250kW，平均 $\cos\phi=0.7$，效率 $\eta=0.75$。该母线采用 LMY-100×10 的硬铝母线，水平平放，档距为

900mm，档数大于 2，相邻两相母线的轴线距离为 160mm。试求该母线三相短路时所受的最大电动力，并校验其动稳定度。

解： ① 计算母线三相短路时所受的最大电动力

而接于 380V 母线的感应电动机组的额定电流为

$$I_{N.M}=\frac{250}{\sqrt{3}\times 380\times 0.7\times 0.75}=0.724\text{kA}$$

由于 $I_{N.M}>0.01I_k^{(3)}=0.314\text{kA}$（或者由于 $P_{N.M}>100\text{kW}$），故在计算 380V 母线短路冲击电流时需计入此电动机组反馈电流的影响。

此电动机组的反馈冲击电流值为

$$I_{sh.M}=6.5\times 0.724=4.7\text{kA}$$

因此 380V 母线在三相短路时所受的最大电动力为

$$F^{(3)}=\sqrt{3}\times(I_{sh}^{(3)}+I_{sh.M})^2\frac{l}{a}\times 10^{-7}$$

$$=\sqrt{3}\times(62.0\times 10^3+4.7\times 10^3)^2\times\frac{0.9}{0.16}\times 10^{-7}=4334\text{N}$$

② 校验母线短路时的动稳定度

380V 母线在 $F^{(3)}$ 作用时的弯曲力矩为

$$M=\frac{F^{(3)}l}{10}=\frac{4334\times 0.9}{10}=390\text{N}\cdot\text{m}$$

该母线的截面系数为

$$W=\frac{b^2h}{6}=\frac{(0.1)^2\times 0.01}{6}=1.667\times 10^{-5}\text{m}^3$$

因此该母线在三相短路时所受到的计算应力为

$$\sigma_C=\frac{M}{W}=\frac{390}{1.667\times 10^{-5}}=23.4\times 10^6\text{Pa}=23.4\text{MPa}$$

而 LMY 型母线的允许应力为

$$\sigma_{al}=70\text{MPa}>\sigma_C=23.4\text{MPa}$$

由此可见，该母线满足短路动稳定度的要求。

【任务实施及考核】

详细的实施步骤及考核扫描右侧二维码即可查看下载。

项目二任务二
任务实施单

在线测试四
（短路电流计算）

【思考与练习】

2-1 电力负荷分为几级，分别对供电电源有何要求？

2-2 何谓年最大负荷曲线？

2-3 什么叫负荷持续率？它表征哪类设备的工作特性？

2-4 什么叫计算负荷？正确确定计算负荷有什么意义？

2-5 有一机修厂车间，拥有冷加工机床 52 台，共 200kW；行车 1 台，5.1kW（$\varepsilon=15\%$）；通风机 4 台，共 5kW；点焊机 3 台，共 10.5kW（$\varepsilon=65\%$）。车间采用三相四线制供电。试确定车间的计算负荷。

2-6 有一条 35kV 高压线路给某工厂变电所供电。已知该线路长度为 12km，采用钢芯铝线 LGJ-50，导线的几何均距为 2.0m，变电所的总视在计算负荷 S_{30}＝3800kV·A，计算此高压线路的有功和无功功率损耗。

2-7　已知某车间变电所选用变压器的型号为 S9-1000/10，电压 10/0.4kV，其技术数据参看有关资料，该车间的 S_{30}＝800kV·A，试计算该变压器的有功损耗和无功损耗。

2-8　什么叫平均功率因数和瞬时功率因数？各有什么用途？

2-9　进行无功补偿，提高功率因数对电力系统有哪些好处？对企业本身又有哪些好处？

2-10　某厂的有功计算负荷为 2400kW，功率因数为 0.65，计划在变电所 10kV 母线（单母线不分段）上采用集中补偿，使功率因数提高到 0.9，试计算所需电容器的总容量和补偿后的视在计算容量。

2-11　某厂变电所装有一台 630kV·A 变压器，其二次侧（380V）的有功计算负荷为 420kW，无功计算负荷为 350kvar。试求变电所一次侧（10kV）的计算负荷及其功率因数。如果功率因数未达到 0.9，问此变电所低压母线上应装设多大并联电容器容量才能满足需求？

2-12　有一条 380V 的线路，供电给 4 台电动机，负荷资料如表 2-3 所示，试计算该 380V 线路上的尖峰电流。

表 2-3　负荷资料

参　数	电　动　机			
	1M	2M	3M	4M
额定电流/A	5.2	56	36	24.6
启动电流/A	38.6	40.2	198	190.2

2-13　什么叫短路？短路有几种类型？短路故障产生的原因有哪些？短路对电力系统有哪些危害？

2-14　何种短路发生最频繁？何种短路危害最大？

2-15　什么是短路冲击电流 i_{sh} 和 I_{sh}？它们与短路电流 I'' 是什么关系？

2-16　什么是短路次暂态电流 I''？什么是短路稳态电流 I_∞？它们与 I_k 是什么关系？

2-17　什么叫短路计算电压？它与线路额定电压有什么关系？

2-18　有一地区变电所通过一条长 4km 的 6kV 电缆线路供电给某厂一个装有两台并列运行的 SL7-800 型主变压器的变电所。地区变电站出口断路器的断流容量为 300MV·A。试用标幺值法求该厂变电所 6kV 高压侧和 380V 低压侧的短路电流 $I_k^{(3)}$、$I''^{(3)}$、$I_\infty^{(3)}$、$i_{sh}^{(3)}$、$I_{sh}^{(3)}$ 及短路容量 $S_k^{(3)}$。

2-19　什么叫短路电流的电动效应？为什么要采用短路冲击电流来计算？

2-20　什么叫短路电流的热效应？为什么要采用短路稳态电流来计算？什么叫短路发热假想时间？如何计算？

2-21　对一般开关电器，其短路动稳定度和热稳定度校验的条件各是什么？

2-22　工厂变电所 380V 侧母线采用 80×10mm² 铝母线，水平平放，两相邻母线轴线间距离为 200mm，档距为 0.9m，档数大于 2。该母线上装有一台 500kW 的同步电动机，$\cos\phi=1$ 时，$\eta=94\%$。试校验此母线的动稳定度。

2-23　设题 2-22 所述 380V 母线的短路保护动作时间为 0.5s，低压断路器的断路时间为 0.05s。试校验此母线的热稳定度。

供配电系统一次回路的运行与维护

【知识目标】

① 熟悉变压器的工作原理及结构。
② 熟悉互感器的接线方式及使用注意事项。
③ 了解电弧的危害和灭弧方法。
④ 熟悉高低压开关的功能及使用。
⑤ 熟悉高低压设备的选择与校验的条件。
⑥ 掌握变配电所一次主接线的基本形式。

【技能目标】

① 能对高低压配电装置进行操作与维护。
② 能根据工厂的负荷对高低压配电装置进行选择与校验。
③ 能初步对变配电所一次主接线进行识读和绘制。

【素质目标】

通过“绿色电力——无氟开关”的案例，了解绿色低碳发展，理解“硬核”电力科技对国家的重要性。

任务一　供配电系统主要电气设备的认识

【任务描述】

高低压配电装置是工厂供配电系统的重要电气设备，作为电气工作人员，必须能对该设备进行操作与维护。本任务主要是认识高低压电气一次设备的结构和功能，学会使用和维护电气一次设备，为从事供配电系统运行、维护打下基础。

【相关知识】

一、电气设备基础知识

变配电所中承担输送和分配电能任务的电路，称为一次电路或一次回路，亦称主电路、主接线（主结线）。一次电路中所有的电气设备，称为一次设备或一次元件。

凡用来控制、指示、监测和保护一次设备运行的电路，称为二次电路或二次回路，亦称副电路、二次接线（二次结线）。二次电路通常接在互感器的二次侧。二次电路中的所有电气设备，称为二次设备或二次元件。

一次设备按其功能来分，可分为以下几类：

（1）变换设备 其功能是按电力系统工作的要求来改变电压或电流，例如电力变压器、电流互感器、电压互感器等。

（2）控制设备 其功能是按电力系统工作的要求来控制一次电路的通、断，例如各种高低压开关。

（3）保护设备 其功能是用来对电力系统进行过电流和过电压等的保护，例如熔断器和避雷器等。

（4）补偿设备 其功能是用来补偿电力系统的无功功率，以提高系统的功率因数，例如并联电容器。

（5）成套设备 它是按一次电路接线方案的要求，将有关一次设备及二次设备组合为一体的电气装置，例如高压开关柜、低压配电屏、动力和照明配电箱等。

二、电力变压器的认识

（一）电力变压器基础知识

1. 变压器的结构及各部件功能

（1）电力变压器的作用 电力变压器（文字符号为 T 或 TM），是变电所中最关键的一次设备，其主要功能是将电力系统中的电能电压升高或降低，以利于电能的合理输送、分配和使用。电力变压器实物如图 3-1 所示。

(a) 油浸式变压器

(b) 干式变压器

图 3-1 电力变压器实物

（2）电力变压器的分类 电力变压器按功能分，有升压变压器和降压变压器两大类。在电力系统中，发电厂用升压变压器将电压升高；工厂变配电所用降压变压器将电压降低。二次侧为低压的降压变压器，则称为“配电变压器”。

电力变压器按相数分，有三相变压器和单相变压器。在供配电系统中广泛采用的是三相电力变压器。

电力变压器按调压方式分，有无载调压（又称无励磁调压）和有载调压两大类。工厂变电所大多采用无载调压变压器。

电力变压器按绕组导体材质分，有铜绕组变压器和铝绕组变压器两大类。工厂变电所过去大多采用铝绕组变压器，但低损耗的铜绕组变压器现在得到了越来越广泛的应用。

电力变压器按绕组形式分，有双绕组变压器、三绕组变压器和自耦变压器。工厂变电所大多采用双绕组变压器。

电力变压器按绕组绝缘及冷却方式分，有油浸式、干式和充气式（SF6）等变压器。其中油浸式变压器，又分为油浸自冷式、油浸风冷式、油浸水冷式和强迫油循环冷却式等。工厂变电所大多采用油浸自冷式变压器。

电力变压器按容量系列分，有R8系列（容量等级按1.33倍递增）和R10系列（容量等级按1.26倍递增）两大类。

（3）变压器的型号和含义　电力变压器的全型号的表示和含义如下：

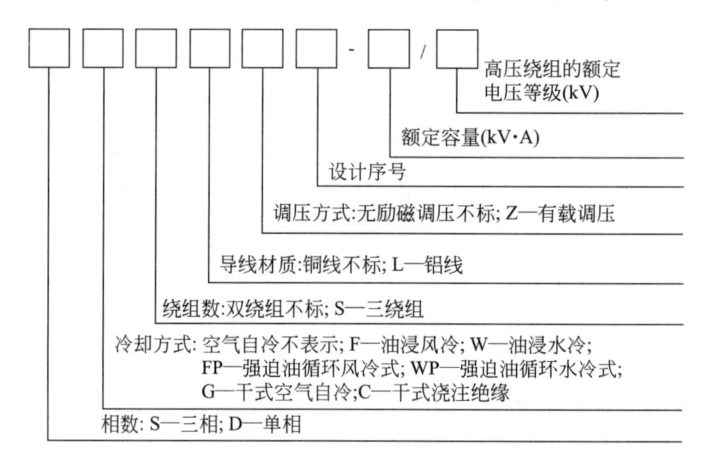

例如：S9-800/10，为三相铜绕组油浸式电力变压器，设计序号为9，额定容量为800kV·A，高压绕组额定电压为10kV。

有关变压器的技术数据，可参见附表6。

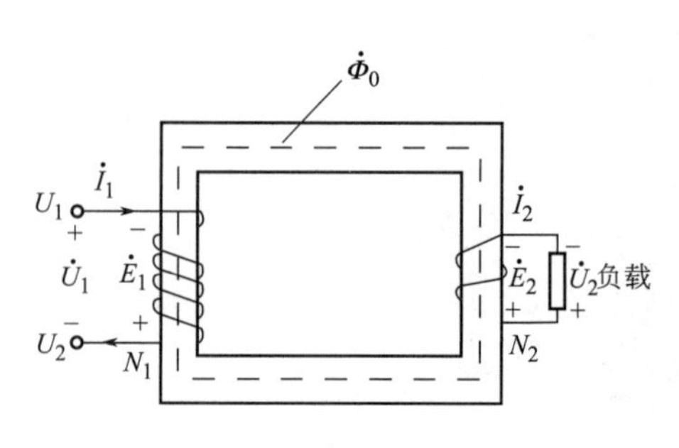

图3-2　单相变压器原理

（4）变压器的工作原理　图3-2所示为单相变压器原理，在闭合的铁芯上绕有两个互相绝缘的绕组，和电源连接的一侧叫一次绕组；输出电能的一侧叫二次绕组。当交流电源电压$\dot{U}_1$加到一次绕组后，就有交流电流$\dot{I}_1$通过该绕组，在铁芯中产生交变的磁通$\dot{\Phi}_0$，交变的磁通$\dot{\Phi}_0$沿铁芯闭合，同时交联一、二次绕组，在两个绕组中分别产生感应电动势$\dot{E}_1$和$\dot{E}_2$。如果二次侧带负载，便产生二次侧的电流$\dot{I}_2$，即二次侧绕组有电能输出。

一次绕组的感应电动势的有效值为：

$$E_1=4.44fN_1\Phi_m \tag{3-1}$$

二次绕组的感应电动势的有效值为：

$$E_2=4.44fN_2\Phi_m \tag{3-2}$$

式中，f为电源的频率，Hz；N_1、N_2分别为一、二次侧绕组的匝数；Φ_m为主磁通的最大值。

由式(3-1)和式(3-2)可得

$$\frac{E_1}{E_2}=\frac{N_1}{N_2}=\frac{U_1}{U_2}=K \tag{3-3}$$

式中，K 为变压器的电压比。可见，变压器一、二次绕组的匝数不同，导致一、二次绕组的电压不等，改变变压器的电压比就可以改变变压器的输出电压。

（5）变压器的主要结构　变压器主要由铁芯、线圈、油箱、储油柜、绝缘套管、分接开关和气体继电器等组成，如图 3-3 所示。

① 铁芯。铁芯是变压器最基本的组成部分之一。铁芯是用导磁性能很好的硅钢片叠压制成的闭合磁路，变压器的一次绕组和二次绕组都绕在铁芯上。

需要注意的是，必须将铁芯及各金属零部件可靠地接地，但铁芯不允许多点接地，多点接地会通过接地点形成回路在铁芯中造成局部短路，产生涡流，使铁芯发热，严重时将使铁芯绝缘损坏甚至导致变压器烧毁。

② 绕组。绕组是变压器的电路部分，它一般用绝缘的铜或铝导线绕制。高、低压绕组一同套在铁芯柱上，在一般情况下，一是将低压绕组放在靠近铁芯处，将高压绕组放在外面。高压绕组与低压绕组之间以及低压绕组与铁芯柱之间都留有高、低压引线引到箱外的绝缘装置，它有一定的绝缘间隙和散热通道（油道或气道），并用绝缘纸筒隔开。

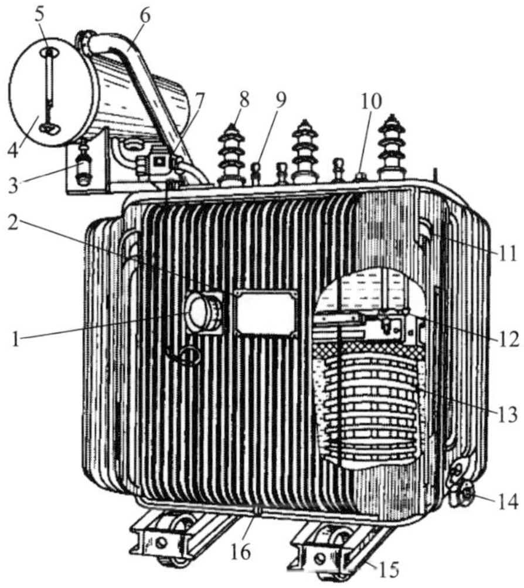

图 3-3　变压器基本结构

1—信号温度计；2—铭牌；3—吸湿器；4—油枕；5—油标；6—防爆管；7—瓦斯继电器；8—高压套管；9—低压套管；10—分接开关；11—油箱；12—铁芯；13—绕组及绝缘套管；14　放油阀；15—小车；16—接地端子

③ 油箱。油箱是变压器的外壳，油箱内充满了绝缘性能良好的变压器油，使铁芯和绕组安装和浸放在油箱内，靠纯净的变压器油对铁芯和绕组起绝缘和散热作用。

④ 吸湿器。由一根铁管和玻璃容器组成，内装硅胶等干燥剂。当储油柜内的空气随变压器油的体积膨胀或缩小时，排出或吸入的空气都会经过吸湿器。吸湿器内的干燥剂吸收空气中的水分，对空气起过滤作用，从而保持变压器的清洁。

⑤ 防爆管。防爆管是一根钢质圆管，其端部管口装有 3mm 厚玻璃片密封，当变压器内部发生故障时，温度急剧上升，使油剧烈分解产生大量气体，箱内压力剧增，当压力超过 0.5MPa 时，玻璃片破碎，气体和油从管口喷出，流入储油坑，防止了油箱爆炸起火或变形。

⑥ 绝缘套管。变压器套管是将线圈的高、低压引线引到箱外的绝缘装置，它起到引线对地（外壳）绝缘和固定引线的作用。套管装于箱盖上，中间穿有导电杆，套管下端伸进油箱与绕组引线相连，套管上部露出箱外，与外电路连接。

⑦ 储油柜。储油柜安装在变压器顶部，通过弯管及阀门等与变压器的油箱相连。储油柜侧面装有油位计，储油柜内油面高度随变压器油的热胀冷缩而变动。储油柜的作用是保证变压器油箱内充满油，减少了油与空气的接触面积，适应绝缘油在温度升高或降低时体积的变化，防止绝缘油的受潮和氧化。

⑧ 分接开关。分接开关是调整电压比的装置。变压器调压的方法是在高压侧（中压侧）绕组上设置分接开关，用以改变线圈匝数，从而改变变压器的变压比，进行电压调整。由于变压器高压绕组的电流比低压绕组的电流小，其导线截面也小。同时额定电流小的分接开关

结构比较简单，容易制造和安装。变压器的高压绕组又在外面，抽头引线引出很方便。对于降压变压器，当电网电压变动时，在高压绕组进行调压就可以适应电网电压的变动，对变压器运行十分有利。调压方式包括无载调压和有载调压两种。无载调压是指切换分接开关时，必须在变压器停电情况下进行；有载调压是在保证不中断负荷电流的情况下进行电压调整，使系统电压在正常范围内进行。无载调压的调压原理如图 3-4 所示。调压范围均为±5%（分接开关有三个分接位置：－5%、0%、＋5%）或±2×2.5%（分接开关有五个分接位置：－5%、 2.5%、0%、＋2.5%、＋5%），0%挡即一次绕组接在额定电压的电源上，二次绕组则输出额定电压。如果电源电压比一次绕组的额定电压低时，可以把分接开关移到－5%或－2.5%挡。如果电源电压比一次绕组的额定电压高时，可以把分接开关移到＋5%或＋2.5%挡。因为变压器的主磁通幅值 $\Phi_m \approx \frac{U_1}{4.44fN_1}$，当电源电压升高（降低）时，匝数增加（减少），才能保证主磁通和二次侧的输出电压为额定值。调压的原则是“低往低调，高往高调”。

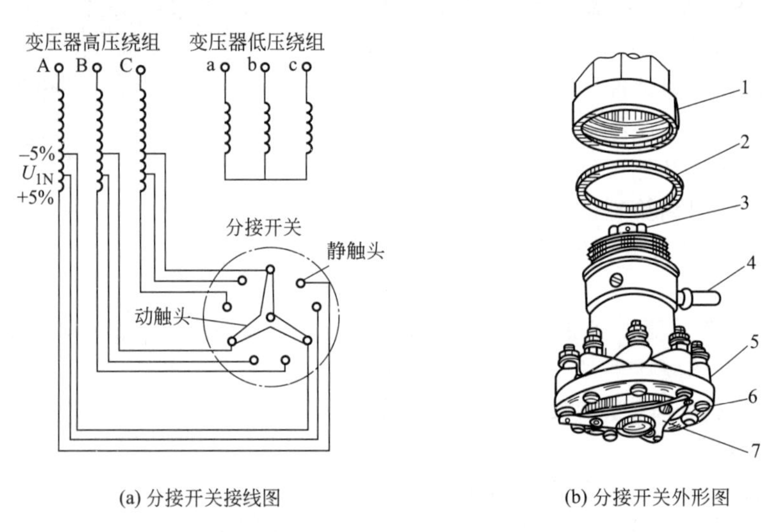

(a) 分接开关接线图　　(b) 分接开关外形图

图 3-4　无载调压变压器的分接开关

1—帽；2—密封垫圈；3—操动螺母；4—定位钉；5—绝缘座；6—静触头；7—动触头

⑨ 气体继电器　气体继电器又称瓦斯继电器，安装在储油柜与变压器的联管中间，作为变压器内部故障的主保护。当变压器内部发生故障产生气体或油箱漏油使油面降低时，气体继电器动作，发出信号，若事故严重，可使断路器自动跳闸，对变压器起保护作用。

2. 电力变压器的技术参数

（1）额定容量 S_N（kV·A）　指在额定工作状态下变压器能保证长期输出的容量。由于变压器的效率很高，规定一、二次侧的容量相等。

对于单相变压器：

$$S_N = U_N I_N \tag{3-4}$$

对于三相变压器：

$$S_N = \sqrt{3} U_N I_N \tag{3-5}$$

（2）额定电压 U_N（kV 或 V）　指变压器长时间运行时所能承受的工作电压。在三相变压器中，额定电压指的是空载线电压。

(3) 额定电流 I_N (A) 指变压器在额定容量下允许长期通过的电流。三相变压器的额定电流指的是线电流。

(4) 阻抗电压 $U_k\%$ 将变压器二次侧短路，一次侧施加电压并慢慢升高电压，直到二次侧产生的短路电流等于二次侧的额定电流 I_{2N} 时，一次侧所加的电压称为短路电压 U_k，用相对于额定电压的百分数表示。

(5) 空载电流 $I_0\%$ 当变压器二次侧开路，一次侧加额定电压 U_{1N} 时，流过一次绕组的电流为空载电流 I_0，用相对于额定电流的百分数表示。

(6) 空载损耗 ΔP_0 指变压器二次侧开路，一次侧加额定电压 U_{1N} 时变压器的损耗，它近似等于变压器的铁损。

(7) 短路损耗 ΔP_k 指变压器一、二次绕组流过额定电流时，在绕组的电阻中所消耗的功率。

3. 电力变压器的连接组别

电力变压器的连接组别，是指变压器一、二次绕组因连接方式不同而形成变压器一、二次侧对应的线电压之间的不同相位关系。为了形象地表示一、二次侧对应的线电压之间的关系，采用“时钟表示法”，即把一次绕组的线电压作为时钟的长针，并固定在“12”点，二次绕组的线电压作为时钟的短针，短针所指数字即为三相变压器的连接组别的标号，该标号也是将二次绕组的线电压滞后于一次绕组线电压的相位差除以 30°所得的值。这里介绍变压器常见的两种连接组别。

(1) Y，yn0 (Y/Y_0—12) 连接组别 Y，yn0 连接示意图如图 3-5 所示。图中“•”表示同名端，其一次线电压与对应的二次线电压之间的相位差为 0°。连接组别的标号为零点。这种连接组别一般用在低压侧电压为 400/220V 的配电变压器中，供电给动力和照明混合负载。三相动力负载用 400V 线电压，单相照明负载用 220V 相电压。yn0 表示星形连接的中心点引至变压器箱壳的外面再与地连接。

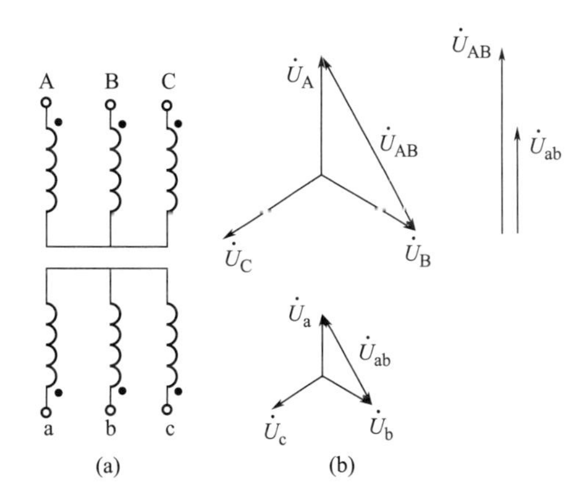

图 3-5 变压器 Y，yn0 连接的接线图和相量图

(2) D，yn11 (△/Y_0—12) 连接组别 D，yn11 连接示意图如图 3-6 所示。其二次侧绕组的线电压相位滞后于一次侧绕组线电压相位 30°，连接组别的标号为 11 点。

(二) 变压器的选择

1. 变压器台数的选择

在选择电力变压器时，应选用低损耗节能型变压器，如 S9 系列或 S10 系列。对于安装在室内的电力变压器，通常选择干式变压器；如果变压器安装在多尘或有腐蚀性气体严重影响的场所，一般需选择密闭型变压器或防腐型变压器。其台数的选择应考虑以下原则：

① 对于无特殊供电要求的三级负荷，应尽量装设一台变压器，但对于一些负荷较集中的变电所也可采用两台变压器，以降低单台变压器的容量。

② 对于有大量一、二级负荷的变电所，宜选用两台变压器，以便当一台变压器故障或

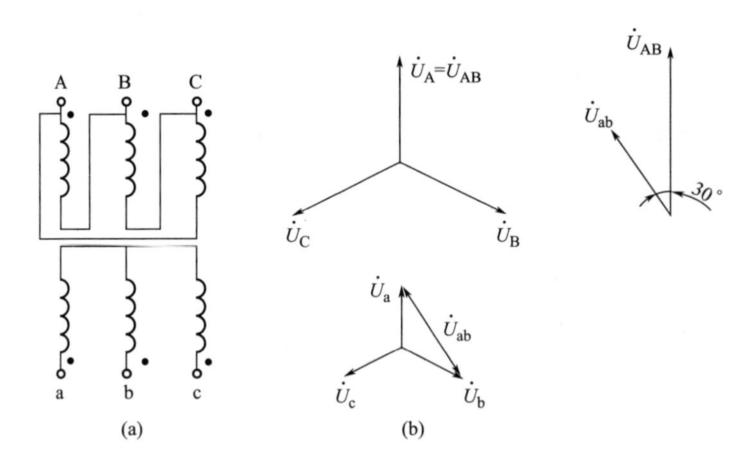

图 3-6　变压器 D，yn11 连接的接线图和相量图

检修时，另一台变压器能对一、二级负荷供电，提高供电的可靠性。

③ 对于季节或昼夜负荷变动较大的变电所，也可考虑采用两台变压器。负荷高峰时两台变压器并列运行，而在低负荷时，一台变压器运行，实现变压器的经济运行。

2. 变压器容量的确定

（1）单台变压器容量的确定　单台变压器的容量 $S_{N.T}$应不小于全部用电设备总的计算负荷 S_{30}，即

$$S_{N.T} \geqslant S_{30} \tag{3-6}$$

低压为 0.4kV 的单台主变压器容量，一般不宜大于 1250kV·A，这一方面是受现在通用的低压断路器的断流能力及短路稳定度要求的限制，另一方面也是考虑到可以使变压器更接近负荷中心，以减少低压配电系统的电能损耗和电压损耗，降低有色金属消耗量。但是，如果负荷比较集中、容量较大而且运行合理时，在采用断流能力更大、短路稳定度更高的新型低压断路器（如 ME 型等）的情况下，也可选用单台容量较大（1600～2000kV·A）的配电变压器。

工厂车间变电所，单台变压器容量不宜超过 1000kV·A，对装设在二层楼以上的干式变压器，其容量不宜大于 630kV·A。

（2）两台主变压器容量的确定　装有两台主变压器时，每台主变压器的额定容量 $S_{N.T}$ 应同时满足以下两个条件：

① 当任一台变压器单独运行时，应满足总计算负荷的 60%～70%的要求，即

$$S_{N.T} \geqslant (0.6 \sim 0.7) S_{30} \tag{3-7}$$

② 当任一台变压器单独运行时，应满足一、二级负荷总容量的需求，即

$$S_{N.T} \geqslant S_{30(\mathrm{I}+\mathrm{II})} \tag{3-8}$$

（3）车间变电所主变压器的单台容量上限　车间变电所主变压器的单台容量，一般不宜大于 1000kV·A（或 1250kV·A）。这一方面是受以往低压开关电器断流能力和短路稳定度要求的限制；另一方面也是考虑到可以使变压器更接近于车间负荷中心，以减少低压配电线路的电能损耗、电压损耗和有色金属消耗量。现在我国已能生产一些断流能力更大和短路稳定度更好的新型低压开关电器，如 DW15、ME 等低压断路器及其他电器，因此如车间负荷容量较大、负荷集中且运行合理时，也可以选用单台容量为 1250（或 1600）～2000kV·A 的配电变压器，这样能减少主变压器台数及高压开关电器和电缆的数量等。

对装设在二层以上的电力变压器，应考虑垂直与水平运输对通道及楼板荷载的影响。如采用干式变压器时，其容量不宜大于 630kV·A。

对居住小区变电所内的油浸式变压器单台容量，不宜大于 630kV·A。这是因为油浸式变压器容量大于 630kV·A 时，按规定应装设瓦斯保护，而该变压器电源侧的断路器往往不在变压器附近，因此瓦斯保护很难实施，而且如果变压器容量增大，供电半径也会相应增大，这势必会造成供电末端的电压偏低，给居民生活带来不便，例如日光灯启动困难、电冰箱不能启动等。

（4）适当考虑负荷的发展　应适当考虑今后 5～10 年电力负荷的增长，留有一定的余地，同时要考虑变压器的正常过负荷能力。

最后必须指出：变电所主变压器台数和容量的最后确定，应结合变电所主连线方案的选择，对几个较合理方案作技术经济比较，择优而定。

【例 3-1】 某车间（10/0.4kV）变电所总计算负荷为 1350kV·A。其中一、二级负荷 750kV·A，试选择其主变压器的台数和容量。

解： ① 根据变电所一、二级负荷容量的情况，确定并选两台主变压器。

② 按两台主变压器同时运行，互为备用的运行方式（暗备用）来选择每台主变压器容量。

$$S_{N.T}=(0.6\sim0.7)S_{30}=(0.6\sim0.7)\times1200=720\sim840(kV\cdot A)$$

$$S_{N.T}=S_{30(I+II)}=750\ (kV\cdot A)$$

综合上述情况，同时满足以上两式，可选择两台低损耗电力变压器（如 S9-800/10 型或 SL7-800/10 型）并列运行。

（三）变压器的运行

1. 变压器的容量和过负荷能力

（1）变压器的额定容量（铭牌容量）　电力变压器的额定容量（铭牌容量），是指它在规定的环境温度条件下，室外安装时，在规定的使用年限（一般规定为 20 年）内所能连续输出的最大视在功率（单位为 kV·A）。

（2）变压器的实际容量　变压器的实际容量是指非规定条件下变压器的容量。按《电力变压器》（GB 1094.1—2013）规定，电力变压器正常使用的最高年平均气温为＋20℃，如果变压器安装地点的年平均气温 $\theta_{0.av}\neq20$℃，则年平均气温每升高 1℃，变压器的容量应相应减小 1%。因此变压器的实际容量（即出力）应计入一个温度校正系数 K_θ。

对室外变压器，其实际容量为

$$S_T=K_\theta S_{N.T}=\left(1-\frac{\theta_{0.av}-20}{100}\right)S_{N.T} \tag{3-9}$$

式中，$S_{N.T}$为变压器的额定容量。

对室内变压器，由于散热条件较差，故变压器室的出风口与进风口间大约有 15℃的温差，从而使处在室内的变压器环境温度比户外温度大约要高出 8℃，因此其容量还要减少 8%，故室内变压器的实际容量为

$$S'_T=K'_\theta S_{N.T}=\left(0.92-\frac{\theta_{0.av}-20}{100}\right)S_{N.T} \tag{3-10}$$

（3）电力变压器的过负荷　变压器为满足某种运行需要而在某些时间内允许超过其额定容量运行的能力称为过负荷能力。变压器的过负荷通常可分为正常过负荷和事故过负荷两种。

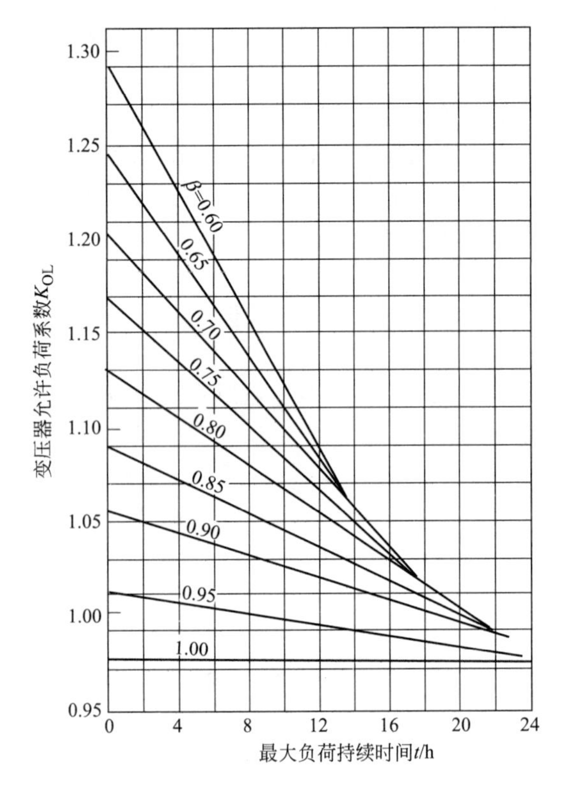

图 3-7 油浸式变压器允许过负荷率及最大负荷持续时间的关系曲线

① 变压器的正常过负荷 由于昼夜负荷变化和季节性负荷差异而允许变压器过负荷，称为正常过负荷。变压器在正常运行时带额定负荷可连续运行 20 年。由于变压器的负荷是变动的，在多数时间是欠负荷运行，因此必要时可以适当过负荷。正常过负荷是不会影响变压器的使用寿命的。对于油浸式电力变压器，其允许过负荷包括以下两部分。

a. 因昼夜负荷不均匀而考虑的过负荷。可根据典型日负荷曲线的填充系数即日负荷率 β 和最大负荷持续时间 t，查图 3-7 所示曲线，得到油浸式变压器的允许过负荷系数 $K_{OL(1)}$ 值。

b. 因季节性负荷差异而允许的过负荷。如果夏季（6、7、8 三个月）的平均日负荷曲线中的最大负荷 S_m，低于变压器的实际容量 S_T 时，则每低 1%，可在冬季（12、1、2 三个月）过负荷 1%，但此项过负荷不得超过 15%，即允许过负荷系数为

$$K_{OL(2)}=1+\frac{S_T-S_m}{S_T}\leqslant 1.15 \tag{3-11}$$

以上两部分过负荷可以同时考虑，即变压器总的过负荷系数为

$$K_{OL}=K_{OL(1)}+K_{OL(2)}-1 \tag{3-12}$$

这种过负荷系数的总数，对于油浸式变压器，户外变压器可过负荷 30%，户内变压器可过负荷 20%。干式变压器一般不考虑过负荷。因此变压器正常过负荷能力（最大出力）可达

$$S_{T(OL)}=K_{OL}S_T\leqslant(1.2\sim1.3)S_T \tag{3-13}$$

式中，系数 1.2 适于室内变压器；1.3 适于户外变压器。

② 变压器的事故过负荷 当电力系统发生事故时，保证不间断供电是首要任务，加速变压器绝缘老化是次要的。所以，事故过负荷和正常过负荷不同，它是以牺牲变压器寿命为代价的。事故过负荷的规定是，允许短时间较大幅度地过负荷运行，而不论故障前负荷情况如何，运行时间不得超过表 3-1 所规定的允许值。

表 3-1 变压器事故过负荷允许值

油浸自然冷却变压器	过负荷百分数/%	30	60	75	100	200
	过负荷时间/min	120	45	20	10	1.5
干式变压器	过负荷百分数/%	10	20	30	50	60
	过负荷时间/min	75	60	45	16	5

【例 3-2】 某车间变压器室装有一台 800kV・A 的油浸式变压器。已知该车间的平均日

负荷率 $\beta=0.7$，日最大负荷持续时间为 8h，夏季的平均日最大负荷为 650kV・A，当地年平均气温为＋15℃。试求该变压器的实际容量和冬季的过负荷能力。

解： ① 求变压器的实际容量

由式(3-10) 得

$$S'_{T}=\left(0.92-\frac{\theta_{0.av}-20}{100}\right)S_{N.T}=\left(0.92-\frac{15-20}{100}\right)\times 800=776\ (kV\cdot A)$$

② 变压器冬季的过负荷能力

由 $\beta=0.7$ 及 $t=8h$，查图 3-7 曲线，得 $K_{OL(1)}\approx 1.12$。

又由式(3-11) 得

$$K_{OL(2)}=1+\frac{S_T-S_m}{S_T}=1+\frac{776-650}{776}=1.16$$

根据 $K_{OL(2)}\leqslant 1.15$，取 $K_{OL(2)}=1.15$，故由式(3-12) 得变压器总的过负荷系数为

$$K_{OL}=K_{OL(1)}+K_{OL(2)}-1=1.12+1.15-1=1.27$$

而室内变压器规定 $K_{OL}\leqslant 1.2$，故取 $K_{OL}=1.2$。因此该变压器冬季的最大出力可达

$$S_{T(OL)}=K_{OL}S_T=1.2\times 776=931kV\cdot A$$

2. 变压器的并联运行条件

① 电压比 K_u 相等：允许差值范围为±5%。

② 短路阻抗 $U_k\%$相等：允许差值范围为±10%（并列运行的变压器负荷是按其阻抗电压成反比分配的，若阻抗电压不同，将导致阻抗电压较小的变压器过负荷）。

③ 连接组别标号相同：若标号不同，在并联运行的变压器二次侧会产生环流，烧毁变压器。

注意： 并列运行的变压器容量之比不宜超过 3∶1，否则性能变化易造成容量小的变压器过负荷。

【例 3-3】 某 10/0.4kV 的车间附设式变电所，原装有 S9-1000/10 型变压器一台。现负荷发展，计算负荷达 1300kV・A。问增加一台 S9-315/10 型变压器与 S9-1000/10 型变压器并列运行，有没有什么问题？如引起过负荷，是哪一台变压器过负荷？过负荷多少？

解： S9-1000/10 型变压器 $U_k\%=4.5$，S9-315/10 型变压器 $U_k\%=4$，两台变压器的阻抗标幺值分别为 $X_1^*=4.5$，$X_2^*=12.7$。

由于并列运行变压器之间的负荷是按其阻抗标幺值成反比分配的，因此 S9-1000/10 型变压器（T1）负担的负荷为：

$$S_{T1}=1300\times\frac{12.7}{4.5+12.7}=96kV\cdot A$$

S9-315/10 型变压器（T2）负担的负荷为：

$$S_{T2}=1300\times\frac{4.5}{4.5+12.7}=340kV\cdot A$$

该变压器（T2）过负荷达

$$\frac{340-315}{315}\times 100\%\approx 7.9\%$$

【例 3-4】 现有一台 S9-800/10 型变压器与一台 S9-2000/10 型变压器并列运行，均为 D,yn11 连接。问负荷达到 2800kV・A 时，上列变压器中哪一台变压器将要过负荷？过负荷将达到多少？

解： 并列运行的变压器之间的负荷分配是与阻抗的标幺值成反比的，因此先计算各台变压器的阻抗标幺值。

变压器的阻抗标幺值按下式计算：

$$|Z_T^*|=\frac{U_k\%S_d}{100S_N}$$

其中，$U_k\%$为变压器的阻抗电压百分值；S_d为基准容量（kV·A），$S_d=100$MV·A；S_N为变压器的额定容量（kV·A）。

查附表6，S9-800/10（T1）的$U_k\%=5$，S9-2000/10（T2）的$U_k\%=6$，因此两台变压器的阻抗标幺值分别为：

$$|Z_{T1}^*|=\frac{5\times10^5}{100\times800}=6.25$$

$$|Z_{T2}^*|=\frac{6\times10^5}{100\times2000}=3.00$$

由此可知这两台变压器在负荷达2800kV·A时各自负担的负荷为：

$$S_{T1}=2800\times\frac{3.00}{6.25+3.00}=908\text{kV}\cdot\text{A}$$

$$S_{T2}=2800\times\frac{6.25}{6.25+3.00}=1892\text{kV}\cdot\text{A}$$

由计算结果可知，S9-800/10型变压器将过负荷（908—800）kV·A=108kV·A，将超过其额定容量（108/800）×100%=13.5%，在允许范围（30%）内。

3. **变压器的经济运行**

（1）电力变压器经济运行的有关概念

① 电力变压器的经济运行　电力变压器的经济运行是指电力系统的损耗最小、效益最佳的运行方式。

② 无功功率经济当量的引入

a. 电力系统的损耗包括有功损耗和无功损耗。由于无功功率的存在，使得系统中的电流增大，从而使电力系统中的有功损耗增加。

b. 把表示电力系统每发送1kvar的无功功率而需消耗有功功率（kW）的值，称为无功功率经济当量K_q，单位为kW/kvar。

c. 对于工厂变配电所，一般K_q取0.1。

（2）一台变压器运行的经济负荷

① 经济负荷计算公式

$$S_{ec(T)}=S_N\sqrt{\frac{\Delta P_0+K_q\Delta Q_0}{\Delta P_K+K_q\Delta Q_N}}$$

ΔQ_0变压器空载无功损耗

$$\Delta Q_0\approx\frac{I_0\%}{100}\times S_N$$

ΔQ_N变压器额定负荷无功损耗

$$\Delta Q_N\approx\frac{U_k\%}{100}\times S_N$$

② 变压器经济负荷率 变压器经济负荷率$K_{ec(T)}$是变压器经济负荷$S_{ec(T)}$与变压器额定容量S_N之比。

$$K_{ec(T)}=\frac{S_{ec(T)}}{S_N}=\sqrt{\frac{\Delta P_0+K_q\Delta Q_0}{\Delta P_K+K_q\Delta Q_N}}$$

一般电力变压器的经济负荷率为40%～70%。

【例 3-5】 试计算S9-1000/10型配电变压器（Y,yn0连接）的经济负荷和经济负荷率。

解： 查附表6得有关技术数据：$\Delta P_0=1.7$kW，$\Delta P_K=10.3$kW，$I_0\%=0.7$，$U_k\%=4.5$。

$\Delta Q_0=1000\times(0.7/100)=7$kvar　　$\Delta Q_N=1000\times(4.5/100)=45$kvar

取$K_q=0.1$，变压器的经济负荷为：

$$S_{ec(T)}=S_N\sqrt{\frac{\Delta P_0+K_q\Delta Q_0}{\Delta P_K+K_q\Delta Q_N}}=1000\sqrt{\frac{1.7+0.1\times 7}{10.3+0.1\times 45}}=1000\text{KVA}\times 0.4=400\text{KVA}$$

变压器的经济负荷率为：

$$K_{ec(T)}=\frac{S_{ec(T)}}{S_N}=\frac{400}{1000}=0.4$$

（3）n台变压器经济运行的临界负荷

① 临界负荷定义　变电所总负荷为S，假设有n台同型号同容量的变压器。那么，对于某一负荷，用n台变压器运行最经济，还是用（$n-1$）台变压器运行最经济呢？可以通过计算，找出n台变压器与（$n-1$）台变压器运行最经济的临界负荷S_{cr}，即当负荷S大于S_{cr}时，n台运行最经济；当负荷S小于S_{cr}时，（$n-1$）台运行最经济。

② 临界负荷计算

$$S_{cr}=S_N\sqrt{(n-1)n\frac{\Delta P_0+K_q\Delta Q_0}{\Delta P_K+K_q\Delta Q_N}}$$

【例 3-6】 某用户变电所装有两台S9-1000/10型配电变压器（均为Y,yn0连接）。试计算这两台变压器经济运行的临界负荷值。

解： 查附表得有关技术数据：$\Delta P_0=1.7$kW，$\Delta P_K=10.3$kW，$I_0\%=0.7$，$U_Z\%=U_k\%=4.5$。

$\Delta Q_0=1000\times(0.7/100)=7$kvar

$\Delta Q_N=1000\times(4.5/100)=45$kvar

取$K_q=0.1$，临界负荷为：

$$S_{cr}=S_N\sqrt{(n-1)n\frac{\Delta P_0+K_q\Delta Q_0}{\Delta P_K+K_q\Delta Q_N}}=1000\times\sqrt{2\times\frac{1.7+0.1\times 7}{10.3+0.1\times 45}}=569\text{kV}\cdot\text{A}$$

因此当负荷$S<569$kV·A时，宜一台运行；当负荷$S>569$kV·A时，宜两台运行。

三、互感器的认识

互感器是一种用于测量的专用设备，是一种特殊的变压器，被广泛应用于供电系统中，向测量仪表和继电器的电压线圈或电流线圈供电，常在许多自动控制系统中用来检测信号。

依据用途不同，互感器分为两大类：一类是电流互感器，它是将一次侧的大电流按比例变为适合通过仪表或继电器使用的额定电流为5A的低压小电流的设备；另一类是电压互感器，它是将一次侧高电压降到线电压为100V的低电压，供给仪表或继电器使用的专用设备。

互感器具体功能如下：

① 用来使仪表、继电器等二次设备与主电路绝缘，避免二次设备的故障影响主电路，提高一、二次电路的安全性和可靠性，并有利于人身安全。

② 用来扩大仪表、继电器等二次设备的应用范围。例如，用一台5A的电流表，通过不同变流比的电流互感器就可测量任意大的电流；同样，用一台100V的电压表，通过不同变

压比的电压互感器就可测量任意高的电压。而且，由于采用互感器，可使二次仪表、继电器等设备的规格统一，有利于这些设备的批量生产。

（一）电流互感器

1. 电流互感器的功能

电流互感器（简称CT，文字符号为TA）是一种把大电流变为标准5A小电流并在相位上与原来保持一定关系的仪器。其主要作用有：

① 与测量仪表配合，对线路的电流等进行测量。

② 与继电保护装置配合，对电力系统和设备进行过负荷和过电流等保护。

③ 使测量仪表、继电保护装置与线路的高压电网隔离，以保证人身和设备的安全。

2. 电流互感器的结构和原理

电流互感器的基本结构原理如图3-8所示。它的结构特点是：一次绕组匝数很少，有的电流互感器还没有一次绕组，利用穿过其铁芯的一次电路作为一次绕组（相当于匝数为1），且一次绕组导体相当粗；而二次绕组匝数很多，导体较细。工作时，一次绕组串接在一次电路中，而二次绕组则与仪表、继电器等的电流线圈串联，形成一个闭合回路。由于这些电流线圈的阻抗很小，因此电流互感器工作时二次回路接近于短路状态。二次绕组的额定电流一般为5A。

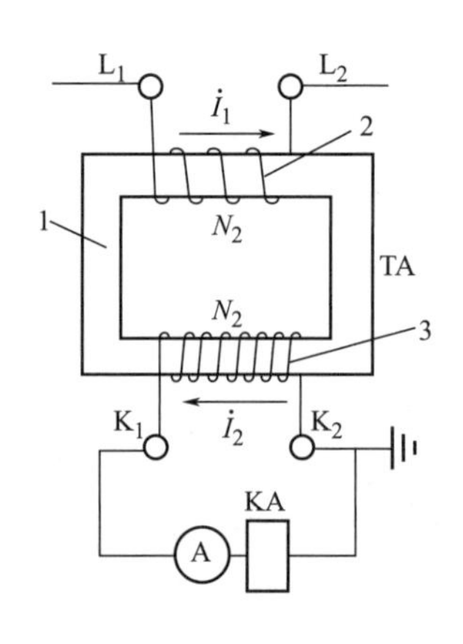

图3-8 电流互感器结构原理

1—铁芯；2—一次绕组；3—二次绕组

电流互感器的一次电流 I_1 与其二次电流 I_2 之间有下列关系：

$$I_1 \approx (N_2/N_1) I_2 \approx K_i I_2 \tag{3-14}$$

式中，N_1、N_2 为电流互感器一次和二次绕组匝数；K_i 为电流互感器的变流比，一般表示为额定的一次和二次电流之比，即 $K_i = I_{1N}/I_{2N}$，例如100A/5A。

3. 电流互感器的分类及型号

电流互感器均为单相，如按一次绕组匝数分，可分为单匝式和多匝式；按用途分类，可分为测量用和保护用；按绝缘介质分类，可分为油浸式（户外）和干式（户内）；按准确度等级分类，测量用有0.1、0.2、0.3、1、3、5级，保护用有5P和10P等。

电流互感器全型号的表示和含义如下：

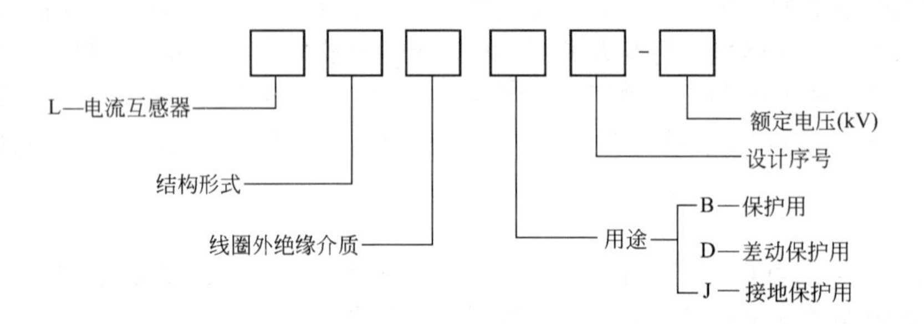

例如：LQJ-10表示线圈式树脂浇注电流互感器，额定电压为10kV。LFCD-10/400表示瓷绝缘多匝穿墙式电流互感器，用于差动保护，额定电压为10kV，变流比为400/5。

LMZJ-0.5 表示母线式低压电流互感器，额定电压为 0.5kV。

高压电流互感器多制成不同准确度级的两个铁芯和两个二次绕组，分别接测量仪表和继电器，以满足测量和保护的不同要求。电气测量对电流互感器的准确度要求较高，且要求在短路时仪表受的冲击小，因此测量用电流互感器的铁芯在一次电路短路时应易于饱和，以限制二次电流的增长倍数。而继电保护用电流互感器的铁芯则在一次电流短路时不应饱和，使二次电流能与一次短路电流成比例地增长，以适应保护灵敏度的要求。

图 3-9 是户内高压 LQJ-10 型电流互感器的外形图。它有两个铁芯和两个二次绕组，分别为 0.5 级和 3 级，0.5 级用于测量，3 级用于继电保护。

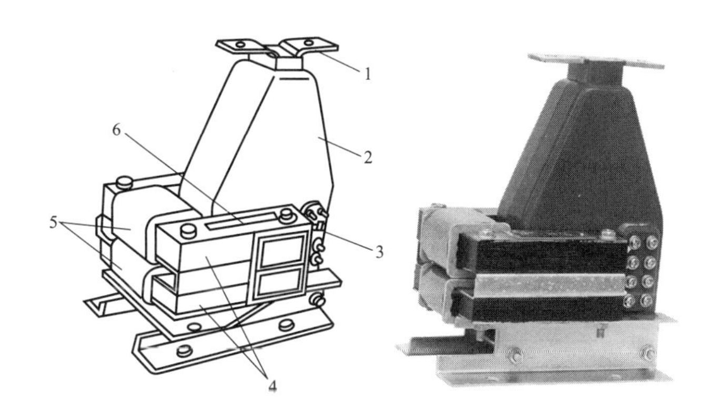

图 3-9　LQJ-10 型电流互感器

1—一次接线端子；2—一次绕组；3—二次接线端子；4—铁芯；5—二次绕组；6—警告牌

图 3-10 是户内低压 LMZJ1-0.5 型（500～800/5A）的外形图。它不含一次绕组，穿过其铁芯的一次电路作为一次绕组（相当于　匝），广泛用于 500V 及以下的低压配电系统中。

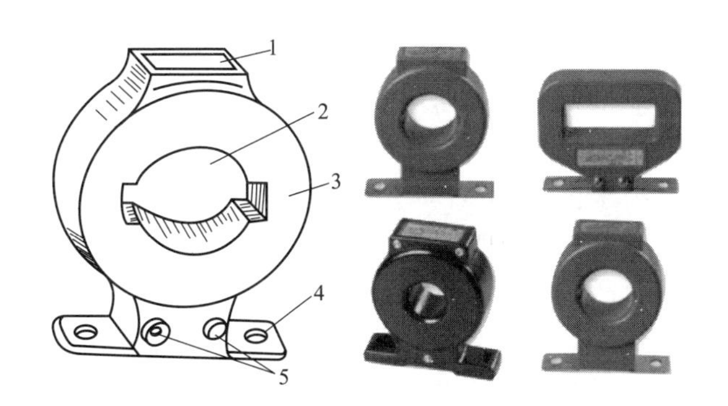

图 3-10　LMZJ1-0.5 型电流互感器

1—铭牌；2—一次母线穿孔；3—铁芯树脂浇注；4—安装板；5—二次接线端子

以上两种电流互感器都是环氧树脂或不饱和树脂浇注绝缘的，与老式的油浸式和干式电流互感器相比，尺寸小，性能好，安全可靠，因此现在生产的高低压成套配电装置中都采用这类新型电流互感器。

4. 电流互感器的接线方案

电流互感器常见的接线方式如图 3-11 所示。

（1）一相式接线　图 3-11 中的（a）方案为一相式接线，用于三相平衡负载的电路，仅

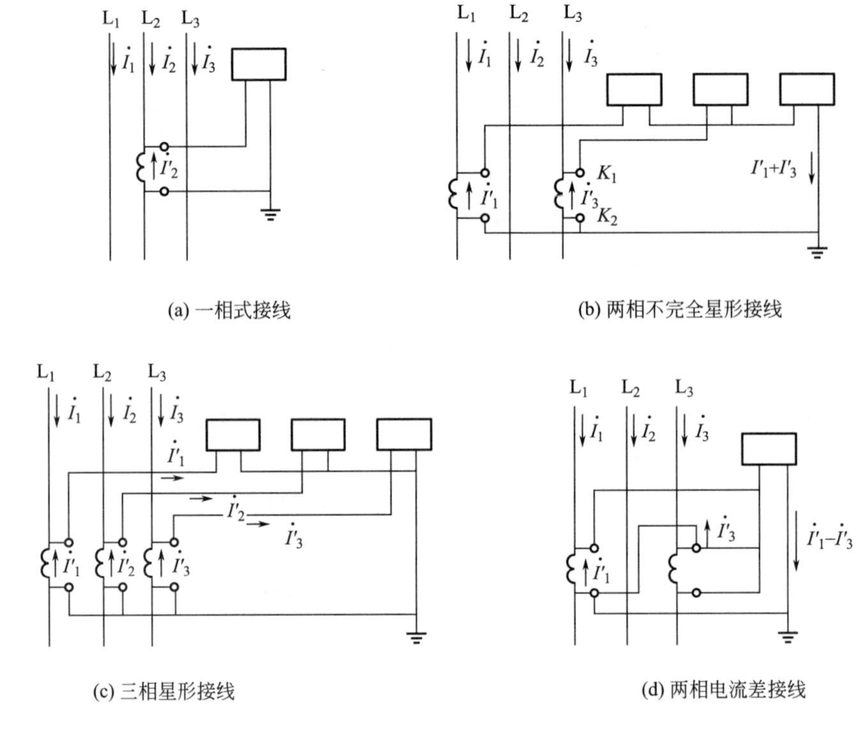

(a) 一相式接线

(b) 两相不完全星形接线

(c) 三相星形接线

(d) 两相电流差接线

图 3-11 电流互感器常用的连接方案

测量一相的电流以监视三相运行情况，或在保护中作过载保护，一般装在第二相，例如三相电动机负载电路。

（2）两相不完全星形接线（V 形接线） 图 3-11 中的（b）方案为两相不完全星形接线，用于两台电流互感器与三台电流表测量三相电流，电流互感器通常接于 L_1、L_3 相，流过公共电流线圈的电流为 $\dot{I}_1+\dot{I}_3=-\dot{I}_2$，它反映 L_2 相的电流。这种接线广泛应用于中性点不接地的三相三线制电路，测量三相电能、电流和作过负荷保护用。

（3）三相星形接线 图 3-11 中的（c）方案为三相星形接线。这种接线可分别测量三相电流，它广泛用于负荷不平衡的三相四线制系统和三相三线制系统中，用作电能、电流的测量及过电流保护。

（4）两相电流差接线 图 3-11 中的（d）方案为两相电流差接线。两个电流互感器进行差接，测一个线电流，适用于中性点不接地的三相三线制电路中，作过电流继电保护用。

5. 电流互感器使用注意事项

（1）电流互感器在工作时其二次侧不得开路，二次侧不允许接入熔断器和开关 若二次侧开路，电流互感器处于空载运行状态，则一次电流全部成为励磁电流，使铁芯的磁通增大，铁芯过分饱和，铁耗急剧增大，引起互感器发热甚至烧毁绕组。同时因为二次侧绕组匝数很多，将感应出几千伏甚至更高的电压，危及操作人员和测量设备的安全。故在带电检修和更换二次仪表、继电器时，必须将电流互感器二次侧短路，才能拆卸二次元件。运行中，如果发现电流互感器二次侧开路，应及时将一次电路电流减小或降至零，所带的继电保护装置停用，并使用绝缘工具处理。

在实际工作中，往往发现电流互感器二次侧开路后，并没有什么异常现象。这主要是因为一次电路中没有负载电流或负载很轻，铁芯没有磁饱和的缘故。

（2）电流互感器的二次侧有一端必须可靠接地　以防止其一、二次绕组间绝缘击穿时，一次侧高压窜入二次侧，危及人身安全和测量仪表、继电器等设备安全。电流互感器在运行中，二次绕组应与铁芯同时接地运行。

（3）电流互感器在连接时，要注意其端子的极性　按照规定，我国互感器和变压器的绕组端子均采用“减极性”标号法。所谓“减极性”标号法，就是互感器按图 3-12 所示接线时，一次绕组接上电压 U_1，二次绕组感应出电压 U_2。这时将一对同名端短接，则在另一对同名端测出的电压 $U=|U_1-U_2|$。

用“减极性”法所确定的“同名端”，实际上就是“同极性端”，即在同一瞬间，两个同名端同为高电位或同为低电位。

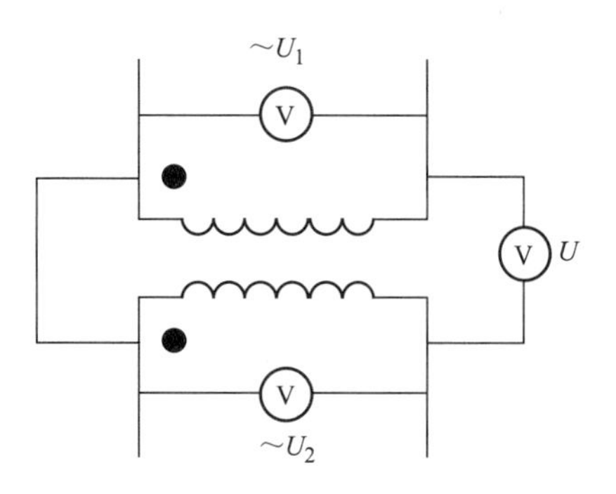

图 3-12　互感器的“减极性”标号法
U_1—输入电压；U_2—输出电压

按规定，电流互感器的一次绕组端子标以 L_1、L_2，二次绕组端子标以 K_1、K_2，L_1 与 K_1 为同名端，L_2 与 K_2 为同名端。如果一次电流 I_1 从 L_1 流向 L_2，则二次电流 I_2 应从 K_2 流向 K_1，如图 3-8 所示。

在安装和使用电流互感器时，一定要注意端子的极性，否则其二次仪表、继电器中流过的电流就不是预想的电流，甚至可能引起事故。例如图 3-11(b) 中 L_3 相电流互感器的 K_1、K_2 如果接反，则公共线中的电流就不是相电流，而是相电流的$\sqrt{3}$倍，可能使电流表烧坏。

6. 电流互感器的操作和维护

（1）电流互感器的运行和停用操作　电流互感器的运行和停用，通常是在被测量电路的断路器断开后进行的，以防止电流互感器的二次侧线圈开路。但在被测电路中断路器不允许断开时，只能在带电情况下进行。

① 在停电时，停用电流互感器应将纵向连接端子板取下，将标有“进”侧的端子横向短接。在启用电流互感器时，应将横向短接端子板取下，并用取下的端子板将电流互感器纵向端子接通。

② 在运行中，停用电流互感器时，应将标有“进”侧的端子先用备用端子板横向短接，然后取下纵向端子板。在启用电流互感器时，应使用备用端子板将纵向端子接通，然后取下横向端子板。

在电流互感器启、停用时，应注意在取下端子板时是否出现火花。如果出现火花，应立即把端子板装上并拧紧，然后查明原因。工作中，操作员应站在绝缘垫上，身体不得碰到接地物体。

（2）电流互感器的日常维护　电流互感器在运行中，值班人员应定期检查下列项目：互感器是否有异声及焦味；互感器接头是否有过热现象；互感器油位是否正常，有无漏油、渗油现象；互感器瓷质部分是否清洁，有无裂痕、放电现象；互感器绝缘状况。

（3）电流互感器事故处理　电流互感器的二次侧开路是最主要的事故。在运行中造成开路的原因有：端子排上导线端子的螺钉因受震动而脱扣；保护屏上的压板未与铜片接触而压在胶木上，造成保护回路开路；可读三相电流值的电流表的切换开关经切换而接触不良；机械外力使互感器二次线断线等。

在运行中，如果电流互感器二次侧开路，则会引起电流保护的不正确动作，铁芯发出异声，在二次绕组的端子处会出现放电火花。此时，应先将一次电流减少或至零，然后将电流互感器所带保护退出运行。采取安全措施后，将故障互感器的端子短路，如果电流互感器有焦味或冒烟，应立即停用互感器。

（二）电压互感器

1. 电压互感器的功能

电压互感器（简称 PT，文字符号为 TV）是一种把高电压变为低电压并在相位上与原来保持一定关系的仪器。电压互感器能够可靠地隔离高电压，保证测量人员、仪表及装置的安全，同时把高电压按一定比例缩小，使低压绕组能够准确地反映高电压量值的变换，以解决高电压测量的困难。电压互感器的二次侧电压均为标准值 100V。

2. 电压互感器的结构和原理

电压互感器的工作原理、构造及接线方式都与变压器相同，只是容量较小，通常仅有几十或几百伏安。电压互感器的基本结构、原理接线如图 3-13 所示，它的结构特点是：

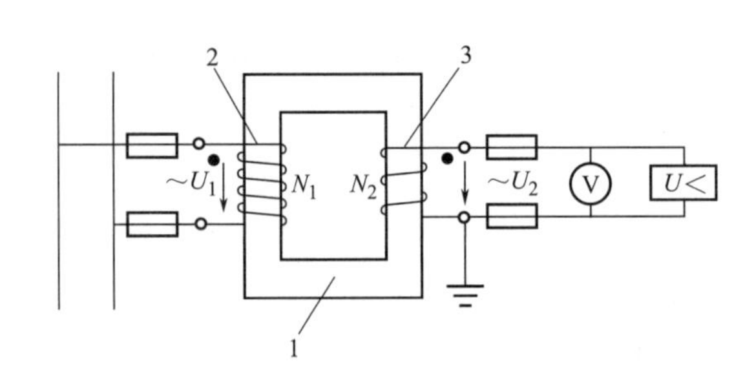

图 3-13 电压互感器的基本结构、原理接线

1—铁芯；2—一次绕组；3—二次绕组

① 一次绕组匝数很多，二次绕组匝数很少，其工作原理类似于降压变压器。

② 工作时，一次绕组并接在一次电路中，二次绕组与测量仪表和继电器的电压线圈并联，由于电压线圈的阻抗很大，所以电压互感器工作时二次绕组接近于空载状态。

③ 一次绕组导线细，二次绕组导线粗，二次侧额定电压一般为 100V。

电压互感器的一次电压 U_1 与其二次电压 U_2 之间有下列关系

$$K_u=\frac{U_{1N}}{U_{2N}}\approx\frac{N_1}{N_2} \tag{3-15}$$

式中，N_1、N_2 为电压互感器一次和二次绕组匝数；K_u 为电压互感器的变压比，一般表示为其额定一、二次电压比，即 $K_u=U_{1N}/U_{2N}$，例如 10000V/100V。

3. 电压互感器的分类及型号

电压互感器按相数分，有单相和三相两类。按绝缘及其冷却方式分，有干式（含环氧树脂浇注式）和油浸式两类。电压互感器全型号的表示和含义如下：

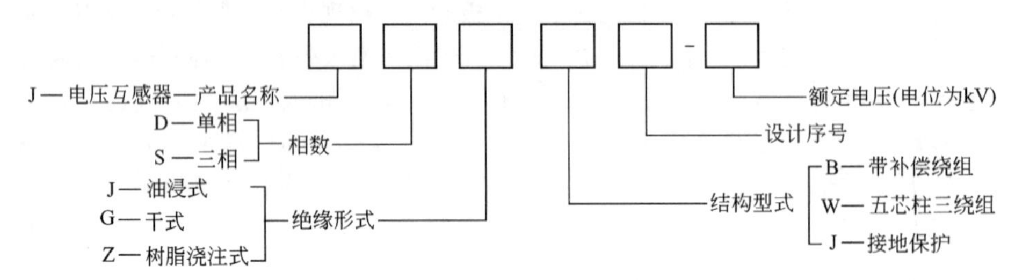

图 3-14 所示为应用广泛的单相三绕组、环氧树脂浇注绝缘的户内 JDZJ-10 型电压互感器。

4. 电压互感器的接线方案

供配电技术中，通常需要测量供电线路的线电压、相电压及发生单相接地故障时的零序

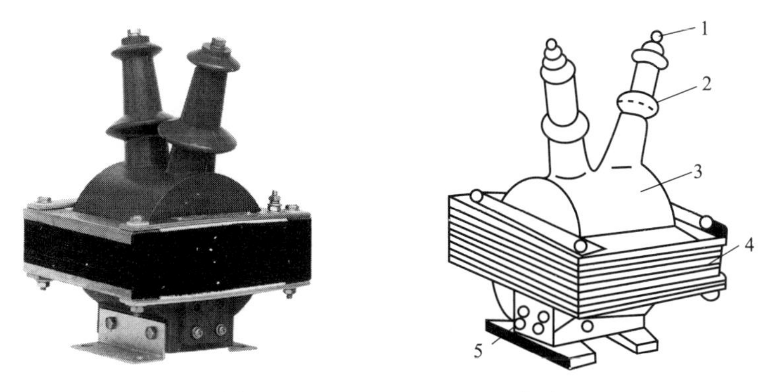

图 3-14　JDZJ-10 型电压互感器

1—一次接线端子；2—高压绝缘套管；3—一、二次绕组，环氧树脂浇注；4—铁芯（壳式）；5—二次接线端子

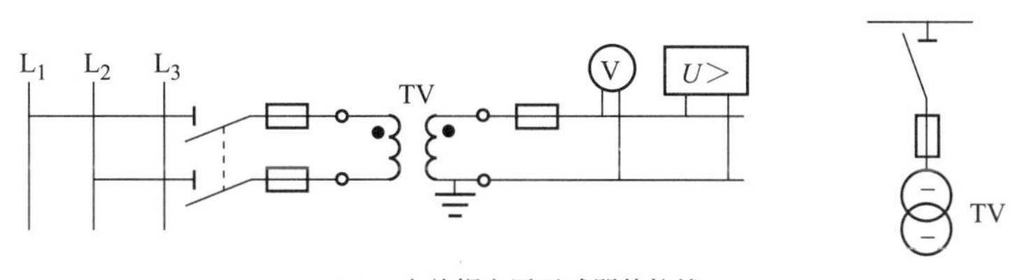

(a) 一个单相电压互感器的接线

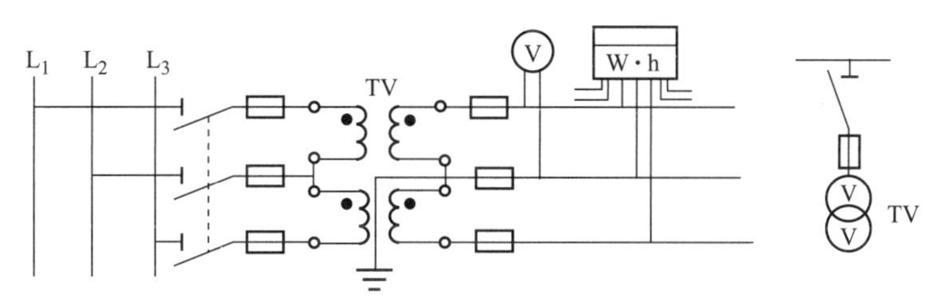

(b) 两个单相电压互感器的V/V形接线

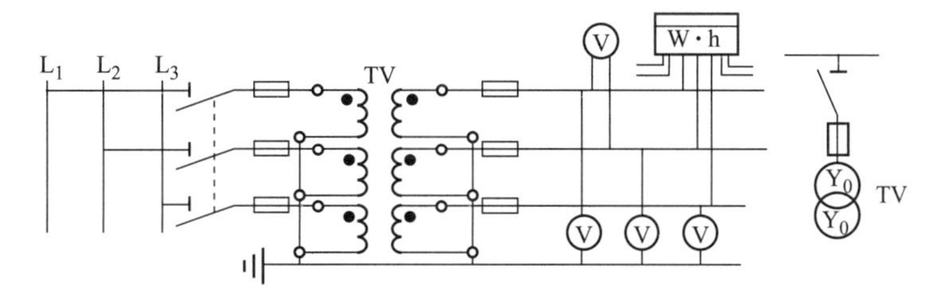

(c) 三个单相电压互感器Y_0/Y_0形接线

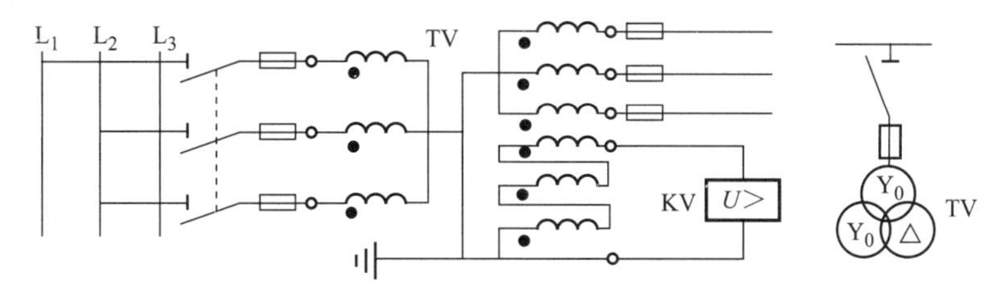

(d) 三个单相三绕组或一个三相五芯柱三绕组电压互感器$Y_0/Y_0/\triangle$接线

图 3-15　电压互感器四种常用接线方案

电压。为了测量这些电压，电压互感器的二次绕组须与测量仪表、继电器等相连，常用的接线方式如图 3-15 所示。

① 一个单相电压互感器的接线，如图 3-15(a) 所示，当需要测量某一相对地电压或相间电压时可采用此方案。实际中这种接线方案用得较少。

② 两个单相电压互感器接成 V/V 形，如图 3-15(b) 所示，可以用来测量线电压，或供给测量仪表和继电器的电压线圈。这种接线方式广泛应用于变配电所 20kV 以上中性点不接地或经消弧线圈接地的高压配电装置中。这种接线方案不能测相电压，而且当连接的负载不平衡时，测量误差较大。因此仪表和继电器的两个电压线圈应接 U_{ab}、U_{bc} 两个线电压，以尽量使负载平衡，从而减小测量误差。

③ 三个单相电压互感器接成 Y_0/Y_0 形，如图 3-15(c) 所示，广泛应用于 3～220kV 系统中，其二次绕组用于测量线电压和相电压。在中性点不接地或经消弧线圈接地的装置中，这种方案只用来监视电网对地绝缘状况，或接入对电压互感器准确度要求不高的电压表、频率表、电压继电器等测量仪器。由于正常状态下此种方案中的电压互感器的一次绕组经常处于相电压下，仅为额定电压的 0.866 倍，测量的误差大大超过了正常值，所以功率表和电度表不用此种接线方案。

④ 三个单相三绕组电压互感器或一个三相五芯柱三绕组电压互感器接成 $Y_0/Y_0/\triangle$ 形，如图 3-15(d) 所示，这种接线方案中，接成 Y_0 的二次绕组与图 3-15(c) 相同，系统正常运行时，由于三个相电压对称，因此开口三角形两端的电压接近于零。当某一相接地时，开口三角形两端将出现近 100V 的零序电压，使电压继电器动作，发出单相接地信号。

5. 电压互感器使用注意事项

① 电压互感器在工作时其二次侧不得短路。由于电压互感器一、二次侧都是在并联状态下工作的，发生短路时，将产生很大的短路电流，有可能烧毁互感器，甚至影响一次侧电路的安全运行，因此电压互感器的一、二次侧都必须装设熔断器进行短路保护，熔断器的额定电流一般为 0.5A。

当发现电压互感器的一次侧熔丝熔断后，首先将电压互感器的隔离开关拉开，并取下二次侧熔丝，检查是否熔断。在排除电压互感器本身故障后，可重新更换合格熔丝后将电压互感器投入运行。若二次侧熔断器一相熔断时，应立即更换。若再次熔断，则不应再次更换，待查明原因后处理。

② 电压互感器的二次侧有一端必须接地。这与电流互感器二次侧接地的目的相同，也是为了防止一、二次绕组的绝缘击穿时，一次侧的高电压窜入二次侧，危及人身和设备的安全。

③ 电压互感器在连接时，一定要注意端子的极性，否则其二次侧所接仪表、继电器中的电压就不是预想的电压，会影响正确测量，乃至引起保护装置的误动作。

我国规定，单相电压互感器的一次绕组端子标以 A、X，二次绕组端子标以 a、x，端子 A 与 a、X 与 x 各为对应的“同名端”或“同极性端”。三相电压互感器，按照相序，一次绕组端子分别标以 A、X，B、Y，C、Z，二次绕组端子分别标以 a、x，b、y，c、z，端子 A 与 a、B 与 b、C 与 c、X 与 x、Y 与 y、Z 与 z 各为对应的“同名端”或“同极性端”。

6. 电压互感器的操作和维护

电压互感器在额定容量下允许长期运行，但不允许超过最大容量运行。电压互感器在运行中不能短路。在运行中，值班员必须注意检查二次回路是否有短路现象，并及时消除。当电压互感器二次回路短路时，一般情况下高压熔断器不会熔断，但此时电压互感器内部有异声，将二次熔断器取下后异声停止。

四、高低压开关设备的认识

（一）开关设备中的电弧问题

高低压开关设备用于高低压电路的通断控制。如果通断负荷电路，特别是通断存在短路故障的电路，就会在开关设备的触头间产生电弧，因此对于开关设备，其触头间电弧的产生和熄灭问题值得关注，这直接影响到开关设备的结构性能。

1. 电弧的产生

当开关通断时，只要动、静触点之间的电压不小于10～20V，它们即将接触或者开始分断时就会在间隙内产生放电现象。如果电流小，就会发生火花放电；如果电流大于80～100mA，就会发生弧光放电，即电弧。电弧是电气设备运行中经常发生的一种物理现象，其特点是光亮很强、温度很高，而且具有导电性。

2. 电弧的危害

① 电弧延长了开关设备切断电路的时间，如果电弧是短路电流产生的，电弧的存在就意味着短路电流还存在，从而使短路电流危害的时间延长。

② 电弧的高温可烧坏触点，烧坏电气设备及导线、电缆，还可能引起弧光短路，甚至引起火灾和爆炸事故。

③ 强烈的弧光可能损伤人的视力，严重的可使人眼失明。

因此开关设备在结构设计上要保证操作时电弧能迅速地被熄灭，所以有必要了解各种开关设备的结构和工作原理，了解开关电弧的产生与熄灭。

3. 电弧的熄灭方法

在电弧中不但存在着中性质点的游离，同时也存在着带电质点的去游离。要使电弧熄灭，必须使触头间电弧中的去游离（带电质点消失的速率）大于游离（带电质点产生的速率）。带电质点的去游离主要是复合和扩散。

（1）速拉灭弧法　在切断电路时，迅速拉长电弧，使触点间电场强度骤降，使带电质点的负荷速度加快，从而加速电弧的熄灭。高压开关中装设强有力的断路弹簧，其目的就在于加快触头的分断速度，迅速拉长电弧。这种灭弧方法是开关设备中普遍采用的最基本的一种灭弧法。

（2）吹弧灭弧法　利用外力（如油流、气流或电磁力）吹动电弧，在电弧拉长时使之加速冷却，降低电弧中的电场强度，加速带电质点的复合与扩散，加速电弧的熄灭。吹弧的方式有：气吹、电动力吹和磁力吹等，吹弧的方向有横吹与纵吹之分，如图3-16所示。目前广泛使用的油断路器、SF_6断路器以及低压空气开关中都利用了吹弧灭弧法进行灭弧。图3-

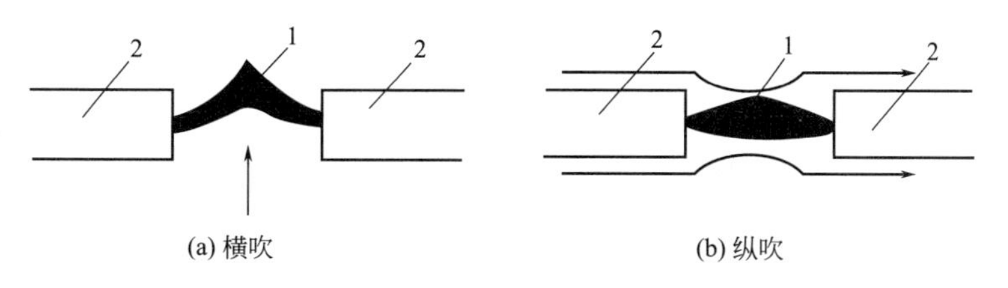

图3-16　吹弧方向

1—电弧；2—触头

17 所示就是低压刀开关利用迅速拉开时其本身回路所产生的电动力吹动电弧，使之加速拉长进行灭弧的。有的开关采用专门的磁吹线圈来吹动电弧，如图 3-18 所示。有的利用铁磁物质如钢片来吸弧，如图 3-19 所示。

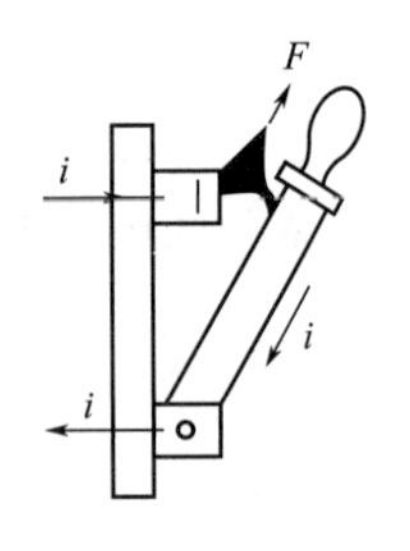

图 3-17 电动力吹弧

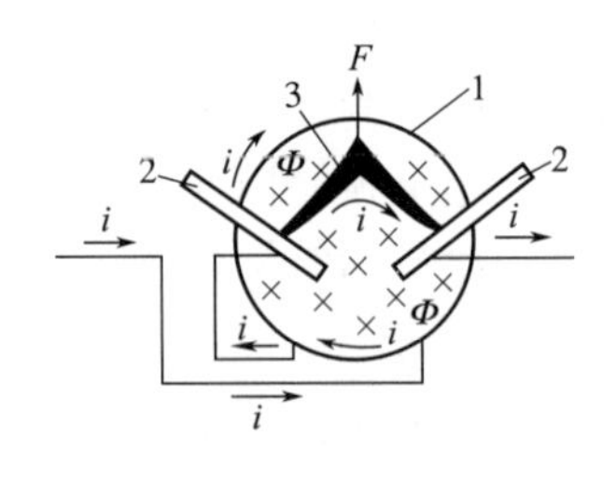

图 3-18 磁力吹弧

1—磁吹线圈；2—灭弧触头；3—电弧

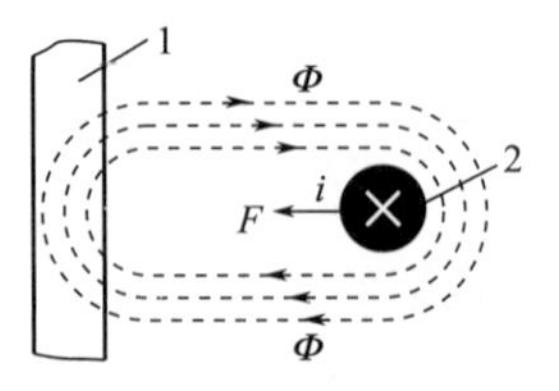

图 3-19 磁力吸弧

1—钢片；2—电弧

（3）冷却灭弧法 降低电弧的温度，可使电弧的电场减弱，导致带电质点的复合增强，有助于电弧的熄灭。如某些熔断器中填充的石英砂等具有降低弧温的作用。

（4）长电弧切短灭弧法 利用金属栅片将长电弧切割成若干短电弧，而短电弧的电压降主要降落在阴、阳极区内，如果栅片的数目足够多，使得各段维持电弧燃烧所需的最低电压降的总和大于外加电压时，电弧就自行熄灭，如图 3-20 所示。低压断路器的钢灭弧栅即利用此法进行灭弧，同时钢片对电弧还具有冷却降温的作用。

（5）粗弧分细灭弧法 将粗大的电弧分成若干细小平行的电弧，使电弧与周围介质的接触面增大，降低电弧温度，从而使电弧中带电质点的复合与扩散增强，加速电弧的熄灭。

（6）狭沟灭弧法 使电弧在固体介质所形成的狭沟中燃烧，狭沟内体积小压力大，在固体表面带电质点强烈复合。同时由于周围介质的温度很低，使得电弧的去游离增强，从而加速电弧的熄灭。如用陶瓷制成的灭弧栅，就是用了狭沟灭弧原理，如图 3-21 所示。

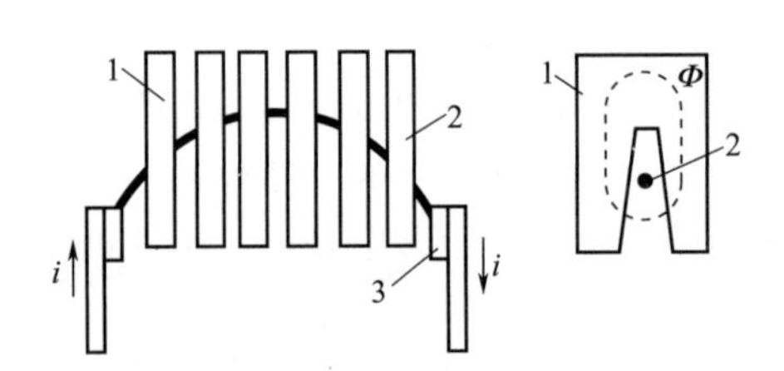

图 3-20 长电弧切短灭弧法

1—灭弧栅片；2—电弧；3—触头

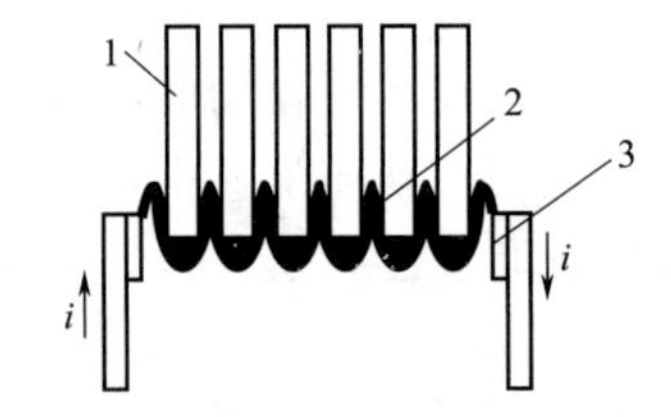

图 3-21 狭沟灭弧法

1—灭弧栅片；2—电弧；3—触头

（7）真空灭弧法 真空具有很高的绝缘性能，不存在气体游离的问题，因此处于真空中的触点间的电弧在电流过零时就能立即熄灭而不致复燃。目前，真空灭弧法在真空断路器中已得到广泛应用。

（8）六氟化硫灭弧法 六氟化硫（SF_6）具有优良的绝缘性能和灭弧性能，其绝缘强度为空气的 3 倍，介质绝缘能力的恢复速度是空气的 100 倍，使灭弧能力大大提高。SF_6 断路器就是利用 SF_6 气体在灭弧室喷口及触头间形成高压气流来吹灭电弧的。

目前广泛使用的各种高低压开关设备可以采用某一种灭弧方法，也可以综合采用几种灭弧方法，以达到提高灭弧能力的目的。

（二）高压电气设备

1. 高压隔离开关

高压隔离开关（文字符号为 QS）是一个最简单的高压开关，在实际中也称为刀闸。由于隔离开关没有专门的灭弧装置，不能用来开断负荷电流和短路电流。

（1）高压隔离开关的用途

① 保证装置中检修工作的安全，在需要检修的部分和其他带电部分，用隔离开关构成明显可见的空气绝缘间隔。

② 在双母线或带旁路母线的主接线中，可利用隔离开关作为操作电器，进行母线切换，但此时必须遵循“等电位原则”。

③ 由于隔离开关能通过拉长电弧的方法灭弧，具有切断小电流的可能性，所以隔离开关可进行下列操作。

a. 断开和接通电压互感器和避雷器。

b. 断开和接通母线或直接连接在母线上设备的电容电流。

c. 断开和接通励磁电流不超过 2A 的空载变压器或电容电流不超过 5A 的空载线路。

d. 断开和接通变压器中性点的接地线（系统没有接地故障才能进行）。

（2）高压隔离开关的型号　高压隔离开关的全型号的表示和含义如下：

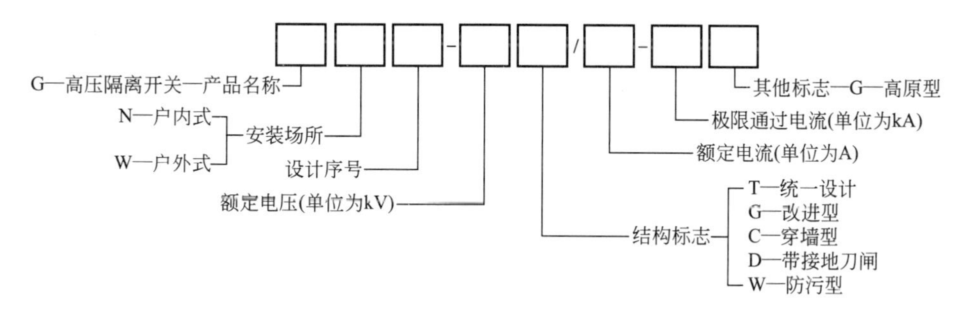

如 GN8-10/600 型高压隔离开关，其中第 1 个字母 G 表示高压隔离开关，第 2 个字母表示户内式，第 1 个数字位表示设计序号，第 2 个数字位表示额定电压为 10kV，最后一个数字位表示额定电流为 600A。

（3）高压隔离开关的结构原理　高压隔离开关按安装地点可分为户内式和户外式两大类。

① 户内式隔离开关（GN 型）　10kV 高压隔离开关型号较多，常用的户内系列有 GN8、GN19、GN24、GN28 和 GN30 等。图 3-22 所示为户内使用的 GN8-10/600 型高压隔离开关的外形图，图 3-23 所示为高压户内隔离开关的实物，它的三相闸刀安装在同一底座上，闸刀均采用垂直回转运动方式。GN 型高压隔离开关一般采用手动操作机构进行操作。

② 户外式隔离开关（GW 型）　户外式隔离开关的工作条件比较恶劣，绝缘要求较高，应保证在冰雪、雨水、风、灰尘、严寒和酷暑等条件下能可靠工作。户外隔离开关应具有较高的机械强度，因为隔离开关可能在触点结冰时操作，这就要求隔离开关触点在操作时有破冰作用。图 3-24 所示为户外型隔离开关实物，图 3-25 所示为 GW5-35D 型户外式隔离开关的外形图。它是由底座、支柱绝缘子、导电回路等部分组成，两绝缘子呈“V”形，交角 50°，借助连杆组成三极联动的隔离开关。底座部分有两个轴承，用以旋转棒式支柱绝缘子，两轴承座间用齿轮啮合，即操作任一柱，另一柱可随之同步旋转，以达分断、关合的目的。

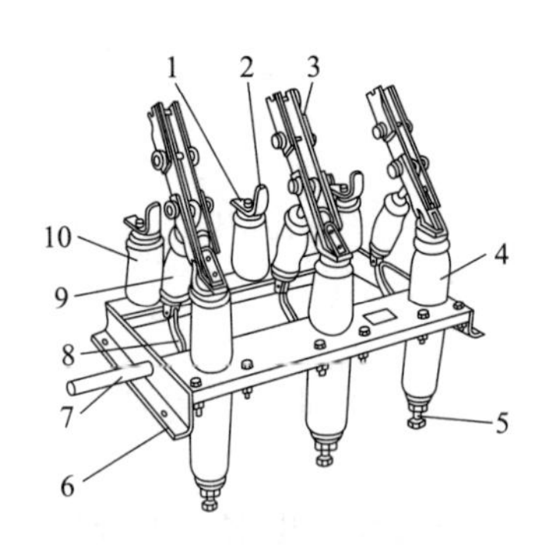

图 3-22 GN8-10/600 型高压隔离开关

1—上接线端子；2—静触点；3—闸刀；
4—套管绝缘子；5—下接线端子；6—框架；7—转轴；
8—拐臂；9—升降绝缘子；10—支柱绝缘子

图 3-23 高压户内隔离开关实物

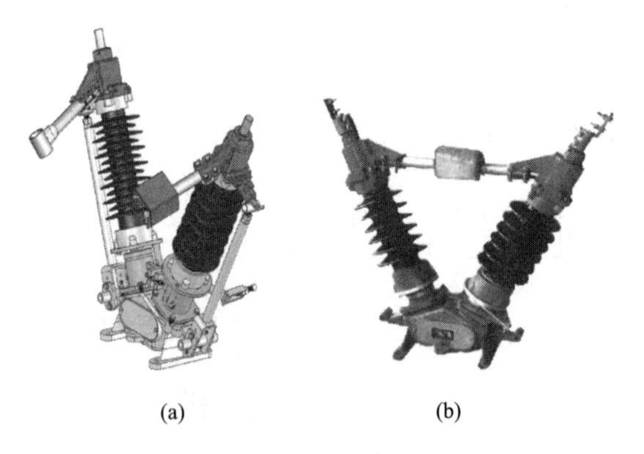

图 3-24 GW5 高压隔离开关实物

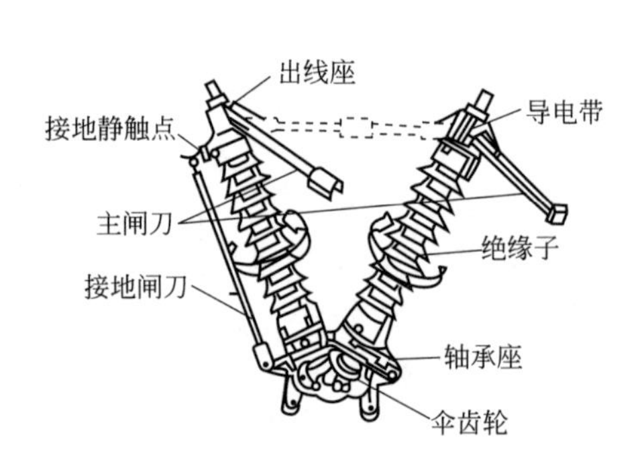

图 3-25 GW5 高压隔离开关外形

（4）高压隔离开关的操作　在操作隔离开关时应注意操作顺序，停电时先拉线路侧隔离开关，送电时先合母线侧隔离开关。

① 合上隔离开关时的操作

a. 无论用手动传动装置或用绝缘操作杆操作，均必须迅速而果断，但在合闸终了时用力不可过猛，以免损坏设备，导致机构变形，瓷瓶破裂等。

b. 隔离开关操作完毕后，应检查是否合上。合好后应使隔离开关完全进入固定触头，并检查接触的严密性。

② 拉开隔离开关时操作

a. 开始时应慢而谨慎，当刀片刚要离开固定触头时应迅速。特别是切断变压器的空载电流、架空线路和电缆的充电电流、架空线路小负荷电流以及环路电流时，拉开隔离开关时更应迅速果断，以便能迅速消弧。

b. 拉开隔离开关后，应检查隔离开关每相确实已在断开位置，并应使刀片尽量拉到头。

③ 在操作中误拉、误合隔离开关时

a. 误合隔离开关时。即使合错，甚至在合闸时发生电弧，也不准将隔离开关再拉开。因为带负荷拉开隔离开关，将造成三相弧光短路事故。

b. 误拉隔离开关时。在刀片刚要离开固定触头时，便发生电弧，这时应立即合上，可以消灭电弧，避免事故。如果隔离开关已经全部拉开，则绝不允许将误拉的隔离开关再合上。如果是单极隔离开关，操作一相后发现误拉，对其他两相则不允许继续操作。

2. 高压负荷开关

高压负荷开关（文字符号 QL）为组合式高压电器，通常由隔离开关、熔断器、热继电器、分离脱扣器及灭弧装置组成。

（1）高压负荷开关的用途

① 高压负荷开关具有简单的灭弧装置，用于 10～35kV 配电系统中接通和分断正常的负荷电流。

② 负荷开关断开后，具有明显可见的断口，也具有隔离电源、保证检修安全的功能。

③ 负荷开关不能断开短路电流，必须与高压熔断器串联使用，借助熔断器来断开短路电流。

（2）高压负荷开关的类型及型号　高压负荷开关的全型号的表示和含义如下：

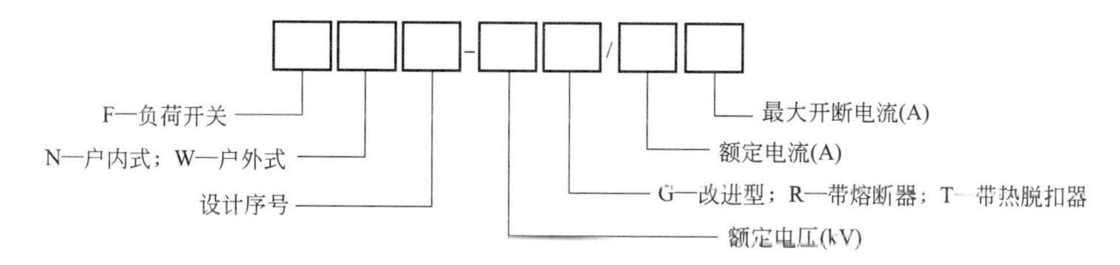

（3）高压负荷开关的结构原理　高压负荷开关按负荷开关灭弧介质及灭弧方式的不同可分为产气式、压气式、充油式、真空式及 SF_6 式等。按负荷开关安装地点的不同又可分为户内式和户外式。图 3-26 所示分别为户内和户外的高压负荷开关。图 3-27 所示为一种较为常用的 FN3-10RT 型户内压气式高压负荷开关的外形结构。上半部是负荷开关本身，下半部是 RN1 型高压熔断器。负荷开关的上绝缘子是一个压气式灭弧室，它不仅起支持绝缘子的作用，而且内部是一个气缸，其中装有由操动机构主轴传动的活塞。分闸时，和负荷开关相连的弧动触头与绝缘喷嘴内的弧静触头之间产生电弧。由于分闸时主轴传动而带动活塞，压缩气缸内的空气从喷嘴往外吹弧，加之断路弹簧使电弧迅速拉长及本身电流回路的电动吹弧作用，使电弧迅速熄灭。

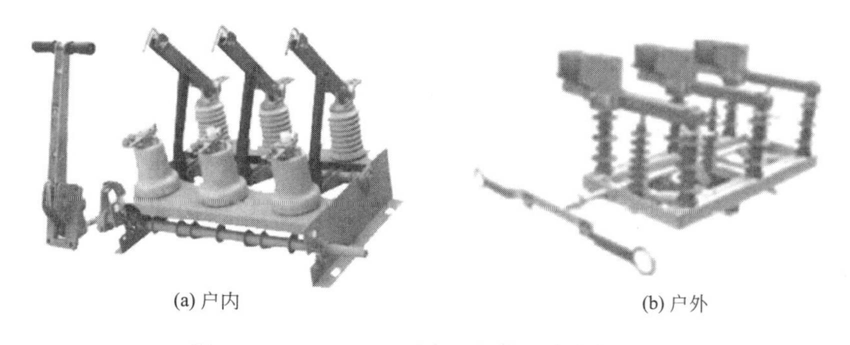

(a) 户内　　(b) 户外

图 3-26　FN3-10RT 型高压负荷开关实物图片

3. 高压断路器

（1）高压断路器的功能　高压断路器（文字符号为 QF）是电力系统中最重要的控制和保护电器。它具有完善的灭弧装置，既能通、断负荷电流，又能自动、快速地切除短路电流。

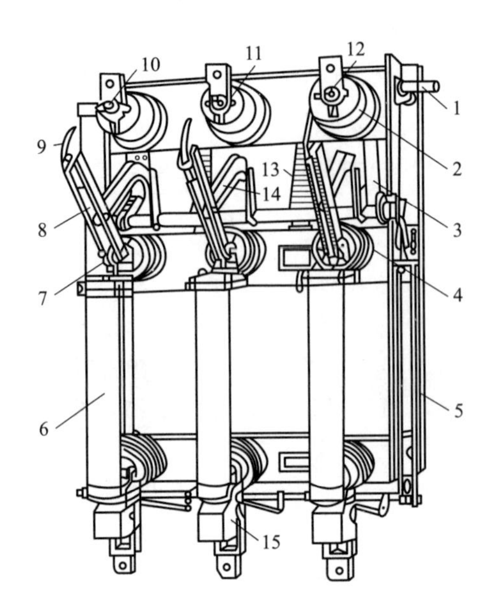

图 3-27 FN3-10RT 型高压负荷开关外形结构

1—主轴；2—上绝缘子兼气缸；3—连杆；4—下绝缘子；5—框架；6—RN1 型高压熔断器；7—下触头；8—闸刀；9—弧动触头；10—绝缘喷嘴（内有弧静触头）；11—主静触头；12—上触座；13—断路弹簧；14—绝缘拉杆；15—热脱扣器

（2）高压断路器的类型及型号 高压断路器的全型号的表示和含义如下：

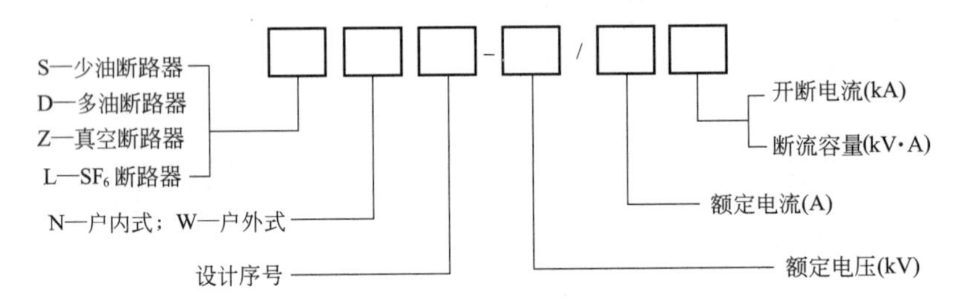

（3）高压断路器的结构原理 按灭弧介质的不同，断路器可分为油断路器、压缩空气断路器、真空断路器、六氟化硫（SF_6）断路器等多种形式。目前，压缩空气断路器已基本不使用，油断路器也属于淘汰产品，真空断路器和六氟化硫（SF_6）断路器得到了广泛的使用。但由于少油断路器成本低，在输配电系统中还占据着比较重要的地位。

① 高压少油断路器 少油断路器的绝缘油仅作灭弧介质使用，不作为主要绝缘介质，而载流部分是依靠空气、陶瓷材料或有机绝缘材料来绝缘的，因而油量很少。开关触头在具有灭弧功能的绝缘油中闭合和断开。少油断路器的优点是体积小，价格低，维护方便，但不能频繁操作，多用于 6～10kV 线路中。其主要缺点是检修周期短，在户外使用受大气条件的影响大。

我国生产的少油式断路器，有户内式（SN 系列）和户外式（SW 系列）两类。目前工厂企业变配电所系统中应用最广泛的是 SN10-12 型户内式少油断路器，是我国目前唯一继续生产的 10kV 少油断路器，其技术指标达到同类产品国际先进水平，改进前的老 SN10-10 型少油断路器已不再生产，但是现在还有大量早期的 SN10-10 断路器在系统中运行。

a. SN10-12 系列断路器的内部结构 图 3-28 所示为 SN10-12 型高压少油断路器的实物

图，图3-29所示为其结构。SN10-12系列少油断路器三相分装，共用一套传动机构和一台操动机构，操动机构可采用CD10型直流电磁操动机构或CT8型弹簧储能操动机构，也可配用其他合适的操动机构。

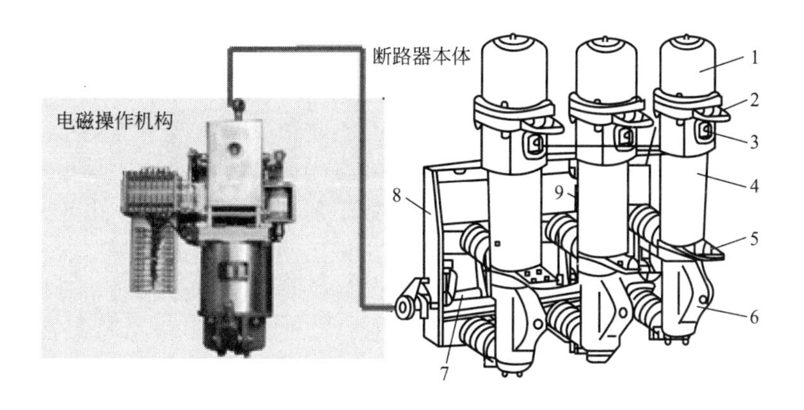

图3-28　SN10-12型高压少油断路器实物图

1—铝帽；2—上接线端子；3—油标；4—绝缘筒；5—下接线端子；6—基座；7—主轴；8—框架；9—断路弹簧

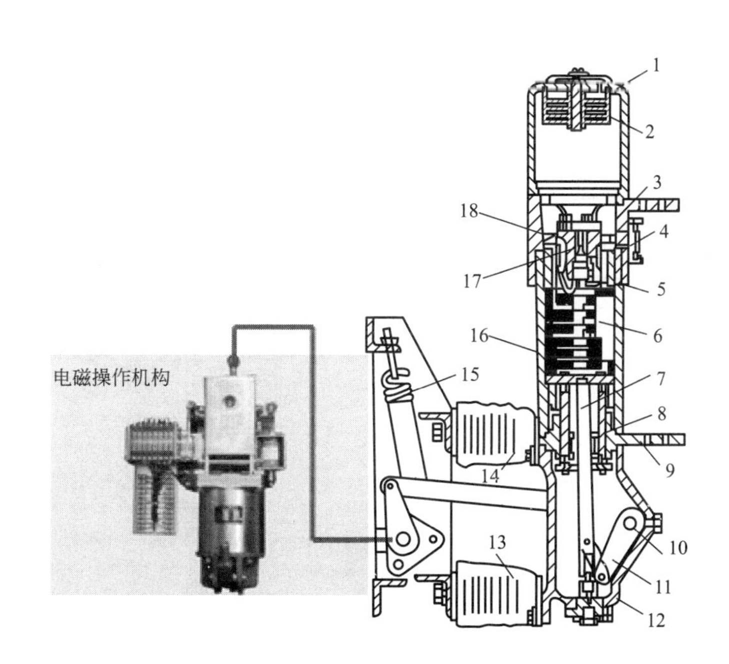

图3-29　SN10-12型高压少油断路器结构

1—铝帽；2—油气分离室；3—上接线端子；4—游标；5—插座式静触头；6—灭弧室；
7—动触头（导电杆）8—中间滚动触头；9—下接线端子；10—转轴；11—拐臂；12—基座；
13—下支柱绝缘子；14—上支柱绝缘子；15—断路弹簧；16—绝缘筒；17—逆止阀；18—绝缘油

SN10-12Ⅰ、SN10-12Ⅱ、SN10-12Ⅲ型断路器结构基本相似，由框架、传动系统和油箱本体三部分组成，但SN10-12Ⅲ型2000A和3000A断路器的箱体采用双筒结构，由主筒和副筒组成。

断路器的导电回路是：上接线端子⟶静触头⟶动触头（导电杆）⟶中间滚动触头⟶下接线端子。

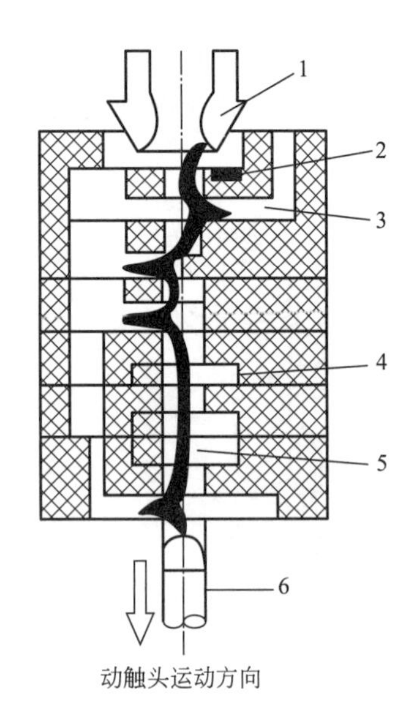

图 3-30　灭弧室工作示意图
1—静触头；2—吸弧铁片；3—横吹灭弧沟；4—纵吹油囊；5—电弧；6—动触头

b. 断路器灭弧原理　见图 3-30，断路器分闸时，导电杆（动触头）向下运动。当导电杆离开静触头时，产生电弧，使油分解，形成气泡，导致静触头周围的油压骤增，迫使逆止阀（钢珠）向上堵住中心孔。这时电弧在近乎封闭的空间内燃烧，从而使灭弧室内的油压迅速增大。当导电杆继续向下运动，相继打开一、二、三道灭弧沟及下面的油囊时，油气流强烈地横吹和纵吹电弧，同时由于导电杆向下运动，在灭弧室形成附加油流射向电弧。由于油气流的横吹和纵吹以及机械运动引起的油吹等综合作用，使电弧迅速熄灭。而且这种断路器分闸时，导电杆是向下运动的，导电杆端部的弧根部分总与下面新鲜的冷油接触，进一步改善了灭弧条件，因此它具有较大断流容量。

c. 高压断路器操动机构　CD10 型电磁操动机构的结构见图 3-31。特点是能手动和远距离控制分闸和合闸；适于实现自动化，但它需直流操作电源。

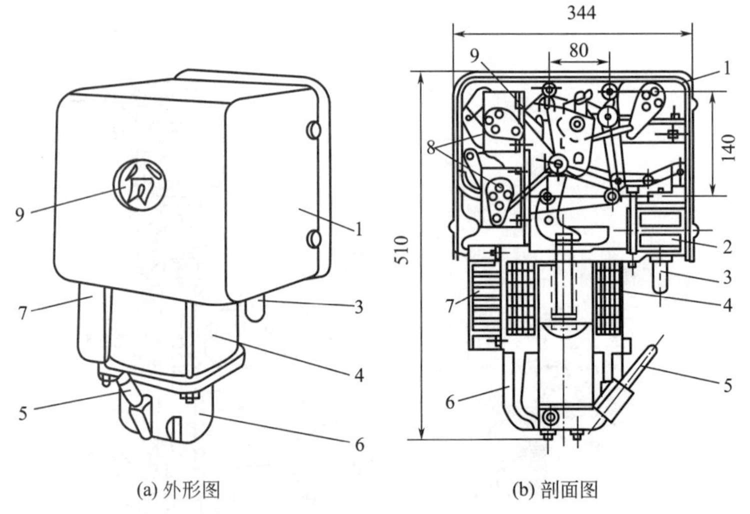

图 3-31　CD10 型电磁操动机构的结构
1—外壳；2—跳闸线圈；3—手动跳闸按钮；4—合闸线圈；5—合闸操作手柄；6—缓冲底座；7—接线端子排；8—辅助开关；9—分合指示

CD10 型电磁操动机构的原理示意图见图 3-32。

分闸时［图 3-32(a)］，跳闸铁芯上的撞头，因手动或因远距离控制使跳闸线圈通电而往上撞击连杆系统，使搭在 L 形搭钩上的连杆滚轴下落，于是主轴在断路弹簧作用下转动，使断路器跳闸，并带动辅助开关切换。断路器跳闸后，跳闸铁芯下落，正对此铁芯的两连杆也回复到跳闸前的状态。

合闸时［图 3-32(b)］，合闸铁芯因手动或因远距离控制使合闸线圈通电而上举，使连杆滚轴又搭在 L 形搭钩上，同时使主轴反抗断路弹簧的作用而转动，使断路器合闸，并带

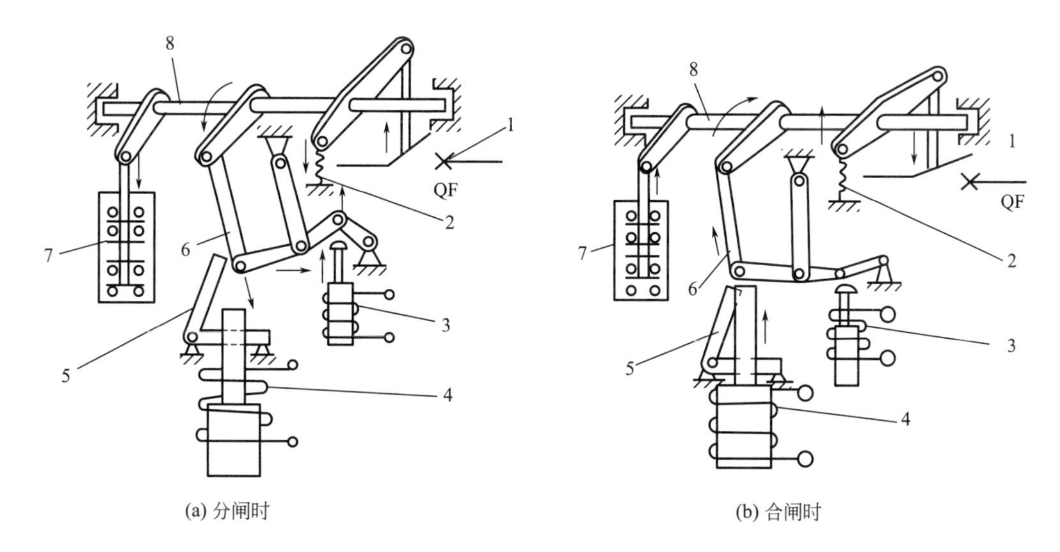

图 3-32　CD10 型电磁操动机构传动原理示意图

1—高压断路器；2—断路弹簧；3—跳闸线圈；4—合闸线圈；
5—L 形搭钩；6—连杆；7—辅助开关；8—操动机构主轴

动辅助开关切换，整个连杆系统又处在稳定的合闸状态。

d. SN10-12 系列断路器动作原理

ⓐ 合闸过程。断路器的合闸动力来自操动机构，合闸时其动力经过操动机构中的传动机构、断路器的传动系统和变直机构三次传递后，操动动触杆向上运动合闸。

ⓑ 分闸过程。操动机构接到分闸命令时，合闸保持机构被释放，动触杆向下运动分闸。分闸末期，油缓冲器的活塞进入动触杆尾部的油室，起分闸缓冲作用。

② 高压真空断路器　高压真空断路器是利用“真空”灭弧的一种断路器，是一种新型断路器，我国已成批生产 ZN 系列真空断路器。

a. 真空断路器的特点　真空断路器是把触头安置在一个真空容器中，依靠真空作灭弧和绝缘介质。

ⓐ 灭弧室作为独立的元件，安装调试简单、方便。

ⓑ 触头开距短，灭弧室小巧，操作功率小，动作快。

ⓒ 灭弧能力强，燃弧时间短，一般只需半个周期，电磨损少，使用寿命长。

ⓓ 防火、防爆，操作噪声小。

ⓔ 适用于频繁操作，特别适用于安全要求较高的场所。

b. 真空断路器的基本结构　真空断路器按使用场所可分为户内式和户外式，分别用 ZN 和 ZW 来表示。按断路器主体与操动机构的相关位置划分为整体式和分体式。图 3-33 所示为 ZN28-12 型真空断路器实物图。它主要由真空灭弧室、操动机构、绝缘体传动件、底座等组成。真空灭弧室结构如图 3-34 所示。

图 3-33　ZN28-12 型真空断路器实物图

c. 真空断路器动作原理　真空断路器在开断电流时，两触头间就要产生电弧，电弧的温度很高，

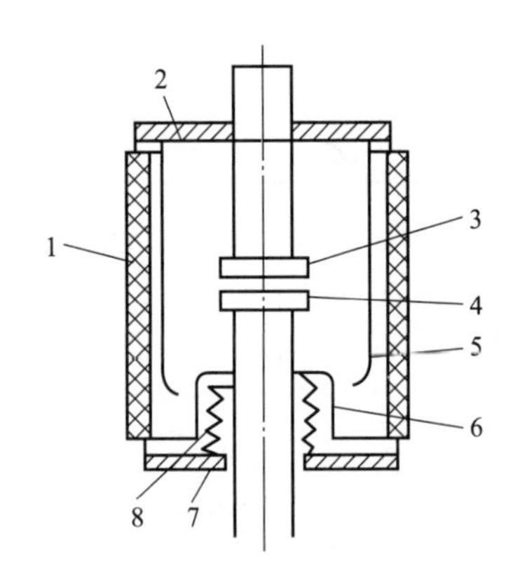

图 3-34 真空灭弧室的结构示意图

1—绝缘外壳；2,7—端盖；3—静触头；4—动触头；5—主屏蔽罩；6—波纹管屏蔽罩；8—波纹管

能使触头材料蒸发，在两触头间形成很多金属蒸气。由于触头周围是“真空”的，只有很少气体分子，所以金属蒸气很快就跑向围在触头周围的屏蔽罩上，以致在电流过零后极短的时间内（几微秒）触头间隙就恢复了原有的高“真空”状态。因此真空断路器的灭弧能力要比少油断路器优越得多。真空断路器由于熄弧速度太快，容易产生操作过电压，直接威胁着电气设备的安全运行。

③ 高压 SF_6 断路器

a. 高压 SF_6 断路器特点　SF_6 断路器是利用 SF_6 气体作为灭弧介质的，SF_6 是一种无色、无味、无毒且不易燃的惰性气体，具有优良的绝缘性能和灭弧特性。其灭弧能力强，断流容量大，绝缘性能好，检修周期长；可频繁操作，体积小，维护要求严格，价格高。SF_6 气体本身无毒，但在高温作用下会生成氟化氢等具有强烈腐蚀性的剧毒物，检修时注意防毒。

绿色电力——无氟开关

b. 高压 SF_6 断路器结构及原理　图 3-35 所示为 LN2-10 型 SF_6 断路器的外形。图 3-36 所示为 SF_6 断路器灭弧室结构示意图，断路器的静触头和灭弧室中的压气活塞是相对固定的。当跳闸时，装有动触头和绝缘喷嘴的气缸由断路器的操动机构通过连杆带动离开静触头，使气缸和活塞产生相对运动来压缩 SF_6 气体并使之通过喷嘴吹出，用吹弧法来迅速熄灭电弧。

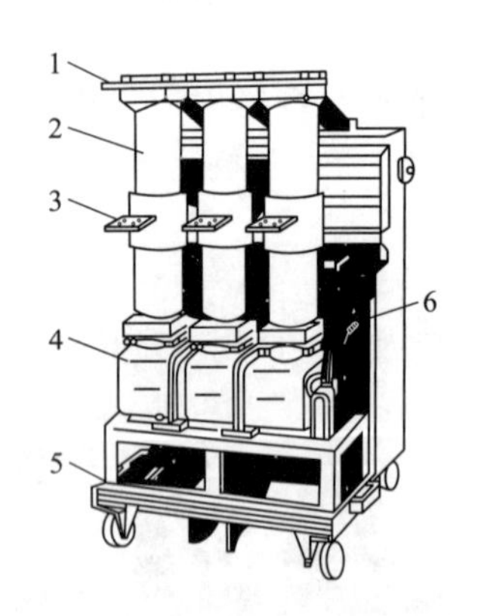

图 3-35 LN2-10 型 SF_6 断路器的外形

1—上接线端；2—绝缘筒（内为气缸及触头系统）；3—下接线端；4—操作机构；5—小车；6—分闸弹簧

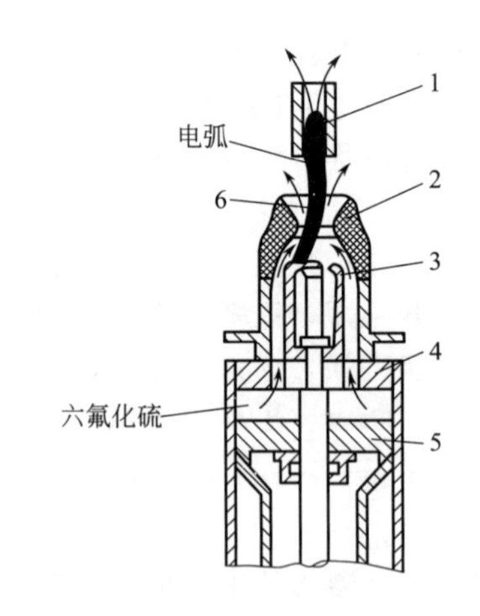

图 3-36 SF_6 断路器灭弧室结构示意图

1—静触头；2—绝缘喷嘴；3—动触头；4—气缸；5—压气活塞（固定）；6—电弧

（4）高压断路器的主要技术参数

① 额定电压（U_N）。断路器的额定电压为它在运行中能长期承受的系统最高电压。我国目前采用的额定电压标准值有 3.6kV、7.2kV、12（24）kV、40.5kV、72.5kV、126kV、252kV、363kV、550（800）kV 等。其中括号中的数值为用户有要求时使用。

② 额定电流（I_N）。断路器能够持续通过的最大电流。设备在此电流下长期工作时，其各部温升不得超过有关标准的规定。一般额定电流的等级为400A、600A、1000A、1250A、1500A、2000A、3000A。

③ 额定短路开断电流（I_{oc}）。断路器在额定电压下能可靠开断的最大短路电流。额定短路开断电流是表明断路器开断能力的一个重要参数，其单位为kA。

④ 额定开断容量（S_{oc}）。额定开断容量也是表征断路器开断能力的一个参数，对于三相断路器，额定断流容量由下式决定：

$$\text{额定开断容量}=\sqrt{3}\times\text{额定开断电流}\times\text{额定线电压}(\text{MV}\cdot\text{A})$$

由于额定开断容量纯粹由计算得出，并不具备具体的物理意义，而开断电流能更明确、更直接地表述断路器的开断能力，所以我国国标及IEC标准都不再采用额定开断容量这个参数。

⑤ 热稳定电流（I_K）。热稳定电流是断路器承受短路电流热效应的能力。它是指在规定的时间内（国家标准规定的时间为2s）断路器在合闸位置能够承载的最大电流，数值上就等于断路器的额定短路开断电流。

⑥ 动稳定电流（I_P）。动稳定电流是指断路器在合闸位置或闭合瞬间，允许通过的电流最大峰值，又称极限通过电流，它反映了断路器允许短路时通过电流的大小，反映了断路器承受短路电流电动力效应的能力。

4. 高压熔断器

（1）高压熔断器的功能　高压熔断器（文字符号为FU）是一种结构最简单、应用最广泛的保护电器。熔断器主要由熔体和熔管等组成，为了提高灭弧能力，有的熔管内还填有石英砂等灭弧介质。

高压熔断器是用来防止高压电气设备发生短路和长期过载的保护元件。在供配电系统中，对容量小而且不太重要的负载，广泛使用高压熔断器，作为输电、配电线路及电力变压器的短路及过载保护。

（2）高压熔断器的类型及型号　熔断器分限流式和不限流式两种。限流式熔断器的灭弧能力强，可以在短路电流上升到最大值之前灭弧。

高压熔断器的全型号的表示和含义如下：

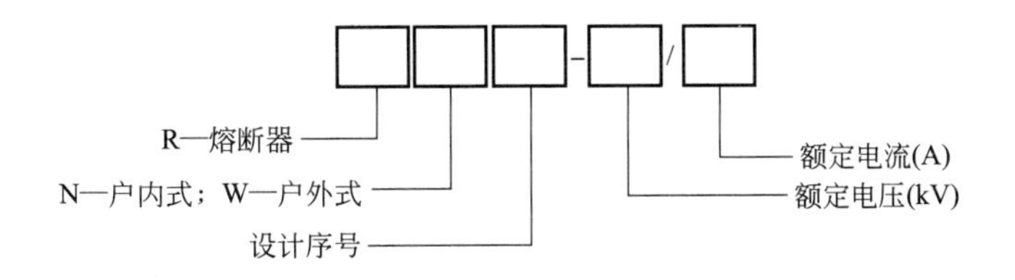

（3）高压熔断器的结构及原理

① RN1、RN2型高压熔断器

a. RN1、RN2型高压熔断器特点　RN1型熔断器常用于电力线路及变压器的过载和短路保护，其熔体要通过主电路的短路电流，因此其结构尺寸较大，额定电流可达到100A。RN2型熔断器则主要用于电压互感器一次侧的短路保护。由于电压互感器二次侧接近于空载状态，其一次侧电流很小，故其熔体额定电流一般为0.5A。

b. RN1、RN2型高压熔断器结构及原理　RN1和RN2型熔断器的结构基本相同，都是瓷质熔管内填充石英砂的密闭式熔断器，其外形如图3-37所示，图3-38为熔管内部结构示意图。其主要组成部分是：熔管、触座、动作指示器、绝缘子和底座。熔管一般为瓷质管，熔丝由单根或多根镀银的细铜丝并联绕成螺旋状，熔丝上焊有小锡球。锡是低熔点金属，过负荷时包围铜熔丝的锡球受热首先熔化，铜锡互相渗透形成熔点较低的铜锡合金，使铜熔丝在较低的温度下熔断，即所谓的“冶金效应”。它使得熔断器能在较小的短路电流或不太大的过负荷电流时动作，提高了保护的灵敏度。熔体采用几根铜丝并联，并且熔管内填充了石英砂，是分别利用粗弧分细和狭沟灭弧法来加速电弧熄灭的。这种熔断器能在短路后不到半个周期即短路电流未达到冲击值之前即能完全熄灭电弧，切断短路电流，因此这种熔断器属于“限流式”熔断器。

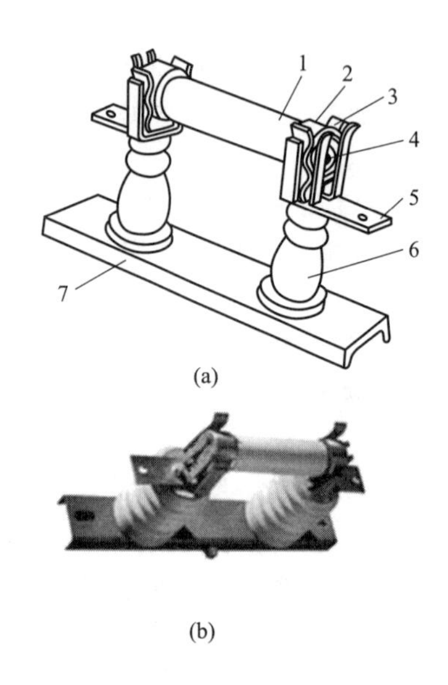

图 3-37 RN1、RN2 型高压熔断器的外形
1—瓷熔管；2—金属管帽；3—弹性触座；4—熔断指示器；5—接线端子；6—瓷绝缘子；7—底座

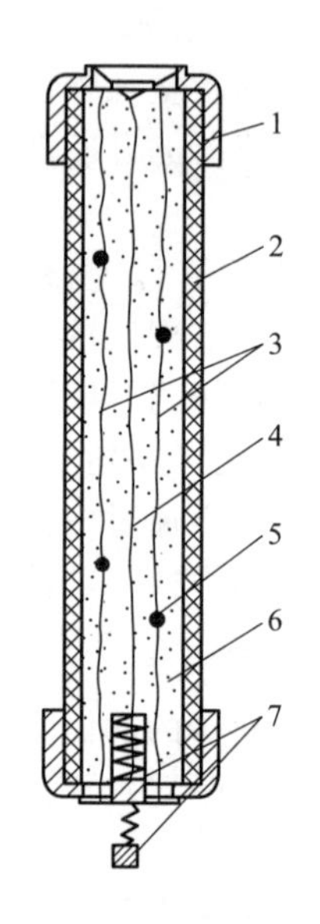

图 3-38 熔管内部结构示意图
1—管帽；2—瓷管；3—工作熔体；4—指示熔体（铜丝）；5—锡球；6—石英砂填料；7—熔断指示器

② RW 系列户外式熔断器

a. RW 系列高压熔断器特点　RW 系列跌开式熔断器又称跌落式熔断器，广泛用于环境正常的室外场，既可作为 6～10kV 线路和设备的短路保护，又可在一定条件下，直接用高压绝缘钩棒（俗称“令克棒”）来操作熔管的分合，通断小容量的空载变压器、空载线路等，但不可直接通断正常的负荷电流。而负荷型跌落式熔断器如 RW10-10(F) 型，是在一般跌落式熔断器的静触头上加装简单的灭弧室，除了作为 6～10kV 线路和变压器的短路保护外，还直接带负荷操作。

b. RW 系列高压熔断器结构及原理　图 3-39 所示为 RW4-10 型高压跌落式熔断器的基本结构。这种跌落式熔断器串接在线路上。正常运行时，其熔管上端的动触头借熔丝张力拉紧后，利用钩棒将熔管连同动触头推入上静触头内缩紧，同时下动触头与下静触头也相互压紧，从而使电路接通。当线路发生短路时，短路电流使熔丝熔断，形成电弧。纤维质消弧管由于电弧烧灼而分解出大量气体，使管内压力剧增，并沿着管道形成强烈的气流纵向吹弧，使电弧迅速熄灭。熔丝熔断后，熔管的上动触头因失去熔丝的张力而下翻，使锁紧机构释放熔管。在触头弹力及熔管自重的作用下，熔管跌落，造成明显可见的断开间隙。

跌落式熔断器依靠电弧燃烧分解纤维质产生的气体来熄灭电弧，其灭弧能力不强，灭弧速度不快，不能在短路电流达到冲击值之前熄灭电弧，属“非限流式”熔断器。

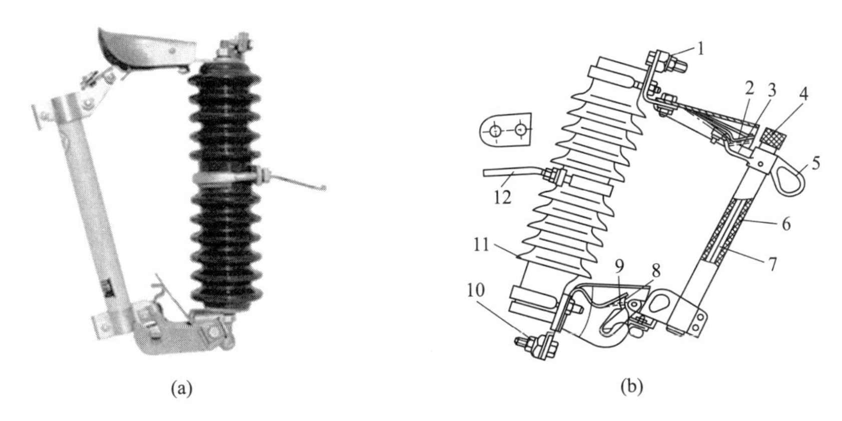

图 3-39　RW4-10 型高压跌落式熔断器基本结构

1—上接线端子；2—上静触头；3—上动触头；4—管帽；5—操作环；
6—熔管（内套纤维质消弧管）；7—铜熔丝；8—下动触头；
9—下静触头；10—下接线端子；11—绝缘瓷瓶；12—固定安装板

（4）高压熔断器的主要技术参数

① 熔断器的额定电流。熔断器壳体的载流部分和接触部分所允许的长期通过的工作电流。

② 熔体的额定电流。长期通过熔体而熔体不会熔断的最大电流。熔体的额定电流通常小于或等于熔断器的额定电流。

③ 熔断器的极限断路电流。它是指熔断器所能分断的最大电流。

（三）低压开关设备

低压一次设备，指供电系统中 1000V 或 1200V 及以下的电气设备。

1. 低压熔断器

低压熔断器（文字符号为 FU）主要用于电压配电系统的短路保护，有的也能实现过载保护。低压熔断器全型号的表示和含义如下：

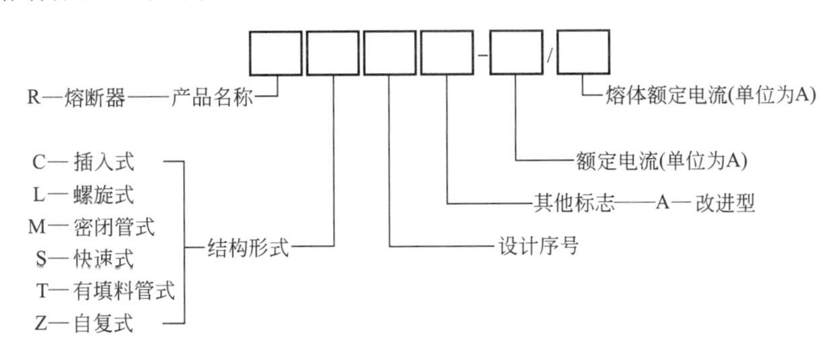

低压熔断器的类型很多，下面主要介绍供电系统中常用的国产低压 RT0、RL1、RZ1 型熔断器的结构和原理。

（1）RT0 型低压有填料密闭管式熔断器　RT0 型熔断器是我国统一设计的一种有“限流”作用的低压熔断器，保护性能好、断流能力大，广泛应用于低压配电装置中，但其熔体不可拆卸，因此熔体熔断后整个熔断器报废，不够经济。RT0 型熔断器主要由瓷熔管、栅状铜熔体、触头、底座等几部分组成，如图 3-40 所示。其栅状铜熔体具有引燃栅。由于引燃栅的等电位作用，可使熔体在短路电流通过时形成多根并行电弧。同时熔体又具有变截面小孔，可使熔体在短路电流通过时又将每根长弧分割为多段短弧。加之所有电弧都在石英砂中燃烧，可使电弧中正负离子强烈复合。这种有石英砂填料的熔断器灭弧能力极强，具有“限流”作用。此外，其栅状铜熔体的中段弯曲处点有焊锡（称为“锡桥”），可利用其“冶金效应”来实现其对较小短路电流和过负荷电流的保护。熔体熔断后，有红色熔断指示器立即弹出，以便于运行人员的检查。

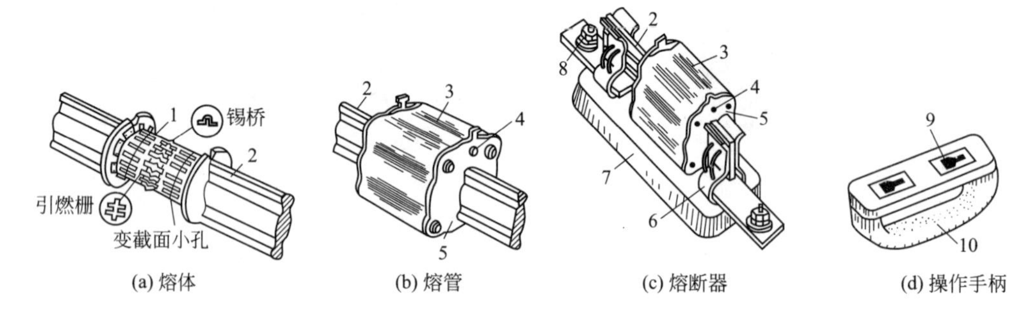

(a) 熔体　(b) 熔管　(c) 熔断器　(d) 操作手柄

图 3-40　RT0 型低压熔断器结构

1—栅状铜熔体；2—触头；3—瓷熔管；4—盖板；5—熔断指示器；6—弹性触座；7—瓷质底座；8—接线端子；9—扣眼；10—绝缘拉手手柄

（2）RL1 型螺旋管式熔断　RL1 型螺旋管式熔断器实物如图 3-41(a) 所示，它由瓷质螺帽、熔管和底座组成，其结构如图 3-41(b) 所示。上接线端与下接线端通过螺钉固定在底座上；熔管由瓷质外套管、熔体和石英砂填料密封构成，一端有熔断指示器（多为红色）；瓷质螺帽上有玻璃窗口，放入熔管旋入底座后即将熔管串接在电路中。由于熔断器的各个部分可拆卸，更换熔管十分方便，这种熔断器广泛用于低压供电系统，特别是在中小型电动机的过载与短路保护中。

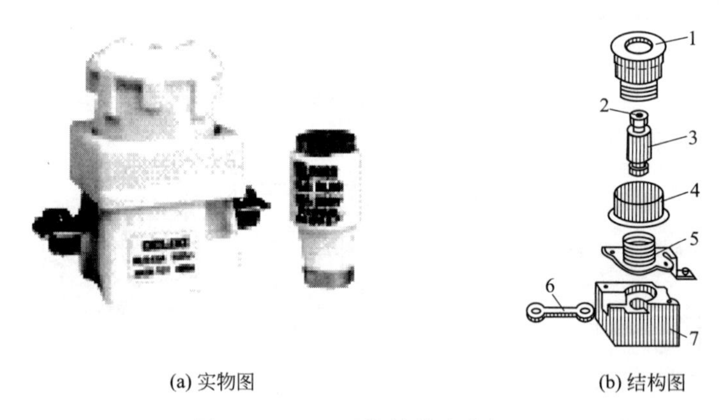

(a) 实物图　(b) 结构图

图 3-41　RL1 型螺旋管式熔断器

1—瓷帽；2—熔断指示器；3—熔体管；4—瓷套；5—上接线端；6—下接线触头；7—底座

（3）RZ1 型低压自复式熔断器　RZ1 型自复式熔断器既能切断短路电流，又能在故障消除后自动恢复供电，无须更换熔体，其结构如图 3-42 所示。

RZ1 型熔断器采用金属钠作为熔体。常温下，钠的阻值很小，正常负荷电流可以顺利通过，但在短路时，钠受热迅速汽化，其阻值变得很大，可起到限制短路电流的作用。限流过程结束后，钠蒸气冷却恢复为固态钠，这就是自复式熔断器既能自动限流又可自动复原的基本原理。

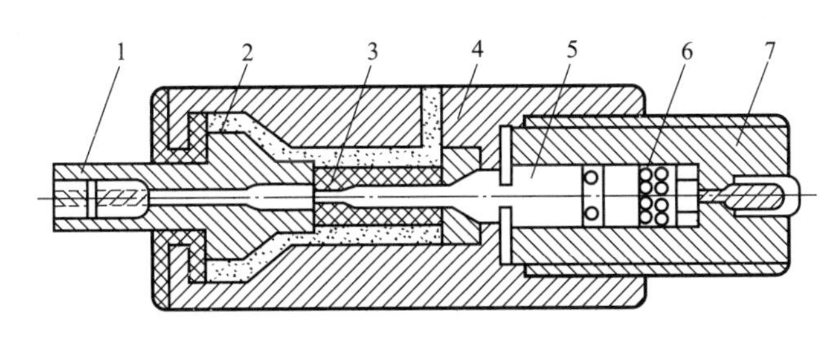

图 3-42 RZ1 型自复式熔断器

1,7—接线端子；2—云母玻璃；3—氧化铍瓷管；4—不锈钢外壳；5—钠熔体；6—氩气

2. 低压刀开关

低压刀开关（文字符号为 QK）按操作方式分，有单投和双投两种。按极数分，有单极、双极和三极三种。按灭弧结构分，有不带灭弧罩和带灭弧罩两种。低压刀开关全型号的表示和含义如下：

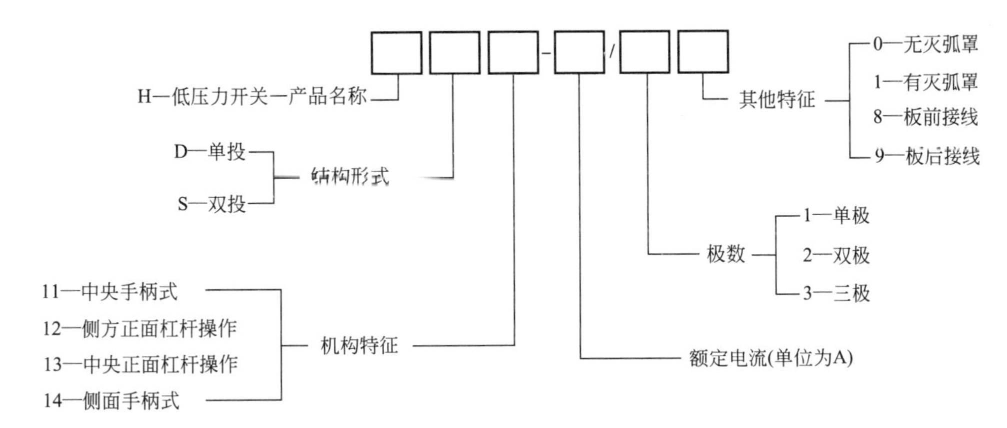

不带灭弧罩的刀开关只能在无负荷下操作。由于刀开关断开后有明显可见的断开间隙，因此可作为隔离开关使用。因此这种刀开关也称为低压隔离开关。

带有灭弧罩的刀开关如图 3-43 所示，能通断一定的负荷电流，能使负荷电流产生的电弧有效地熄灭。

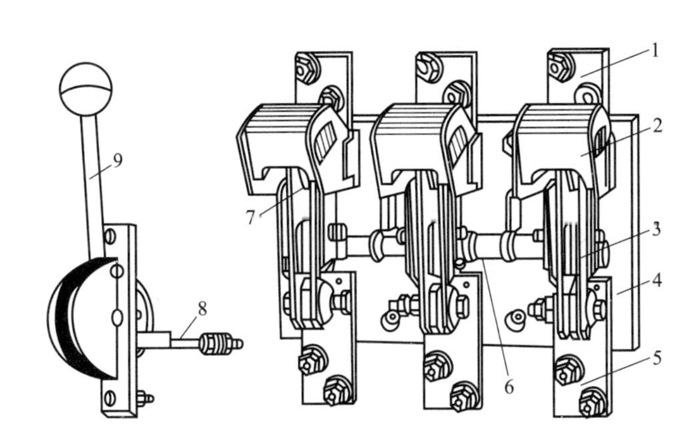

图 3-43 HD13 型低压刀开关

1—上接线端子；2—灭弧罩；3—闸刀；4—底座；5—下接线端子；6—主轴；7—静触头；8—连杆；9—操作手柄

3. 低压刀熔开关

低压刀熔开关又称熔断器式刀开关（文字符号为 FU-QK），是低压刀开关与低压熔断器组合而成的开关电器，具有刀开关和熔断器的双重功能。常见的 HR3 型刀熔开关，就是将 HD 型刀开关的闸刀换以 RT0 型熔断器的具有刀型触头的熔断管，如图 3-44 所示。

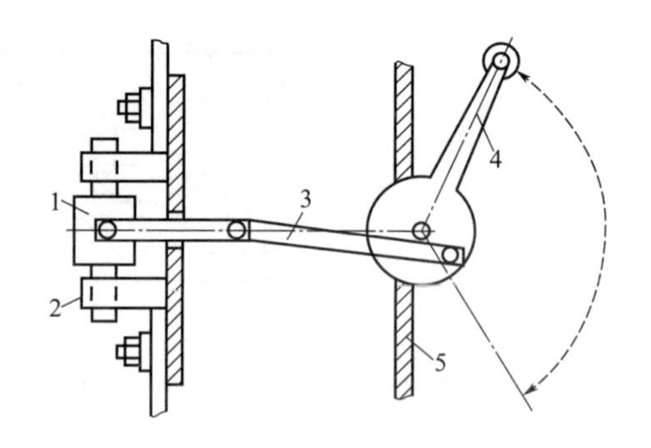

图 3-44 低压刀熔开关结构示意图

1—RT0 型熔断器的熔断体；2—弹性触座；3—连杆；4—操作手柄；5—配电屏面板

采用刀熔开关可以简化低压配电装置的结构，经济实用，因此广泛应用在低压配电装置上。低压刀熔开关全型号的表示和含义如下：

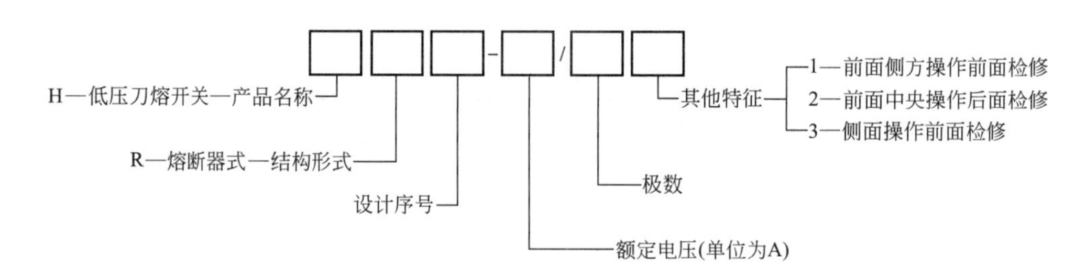

4. 低压负荷开关

低压负荷开关（文字符号为 QL）由带灭弧装置的刀开关与熔断器串联组合而成，外装封闭式铁壳或开启式胶盖，如图 3-45 所示。低压负荷开关具有带灭弧罩的刀开关和熔断器的双重功能，既可带负荷操作，又能进行短路保护，熔体熔断后，更换熔体后即可恢复供电。

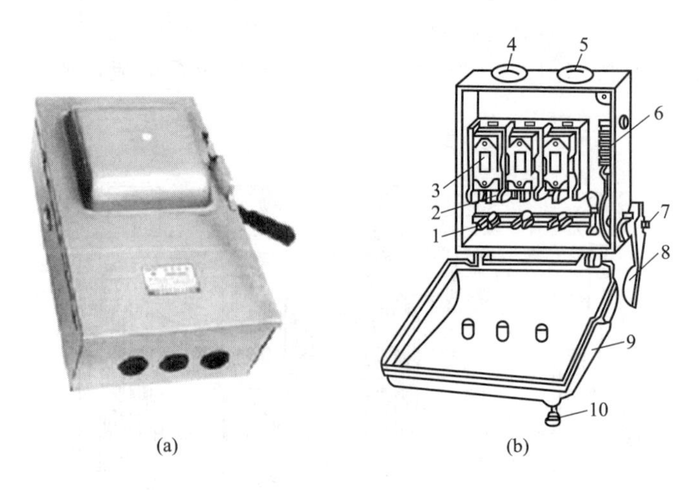

图 3-45 封闭式低压负荷开关的外形和结构

1—动触头；2—静夹座；3—熔断器；4—进线孔；5—出线孔；6—速断弹簧；7—转轴；8—手柄；9—罩盖；10—罩盖锁紧螺栓

低压负荷开关全型号的表示和含义如下：

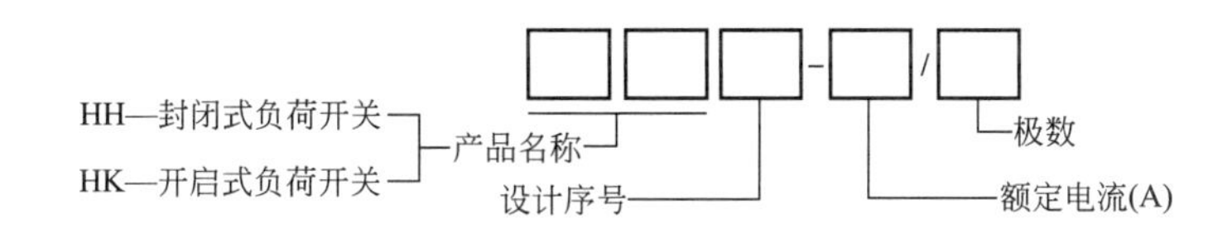

5. **低压断路器**

低压断路器（文字符号为QF）又称为自动空气开关。它既能带负荷通断电路，又能在短路、过负荷和欠压情况下自动跳闸，切断电路。

低压断路器具有完善的触点系统、灭弧系统、传动系统、自动控制系统以及紧凑牢固的整体结构。其部分产品实物如图3-46所示。

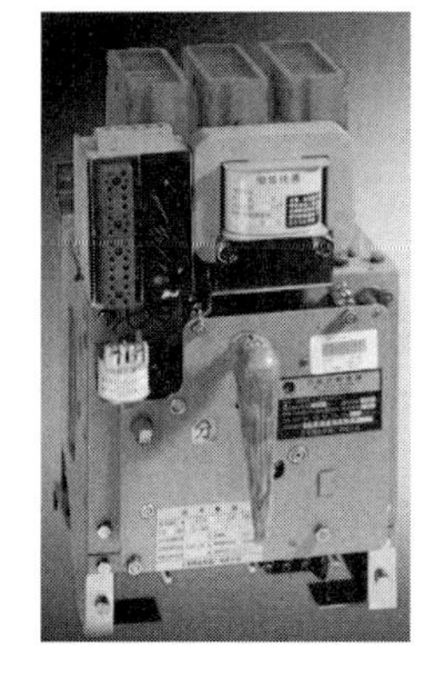

(a) DW15万能断路器

(b) DZ型塑壳式低压断路器

图 3-46　低压断路器实物

（1）低压断路器原理结构　低压断路器原理结构如图3-47所示。当电路上出现短路故障时，其过电流脱扣器10动作，使断路器跳闸。如果出现过负荷时，串联在一次线路中的加热电阻丝8加热，使热脱扣器9双金属片向上弯曲，也使断路器跳闸。当线路电压严重下降或电压消失时，失压脱扣器5动作，同样使断路器跳闸。如果按下脱扣按钮6或7，使分励脱扣器4通电或使失压脱扣器5失电，则可实现断路器远距离跳闸。

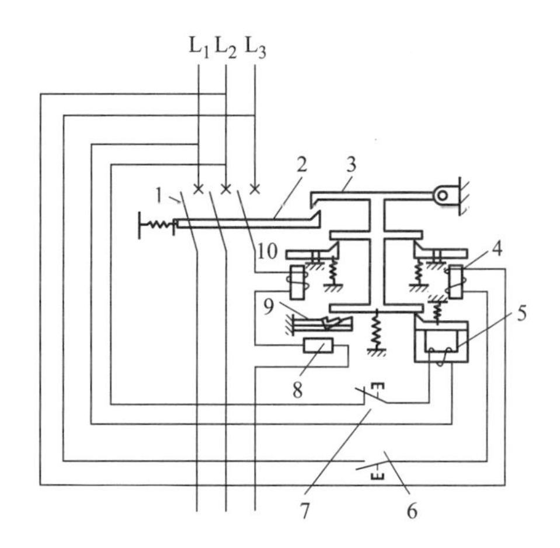

图 3-47　低压断路器的原理结构和接线

1—主触头；2—跳钩；3—锁扣；4—分励脱扣器；5—失压脱扣器；6,7—脱扣按钮；8—加热电阻丝；9—热脱扣器；10—过电流脱扣器

（2）低压断路器类型　低压断路器按其灭弧介质分，有空气断路器和真空断路器等；按其用途分，有配电用断路器、电动机保护用断路器、照明用断路器和漏电保护断路器等；按其保护性能分，有非选择型断路器、选择型断路器和智能型断路器等；按结构分，有万能式（框架式）断路器和塑料外壳式（装置式）断路器两种。

低压断路器全型号的表示和含义如下：

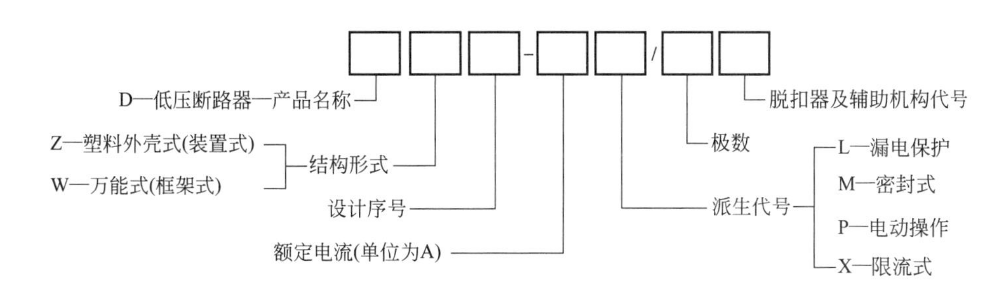

非选择型断路器，一般为瞬时动作，只作短路保护用；也有的为长延时动作，只作过负荷保护用。选择型断路器，有两段保护、三段保护和智能化保护。两段保护为瞬时或短延时与长延时特性两段。三段保护为瞬时、短延时与长延时特性三段。其中瞬时和短延时特性适于短路保护，而长延时特性适于过负荷保护。图 3-48 表示低压断路器的三种保护特性曲线。而智能化保护，其脱扣器为计算机控制，保护功能更多，选择性更好，这种断路器称为智能型断路器。

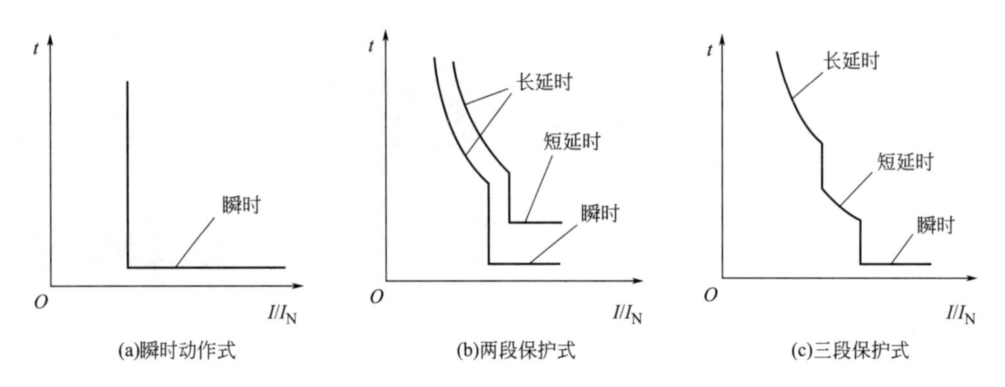

图 3-48　低压断路器的保护特性曲线

① 塑料外壳式低压断路器　塑料外壳式低压断路器，又称装置式自动开关，其全部机构和导电部分都装设在一个塑料外壳内，仅在壳盖中央露出操作手柄，供手动操作之用。它通常装设在低压配电装置之中。

图 3-49 所示为一种曾广泛应用的 DZ10 型塑料外壳式低压断路器的剖面结构。图 3-50 所示为该型低压断路器操作机构的传动原理示意图。

低压断路器的操作机构一般采用四连杆机构，可自由脱扣。从操作方式分，有手动和电动两种。手动操作是利用操作手柄，电动操作是利用专门的控制电机，但一般只有容量较大的才装有电动操作。

低压断路器的操作手柄有三个位置：

a. 合闸位置。如图 3-50(a) 所示，手柄扳向上边，跳钩被锁扣扣住，触头维持闭合状态。

b. 自由脱扣位置。如图 3-50(b) 所示，跳钩被释放（脱扣），手柄移至中间位置，触头断开。

c. 分闸和再扣位置。如图 3-50(c) 所示，手柄扳向下边，跳钩又被锁扣扣住，从而完成“再扣”动作，为下次合闸做好准备。如

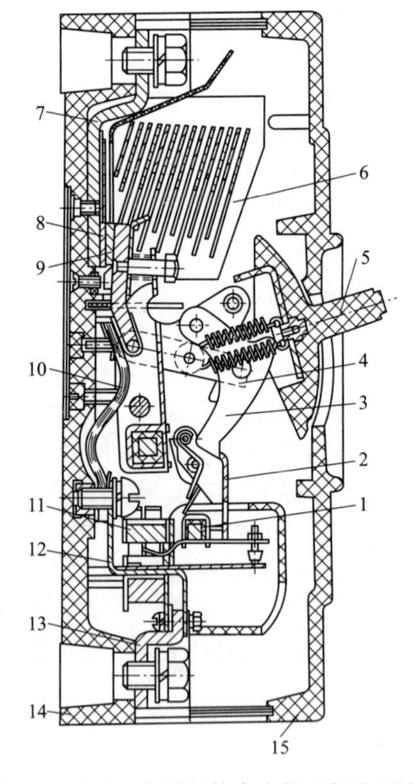

图 3-49　DZ10 型塑料外壳式低压断路器结构

1—牵引杆；2—锁扣；3—跳钩；4—连杆；5—操作手柄；6—灭弧室；7—引入线和接线端子；8—静触头；9—动触头；10—可挠连接条；11—电磁脱扣器；12—热脱扣器；13—引出脱线和接线端；14—塑料底座；15—塑料盖

果断路器自动跳闸后，不将手柄扳向再扣位置（即分闸位置），想直接合闸是合不上的。不只是塑料外壳式断路器如此，万能式断路器同样如此。

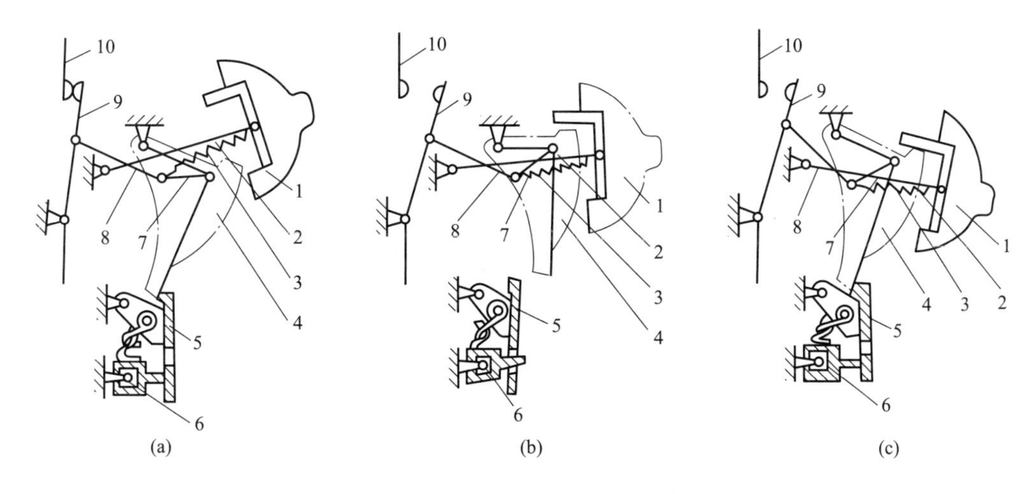

图 3-50 DZ 型低压断路器操作机构的传动原理示意图

1—操作手柄；2—操作杆；3—弹簧；4—跳钩；5—锁扣；6—牵引杆；7—上连杆；8—下连杆；9—动触头；10—静触头

DZ 型断路器可根据工作要求装设以下脱扣器：复式脱扣器，可同时实现过负荷保护和短路保护；电磁脱扣器，只作短路保护；热脱扣器，为双金属片，只作过负荷保护。

塑料外壳式低压断路器中，有一类是 63A 及以下的小型断路器。由于它具有模数化的结构和小型尺寸，因此通常称为“模数化小型断路器”。它已广泛应用在低压配电系统终端，作为各种工业和民用建筑特别是住宅中照明线路及小型动力设备、家用电器等的通断控制以及过载、短路和漏电保护等之用。

模数化小型断路器具有以下优点：体积小，分断能力高，电机寿命长，具有模数化的结构尺寸和通用型卡轨式安装结构，组装灵活方便，安全性能好。

模数化小型断路器由操作机构、热脱扣器、电磁脱扣器、触头系统和灭弧室等部件组成，所有部件都装在一塑料外壳之内。有的小型断路器还备有分励脱扣器、失压脱扣器、漏电脱扣器和报警触头等附件，供需要时选用，以拓展断路器的功能。

② 万能式低压断路器 万能式低压断路器，又称框架式自动开关。它是敞开地装设在金属框架上的，而其保护方案和操作方式较多，装设地点也很灵活，故名“万能式”或“框架式”。

万能式由一般型、高性能型和智能型三种结构形式，又有固定式、抽屉式两种安装方式，有手动和电动两种操作方式，一般具有多段式保护特性，主要在低压配电系统中作为总开关和保护电器。

比较典型的一般万能式低压断路器有 DW16 型。它由底座、触头系统（含灭弧罩）、短路保护的瞬时过电流脱扣器、过负荷保护长延时（反时限）过电流脱扣器、单相接地保护脱扣器及辅助触头等部分组成，其外形结构如图 3-51 所示。

DW 型断路器的合闸操作方式较多，除手柄操作外，还有杠杆操作、电磁操作和电动机操作等方式。

图 3-52 所示为 DW 型低压断路器的继电器交直流电磁合闸操作电路。当利用电磁合闸线圈 YO 进行远距离合闸时，按下合闸按钮 SB，使合闸接触器 KO 通电，于是低压断路器 QF 合闸。但是电磁合闸线圈 YO 是按短时大功率设计的，允许通电时间不得超过 1s，因此

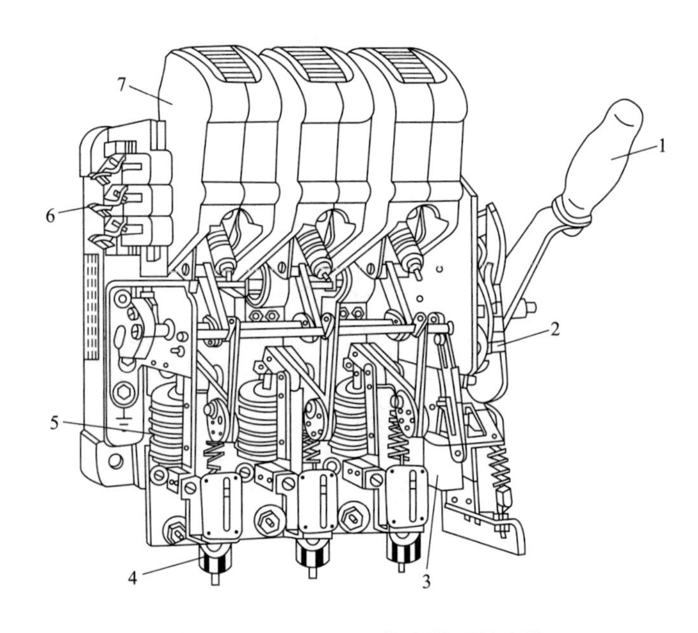

图 3-51 DW16 型万能式低压断路器

1—操作手柄；2—自由脱扣机构；3—失压脱扣器；4—过电流脱扣器电流调节螺母；5—过电流脱扣器；6—辅助触头（联锁触头）；7—灭弧罩

低压断路器合闸后，应立即使 YO 断电。这一要求靠时间继电器 KT 来实现，在按下按钮 SB 时，不仅使接触器 KO 通电，而且同时使时间继电器 KT 通电。这时与按钮 SB 并联的接触器常开触点（自锁触点）KO 1-2 瞬时闭合，保持接触器 KO 线圈通电，即使按钮 SB 松开也能保持 KO 和 KT 通电，直至低压断路器 QF 合闸为止。而时间继电器触点 KT 1-2 在 KO 通电时间达 1s 时自动断开，使 KO 断电，从而保证电磁合闸线圈 YO 通电时间不致超过 1s。

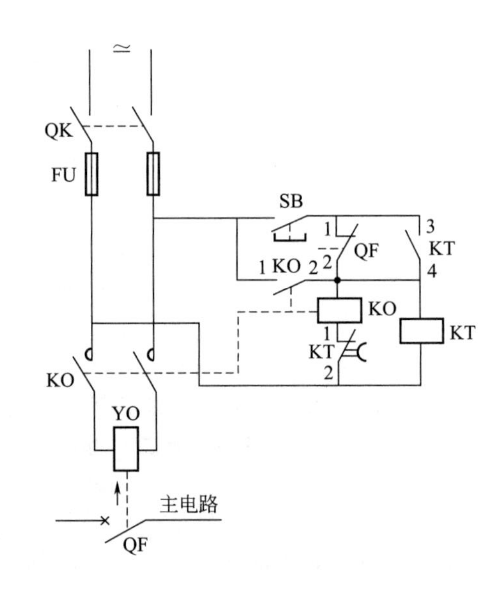

图 3-52 DW 型低压断路器的继电器交直流电磁合闸操作电路

QF—低压断路器；SB—合闸按钮；KT—时间继电器；KO—合闸接触器；YO—电磁合闸线圈；QK—刀开关；FU—熔断器

时间继电器的常开触点 KT 3-4 是用来“防跳”用的。当按钮 SB 按下不返回或被粘住，而断路器 QF 又闭合在永久性短路上时，QF 的过电流脱扣器（图 3-52 上未示出）瞬时动作，使 QF 跳闸。这时断路器的联锁触头 QF 1-2 返回闭合。如果没有接入时间继电器 KT 及其常闭触点 KT 1-2 和常开触点 KT 3-4，则合闸接触器 KO 将再次通电动作，使合闸线圈 YO 再次通电，使断路器 QF 再次合闸。但 QF 的过电流脱扣器又要使之跳闸，而其联锁触头 QF 1-2 返回时又将使 QF 又一次合闸，断路器 QF 如此反复地在短路状态下跳闸、合闸，称之为“跳动”现象，这将使断路器触头烧毁，并将危及整个一次电路，使故障扩大。为此增加时间继电器 KT，如图 3-52 所示。当 QF 因短路故障自动跳闸时，其联锁触头 QF 1-2 返回闭合，但由于在 SB 按下不返回时，时间继电器 KT 一直处于动作状态，其常开触点 KT 3-4 一直闭合，其常闭触点KT 1-2一直断开，因此合闸接触器 KO 不会通电，断路器 QF 也不可能再次合闸，从而达到“防跳”的目的。低压断路器的联锁触头 QF 1-2 用来保证电磁合闸线圈在 QF 合闸后不致再次误通电。

目前推广应用的万能式断路器有 DW15 型、DW15X 型、DW16 型等及引进 ME 型、AH 型等，此外还生产有智能型万能式断路器如 DW48 型等。其中 DW16 型保留了 DW10 型结构简单、使用维修方便和价廉的优点，但保护性能大有改善，是取代 DW10 型的新产品。

（四）母线

母线（Busbar，文字符号为 W 或 WB），又称汇流排，是配电装置中用来汇集和分配电能的导体。

1. 母线材料

常用的母线材料有铜、铝、铝合金、钢。各种材料的特点如下：

（1）铜母线　电阻率低，耐腐蚀性强，机械强度大，是很好的母线材料，但价格较高。多用在持续工作电流大，位置特别狭窄或污秽对铝有严重腐蚀而对铜腐蚀较轻的场所。

（2）铝母线　电阻率较大，为铜的 1.7～2 倍，但重量轻，仅为铜的 30%，且价格较低，因此母线一般都采用铝质材料。

（3）铝合金母线　有铝锰合金和铝镁合金两种，形状均为管形。铝锰合金母线载流量大，但强度较差，采用一定的补强措施后可广泛使用；铝镁合金母线机械强度大，但载流量小，主要缺点是焊接困难，因此使用范围较小。

（4）钢母线　机械强度大，价格低，但电阻率较大，为铜的 6～8 倍。用于交流电时，有很大的磁滞和涡流损耗，故仅适用工作电流不大于 300～400A 的小容量电路中。

软母线常用多股钢芯铝绞线，硬母线多用铝排和铜排，管型母线多用铝合金。

2. 母线形状和适用范围

常用的硬母线形状有矩形、槽形和管形等，如图 3-53 和图 3-54 所示。

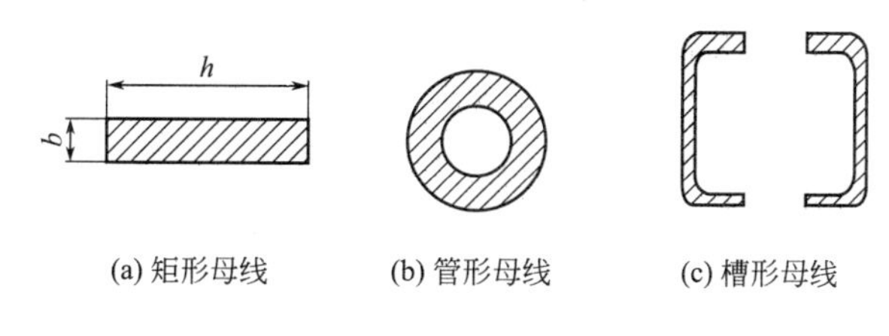

(a) 矩形母线　(b) 管形母线　(c) 槽形母线

图 3-53　母线的形状

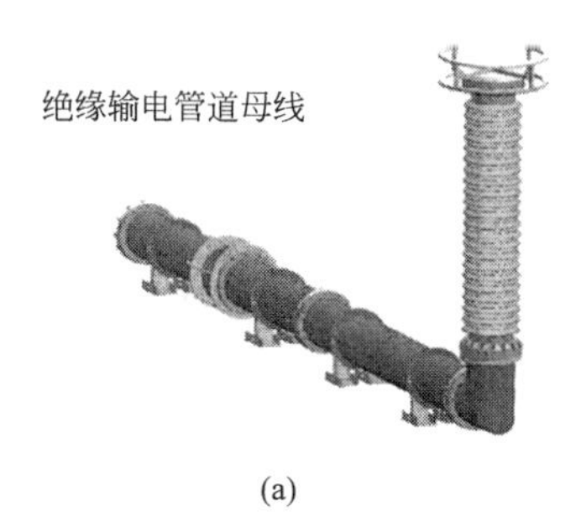

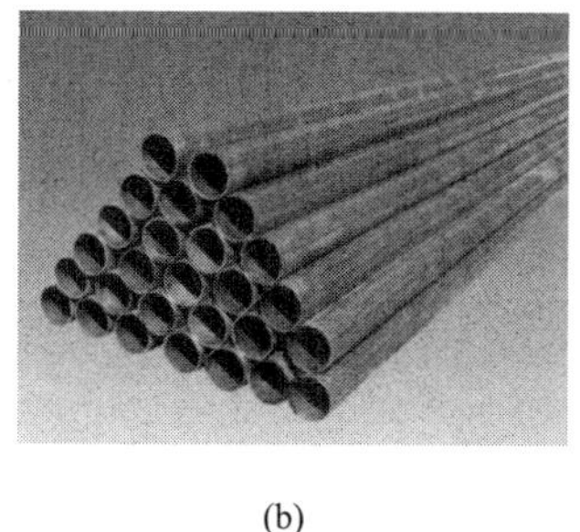

(a)　(b)　(c)

图 3-54　母线实物

3. 母线的布置

母线的布置方式对母线的散热条件、载流量和机械强度有很大的影响。母线的布置方式如图 3-55 所示。

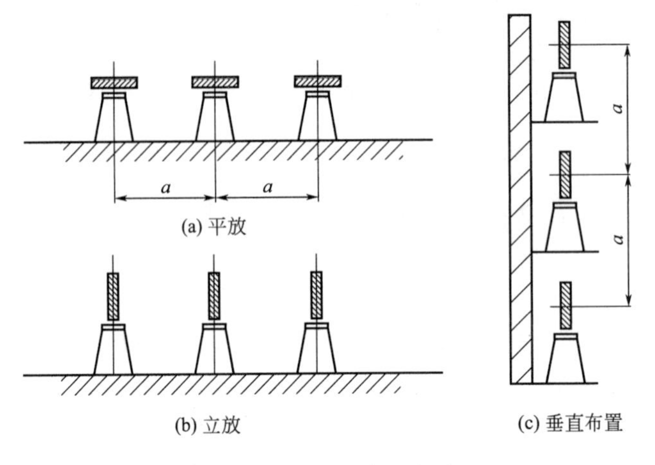

图 3-55　母线的布置方式

（1）平放　这种布置方式比较稳固，机械强度高，耐短路电流冲击能力高，但散热条件差，载流量小。

（2）立放　这种布置方式散热条件好，载流量大，但机械强度不如平放好，耐短路电流冲击能力差。

（3）垂直布置　这种布置方式有平放和立放的优点，但配电装置高度增加。

4. 母线涂漆及排列

母线安装后，应涂油漆，主要是为了便于识别、防锈蚀和增加美观。母线油漆颜色应符合以下规定。

① 三相交流母线：A 相为黄色，B 相为绿色，C 相为红色。

② 单相交流母线：从三相母线分支来的应与引出相颜色相同。

③ 直流母线：正极为褐色，负极为蓝色。

④ 直流均衡汇流母线及交流中性汇流母线：不接地者为紫色，接地者为紫色带黑色横条。

（五）成套配电装置

1. 高压开关柜

高压开关柜是按一定的线路方案将有关一、二次设备组装而成的一种高压成套配电装置，如图 3-56 所示。

我国近年来生产的高压开关柜都是“五防型”的。所谓“五防”是指：

① 防止误跳、误合断路器；

② 防止带负荷分、合隔离开关；

③ 防止带电挂接地线；

④ 防止带接地线合隔离开关；

⑤ 防止人员误入带电间隔。

你知道吗？——开关柜分类

"五防"柜是从电气和机械联锁上采取的措施，实现了高压安全操作程序化，防止了误操作，提高了安全性和可靠性。

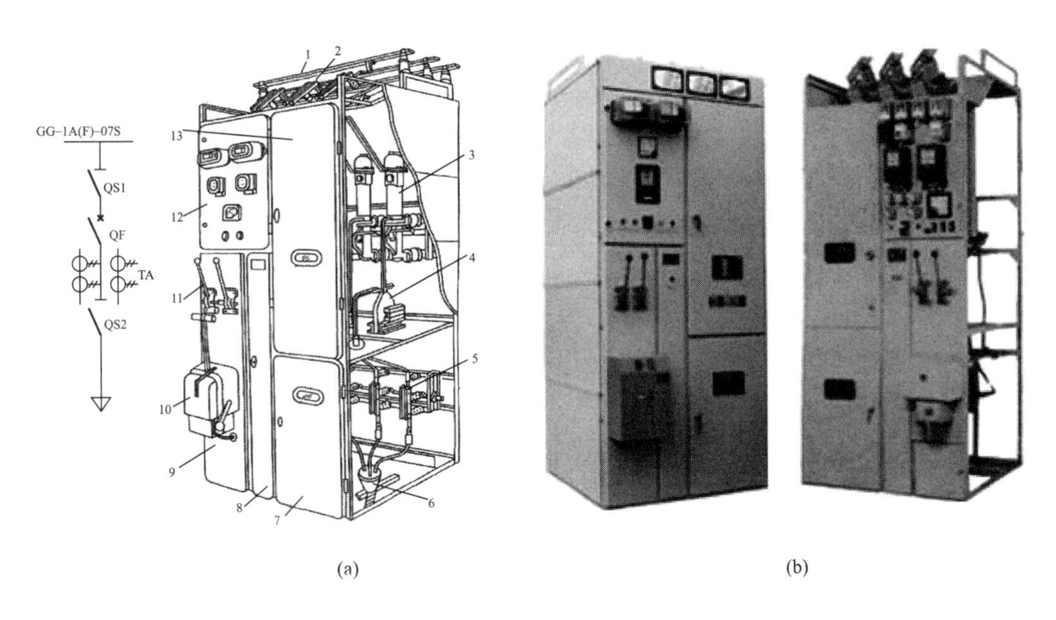

图 3-56　GG1A（F）—07S 型高压开关柜（断路器柜）

1—母线；2—母线隔离开关（QS1、GN8-10 型）；3—少油断路器（QF、SN10-10 型）；4—电流互感器（TA、LQJ-10 型）；5—线路隔离开关（QS2、GN6-10 型）；6—电缆头；7—下检修门；8—端子箱门；9—操作板；10—断路器的手动操作机构（CS2 型）；11—隔离开关的操动机构手柄；12—仪表继电器屏；13—上检修门

2. 低压配电柜

低压配电柜按其结构型式分，有固定式、抽屉式和组合式等类型。

（1）固定式低压配电柜　固定式低压配电柜的类型，如图 3-57、图 3-58 所示。

图 3-57　PGL 型固定式低压配电柜

图 3-58　GGD 型固定式低压配电柜

① PGL1 型和 PGL2 型：断路器为 DW10、DZ10 等，适用于变压器容量为 1000kV·A 及以下的低压配电系统中。

② PGL3 型：断路器为 ME 型等新型电器，适用于变压器容量为 2000kV·A、额定电流达 3150A、分断能力达 50kA 的低压配电系统中。

③ GGD 型：断路器为 DW15 型先进电器，其具有分断能力高、动稳定性好、组合灵活方便、结构新颖和安全可靠等特点。

（2）抽屉式低压配电柜　抽屉式低压配电柜有 BFC、GCL、GCK、GCS、GHT1 型等，可用作动力中心和电动机控制中心。见图 3-59、图 3-60。

图 3-59　BFC 型抽屉式低压配电柜

图 3-60　GCL 型抽屉式低压配电柜

（3）组合式低压配电柜　组合式低压配电柜有 GZL1、2、3 型及多米诺型、科必可型等，它们采用模数化组合结构，标准化程度高，见图 3-61、图 3-62。

图 3-61　GZL 型组合式低压配电柜

图 3-62　多米诺型组合式低压配电柜

3. 动力和照明配电箱

动力和照明配电箱主要用于低压配电系统的终端，直接对用电设备配电、控制和保护。动力配电箱主要用于对动力设备配电，但也可向照明设备配电。照明配电箱主要用于照明配电，但也可用于对一些小容量的动力设备和家用电器配电。

动力和照明配电箱的类型很多，部分如图 3-63、图 3-64 所示。按其安装方式分，有靠墙式、挂墙（明装）式和嵌入式。靠墙式是靠墙落地安装；挂墙（明装）式是明装在墙面上；嵌入式是嵌入墙内安装。

图 3-63　XL 型动力配电箱

图 3-64　XM 照明配电箱

现在应用的新型配电箱，一般都采用模数化小型断路器等元件进行组合。例如 DYX（R）型多用途配电箱，可用于工业和民用建筑中的低压动力和照明配电，具有 XL-3 型、XL-10 型、XL-20 型等动力配电箱和 XM-4 型、XM-7 型等照明配电箱的功能。它有Ⅰ、Ⅱ、Ⅲ型。Ⅰ型为插座箱，装有三相和单相的各种 86 型暗式插座，其箱面布置如图 3-65（a）所示。Ⅱ型为照明配电箱，箱内装有 DZ12、C45 等模数化小型断路器，其箱面布置如图 3-65（b）所示。Ⅲ型为动力照明多用配电箱，箱内安装的电气元件更多，应用范围更广，其箱面布置如图 3-65（c）所示。该配电箱装设的电源开关采用 DZ20 型断路器或带漏电保护的 DZ15L 型漏电断路器。

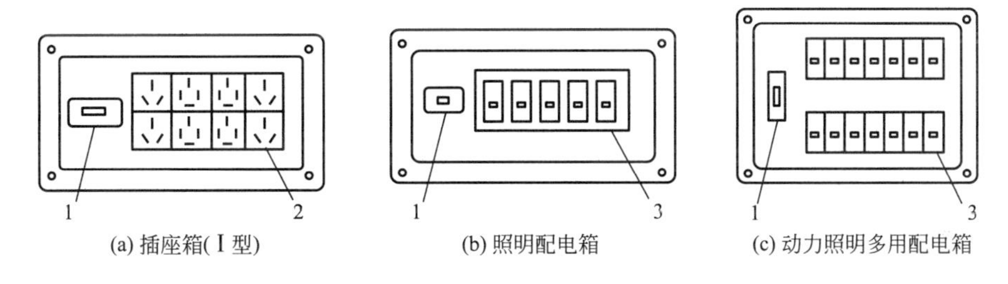

(a) 插座箱(Ⅰ型)　(b) 照明配电箱　(c) 动力照明多用配电箱

图 3-65　DYX（R）型多用途低压配电箱箱面布置示意图

1—电源开关（小型断路器或漏电断路器）；2—插座；3—小型开关（模数化小型断路器）

动力和照明配电箱全型号的一般表示和含义如下：

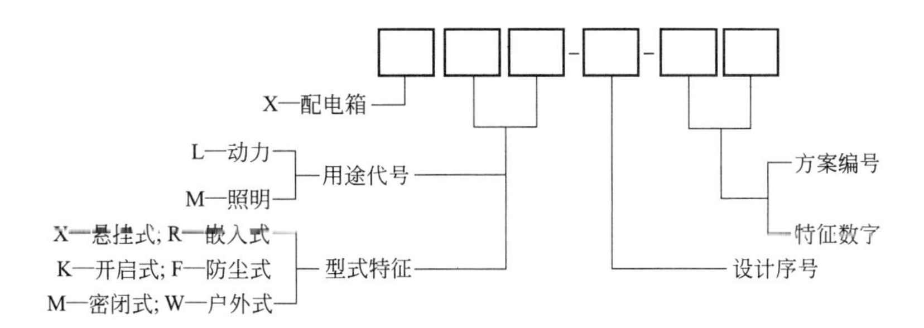

上述 DYX（R）型中的“DY”指“多用途”，“X”指“配电箱”，“R”指“嵌入式”。如未标“R”，则为“明装式”。

【任务实施及考核】

详细的实施步骤及考核扫描右侧二维码即可查看下载。

项目三任务一任务实施单

在线测试五（电力变压器）

任务二　供配电系统主要电气设备的选择与校验

【任务描述】

电气设备按正常工作条件进行选择，就是要考虑电气设备装设的环境条件和电气要求。环境条件是指电气设备所处位置（户内还是户外）、环境温度、海拔高度以及有无防尘、防腐、防火、防爆等要求；电气要求是指电气设备对电压、电流、频率等方面的要求，对开关类电气设备还应考虑其断流能力。本次任务要求掌握高低压电气设备的选择与校验方法，为供配电系统设计打下基础。

【相关知识】

一、高低压设备选择和校验的条件

高低压一次设备的选择，必须满足一次电路正常条件下和短路故障条件下工作的要求，同时设备应工作安全可靠，运行维护方便，投资经济合理。

电气设备按短路故障条件下工作选择，就是要按最大可能的短路故障时的动稳定度和热稳定度进行校验。对熔断器和装有熔断器保护的电压互感器，不必进行短路动稳定度和热稳定度的校验。对电力电缆，由于其机械强度足够，所以也不必进行短路动稳定度的校验。高低压一次设备的选择项目和校验条件如表 3-2 所示。

表 3-2　高低压一次设备的选择项目和校验条件

电气设备名称	电压/kV	电流/A	断流能力/kA	短路电流校验	
				动稳定度	热稳定度
高、低压熔断器	√	√	√	×	×
高压隔离开关	√	√	×	√	√
低压刀开关	√	√	√	—	—
高压负荷开关	√	√	√	√	√
低压负荷开关	√	√	√	×	×
高压断路器	√	√	√	√	√
低压断路器	√	√	√	—	—
电流互感器	√	√	×	√	√
电压互感器	√	×	×	×	×
电容器	√	×	×	×	×
母线	×	√	×	√	√
电缆、绝缘导线	√	√	×	×	√
支柱绝缘子	√	×	×	√	×
套管绝缘子	√	√	×	√	√

续表

电气设备名称	电压/kV	电流/A	断流能力/kA	短路电流校验	
				动稳定度	热稳定度
选择校验的条件	电器的额定电压应不小于装设地点的额定电压	电器的额定电流应不小于通过设备的计算电流	电器的最大开断电流(或功率)应不小于它可能开断的最大电流(或功率)	按三相短路冲击电流校验	按三相短路稳态电流校验

注：1. 表中"√"表示必须校验，"×"表示不必校验，"—"表示可以不校验。

2. 选择变电所高压侧的设备和导体时，其计算电流应取主变压器高压侧额定电流。

3. 对高压负荷开关，其最大开断电流应不小于它可能开断的最大过负荷电流；对高压断路器，其最大开断电流应不小于实际开断时间（继电保护实际动作时间加上断路器固有分闸时间）的短路电流周期分量；对熔断器断流能力的校验条件与熔断器的类型有关。

二、高低压设备的选择与校验

（一）高压隔离开关、负荷开关和断路器的选择与校验

1. 按电压和电流选择

高压隔离开关、负荷开关和断路器的额定电压，不得低于装设地点电路的额定电压或最高电压；它们的额定电流不得小于通过它们的计算电流。

2. 断流能力的校验

① 高压隔离开关不允许带负荷操作，只作隔离电源用，因此不校验断流能力。

② 高压负荷开关能带负荷操作，但不能切断短路电流，因此断流能力应按切断最大可能的过负荷电流来校验，满足条件为

$$I_{oc} \geqslant I_{OL.max} \tag{3-16}$$

式中，I_{oc}为负荷开关的最大分断电流；$I_{OL.max}$为负荷开关所在电路的最大可能的过负荷电流，可取为$(1.5\sim3)I_{30}$。

③ 高压断路器可分断短路电流，其断流能力应满足条件为

$$I_{oc} \geqslant I_k^{(3)} \tag{3-17}$$

或

$$S_{oc} \geqslant S_k^{(3)} \tag{3-18}$$

式中，I_{oc}、S_{oc}分别为断路器的最大开断电流和断流容量；$I_k^{(3)}$、$S_k^{(3)}$分别为断路器安装地点的三相短路电流周期分量有效值和三相短路容量。

3. 短路稳定度的校验

高压隔离开关、负荷开关和断路器均需要进行短路动、热稳定度的校验。

【例 3-7】 试选择 10kV 高压配电所进线侧的 ZN12-12 型高压户内真空断路器的型号规格。已知该配电所 10kV 母线短路时的 $I_k^{(3)}=4.5$kA，线路的计算电流为 750A，继电保护的动作时间为 1.1s，断路器的断路时间取 0.1s。

解： 根据线路计算电流 $I_{30}=750$A，可初选 ZN12-12/1250 型断路器进行校验，如表 3-3 所示，其技术数据由附表 9 查得。

由表 3-3 校验的结果可知，所选 ZN12-12/1250 型断路器是满足要求的。

表 3-3 【例 3-7】所述高压断路器的校验表

序号	装设地点的电气条件		ZN12-12/1250 型断路器		
	项目	数据	项目	数据	结论
1	U_N	10kV	U_N	12kV	合格
2	I_{30}	750A	I_N	1250A	合格
3	$I_k^{(3)}$	4.5kA	I_∞	25kA	合格
4	$i_{sh}^{(3)}$	2.55×4.5=11.5kA	i_{max}	63kA	合格
5	$I_\infty^{(3)2}t_{ima}$	$4.5^2\times(1.1+0.1)=24.3$	I_t^2t	$25^2\times4=2500$	合格

（二）熔断器的选择与校验

1. 熔断器熔体电流的选择

① 保护电力线路的熔断器熔体电流，应满足条件：熔体额定电流 $I_{N.FE}$应不小于线路的计算电流 I_{30}，以使熔体在线路正常运行时不致熔断，即

$$I_{N.FE}\geqslant I_{30} \tag{3-19}$$

式中的 I_{30}对并联电容器线路熔断器来说，由于电容器的合闸涌流较大，应取为电容器电流的 1.43～1.55 倍［据《并联电容器装置设计规范》（GB 50227—2008）规定］。

② 熔体额定电流 $I_{N.FE}$应躲过线路的尖峰电流 I_{PK}，以使熔体在线路出现尖峰电流时也不致熔断，即

$$I_{N.FE}\geqslant KI_{PK} \tag{3-20}$$

考虑到尖峰电流为短时大电流，而熔体加热熔断需经一定时间，因此式(3-20）中的计算系数 K 一般取小于 1 的值，当熔断器用作单台电动机保护时，K 的取值与熔断器特性及电动机启动情况有关。K 的取值范围可参照表 3-4。

表 3-4 K 的取值范围

线路情况	启动时间	K 值	线路情况	启动时间	K 值
单台电动机	3s(轻载启动)	0.25～0.35	多台电动机	按最大一台电动机启动情况	0.5～1
	3～8s(重载启动)	0.35～0.5			
	8s 以上及频繁启动、反接制动	0.5～0.6		I_{oc}与 I_{PK}较接近时	1

③ 熔断器保护还应与被保护线路相配合，使之不致发生因线路过负荷或短路所导致的绝缘导线或电缆过热甚至起燃而熔断器不熔断的事故，因此还满足以下条件：

$$I_{N.FE}\leqslant K_{OL}I_{al} \tag{3-21}$$

式中，I_{al}为绝缘导线和电缆的允许载流量（参看附表 17）；K_{OL}为绝缘导线和电缆允许短时过负荷系数，其值为：

a. 如果熔断器只作短路保护时，对电缆和穿管绝缘导线，可取 $K_{OL}=2.5$；对明敷绝缘导线，可取 $K_{OL}=1.5$。

b. 如果熔断器不只作短路保护，而且要求同时作过负荷保护时，例如住宅建筑、重要仓库和公共建筑中的照明线路，有可能长时间过负荷的动力线路以及在可燃建筑物构架上明敷的有延燃性外皮的绝缘导线线路，应取 $K_{OL}=1$。

如果按式(3-16) 和式(3-17) 两个条件选择的熔体电流不满足式(3-21) 的配合要求，则

应改选熔断器的型号规格，适当增大绝缘导线和电缆的芯线截面积。

④ 保护变压器的熔断器熔体电流的选择。保护变压器的熔断器熔体电流，应满足的条件为

$$I_{N.FE}=(1.5\sim2.0)I_{1N.T} \tag{3-22}$$

式中，$I_{1N.T}$为变压器的额定一次电流。

⑤ 保护电压互感器的熔断器熔体电流的选择。由于电压互感器二次侧的负荷很小，因此保护电压互感器的 RN2 型熔断器的熔体额定电流一般为 0.5A。

2. 熔断器规格的选择和校验

熔断器规格的选择和校验应满足下列条件：

① 熔断器的额定电压$U_{N.FU}$应大于等于它安装处的额定电压U_N，即

$$U_{N.FU}\geqslant U_N \tag{3-23}$$

② 熔断器的额定电流应$I_{N.FU}$大于等于它安装处熔体额定电流$I_{N.FE}$，即

$$I_{N.FU}\geqslant I_{N.FE} \tag{3-24}$$

③ 熔断器断流能力的校验。

a. 限流熔断器（如 RN1、RT0 等型），由于它能在短路电流达到冲击值之前灭弧，因此应满足下列条件：

$$I_{OC}\geqslant I''^{(3)} \tag{3-25}$$

式中，I_{OC}为熔断器的最大分断电流；$I''^{(3)}$为熔断器安装地点的三相次暂态短路电流有效值。

b. 非限流式熔断器（如 RW4、RM10 等型），由于它不能在短路电流达到冲击值之前灭弧，因此应满足下列条件：

$$I_{OC}\geqslant I_{sh}^{(3)} \tag{3-26}$$

式中，$I_{sh}^{(3)}$为熔断器安装地点的三相短路冲击电流有效值。

c. 对具有断流能力上下限的熔断器（如 RW4 等跌开式熔断器），其断流能力上限应满足式(3-23）的条件，而其断流能力下限应满足下列条件：

$$I_{OC.min}\leqslant I_k^{(2)} \tag{3-27}$$

式中，$I_{OC.min}$为熔断器的最小分断电流（下限）；$I_k^{(2)}$为熔断器所保护线路末端的两相短路电流。

3. 前后熔断器之间的选择性配合

前后熔断器之间的选择性配合，就是在线路发生短路故障时，靠近故障点的熔断器最先熔断，切除短路故障，从而使系统的其他部分迅速恢复正常运行，如图 3-66 所示。

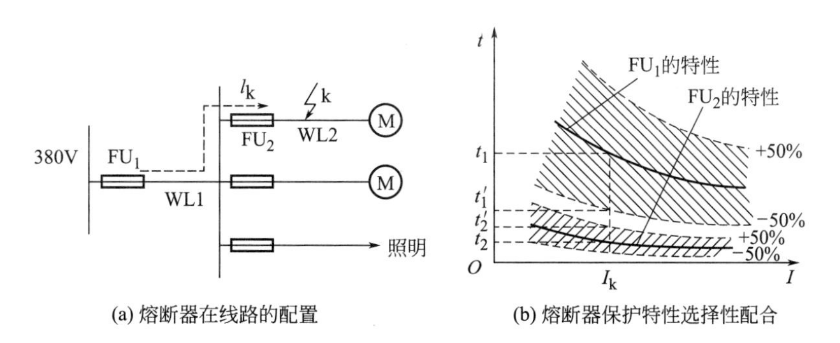

(a) 熔断器在线路的配置　(b) 熔断器保护特性选择性配合

图 3-66　熔断器保护的选择性配合

如图 3-66(a) 所示，根据选择性的要求，当 k 点发生短路时 FU_2 应先熔断，但由于熔断器的特性误差较大，当 FU_1 为负误差（提前动作）时，FU_2 为正误差（滞后动作），如图 3-66(b) 所示；则 FU_1 可能比 FU_2 先熔断，从而失去选择性。为保证各级熔断器有选择性动作，要求：

$$t_1' \geqslant 3t_2' \tag{3-28}$$

式中，t_1'为 FU_1 的实际熔断时间；t_2'为 FU_2 的实际熔断时间。一般前级熔断器的熔体电流应比后级大 2～3 倍。

两种简便快捷的校验方法如下：

① 一般只有前一级熔断器的熔体电流大于后一级熔断器的熔体电流 2～3 倍以上，才有可能保证动作的选择性。

② 实验结果表明，如果能保证前后两级熔断器之间熔体额定电流之比为 1.5～2.4，就可以保证有选择性动作（熔断）。

（三）低压断路器的选择与校验

低压断路器与高压断路器不同，高压断路器自动跳闸要靠继电保护或自动装置控制其操作机构完成，选择高压断路器无须考虑保护整定计算等问题；而低压断路器结构本身具有保护自动跳闸的功能，因此，低压断路器的选择不仅要满足选择电气设备的一般条件，而且还要满足正确实现过电流、过负荷及失压等保护功能的要求。低压断路器各种保护功能也应同继电保护装置一样，必须满足选择性、迅速性、灵敏性和可靠性等四个基本要求。

在变压器低压侧一般都装设低压断路器，且大多配置电动跳、合闸操作机构；在低压配电出线上多数都选择低压断路器，一般不配置电动合闸操作机构；对容量较大的单个用电设备，往往也采用低压断路器控制。

1. 低压断路器过电流脱扣器的选择与整定

(1) 低压断路器过电流脱扣器的选择　过电流脱扣器的额定电流 $I_{N.OR}$应不小于线路的计算电流 I_{30}，即

$$I_{N.OR} \geqslant I_{30} \tag{3-29}$$

(2) 低压断路器过电流脱扣器的整定

① 瞬时过电流脱扣器动作电流的整定　瞬时过电流脱扣器动作电流 $I_{OP(0)}$应躲过线路的尖峰电流 I_{PK}，即

$$I_{OP(0)} \geqslant K_{rel} I_{PK} \tag{3-30}$$

式中，K_{rel}为可靠系数。对动作时间在 0.02s 以上的万能式断路器，可取 1.35；对动作时间在 0.02s 及以下的塑料壳式断路器，则宜取 2～2.5。

② 短延时过电流脱扣器的动作电流和动作时间的整定　短延时过电流脱扣器的动作电流 $I_{OP(s)}$应躲过线路的尖峰电流 I_{PK}，即

$$I_{OP(s)} \geqslant K_{rel} I_{PK} \tag{3-31}$$

式中，K_{rel}为可靠系数，一般取 1.2。

短延时过电流脱扣器的动作时间有 0.2s、0.4s、0.6s 等级，应按前后保护装置保护选择性要求来确定。前一级保护的动作时间应比后一级保护的动作时间长一个时间差 0.2s。

③ 长延时过电流脱扣器动作电流和动作时间的整定　长延时过电流脱扣器主要用来作过负荷保护，因此其动作电流 $I_{OP(l)}$应躲过线路最大负荷电流计计算电流 I_{30}来整定，即

$$I_{OP(l)} \geqslant K_{rel} I_{30} \tag{3-32}$$

式中，K_{rel}为可靠系数，一般取 1.1。

长延时过电流脱扣器的动作电流，应躲过允许符合持续时间。其动作特性通常为反时限，即过负荷越大，动作时间越短，一般动作时间可达 1～2h。

（3）过电流脱扣器与被保护线路的配合要求　为了不发生因线路过负荷或短路所导致的绝缘导线或电缆过热甚至起燃而断路器不熔断的事故，因此低压断路器过电流脱扣器的动作电流 I_{OP}还满足下列条件：

$$I_{OP} \leqslant K_{OL} I_{al} \tag{3-33}$$

式中，I_{al}为绝缘导线和电缆的允许载流量（参看附表 17）；K_{OL}为绝缘导线和电缆允许短时过负荷系数，对瞬时和短延时过电流脱扣器，可取 $K_{OL}=4.5$；对长延时过电流脱扣器，可取 $K_{OL}=1$；对保护有爆炸气体区域内线路的过电流脱扣器，应取 $K_{OL}=0.8$。

如果不满足以上的配合要求，则应改选脱扣器的动作电流，或者适当增大绝缘导线和电缆的芯线截面积。

2. 低压断路器热电流脱扣器的选择与整定

（1）低压断路器热脱扣器的选择　热脱扣器的额定电流 $I_{N.HR}$应不小于线路的计算电流 I_{30}，即

$$I_{N.HR} \geqslant I_{30} \tag{3-34}$$

（2）低压断路器热脱扣器的整定　热脱扣器的动作电流 $I_{OP.HR}$应不小于线路的计算电流 I_{30}，以实现其对过负荷的保护，即

$$I_{OP.HR} \geqslant K_{rel} I_{30} \tag{3-35}$$

式中，K_{rel}为可靠系数，可取 1.1，但一般应通过实际运行试验来进行校验和调整。

3. 低压断路器规格的选择与校验

低压断路器规格的选择与校验应满足下列条件：

① 低压断路器的额定电压 $U_{N.QF}$应不低于所在线路的额定电压 U_N，即

$$U_{N.QF} \geqslant U_N \tag{3-36}$$

② 低压断路器的额定电流 $I_{N.QF}$应不小于它所安装的脱扣器额定电流 $I_{N.OR}$或 $I_{N.HR}$，即

$$I_{N.QF} \geqslant I_{N.OR} \tag{3-37}$$

$$I_{N.QF} \geqslant I_{N.HR} \tag{3-38}$$

③ 低压断路器的类型应符合安装条件和保护性能的要求，并应确定操作方式，即选择断路器的同时应选择其操作机构。

④ 低压断路器还应满足安装处对断流能力的要求。

4. 低压断路器过电流保护灵敏度的校验

为了保证低压断路器的瞬时或短时过电流脱扣器在系统最小运行方式下在起保护区内发生最轻微的短路故障时能可靠地动作，低压断路器保护灵敏度必须满足条件

$$S_P = \frac{I_{k.min}}{I_{OP}} \geqslant K \tag{3-39}$$

式中，I_{OP}为瞬时或短时过电流脱扣器的动作电流；$I_{k.min}$为低压断路器保护的线路末端在系统最小运行方式下的单相短路电流（对 TN 和 TT 系统）或两相短路电流（对 IT 系统）；K 为最小比值，可取 1.3。

【例 3-8】　有一条 380V 动力线路，$I_{30}=120A$，$I_{PK}=400A$。此线路首端的 $I_k^{(3)}=5kA$，末端的 $I_k^{(1)}=1.2kA$。当地环境温度为+30℃，该线路拟采用 BLV-1000-1×70 导线穿硬塑

料管敷设。试选择此线路上装设的 DW 型低压断路器及其过电流脱扣器。

解： ① 选择低压断路器及其过电流脱扣器

由附表 10 知，DW16-630 型低压断路器的过电流脱扣器额定电流 $I_{N.OR}=160A \geqslant I_{30}=120A$，故初步选 DW16-630 型低压断路器，其 $I_{N.OR}=160A$。

设瞬时脱扣电流整定为 3 倍，即 $I_{OP(0)}=3I_{N.OR}=3\times160=480A$。而 $K_{rel}I_{PK}=1.35\times400=540A$，不满足 $I_{OP(0)} \geqslant K_{rel}I_{PK}$ 的要求，因此需要增大 $I_{OP(0)}$。现将瞬时脱扣电流整定为 4 倍，$I_{OP(0)}=4I_{N.OR}=4\times160=640$（A）$>K_{rel}I_{PK}=1.35\times400=540$（A），满足躲过线路尖峰电流的要求。

② 校验低压断路器的断流能力

由附表 10 知，所选 DW16-630 型低压断路器，其 $I_{oc}=30kA > I_k^{(3)}=5kA$，满足分断要求。

③ 检验低压断路器的灵敏度

$$S_P=\frac{I_{k.min}}{I_{OP}}=\frac{1200}{640}=1.88>K=1.3$$

满足灵敏度的要求。

④ 校验低压断路器保护与导线的配合

由附表 17 知，BLV-1000-1×70 导线的 $I_{OL}=121A$（3 根穿 PC 管），而 $I_{OP(0)}=640A$，不满足 $I_{OP(0)} \leqslant 4.5I_{al}=4.5\times121=544.5A$ 的配合要求，因此所用导线应增大截面积，改用 BLV-1000-1×95，其 $I_{al}=147A$，$4.5I_{al}=4.5\times147A=661.5A>I_{OP(0)}=640A$，满足了两者配合的要求。

5. 前后低压断路器之间及低压断路器与熔断器之间的选择性配合

（1）前后低压断路器之间的选择性配合　低压供电系统，前后低压断路器之间应满足前后级保护选择性配合要求。是否符合选择性，宜按其保护特性曲线进行检验。考虑其有±(20%～30%）的允许偏差范围，即在后级断路器出口发生三相短路时，如果前级断路器保护动作时间在计入负偏差、后级断路器保护动作时间在计入正偏差的情况下，前一级的动作时间大于后一级的动作时间，则符合时机选择性配合要求。

一般为保证前后两级低压断路器之间能选择性动作，前一级低压断路器宜采用带短延时的过电流脱扣器，后一级低压断路器则采用瞬时过电流脱扣器，而且动作电流也是前一级大于后一级，至少前一级的动作电流不小于后一级动作电流的 1.2 倍。对重要负荷，保护电器可允许无选择性动作。

（2）低压断路器与熔断器之间的选择性配合　低压供电系统，遇有前后级为低压断路器与熔断器时，同样应满足前后级保护选择性配合的要求。要检验低压断路器与熔断器之间是否符合选择性配合，只有通过保护特性曲线。因前一级是低压断路器，可按 30%的负偏差考虑，而后一级是熔断器，可按 50%的正偏差考虑。在考虑这种可能出现的情况下，即等效为将断路器保护特性曲线向下平移 30%，将熔断器保护特性曲线向上平移 50%。若前一级的曲线总在后一级的曲线之上，则前后两级可实现选择性的动作，而且两条曲线之间留有的裕量越大，则动作的选择性越有保障。

（四）电流互感器与电压互感器的选择与校验

1. 电流互感器的选择与校验

（1）电流互感器型号的选择　根据安装地点和工作要求选择电流互感器的型号。

（2）电流互感器额定电压的选择　电流互感器的额定电压大于等于安装地点电网的额定

电压。

(3) 电流互感器变比的选择 电流互感器一次侧额定电流有20A、30A、40A、50A、75A、100A、150A、200A、300A、400A、600A、800A、1000A、1200A、1500A、2000A等多种规格，二次额定电流均为5A。一般情况下，计量用的电流互感器变比的选择应使其一次额定电流I_{1N}不小于线路中的计算电流I_{30}。保护用的电流互感器为保证其准确度要求，可以将变比选得大一些。

(4) 电流互感器准确度选择与校验 准确度选择的原则：计量用的电流互感器的准确度选0.2～0.5级，测量用的电流互感器准确度选1.0～3.0级。为了保证准确度误差不超过规定值，互感器二次侧符合S_2应不大于二次侧额定负荷S_{2N}，所选准确度才能得到保证。准确度校验公式为

$$S_2 \leqslant S_{2N} \tag{3-40}$$

二次回路的负荷S_2取决于二次回路的阻抗Z_2的值，即

$$S_2 = I_{2N}^2 |Z_2| \tag{3-41}$$

式中，I_{2N}为电流互感器二次侧额定电流，一般取5A；$|Z_2|$为电流互感器二次回路总阻抗。电流互感器的二次侧负载阻抗为计算等效阻抗，并不一定等于二次侧实际测量阻抗。

电流互感器动稳定校验条件为

$$K_{es}\sqrt{2}I_{1N} \geqslant I_{sh}^{(3)} \tag{3-42}$$

热稳定校验条件为

$$K_1 I_{1N} \geqslant I_{\infty}^{(3)}\sqrt{t_{ima}} \tag{3-43}$$

式中，K_{es}为电流互感器的动稳定倍数；K_1为电流互感器的热稳定倍数。

2. 电压互感器的选择与校验

电压互感器的二次绕组的准确度规定为0.1、0.2、0.5、1、3五个级别，保护用的电压互感器的准确度规定为3P级和6P级两个级别，用于小电流接地系统电压互感器的零序绕组准确度规定为6P级。

电压互感器一、二次侧均有熔断器保护，所以不需要检验短路动稳定和热稳定。

电压互感器的选择如下：

① 根据安装地点和工作要求选择电压互感器的型号。

② 电压互感器的额定一次电压大于等于安装地点电网的额定电压，其额定二次电压一般为100V。

③ 按测量仪表对电压互感器准确度要求选择并校验准确度。计量用电压互感器准确度选0.5级以上，测量用的准确度选1.0～3.0级，保护用的准确度为3P级和6P级。

为了保证准确度误差不超过规定值，互感器二次侧符合S_2应不大于二次侧额定负荷S_{2N}，所选准确度才能得到保证。准确度校验公式为

$$S_2 \leqslant S_{2N} \tag{3-44}$$

【任务实施及考核】

详细的实施步骤及考核扫描右侧二维码即可查看下载。

项目三任务二
任务实施单

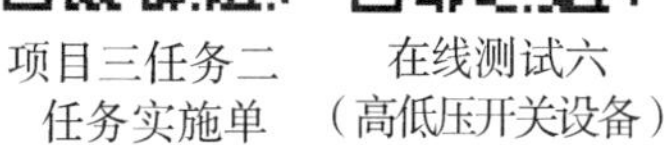

在线测试六
(高低压开关设备)

任务三　变配电所电气主接线的设计与分析

【任务描述】

变配电所担负着从电力系统受电、变压、配电的任务。配电所担负着从电力系统受电，然后直接配电的任务。可见，变配电所是工厂用电系统的枢纽。本次的任务是以工厂变配电所及一次主接线的识读为载体，认识变配电所的任务、变配电所所址的选择、变配电所的总体布置，及一次主接线的绘制及基本形式，初步具备阅读变配电所一次主接线图的能力。

【相关知识】

一、变配电所电气主接线的设计

变配电所的接线图（电路图），按其功能可分为两种：一种是表示变配电所的电能输送和分配路线的接线图，称为主接线图（主结线图），或称主电路图或一次电路图；另一种是表示用来控制、指示、测量和保护主接线（主电路）及其设备运行的接线图，称为二次接线图（二次结线图），或称二次回路（二次电路图）。

（一）变配电所对电气主接线的基本要求

（1）安全性　符合有关技术规范的要求，能充分保证人身和设备的安全（如高、低压断路器的电源侧和可能反馈电能的另一侧须装设隔离开关，变配电所的高压母线和架空线路的末端须装设避雷器）。

（2）可靠性　满足负荷对供电可靠性的要求（如对一级负荷，应考虑两个电源供电；二级负荷，应采用双回路供电）。

（3）灵活性　能适应系统所需要的各种运行方式，并能灵活地进行不同运行方式间的转换，操作维护简便，而且能适应负荷的发展。

（4）经济性　在满足以上要求的前提下，尽量使主接线简单，投资少，运行费用低，并节约电能和有色金属消耗量（如尽可能地采用技术先进、经济实用的节能产品；尽量采用开关设备少的主接线方案；在优先提高自然功率因数的基础上，采用人工补偿无功功率的措施，使无功功率达到规定的要求）。

（二）变配电所对电气主接线的主要配置

（1）隔离开关的配置　原则上，各种接线方式的断路器两侧应配置隔离开关，作为断路器检修时的隔离电源设备；各种接线的送电线路侧也应配置隔离开关，作为线路停电时隔离电源之用。此外，多角形接线中的进出线、接在母线上的避雷器和电压互感器也要配置隔离开关。

（2）接地开关和接地器的配置　为保障电气设备、母线、线路停电检修时的人身和设备的安全，在主接线设计中要配置足够数量的接地开关或接地器。

（3）避雷器、阻波器、耦合电容器的配置　为保持主接线设计的完整性，按常规要在主接线图上标明避雷器的配置。在6～10kV配电装置的母线和架空进线处一般都需要装避雷器。

（4）电流、电压互感器的配置　小接地电流系统一般在A、C两相配置电流互感器。220kV变电所的10kV出线、无功补偿设备通常要配置两组电流互感器。电压互感器的配置方案与电气主接线有关，采用双母线接线时通常要在每段母线上装设公用的三相电压互感器，为线路保护、变压器保护、母线差动保护、测量和同期系统提供母线电压信息。

（三）电气主接线基本形式

常用电气设备和导线的文字符号和图形符号如表3-5所示。电气主接线图一般绘成单线图，只是在局部需要表明三相电路不对称连接时，才将局部绘成三线图。

表3-5　变配电所主要电气设备和导线的文字符号和图形符号

电气设备名称	文字符号	图形符号	电气设备名称	文字符号	图形符号
刀开关	QK		母线（汇流排）	W 或 WB	
熔断器或刀开关	QKF		导线、线路	W 或 WL	
断路器（自动开关）	QF		电缆及其终端头		
隔离开关	QS		交流发电机	G	
负荷开关	QL		交流电动机	M	
熔断器	FU		单相变压器	T	
熔断器式隔离开关	FD		电压互感器	TV	
熔断器式负荷开关	FDL		三绕组变压器	T	
阀式避雷器	F		三绕组电压互感器	TV	
三相变压器	T		电抗器	L	
电流互感器（具有一个二次绕组）	T		电容器	C	
电流互感器（具有两个铁芯和两个二次绕组）	TA		三相导线		

1. 单母线接线

如图 3-67 所示，单母线接线的特点是整个配电装置只有一组母线，所有电源进出线都接在同一组母线上。每一个回路均装有断路器 QF 和隔离开关 QS。断路器用于在正常或故障情况下接通与断开电路。当停电检查断路器时，隔离开关作为隔离电器隔离电压。单母线接线的特点是接线简单，操作方便，投资少，便于扩建；但可靠性和灵活性较差，当母线和母线隔离开关检修或故障时，各支路都必须停止工作，当引出线的断路器检修时，该支路要停止供电。因此，单母线接线不能满足不允许停电的重要用户的供电要求，只适用于不重要负荷的中、小容量变配电所。

2. 单母线分段接线

如图 3-68 所示，当引出线较多时，为提高供电可靠性，可用断路器将母线分段，即采用单母分段接线方式。正常工作时，分段断路器可以接通，也可以断开。如果正常工作时分段断路器 QF 是接通的，则当任意段母线故障时，母线继电器保护动作跳开分段断路器和接至该母线段上的电源断路器，这样非故障母线段仍能工作。当一个分段母线的电源断开时，连接在该母线上的出线可通过分段断路器 QF 从另一段母线上得到供电。如果正常工作时分段断路器 QF 是断开的，则当一段母线故障时，连在故障母线段上的电源断路器在继电保护的作用下跳开，非故障母线段仍能正常工作；但当一个分段母线的电源断开时，连接在该母线上的出线会全部停电。

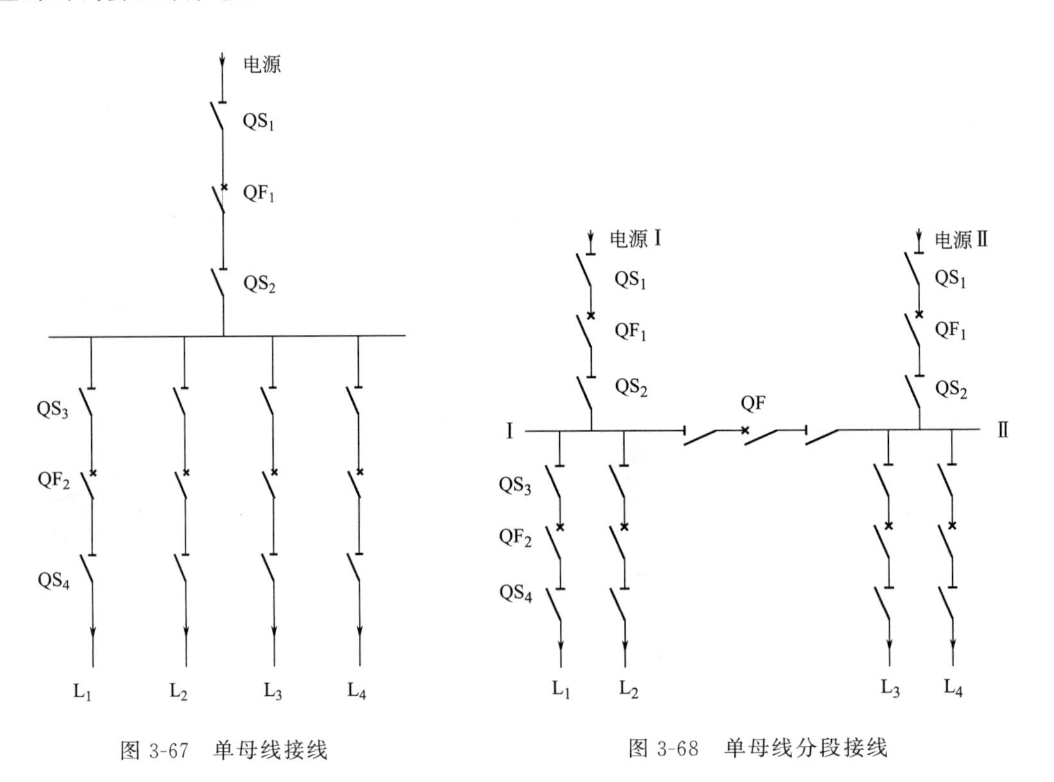

图 3-67　单母线接线　　　图 3-68　单母线分段接线

3. 双母线接线

如图 3-69 所示，双母线接线有两组母线（母线 I 和母线 II），两组母线之间通过联络断路器 QF（以下简称母联断路器）连接；每一条引出线和电源支路都经一台断路器与两组母线隔离开关分别接至两组母线上。

双母线接线的特点如下：

① 可轮流检修母线而不影响正常供电。

② 检修任一母线侧断路器时，只影响该回路供电。

③ 工作母线发生故障后，所有回路短时停电并能迅速恢复供电。

④ 出线回路断路器检修时，该回路要停止工作。

双母线接线有较高的可靠性，广泛用于出线带电抗器的 6～10kV 配电装置中，当 35～60kV 配电装置的出线超过八回和 110kV 配电装置的出线数为五回及以上时，也采用双母线接线。

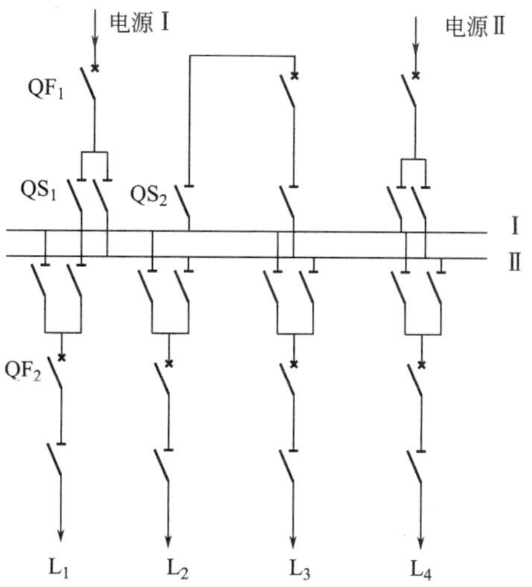

图 3-69　双母线接线

4. 桥形接线

如图 3-70 所示，桥形接线适用于仅有两台变压器和两条出线的装置中。桥形接线仅用三台断路器，根据桥回路（QF_3）的位置不同，可分为内桥和外桥两种接线方式。桥形接线正常运行时，三台断路器均闭合工作。

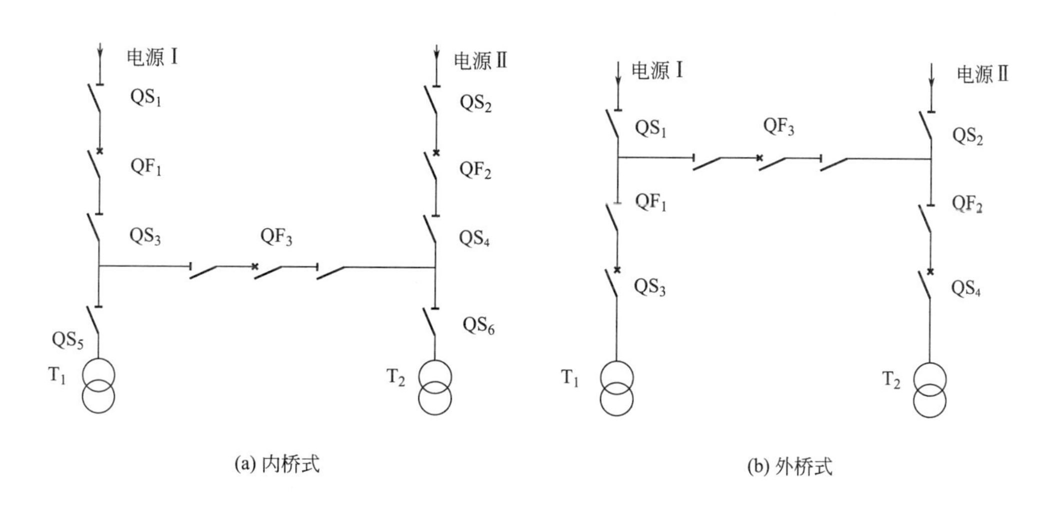

图 3-70　桥形接线

(1) 内桥接线　内桥接线如图 3-70(a) 所示，桥回路置于线路断路器内测（靠变压器侧），此时线路经断路器和隔离开关接至桥接点，构成独立单元。而变压器支路只经隔离开关与桥接点相连，是非独立单元。

内桥接线的特点如下。

① 线路操作方便。如线路发生故障，仅故障线路的断路器跳闸，其余三回路可继续工作，并保持相互联系。

② 正常运行时变压器操作复杂。如变压器 T_1 检修或发生故障，则需断开断路器 QF_1、QF_3，使无故障线路供电受到影响，需经倒闸操作，拉开隔离开关 QS_5 后，再闭合 QF_1、QF_3，才能恢复非故障线路工作，这将造成该侧线路的短时停电。

③ 桥回路故障或检修时全厂分列两部分，使两个单元失去联系。当出线侧断路器发生故障或检修时，会造成该回路停电。

内桥接线适用于两回路出线且线路较长，故障可能性较大和变压器不需要经常切换运行的变电所。

（2）外桥接线　外桥接线见图 3-70(b)，桥回路置于线路断路器外侧（远离变压器侧），此时变压器经断路器和隔离开关接至桥接点，构成独立单元，而线路只经隔离开关与桥接点相连，是非独立单元。

外桥接线的特点如下。

① 变压器操作方便。当变压器发生故障时，仅故障变压器回路的断路器自动跳闸，其余三回路可继续工作，并保持相互联系。

② 线路投入和切除时操作复杂。当线路检修或发生故障时，需断开两台断路器，并使该侧变压器停止运行，需经倒闸操作恢复变压器工作，这会造成变压器短时停电。

③ 桥回路故障或检修时全厂分列两部分，使两个单元失去联系。当出线侧断路器发生故障或检修时，会造成该侧变压器停电。

外桥接线适用于两回路出线且线路较短，故障可能性较小和变压器需要经常切换运行的变电所。

（四）变配电所典型电气主接线方案

1. 只有一台主变压器的小型变电所主接线

只有一台主变压器的小型变电所，其高压侧一般采用无母线的接线。根据高压侧采用的开关不同，可有以下三种典型的主接线方案。

（1）高压侧采用隔离开关-熔断器或户外跌开式熔断器的变电所主接线［图 3-71(a)］这种主接线，受隔离开关和跌开式熔断器切断空载变压器容量的限制，一般只用于 500kV·A 及以下容量的变电所中。这种变电所相当简单经济，但供电可靠性不高，当主变压器或高压侧停电检修或发生故障时，整个变电所都要停电。由于隔离开关和跌开式熔断器不能带负荷操作，因此变电所停电和送电操作的程序比较麻烦，如果稍有疏忽，还容易发生带负荷拉闸的严重事故，而且在熔断器熔断后更换熔体需一定时间，从而使在排除故障后恢复供电的时间延长，更影响了供电的可靠性；但这种主接线对于三级负荷的小容量变电所是相当适宜的。

（2）高压侧采用负荷开关-熔断器的变电所主接线［图 3-71(b)］　由于负荷开关能带负荷操作，从而使变电所停电和送电的操作比上述主接线［图 3-71（a）］要简便灵活得多，也不存在带负荷拉闸的危险。在发生过负荷时，负荷开关可有热脱扣器进行保护，使开关跳闸，但在发生短路故障时，只能是熔断器熔断，因此这种主接线仍然存在着在排除短路故障后恢复供电的时间较长的缺点。这种主接线也比较简单经济，虽能带负荷操作，但供电可靠性仍然不高，一般也只用于三级负荷的变电所。

（3）高压侧采用隔离开关-断路器的变电所主接线［图 3-71(c)］　这种主接线由于采用了高压断路器，因此变电所的停、送电操作十分灵活方便，同时高压断路器都配有继电保护装置，在变电所发生短路和过负荷时均能自动跳闸，而且在短路故障和过负荷情况消除后，又可直接迅速合闸，从而使恢复供电的时间大大缩短。如果配备自动重合闸装置（ARD，汉语拼音缩写 ZCH），则供电可靠性更可进一步提高。但是如果变电所只此一路电源进线时，一般只用于三级负荷。如果变电所低压侧有联络线与其他变电所相连时，则可用于二级负荷。

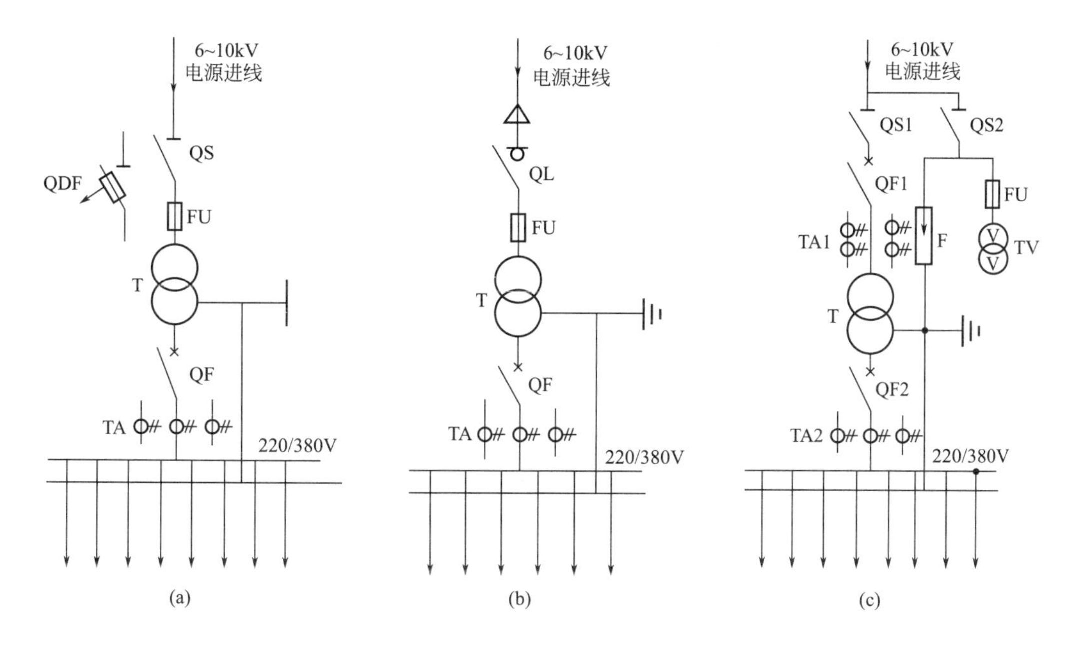

图 3-71　只有一台主变压器的小型变电所主接线

2. 装有两台主变压器的小型变电所主接线

（1）高压无母线、低压单母线分段的变电所主接线（图 3-72）　这种主接线的供电可靠性较高。当任一主变压器或任一电源线停电检修或发生故障时，该变电所通过闭合低压母线分段开关，即可迅速恢复对整个变电所的供电。如果两台主变压器低压侧主开关（采用电磁或电动机合闸操作的万能式低压断路器）都装设互为备用的备用电源自动投入装置（APD），则任一主变压器低压主开关因电源断电（失压）而跳闸时，另一主变压器低压侧的主开关和低压母线分段开关将在 APD 作用下自动合闸，恢复整个变电所的正常供电。这种主接线可用于一、二级负荷。

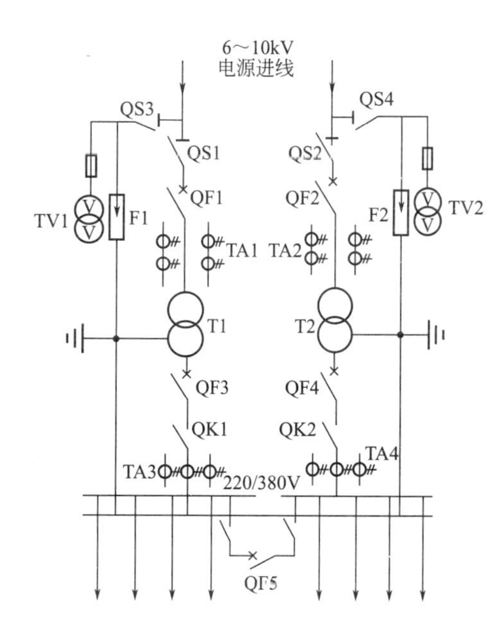

图 3-72　高压无母线、低压单母线分段的变电所主电路图

（2）高压采用单母线、低压单母线分段的变电所主接线（图 3-73）　这种主接线适用于装有两台及以上主变压器或具有多路高压出线的变电所。其供电可靠性也较高。任一主变压器检修或发生故障时，通过切换操作，可很快恢复整个变电所的供电，但在高压母线或电源进线检修或者发生故障时，整个变电所都要停电。如果有与其他变电所相连的低压或高压联络线时，供电可靠性可大大提高。无联络线时，可用于二、三级负荷；而有联络线时，则可用于一、二级负荷。

（3）高低压侧均为单母线分段的变电所主接线（图 3-74）　这种变电所的两段高压母线，

在正常时可以接通运行，也可以分段运行。一台主变压器或一路电源进线停电检修或发生故障时，通过切换操作，可迅速恢复整个变电所的供电，因此供电可靠性相当高，可用于一、二级负荷。

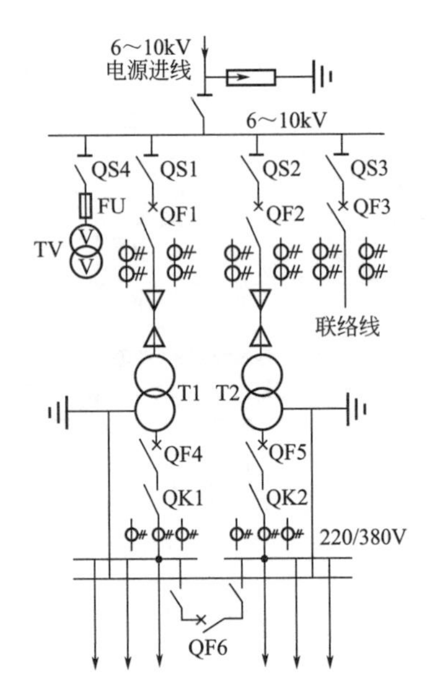

图 3-73　高压采用单母线、低压单母线分段的变电所主电路图

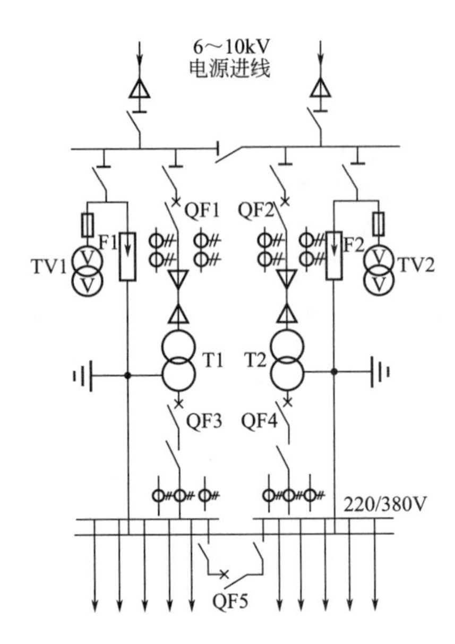

圈 3-74　高低压侧均为单母线分段的变电所主电路图

（五）总降压变电所的主接线

对于电源进线电压为 35kV 及以上的大中型工厂，通常是先经工厂总降压变电所降为 6～10kV 的高压配电电压，然后经车间变电所，降为一般低压用电设备所需的电压（如 220/380V）。

下面介绍工厂总降压变电所较常见的几种主接线方案。为了使主接线简单明了，图中省略了包括电能计量柜在内的所有电流互感器、电压互感器及避雷器等一次设备。

1. 只装有一台主变压器的总降压变电所主接线

通常采用一次侧无母线、二次侧为单母线的主接线，如图 3-75 所示。总降压变电所一次侧一般采用高压断路器作为主开关。其特点是简单经济，但供电可靠性不高，只适于三级负荷的工厂。

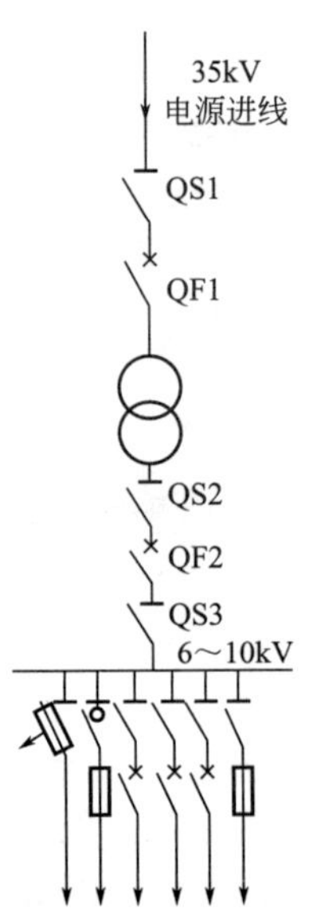

图 3-75　只装有一台主变压器的总降压变电所主电路图

2. 装有两台主变压器的总降压变电所主接线

（1）一次侧采用内桥式接线、二次侧采用单母线分段的总降压变电所主电路图（图 3-76）　这种主接线，其一次侧的高压断路器 QF10 跨接在两路电源进线之间，犹如一座桥梁，而且处在线路断路器

QF11 和 QF12 的内侧，靠近变压器，因此称为内桥式接线。这种主接线的运行灵活性较好，供电可靠性较高，适用于一、二级负荷的工厂。如果某路电源例如 WL1 线路停电检修或发生故障时，则断开 QF11，投入 QF10（其两侧 QS 先合）即可由 WL2 恢复对变压器 T1 的供电。这种内桥式接线多用于电源线路较长而发生故障和停电检修的机会较多、并且变电所的变压器不需经常切换的总降压变电所。

（2）一次侧采用外桥式接线、二次侧采用单母线分段的总降变电所主电路图（图 3-77）　这种主接线，其一次侧的高压断路器 QF10 也跨接在两路电源进线之间，但处在线路断路器 QF11 和 QF12 的外侧，靠近电源方向，因此称为外桥式接线。这种主接线的运行灵活性也较好，供电可靠性同样较高，适用于一、二级负荷的工厂。但与内桥式接线适用的场合有所不同。如果某台变压器例如 T1 停电检修或发生故障时，则断开 QF11，投入 QF10（其两侧 QS 先合），使两路电源进线又恢复并列运行。这种外桥式接线适用于电源线路较短而变电所负荷变动较大、适于经济运行需经常切换的总降压变电所。当一次电源电网采用环形接线时，也宜采用这种接线，使环形电网的穿越功率不通过进线断路器 QF11 和 QF12，这对改善线路断路器的工作及其继电保护的整定都极为有利。

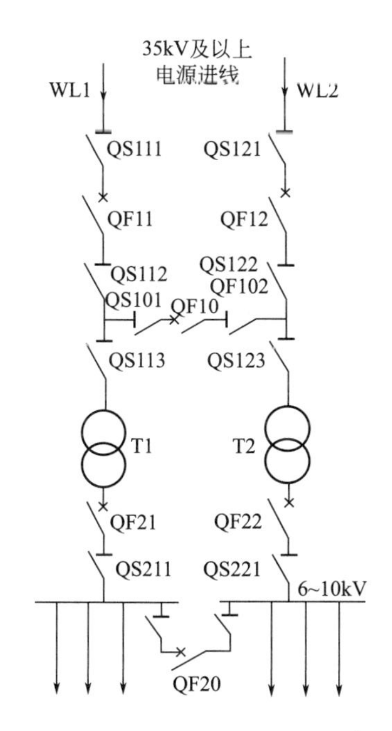

图 3-76　采用内桥式接线的总降压变电所主电路图

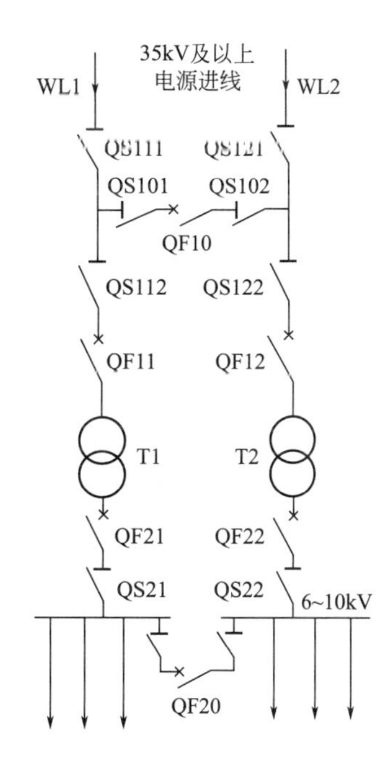

图 3-77　采用外桥式接线的总降压变电所主电路图

（3）一、二次侧均采用单母线分段的总降压变电所主接线（图 3-78）　这种主接线兼有上述两种桥式接线的运行灵活性的优点，但所用高压开关设备较多，可用于一、二级负荷，适于一、二次侧进出线较多的总降压变电所。

（4）一、二次侧均采用双母线的总降压变电所主接线（图 3-79）　采用双母线接线较之采用单母线接线，在供电可靠性和运行灵活性方面有很大提高，但开关设备数量也相应大大增加，从而大大增加了初投资，所以双母线接线在工厂变电所中很少应用，主要用于电力系统的枢纽变电站。

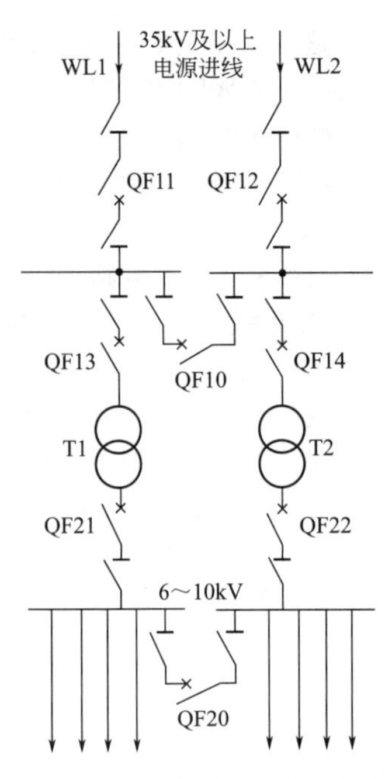

图 3-78 一、二次侧均采用单母线分段的总降压变电所主电路图

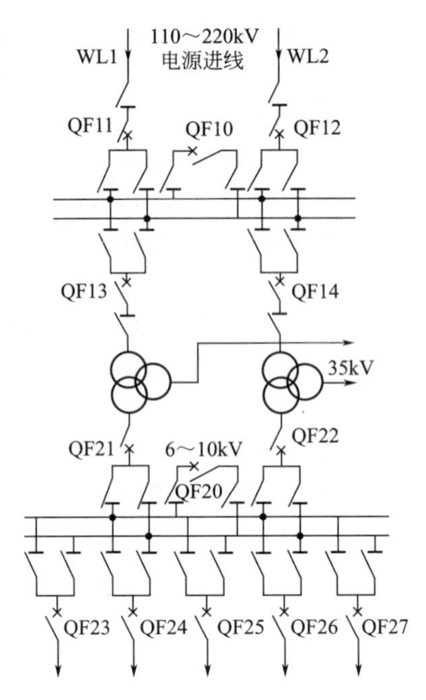

图 3-79 一、二次侧均采用双母线的总降压变电所主电路图

二、变配电所电气主接线的分析

（一）电气主接线分析步骤

变配电所电气主接线是变配电所的主要图纸，看懂它一般遵循以下步骤：

① 了解变配电所的基本情况，变配电所在系统中的地位和作用，变配电所的类型。

② 了解变压器的主要技术参数，包括额定容量、额定电流、额定电压、额定频率和连接组别等。

③ 明确各个电压等级的主接线基本形式，包括高压侧（电源侧）有无母线，是单母线还是双母线，母线是否分段，还要看低压侧的接线形式。

④ 检查开关设备的配置情况。一般从控制、保护、隔离的作用出发，检查各路进线和出线是否配置了开关设备，配置是否合理，不配置能否保证系统的运行和检修。

⑤ 检查互感器的配置情况，从保护和测量的要求出发，检查在应该装互感器的地方是否都安装了互感器；配置的电流互感器个数和安装相比是否合理；配置的电流互感器的二次侧绕组及铁芯数是否满足需求。

⑥ 检查避雷器的配置是否齐全。如果有些电气主接线没有绘出避雷器的配置，则不必检查。

⑦ 按主接线的基本要求，从安全性、可靠性、经济性和便利性四个方面对电气主接线进行分析，指出优缺点，得出综合评价。

（二）电气主接线分析实例

高压配电所担负着从电力系统受电并向各车间变电所及某些高压用电设备配电的任务。图 3-80 所示高压配电所的主接线方案具有一定的代表性。下面依其进线、母线和出线的顺

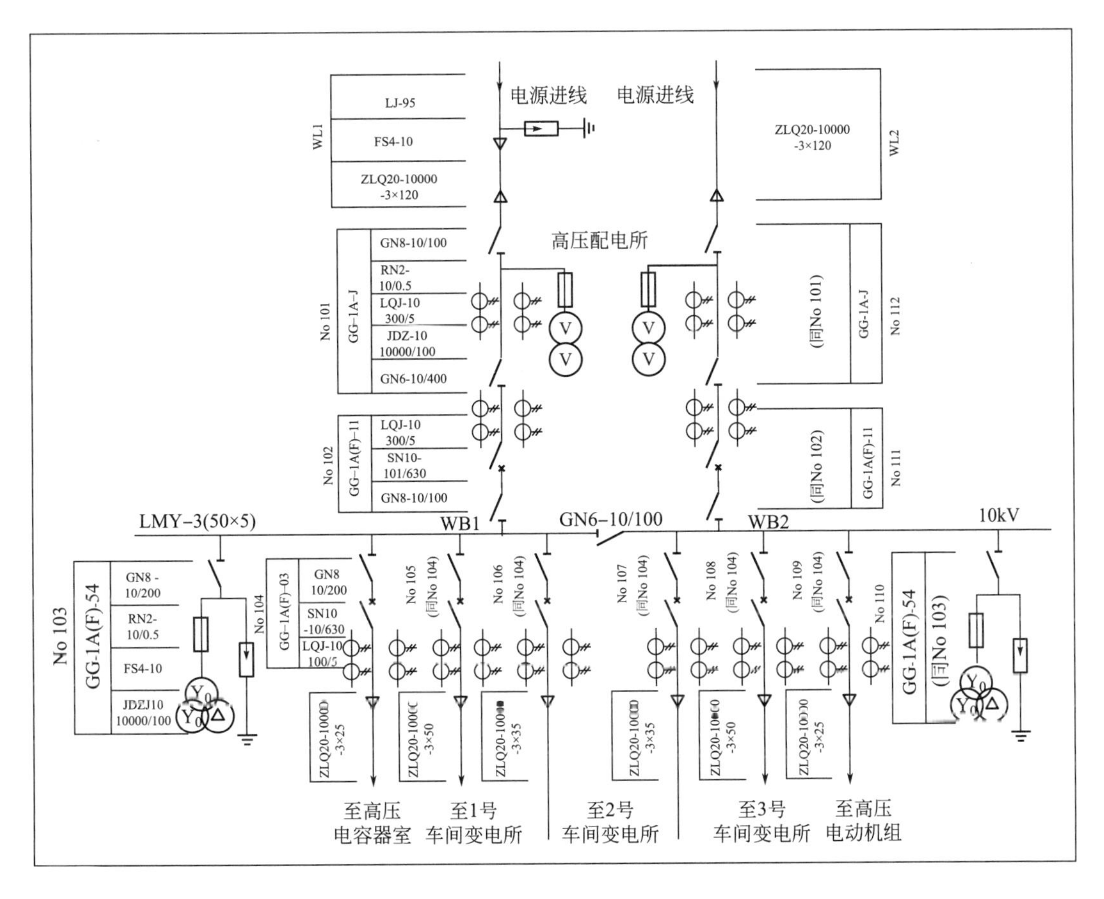

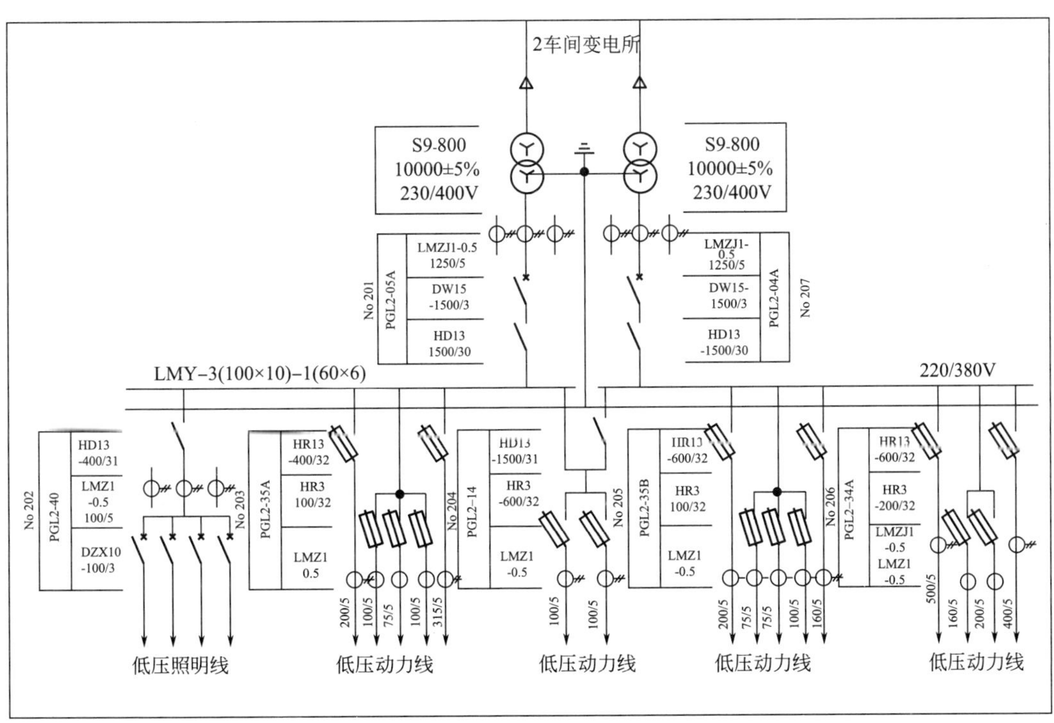

图 3-80　高压配电所及其附设 2 号车间变电所的主接线图

序对此配电所作一分析介绍。

1. 电源进线

图 3-80 所示配电所有两路 10kV 电源进线，一路是架空线路 WL1，另一路是电缆线路 WL2。最常见的进线方案是一路电源来自发电厂或电力系统变电站，作为正常工作电源，而另一路电源则来自邻近单位的高压联络线，作为备用电源。在这两路电源进线的主开关（高压断路器）柜之前，各装设一台 GG-1A-J 型高压计量柜（No. 101 和 No. 112），其中电压互感器和电流互感器只用来连接计费电度表。

装设进线断路器的高压开关柜（No. 102 和 No. 111），因需与计量柜相连，因此采用 GG-1A(F)-11 型。由于进线采用高压断路器控制，所以切换操作十分灵活方便，而且可配以继电保护和自动装置，使供电可靠性大大提高。

考虑到进线断路器在检修时有可能两端来电，因此为保证断路器检修时的人身安全，断路器两侧都必须装设高压隔离开关。

2. 母线

高压配电所的母线，通常采用单母线制。如果是两路或多于两路的电源进线时，则采用以高压隔离开关或高压断路器（其两侧装隔离开关）分段的单母线制。母线采用隔离开关分段时，分段隔离开关可安装在墙上，也可采用专门的分段柜［亦称联络柜，如 GG-1A(F)-119 型］。

图 3-80 所示高压配电所通常采用一路电源工作、一路电源备用的运行方式，因此母线分段开关通常是闭合的，高压并联电容器对整个配电所的无功功率都进行补偿。如果工作电源进线发生故障或进行检修时，在切除该进线后，投入备用电源即可使整个配电所恢复供电。如果采用备用电源自动投入装置（auto-put-into device of reserve-source，简称 APD，汉语拼音缩写 BZT），则供电可靠性可进一步提高，但这时进线断路器的操作机构必须是电磁式或弹簧式。

为了测量、监视、保护和控制主电路设备的需要，每段母线上都接有电压互感器，进线上和出线上均串接有电流互感器。图 3-80 上的高压电流互感器均有两个二次绕组，其中一个接测量仪表，另一个接继电保护装置。为了防止雷电过电压侵入配电所时击毁其中的电气设备，各段母线上都装设了避雷器。避雷器与电压互感器同装在一个高压柜内，且共用一组高压隔离开关。

3. 高压配电出线

这个配电所共有六路高压出线。有两路分别由两段母线经隔离开关-断路器配电给 2 号车间变电所；一路由左段母线 WB1 经隔离开关-断路器供 1 号车间变电所；一路由右段母线 WB2 经隔离开关-断路器供 3 号车间变电所；一路由左段母线 WB1 经隔离开关-断路器供无功补偿用的高压并联电容器组；还有一路由右段母线 WB2 经隔离开关-断路器供一组高压电动机用电。由于这里的高压配电线路都是由高压母线来电，因此其出线断路器需在其母线侧加装隔离开关，以保证断路器和出线的安全检修。

4. 2 号车间变电所

两台主变压器，中性点引出接地，并有一接地母线。低压单母线分段，由隔离开关联络。

三、变配电所的倒闸操作

（一）倒闸操作概述

倒闸操作就是将电气设备由一种状态转换到另一种状态，即接通或断开断路器、隔离开关、直流操作回路、推入或拉出小车断路器、投入或退出继电保护、给上或取下二次插件以及安装和拆除临时接地线等操作。简单地说，就是变配电所的停送电操作。

变电站电气设备分为运行状态、热备用状态、冷备用状态和检修状态四种状态。

（1）运行状态　指电气设备的隔离开关及断路器都在合闸位置带电运行，如图 3-81 所示。

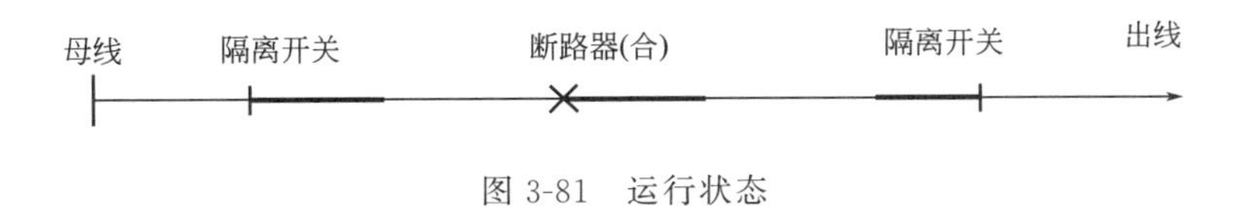

图 3-81　运行状态

（2）热备用状态　指电气设备的隔离开关在合闸位置，只有断路器在断开位置，如图 3-82 所示。

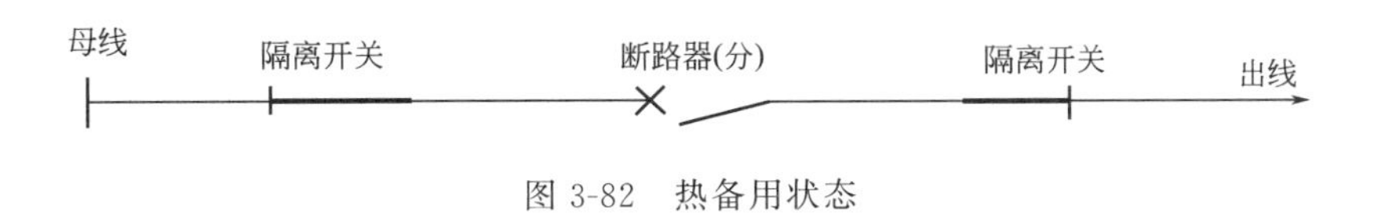

图 3-82　热备用状态

（3）冷备用状态　指电气设备的隔离开关及断路器都在断开位置，如图 3-83 所示。

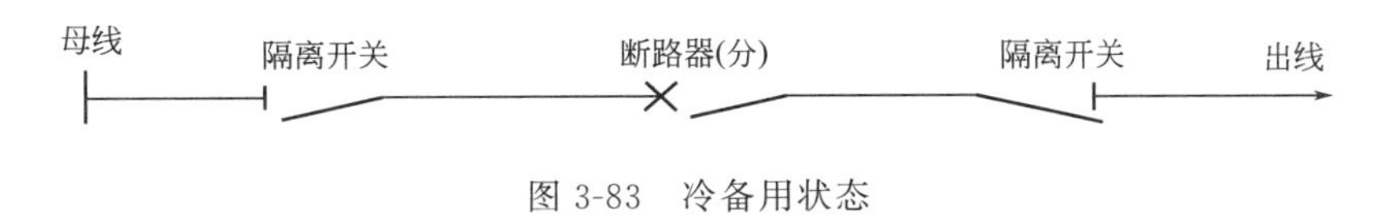

图 3-83　冷备用状态

（4）检修状态　指电气设备的所有隔离开关及断路器均处在断开位置，在有可能来电端挂好地线，如图 3-84 所示。

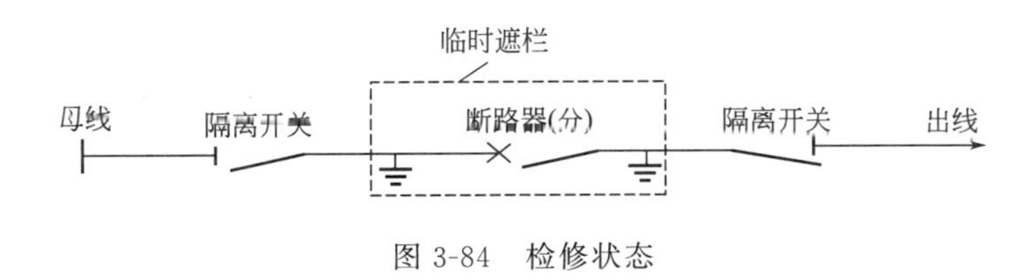

图 3-84　检修状态

（二）倒闸操作的基本原则和要求

为了确保运行安全，防止误操作，电气设备运行人员必须严格执行倒闸操作票制度和监护制度。

按《电业安全工作规程》（DL 408—91）规定：倒闸操作必须根据值班调度员或值班负

责人命令，受令人复诵无误后执行。倒闸操作由操作人填写操作票（其格式如表 3-6 所示）。

表 3-6 倒闸操作票格式 编号：

操作开始时间：#年#月#日#时#分		操作终了时间：#年#月#日#时#分
操作任务：WL1 电源进线送电		
	顺序	操作项目
√	1	拆除线路端及接地端接地线；拆除标示牌
√	2	检查 WL1、WL2 进线所有开关均在断开位置，合上母线 WB1 和 WB2 之间的联络隔离开关
√	3	依次合 NO. 102 隔离开关，NO. 101 1 #、NO. 101 2 # 隔离开关，合 NO. 102 高压断路器
√	4	合 NO. 103 隔离开关，合 NO. 110 隔离开关
√	5	依次合 NO. 104～NO. 109 隔离开关；依次合 NO. 104～NO. 109 高压断路器
√	6	合 NO. 201 刀开关；合 NO. 201 低压断路器
√	7	检查低压母线电压是否正常
√	8	合 NO. 202 刀开关；依次合 NO. 202～NO. 206 低压断路器或刀熔开关
备注：		

操作人：×× 监护人：××× 值班负责人：××× 值长：×××

1. 倒闸操作的一般要求

① 单人值班时，操作票由发令人用电话向值班员传达，值班员应根据传达，填写操作票，复诵无误，并在“监护人”签名处填入发令人的姓名。

② 操作票内应填入下列项目：应拉合的断路器和隔离开关，检查断路器和隔离开关的位置，检查接地线是否拆除，检查负荷分配，装拆接地线，安装或拆除控制回路或电压互感器回路的熔断器，切换保护回路以及检验是否确无电压等。

③ 操作票应填写设备的双重名称，即设备名称和编号。

④ 操作票应该用钢笔或圆珠笔填写，票面应清楚整洁，不得任意涂改。操作人和监护人应根据模拟图板或接线图核对所填写的操作项目，并分别签名，然后经值班负责人审核签名。特别重要和复杂的操作还应由值长审核签名。

⑤ 开始操作前，应先在模拟图板上进行核对性模拟预演，无误后，再实地进行设备操作。操作前应核对设备名称、编号和位置。操作中应认真执行监护复诵制；发布操作命令和复诵操作命令都应严肃认真，声音应洪亮清晰。必须按操作票填写的顺序逐项操作。每操作完一项，应检查无误后在操作票该项前画一“√”记号。全部操作完毕后进行复查。

⑥ 倒闸操作一般应由两人执行，其中对设备较为熟悉的一个人做监护。单人值班的变配电所，倒闸操作可由一人执行。特别重要和复杂的倒闸操作，由熟练的值班员操作，值班负责人或值长监护。

⑦ 操作中发生疑问时，应立即停止操作，并向值班调度员或值班负责人报告，弄清问题后，再进行操作。不准擅自更改操作票。

2. 倒闸操作的基本原则及顺序

（1）倒闸操作的基本原则 断路器和隔离开关是进行倒闸操作的主要电气设备。倒闸操作的基本原则是不可以带负荷拉合隔离开关。

(2) 倒闸操作顺序

① 送电操作顺序 在送电合闸时，应先从电源侧进行，依次到负荷侧。具体顺序如下：

a. 合电源侧隔离开关或刀开关。

b. 合负荷侧隔离开关或刀开关。

c. 合高压或低压断路器。

如图 3-85 所示，在检查断路器 QF 确在断开位置后，先合上母线（电源）侧隔离开关 QS1，再合上线路（负荷）侧隔离开关 QS2，最后合上断路器 QF。

这是因为在线路 WL1 合闸送电时，断路器 QF 有可能在合闸位置而未查出，若先合线路侧隔离开关 QS2，后合母线侧隔离开关 QS1，则造成带负荷合隔离开关，可能引起母线短路事故，影响其他设备的安全运行。如先合 QS1，后合 QS2，虽是同样带负荷合隔离开关，但由于线路断路器 QF 的继电保护动作，使其自动跳闸，隔离故障点，不致影响其他设备的安全运行。同时，线路侧隔离开关检修较简单，且只需停一条线路，而检修母线侧隔离开关时必须停用母线，影响面扩大。

对两侧均装有断路器的双绕组变压器，在送电时，当电源侧隔离开关和负荷侧隔离开关均合上后，应先合上电源侧断路器 QF1 或 QF3，后合负荷侧断路器 QF2 或 QF4，如图 3-86 所示。T1 及 T2 两台变压器中，变压器 T2 在运行，若将变压器 T1 投入并列运行，而 T1 负荷侧恰好存在短路点 k 未被发现，这时若先合负荷侧断路器 QF2 时，则变压器 T2 可能被跳闸，造成大面积停电事故；而若先合电源侧断路器 QF1，则因继电保护动作而自动跳闸，立即切除故障点，不会影响其他设备的安全运行。

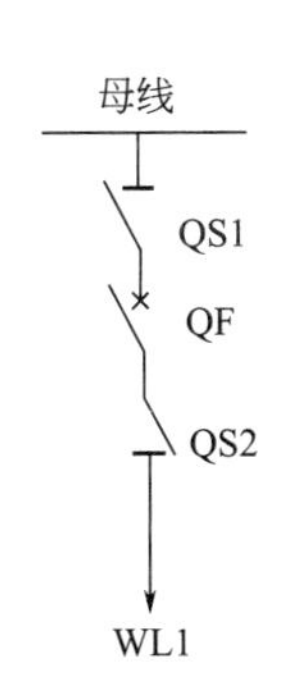

图 3-85 倒闸操作图示之一

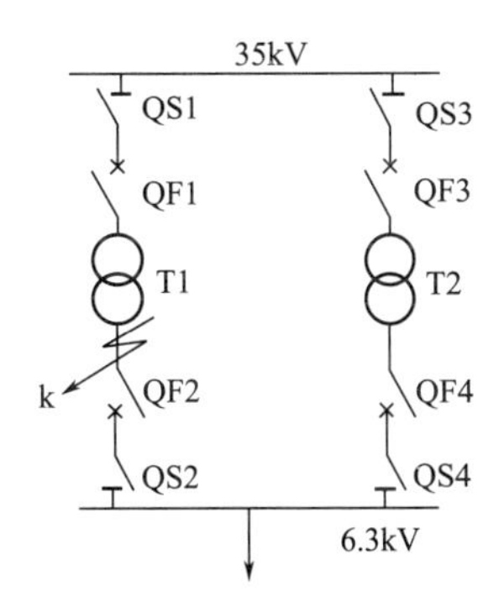

图 3-86 倒闸操作图示之二

② 停电操作顺序 在停电拉闸时，应先从负荷侧进行，依次到电源侧。具体顺序如下：

a. 拉高压或低压断路器。

b. 拉负荷侧隔离开关或刀开关。

c. 拉电源侧隔离开关或刀开关。

图 3-85 的供电线路进行停电操作时，应先断开断路器 QF，检查其确在断开位置后，先拉负荷侧隔离开关 QS2，后拉电源侧隔离开关 QS1，此时若断路器 QF 在合闸位置未检查出来，造成带负荷拉隔离开关，则使故障发生线路上，因线路继电保护动作，使断路器自动跳闸，隔离故障点，不致影响其他设备的安全运行。若先拉开电源侧隔离开关，虽然同样是带负荷拉隔离开关，但故障发生在母线上，扩大了故障范围，影响其他设备运行，甚至影响全厂供电。

同样，对图 3-86 两侧装有断路器的变压器而言，在停电时，应先从负荷侧进行，先断开负荷侧断路器，切断负荷电流，后断开电源侧断路器，只切断变压器空载电流。

3. 倒闸操作的注意事项

（1）操作隔离开关的注意事项

① 在手动合隔离开关时，必须迅速果断。在合闸开始时如发生弧光，则应毫不犹豫地将隔离开关迅速合上，严禁将其再行拉开。因为带负荷拉开隔离开关，会使弧光更大，造成设备的更严重损坏，这时只能用断路器切断该回路后，才允许将误合的隔离开关拉开。

② 在手动拉开隔离开关时，应缓慢而谨慎，特别是在刀片刚离开固定触头时，如发生电弧，应立即反向重新将刀闸合上，并停止操作，查明原因，做好记录。但在切断允许范围内的小容量变压器空载电流、一定长度的架空线路和电缆线路的充电电流、少量的负荷电流时，拉开隔离开关时都会有电弧产生，此时应迅速将隔离开关拉开，使电弧立即熄灭。

③ 在拉开单极操作的高压熔断器刀闸时，应先拉中间相再拉两边相。因为切断第一相时弧光最小，切断第二相时弧光最大，这样操作可以减少相间短路的机会。合刀闸时顺序则相反。

④ 在操作隔离开关后，必须检查隔离开关的开合位置，因为有时可能由于操作机构的原因，隔离开关操作后，实际上未合好或未拉开。

（2）操作断路器的注意事项

① 在改变运行方式时，首先应检查断路器的断流容量是否大于该电路的短路容量。

② 在一般情况下，断路器不允许带电手动合闸。因为手动合闸的速度慢，易产生电弧，但特殊需要时例外。

③ 遥控操作断路器时，扳动控制开关不能用力过猛，以防损坏控制开关；也不得使控制开关返回太快，防止断路器合闸后又跳闸。

④ 在断路器操作后，应检查有关信号灯及测量仪表（如电压表、电流表、功率表）的指示，确认断路器触头的实际位置。必要时，可到现场检查断路器的机械位置指示器来确定实际开、合位置，以防止在操作隔离开关时，发生带负荷拉、合隔离开关事故。

（三）变配电所倒闸操作的实施

1. 变配电所的送电操作

变配电所的送电操作，要按照母线侧隔离开关→负荷侧隔离开关→断路器的合闸顺序依次操作。

以图 3-80 所示的高压配电所为例，当停电检修完成后，要恢复线路 WL1 送电，而线路 WL2 作为备用。送电操作程序如下。

① 检查整个变配电所电气装置上确实无人工作后，拆除临时接地线和标示牌。拆除接地线时，应先拆线路端，再拆接地端。

② 检查两路进线 WL1、WL2 的开关均在断开位置后，合上两段高压母线 WB1 和 WB2 之间的联络隔离开关，使 WB1 和 WB2 能够并列运行。

③ 依次从电源侧合上 WL1 上所有的隔离开关，然后合上进线断路器。如合闸成功，则说明 WB1 和 WB2 是完好的。

④ 合上接于 WB1 和 WB2 的电压互感器回路的隔离开关，检查电源电压是否正常。

⑤ 依次合上高压出线上的隔离开关，然后依次合上所有高压出线上的断路器，对所有车间变电所的主变压器送电。

⑥ 合 2 号车间变电所主变压器低压侧的刀开关，再合低压断路器。如合闸成功，说明低压母线是完好的。

⑦ 通过接于两段低压母线上的电压表，检查低压母线电压是否正常。

⑧ 依次合 2 号车间变电所所有低压出线的刀开关，然后合低压断路器，使所有低压输出线送电。

至此，整个高压配电所及其附设车间变电所全部投入运行。

如果变电所是事故停电以后的恢复供电，则倒闸操作程序与变电所所装设的开关类型有关。

① 如果电源进线是装设高压断路器的，则高压母线发生短路故障时，断路器自动跳闸，在故障消除后，则可直接合上断路器来恢复供电。

② 如果电源进线是装设高压负荷开关的，则在故障消除后，先更换熔断器的熔体后，才能合上负荷开关来恢复供电。

③ 如果电源进线是装设高压隔离开关-熔断器的，则在故障消除后，须先更换熔断器的熔体，并断开所有出线断路器，再合隔离开关，最后合上所有出线断路器才能恢复供电。如果电源进线是装设跌开式熔断器的，也必须如此操作才行。

2. 变配电所的停电操作

变配电所的停电操作，要按照断路器→负荷侧隔离开关→母线侧隔离开关的拉闸顺序依次操作。

仍以图 3-80 所示高压配电所为例。现要停电检修，停电操作程序如下。

① 依次断开所有高压出线上的断路器，然后拉开所有出线上的隔离开关。

② 断开进线上的断路器，然后依次拉开进线上所有隔离开关。

③ 在所有断开的高压断路器手柄上挂上“有人工作，禁止合闸”的标示牌。

④ 在电源进线末端、进线隔离开关之前悬挂临时接地线。安装接地线时，应先接接地端，再接线路端。

至此，整个高压配电所全部停电。

【任务实施及考核】

详细的实施步骤及考核扫描右侧二维码即可查看下载。

项目三任务三任务实施单

在线测试七（电气主接线）

思考与练习

3-1　我国 6～10kV 变电所采用的电力变压器有哪两种常用的连接组别？在三相负荷严重不平衡或三次谐波电流比较突出的场合宜采用哪种连接组别？

3-2　什么是变压器的额定容量和实际容量？其负荷能力（出力）与哪些因素有关？

3-3　变压器正常过负荷有何规定？

3-4　什么是变压器的经济运行？

3-5　什么是无功功率经济当量？

3-6　什么叫变压器的经济负荷？什么叫变压器经济运行的临界负荷？

3-7　试分别计算 S9-500/10 型和 S9-800/10 型配电变压器（均 Yyn0 连接）的经济负荷率（取 $K_q=0.1$）。

3-8　变压器的并联运行有哪些要求？连接组别不同的变压器并列时有何危险？

3-9 某变电所有两台 Dyn11 连接的 S9-630/10 型配电变压器并列运行，而变电所负荷只有 520kV·A。问是采用一台还是两台运行比较经济合理？（取 $K_q=0.1$）

3-10 某 500kV·A 的户外电力变压器，在夏季，平均日最大负荷为 360kV·A，日负荷率为 0.8，日最大负荷持续时间为 6h。当地年平均气温为 10℃。试求变压器的实际容量和在冬季时的过负荷能力。

3-11 某 10/0.4kV 的车间附设式变电所，总计算负荷为 780kV·A，其中一、二级负荷为 460kV·A。当地的年平均气温为 25℃。试初步选择该变电所主变压器的台数和容量。

3-12 某 10/0.4kV 的车间附设式变电所，原装有 SL7-1000/10 型变压器一台。现负荷发展，计算负荷达 1300kV·A。问增加一台 SL7-315/10 型变压器与 SL7-1000/10 型变压器并列运行，有没有什么问题？如引起过负荷，是哪一台变压器过负荷？过负荷多少？

3-13 高压电流互感器的两个二次绕组各有何用途？

3-14 电流互感器常用的接线方式有哪几种？

3-15 若某 380V 线路的额定电流为 400A，为测此线路的电流，需要选择一台变比为多少的电流互感器？

3-16 有人想测 A、C 间的线电流，但他觉得仪表指示的电流值比实际值偏小，怀疑接线有误，你觉得可能吗？为什么？

3-17 如何用两个电流互感器测量三相电流？试画出电路图。

3-18 如何利用电压互感器的开口三角形接线来监测系统绝缘？画出简单接线图。

3-19 由于电压互感器熔断器损坏，有人想不安熔断器直接将电压互感器与电源连接。若你是电气负责人，是否会制止并扣罚奖金？

3-20 如何带电更换电流互感器的负载（电流表）？说明操作步骤。

3-21 电弧是一种什么现象？其主要特征是什么？它对电气设备的安全运行有哪些影响？

3-22 开关电器中有哪些常用的灭弧方法？其中最常用最基本的灭弧方法是哪一种？

3-23 如何带负荷拉、合隔离开关？带负荷拉、合隔离开关会有什么危害？

3-24 若隔离开关不能带负荷接通断开电路，那它还有用处吗？举例说明。

3-25 已知高压负荷开关能通、断负荷电流，如果线路过负荷了，它会有反应吗？如果线路短路了，它有办法保护线路吗？

3-26 CD10 型电磁操动机构可以电动分合断路器，那它能否手动分合断路器，在什么情况下使用手动分合断路器？

3-27 六氟化硫（SF_6）断路器检修时需要防护吗？与少油断路器相比有哪些优点？各适合哪些场合？

3-28 真空断路器为什么能被广泛应用？运行检修要注意的最重要的一点是什么？

3-29 熔断器的主要功能是什么？什么叫"限流"熔断器？什么叫"冶金效应"？

3-30 一般跌开式熔断器与一般高压熔断器（如 RNl 型）在功能方面有何异同？负荷型跌开式熔断器与一般跌开式熔断器在功能方面又有什么区别？

3-31 低压断路器有哪些功能？按结构型式可分为哪两大类型？

3-32 什么是高压开关柜的"五防"？

3-33 常用的母线材料有几种？各有何特点？三相交流母线分别用何种颜色表示？

3-34 熔断器、高压隔离开关、高压负荷开关、高低压断路器及低压刀开关在选择时，哪些需校验断流能力？哪些需校验短路动、热稳定度？

3-35 某厂的有功计算负荷为 3000kW，功率因数经补偿后达到 0.92。该厂 6kV 进线上拟安装一台 SN10-10 型高压断路器，其主保护动作时间为 0.9s，断路器断路时间为 0.2s。该厂高压配电所 6kV 母线上的 $I_{K}^{(3)}=20kA$。试选择该高压断路器的规格。

3-36 对工厂变配电所主接线有哪些要求？

3-37 变电所高压侧采用隔离开关-熔断器的接线与采用隔离开关-断路器的接线，各有什么优缺点？各适用于什么场合？

3-38 在采用高压隔离开关-断路器的电路中，送电时应如何操作？停电时又应如何操作？

项目四

供配电线路的敷设与选择

【知识目标】

① 了解架空线路和电缆线路的结构与敷设方法。
② 掌握供配电导线和电缆的选择方法。

【技能目标】

① 能通过查阅供电线路的相关敷设资料完成工厂配电线路的敷设信息的搜集任务。
② 能与工程施工人员配合对工厂内电缆线路进行敷设工作。
③ 能根据工厂负荷选择导线和电缆的基本参数。
④ 能与工程施工人员配合对工厂内电缆线路进行巡视和检修工作。

【素质目标】

通过“微电网技术”的案例，了解电网前沿技术的发展，开阔视野，激发专业报国热情，坚定钻研专业的信心。

任务一　供配电线路的结构与敷设

【任务描述】

本任务主要是了解供配电线路的结构、接线方式、敷设方法及基本参数的选择，能根据故障现象查找故障点并进行相关处理。熟悉供配电线路的运行管理知识，协助工程施工人员完成对工厂供电线路的敷设。

【相关知识】

工厂供配电线路是工厂电力系统的重要组成部分，担负着输送电能和分配电能的重要任务。电力线路按电压高低分，有低压（1kV 及以下）、高压（1～220kV）、超高压（220kV 及以上）等线路。工厂供配电线路按结构主要分为架空线路、电缆线路和车间线路三类。

（1）架空线路　它是利用电杆架空敷设裸导线的户外线路。其特点是投资少、易于架设，维护检修方便，易于发现和排除故障；但它要占用地面位置，有碍交通和观瞻，且易受到环境影响，安全可靠性较差。

（2）电缆线路　它是利用电力电缆敷设的线路。电缆线路与架空线路相比，虽然具有成本高、不便维修、不易发现和排除故障等缺点，但却具有运行可靠、不易受外界影响、不需架设电杆、不占地面、不碍交通和观瞻等优点，特别是在有腐蚀性气体和易燃易爆场所，以及需要防止雷电波沿线路侵入，不宜采用架空线路时，只能敷设电缆线路。因此，在现代化的工厂中，电缆线路得到越来越广泛的应用。

（3）车间线路　它是指车间内外敷设的各类配电线路，包括车间内用裸线（包括母线）和电缆敷设的线路，用绝缘导线沿墙、沿屋架和沿顶棚明敷的线路，用绝缘导线穿管沿墙、沿屋架或埋地敷设的线路，也包括车间之间用绝缘导线敷设的低压线路。

一、架空线路的结构与敷设

（一）架空线路的结构

架空线路由导线、电杆、绝缘子和线路金具等主要元件组成，如图 4-1 所示。为了防雷，在 110kV 及以上线路架空线路上还装设有避雷线（架空地线），以保护线路全长，35kV 的线路在靠近变电所 1～2km 的范围内装设避雷线，作为变电所的防雷措施，10kV 及以下的配电线路，除了雷电活动强烈的地区，一般不需要装设避雷线。

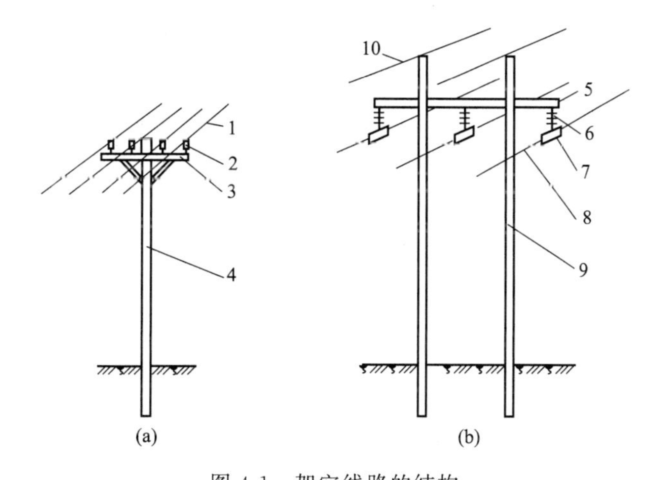

图 4-1　架空线路的结构

1—低压导线；2—针式绝缘子；3,5—横担；4—低压电杆；6—高压悬式绝缘子串；7—线夹；8—高压导线；9—高压电杆；10—避雷线

1. 导线

导线是架空线路的主体，起着传导电流的作用。导线除了要具有良好的导电性能外，还要求重量轻，并有足够的机械强度，能经受住自然界各种因素的影响和化学腐蚀。导线的常用材料有铜、铝、钢，其特性比较及特点如表 4-1 所示。

表 4-1　铜、铝、钢材料的特性比较及特点

材料	20℃电阻率/(Ω·mm²/m)	密度/(g/cm³)	抗拉强度/MPa	材料特点说明
铜	0.0182	8.9	390	铜导线具有良好的导电性能，较高的机械强度，但质量大，价格高，表面易形成氧化膜，抗腐蚀能力强
铝	0.029	2.7	160	铝导线质轻价廉，有较好的导电性能，机械强度较差，表面形成的氧化膜可防继续氧化，但易受酸碱盐的腐蚀
钢	0.103	7.85	1200	钢的导电率最低，但机械强度很高，且价格较有色金属低，在空气中易锈蚀，钢线须镀锌以防锈蚀

架空线路的导线，除变压器台的引线和接户线采用绝缘导线以外，其他均用裸导线，一般采用多股绞线，其中以铝绞线及钢芯铝绞线应用最广。架空线路一般情况下采用铝绞线（LJ）。在机械强度要求较高和 35kV 及以上的架空线路上，则多采用钢芯铝绞线（LGJ）。其实物及横截面结构如图 4-2 所示。这种导线的线芯是钢线，用以增强导线的抗拉强度，弥补铝线机械强度较差的缺点，而其外围用铝线，取其导电性较好的优点。由于交流电流在导线中通过时有集肤效应，交流电流实际上只从铝线部分通过，从而弥补钢线导电性差的缺点。钢芯铝绞线型号中表示的截面积，就是其中铝线部分的截面。例如 LGJ-120，120 即指其铝线（L）部分截面积为 $120mm^2$。

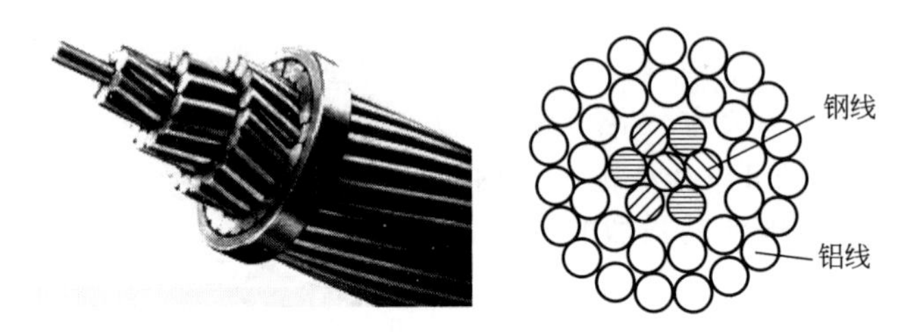

图 4-2 钢芯铝绞线

避雷线主要作用是在雷击时，将雷电流引入大地，使电力线路免受大气过电压的破坏，起着保护线路的作用。避雷线采用机械强度高的镀锌钢绞线。截面积一般为 $25\sim75mm^2$。

2. 电杆、横担和拉线

（1）电杆　电杆（杆塔）是导线的支柱。杆塔按材质可分为木杆、钢筋混凝土杆和铁塔三类。钢筋混凝土杆经济耐用，不易腐蚀，不受气候影响，维护简单，但笨重，运输和架设不方便；木杆现已基本被钢筋混凝土杆所取代；铁塔牢固可靠，使用寿命长，但耗用钢材多、易腐蚀、维护费用高，一般用于 110kV 及以上的输电线路。根据电杆在线路中的不同作用和受力情况，可分为直线杆、耐张杆、转角杆、终端杆、分支杆和跨越杆等，各种杆形在低压架空线路上的应用示意，如图 4-3 所示。

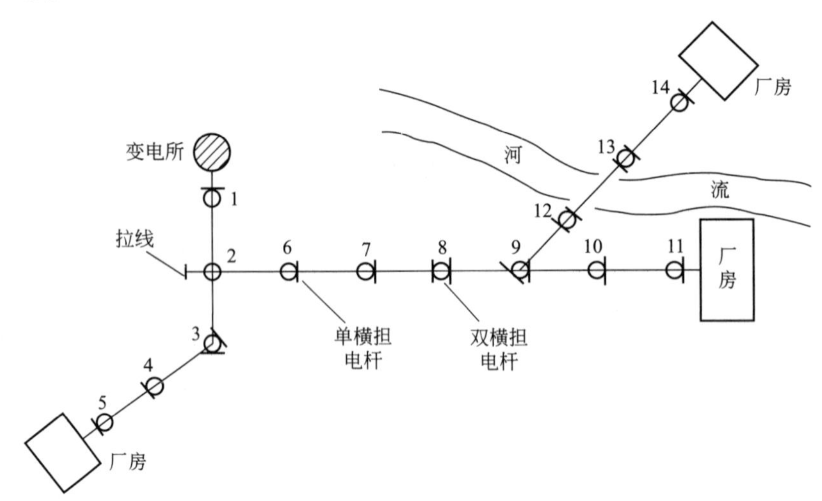

图 4-3 各种杆形在低压架空线路上的应用

1,5,11,14—终端杆；2,9—分支杆；3—转角杆；

4,6,7,10—直线杆（中间杆）；8—耐张杆（分段杆）；12,13—跨越杆

（2）横担　横担安装在电杆的上部，用来安装绝缘子以架设导线。常用的横担有铁横担、木横担和瓷横担三种。现在普遍采用铁横担和瓷横担。瓷横担用于高压架空线路，兼有绝缘子和横担的双重功能，能节约大量木材和钢材，降低线路造价。它结构简单，安装方便，但比较脆，安装和使用中应避免机械损伤。

（3）拉线　拉线作用是为了平衡电杆各方面的受力，防止电杆倾斜。拉线可用多股直径4mm的镀锌铁线绞制而成，或使用截面积不小于$25mm^2$的镀锌钢绞线。

3. 绝缘子和金具

架空线路的绝缘子又叫瓷瓶，用来固定导线，并使导线之间、导线与电杆横担之间绝缘。绝缘子要具有一定的电气绝缘强度和机械强度。架空线路的绝缘子有针式、蝶式、悬式，以及瓷横担绝缘子，其外形结构如图4-4所示。

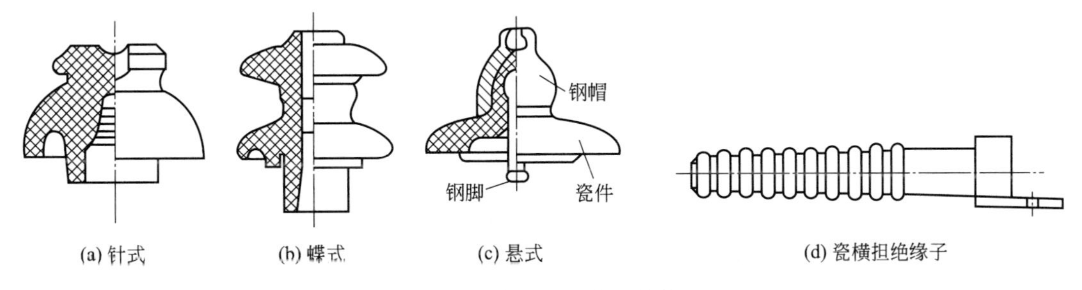

图4-4　绝缘子的外形结构

架空线路的金具又叫铁件，是用来连接导线、安装横担和绝缘子等用的。常用的金具如图4-5所示。

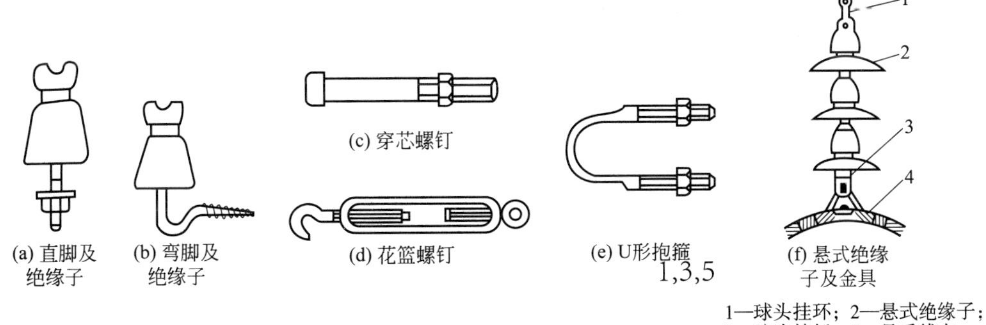

图4-5　常用的金具

（二）架空线路的敷设

敷设架空线路，要严格遵守有关技术规程的规定。在施工过程中，要特别注意安全，防止发生事故。

1. 架空线路敷设原则

① 路径要短，转角要少。

② 交通运输方便，便于施工架设和维护。

③ 尽量避开河洼和雨水冲刷地带及易撞、易燃、易爆等危险场所。

④ 不应引起人行、交通及机耕等困难。

⑤ 应与建筑物保持一定的安全距离。

⑥ 应与城镇和企业的建设规划协调配合。

2. 导线在电杆上的排列方式

导线在电杆上的排列方式有水平排列和三角形排列，如图 4-6 所示。三相四线制低压架空线路的导线，一般都采用水平方式排列，如图 4-6(a) 所示。由于中性线的电位在三相对称时为零，而且其截面也较小（一般不小于相线截面的 50%），机械强度较差，所以中性线一般架设在靠近电杆的位置。

三相三线制架空线路的导线，可采用三角形方式排列，如图 4-6(b) 和图 4-6(c) 所示，也可水平排列，如图 4-6(f) 所示。多回路导线同杆架设时，可采用三角、水平方式混合排列，如图 4-6(d) 所示，也可全部采用垂直方式排列，如图 4-6(e) 所示。电压不同的线路同杆架设时，电压较高的线路应架设在上面，电压较低的线路应架设在下面。

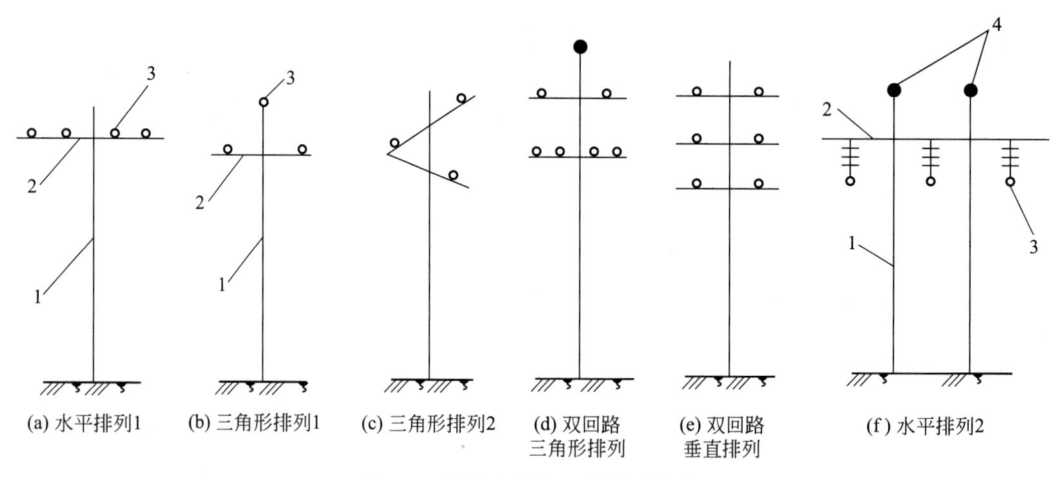

图 4-6 导线在电杆上的排列方式

1—电杆；2—横担；3—导线；4—避雷线

3. 架空线路的档距、弧垂及其他距离

架空线路的档距（又称跨距），如图 4-7 所示，是同一线路上相邻两根电杆之间的水平距离。

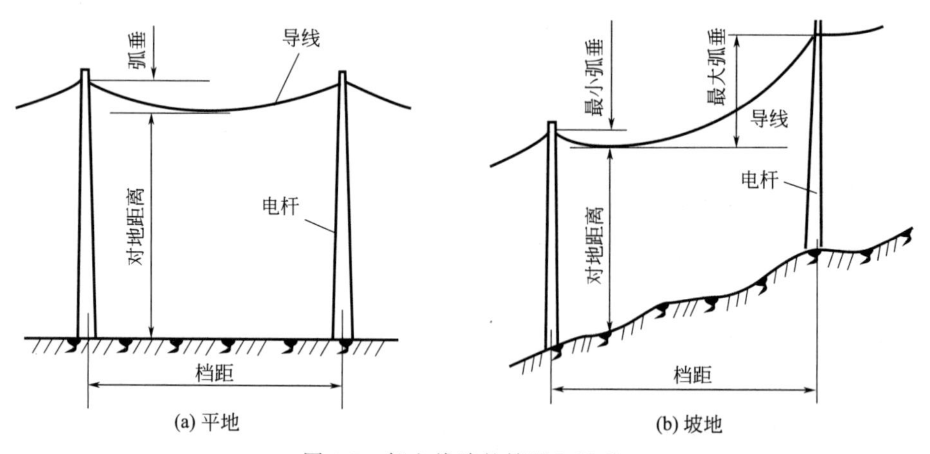

图 4-7 架空线路的档距和弧垂

导线的弧垂（又称弛垂），如图 4-7 所示，是架空线路一个档距内导线最低点与两端电杆上导线悬挂点间的垂直距离。导线的弧垂是由于导线存在着荷重所形成的。弧垂不宜过大，也不宜过小，过大则在导线摆动时容易引起相间短路，而且可造成导线对地或对其他物体的安全距离不够；过小则使导线内应力增大，在天冷时可能收缩绷断。

架空线路的线间距离、导线对地面和对水面的最小距离、架空线路与各种设施接近和交叉的最小距离等，在有关技术规范中均有规定，设计和安装时必须遵循。

（三）架空线路的运行与维护

1. 一般要求

对厂区架空线路，一般要求每月进行一次巡视检查。如遇大风大雨及发生故障等特殊情况时，应临时增加巡视次数。

2. 巡视项目

① 电杆有无倾斜、变形、腐朽、损坏及基础下沉等现象，如有，应设法修理。

② 沿线路的地面是否堆放有易燃、易爆和强腐蚀性物体，如有，应立即设法挪开。

③ 沿线路周围，有无危险建筑物，应尽可能保证在雷雨季节和大风季节里，这些建筑物不会对线路造成损坏。

④ 线路上有无树枝、风筝等杂物悬挂，如有，应设法消除。

⑤ 拉线和扳桩是否完好，绑扎线是否紧固可靠，如有缺陷，应设法修理或更换。

⑥ 导线的接头是否接触良好，有无过热发红、严重氧化、腐蚀或断脱现象，绝缘子有无破损和放电现象，如有，应设法修理或更换。

⑦ 避雷装置的接地是否良好，接地线有无锈断情况，在雷电季节到来之前，应重点检查，以确保防雷安全。

⑧ 其他危及线路安全运行的异常情况。

在巡视中发现的异常情况，应记入专用记录本内，重要情况应及时汇报上级，请示处理。

二、电缆线路的结构与敷设

（一）电缆线路的结构

电缆线路的结构主要由电缆、电缆接头和终端头、电缆支架和电缆夹等组成，具有运行可靠、不易受外界影响、美观等优点。

1. 电缆的结构

电缆通常由电缆芯线、绝缘层和保护层三部分组成，图 4-8 分别是油浸纸绝缘电力电缆和交联聚乙烯绝缘电力电缆的结构图。油浸纸绝缘电缆的特点是耐压强度高、耐热性能好和使用寿命较长，但不适用于两端安装高度差大的场所。塑料绝缘电缆具有结构较简单、制造成本较低、敷设方便、不受高度差限制及耐酸碱腐蚀等优点，特别是交联聚乙烯绝缘电缆，电气性能优异，被广泛应用。

（1）电缆芯线　电缆芯线传导电流，通常由多股铜绞线或铝绞线制成。

（2）绝缘层　绝缘层的作用是使各导体之间及导体与包皮之间相互绝缘，使用的材料有橡胶、聚乙烯、聚氯乙烯、聚丁烯、棉、麻、丝、纸、矿物油、气体等。

（3）保护层　保护层的作用是保护导体和绝缘层，防止外力损伤、水分侵入和绝缘油外流。保护层又分内护层和外护层。内护层由铝、铅或塑料制成；外护层由内衬层（浸过沥青的麻布、麻绳）、铠装层（钢带、钢丝铠甲）和外被层（浸过沥青的麻布）组成。

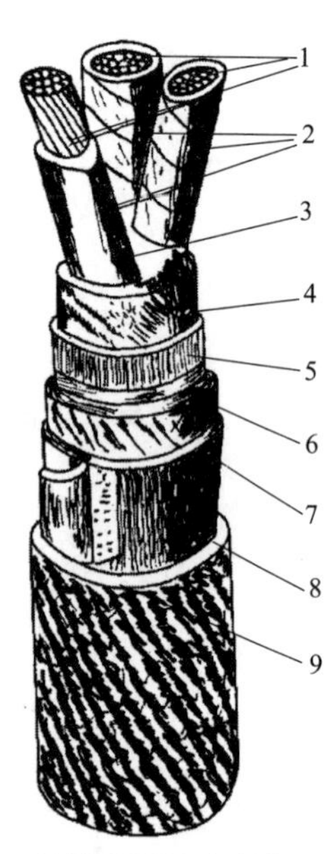

(a)油浸纸绝缘电力电缆

1—缆芯（铜芯或铝芯）；2—油浸纸绝缘层；3—麻筋（填料）；4—油浸纸（统包绝缘）；5—铅包；6—涂沥青的纸带（内护层）；7—浸沥青的麻被（内护层）；8—钢铠（外护层）；9—麻被（外护层）

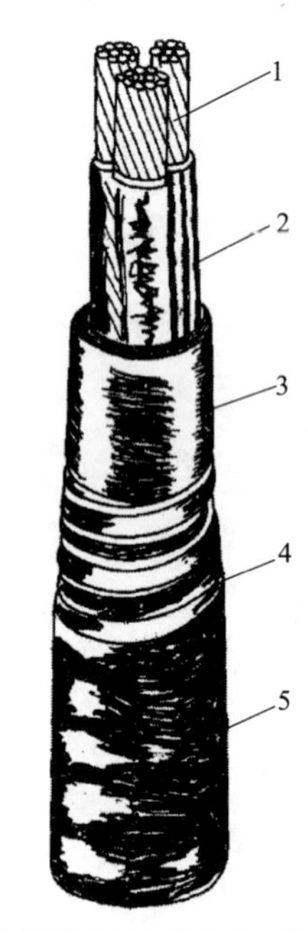

(b)交联聚乙烯绝缘电力电缆

1—缆芯（铜芯或铝芯）；2—交联聚乙烯绝缘层；3—聚氯乙烯护套（内护层）；4—钢铠或铝铠（外护层）；5—聚氯乙烯外套（外护层）

图 4-8　电力电缆结构示意图

电力电缆型号和含义如下：

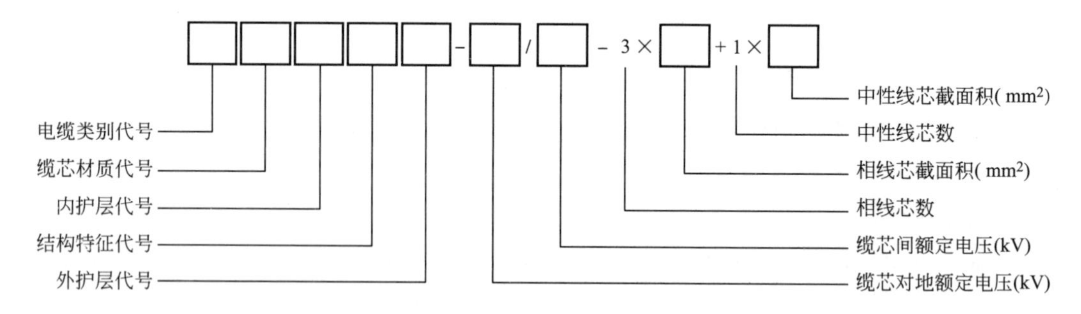

① 电缆类别代号：Z—油浸纸绝缘电力电缆；V—聚氯乙烯绝缘电力电缆；YJ—交联聚乙烯绝缘电力电缆；X—橡皮绝缘电力电缆；JK—架空电力电缆（加在上列代号之前）；ZR或Z—阻燃型电力电缆（加在上列代号之前）。

② 缆芯材质代号：L—铝芯；LH—铝合金芯；TR—软铜芯。

③ 内护层代号：Q—铅包；L—铝包；V—聚氯乙烯护套。

④ 结构特征代号：P—滴干式；D—不滴流式；F—分相铅包式。

⑤ 外护层代号：02—聚氯乙烯套；03—聚乙烯套；20—裸钢带铠装；22—钢带铠装聚氯乙烯套；23—钢带铠装聚乙烯套；30—裸细钢丝铠装；32—细钢丝铠装聚氯乙烯套；33—

细钢丝铠装聚乙烯套；40—裸粗钢丝铠装；41—粗钢丝铠装纤维外被；42—粗钢丝铠装聚氯乙烯套；43—粗钢丝铠装聚乙烯套。

2. 电缆头的结构

电缆头包括电缆中间接头和电缆终端头。图 4-9 所示为环氧树脂中间接头盒。图 4-10 所示为户内式环氧树脂终端头。环氧树脂浇注的电缆头具有绝缘和密封性能好、体积小、重量轻、成本低等优点，曾广泛用于 10kV 及以下的系统中。我国现在生产一种利用热缩材料做成的电缆头，施工十分简便，性能更优越，已迅速推广应用。

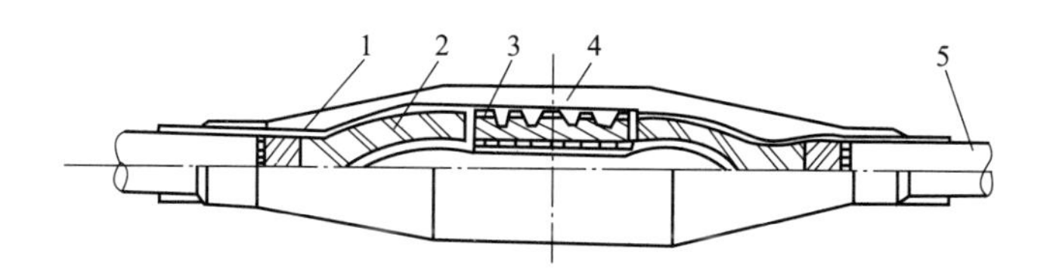

图 4-9　10kV 及以下电缆环氧树脂中间接头盒
1—统包绝缘层；2—缆芯绝缘；3—扎锁管（管内两线芯对接）；4—扎锁管涂包层；5—铅包

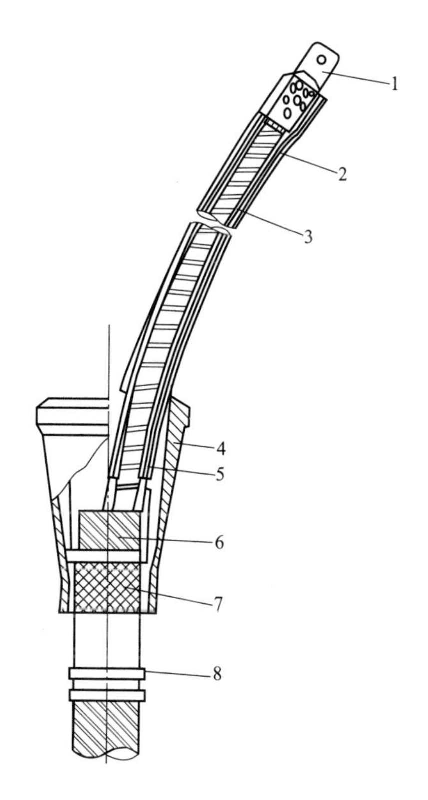

图 4-10　户内式环氧树脂终端头
1—引线鼻子；2—缆芯绝缘；3—缆芯（外包绝缘层）；4—预制环氧外壳（可代以铁皮模具）；5—环氧树脂胶（现场浇注）；6—统包绝缘；7—铅包；8—接地线卡子

运行经验说明，电缆头是电缆线路中的薄弱环节，电缆线路的大部分故障都发生在电缆接头处。由于电缆头本身的缺陷或者安装质量上的问题，往往造成短路故障，引起电缆头爆炸，破坏了电缆线路的正常运行。因此电缆头的安装质量十分重要，密封要好，其耐压强度不应低于电缆本身的耐压强度，要有足够的机械强度，且体积尽可能小，结构简单，安装方便。

（二）电缆的敷设

1. 电缆的敷设方式

电缆直接埋地敷设如图 4-11 所示；电缆沟敷设如图 4-12 所示；电缆桥架敷设如图 4-13 所示。

2. 电缆敷设的一般要求

敷设电缆，一定要严格遵守有关技术规程的规定和设计的要求。竣工以后，要按规定的手续和要求进行检查和验收，确保线路的质量。部分重要的技术要求如下：

（1）电缆长度宜按实际线路长度考虑 5%～10%的裕量，以作为安装、检修时备用。直埋电缆应作波浪形埋设。

（2）下列场合的非铠装电缆应采取穿管保护：电缆引入或引出建筑物或构筑物；电缆穿过楼板及主要墙壁处；从电缆沟道引出至电杆，或沿墙敷设的电缆距地面 2m 高度及埋入地下小于 0.3m 深度的一段；电缆与道路、铁路交叉的一段。所用保护管的内径不得小于电缆外径或多根电缆包络外径的 1.5 倍。

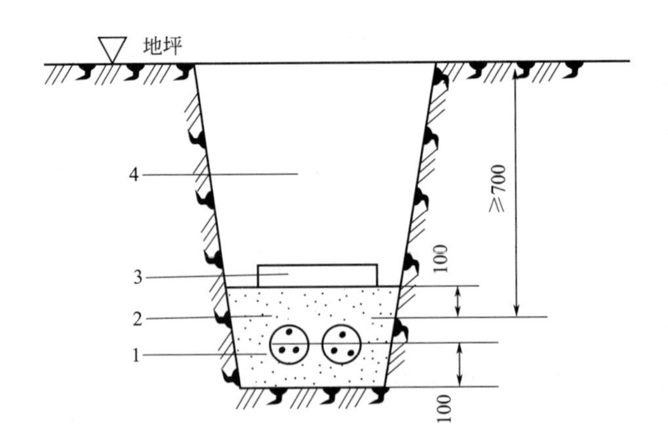

图 4-11　电缆直接埋地敷设

1—电力电缆；2—砂；3—保护盖板；4—填土

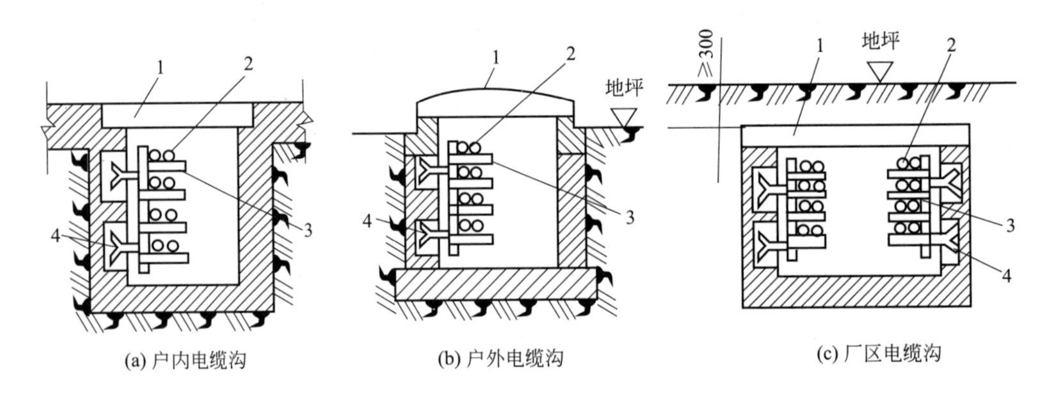

图 4-12　电缆在电缆沟内敷设

1—盖板；2—电缆；3—电缆支架；4—预埋铁件

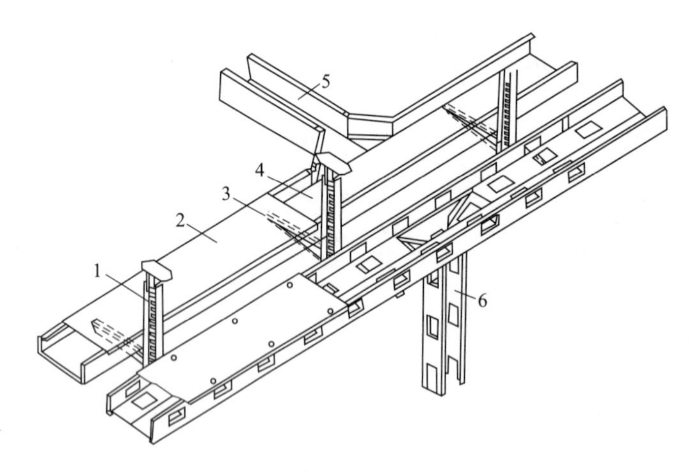

图 4-13　电缆桥架

1—支架；2—盖板；3—支臂；4—线槽；5—水平分支线槽；6—垂直分支线槽

（3）多根电缆敷设在同一通道中位于同侧的多层支架上时，应按下列要求进行配置。

① 应按电压等级由高至低的电力电缆、强电至弱电的控制和信号电缆、通信电缆的顺序排列。

② 支架层数受通道空间限制时，35kV 及以下的相邻电压级电力电缆，可排列于同一层支架，1kV 及以下电力电缆也可与强电控制和信号电缆配置在同一层支架上。

③ 同一重要回路的工作与备用电缆实行耐火分隔时，宜适当配置在不同层次的支架上。

(4) 明敷的电缆不宜平行敷设于热力管道上部。电缆与管道之间无隔板防护时，相互间距应符合表 4-2 所列的允许距离［据《电力工程电缆设计规范》(GB 50217—2007)］。

表 4-2　电缆与管道相互间允许距离　　单位：mm

电缆与管道之间走向		电力电缆	控制和信号电缆
热力管道	平行	1000	500
	交叉	500	250
其他管道	平行	150	100

(5) 电缆应远离爆炸性气体释放源。敷设在爆炸性危险较小的场所时，应符合下列要求：

① 易燃气体密度比空气大时，电缆应在较高处架空敷设，且对非铠装电缆采取穿管或置于托盘、槽盒内等机械性保护；

② 易燃气体比空气轻时，电缆应敷设在较低处的管、沟内，沟内非铠装电缆应埋砂。

(6) 电缆沿输送易燃气体的管道敷设时，应配置在危险程度较低的管道一侧，且应符合下列规定：

① 易燃气体密度比空气大时，电缆宜在管道上方；

② 易燃气体密度比空气小时，电缆宜在管道下方。

(7) 电缆沟的结构应考虑到防火和防水。电缆沟从厂区进入厂房处应设置防火隔板。为了顺畅排水，电缆沟的纵向排水坡度不得小于 0.5%，而且不能排向厂房内侧。

(8) 直埋敷设于非冻土地区的电缆，其外皮至地下构筑物基础的距离不得小于 0.3m；至地面的距离不得小于 0.7m；当位于车行道或耕地的下方时，应适当加深，且不得小于 1m。电缆直埋于冻土地区时，宜埋入冻土层以下。直埋敷设的电缆，严禁位于地下管道的正上方或下方。有化学腐蚀的土壤中，电缆不宜直埋敷设。

(9) 电缆的金属外皮、金属电缆头及保护钢管和金属支架等，均应可靠接地。

（三）电缆线路的运行维护

1. 一般要求

电缆线路大多是敷设在地下的，要做好电缆的运行维护工作，就要全面了解电缆的敷设方式、结构布置、线路走向及电缆头位置等。对电缆线路，一般要求每季进行一次巡视检查，并应经常监视其负荷大小和发热情况。如遇大雨、洪水、地震等特殊情况及发生故障时，应临时增加巡视次数。

2. 巡视项目

① 电缆头及瓷套管有无破损和放电痕迹，对填充有电缆胶（油）的电缆头，还应检查有无漏油、溢胶现象。

② 对明敷电缆，还须检查电缆外皮有无锈蚀、损伤，沿线支架或挂钩有无脱落，线路上及附近有无堆放易燃易爆及强腐蚀性物体。

③ 对暗敷及埋地电缆，应检查沿线的盖板和其他保护物是否完好，有无挖掘痕迹，路

线标桩是否完整无缺。

④ 电缆沟内有无积水或渗水现象，是否堆有杂物及易燃易爆危险品。

⑤ 线路上各种接地是否良好，有无松脱、断股和腐蚀现象。

⑥ 其他危及电缆安全运行的异常情况。

在巡视中发现的异常情况，应记入专用记录本内，重要情况应及时汇报上级，请示处理。

三、车间线路的结构与敷设

车间线路，包括室内配电线路和室外配电线路。室内（车间建筑内）配电线路大多采用绝缘导线，但配电干线则采用裸导线，少数采用电缆。室外配电线路指沿车间外墙或屋檐敷设的低压配电线路，都采用绝缘导线，也包括车间之间用绝缘导线敷设的短距离的低压架空线路。

（一）绝缘导线的结构

1. 绝缘导线分类

绝缘导线按芯线材质分，有铜芯和铝芯两种。除重要回路及振动场所或对铝有腐蚀的场所应采用铜芯绝缘导线外，一般应优先选用铝芯绝缘导线。

绝缘导线按绝缘材料分，有橡皮绝缘导线和塑料绝缘导线两种。塑料绝缘导线的绝缘性能好，耐油和抗酸碱腐蚀，价格较低，且可节约大量橡胶和棉纱，因此在室内明敷和穿管敷设中应优先选用塑料绝缘导线。但塑料绝缘导线在低温时要变硬发脆，高温时又易软化，因此室外敷设宜优先选用橡皮绝缘导线。

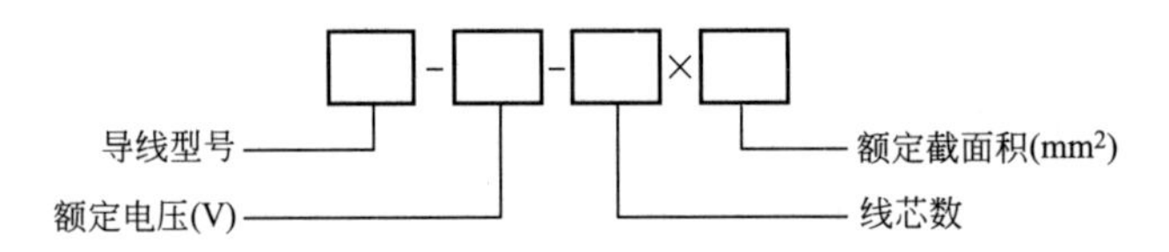

型号含义：B—布线用导线；X—橡皮绝缘；V—塑料绝缘；L—铝；T—铜芯（可不写）；R—软导线；S—双股。

2. 绝缘导线的敷设

绝缘导线按敷设方式分，有明敷和暗敷两种。明敷是导线直接或在管子、线槽等保护体内，敷设于墙壁、顶棚的表面及桁架、支架等处。暗敷是导线在管子、线槽等保护体内，敷设于墙壁、顶棚、地坪及楼板等内部，或者在混凝土板孔内敷线等。

绝缘导线的敷设要求，应符合有关规程的规定。其中有以下几点要特别注意：

① 线槽布线及穿管布线的导线中间不许直接接头，接头必须经专门的接线盒。

② 穿金属管或金属线槽的交流线路，应将同一回路的所有相线和中性线（如有中性线时）穿于同一管、槽内，否则，如果只穿部分导线，则由于线路电流不平衡而产生交流磁场作用于金属管、槽，在金属管、槽内产生涡流损耗，钢管还将产生磁滞损耗，使管、槽发热，导致其中导线过热，甚至可能烧毁。

③ 电线管路与热水管、蒸汽管同侧敷设时，应敷设在热水管、蒸汽管的下方；有困难时，可敷设在其上方，但相互间距应适当增大，或采取隔热措施。

（二）裸导线的结构和敷设

车间内的配电裸导线大多采取硬母线的结构，其截面形状有圆形、管形和矩形等，其材质有铜、铝和钢。车间中以采用 LMY 型硬铝母线最为普遍。现代化的生产车间，大多采用封闭式母线（亦称“母线槽”）布线。

为了识别裸导线相序，以利于运行维护和检修，《电线电缆识别标志方法 第 2 部分：标准颜色》（GB/T 6995.2—2008）规定交流三相系统中的裸导线应按表 4-3 所示涂色。裸导线涂色不仅用来辨别相序及其用途，而且能防蚀和改善散热条件。

表 4-3　交流三相系统中裸导线的涂色

裸导线类别	A 相	B 相	C 相	N 线和 PEN 线	PE 线
涂漆颜色	黄	绿	红	淡黄	黄绿双色

【任务实施及考核】

详细的实施步骤及考核扫描右侧二维码即可查看下载。

项目四任务一任务实施单

任务二　供配电线路的选择和计算

【任务描述】

本任务要求能查阅相关资料选择正确的导线截面积，学会导线截面积的相关计算。

【相关知识】

一、导线和电缆形式的选择

（一）导线形式的选择

① 10kV 及以下的架空线路，一般采用铝绞线。35kV 及以上的架空线路及 35kV 以下线路在档距较大、电杆较高时，则宜采用钢芯铝绞线。

② 沿海地区及有腐蚀性介质的场所，宜采用铜绞线或绝缘导线。

③ 对于敷设在城市繁华街区、高层建筑群及旅游区和绿化区的 10kV 及以下的架空线路，以及架空线路与建筑物间的距离不能满足安全要求的地段及建筑施工现场，宜采用绝缘导线。

（二）电缆形式的选择

① 在一般环境和场所，可采用铝芯电缆。

② 重要场所及有剧烈振动、强烈腐蚀和有爆炸危险场所，宜采用铜芯电缆。

③ 在低压 TN 系统中，应采用三相四芯或五芯电缆。

④ 埋地敷设的电缆，应采用有外护层的铠装电缆。在可能发生移位的土壤中埋地敷设的电缆，应采用钢丝铠装电缆。

⑤ 敷设在电缆沟、桥架和水泥排管中的电缆，一般采用裸铠装电缆或塑料护套电缆，宜优先选用交联电缆。凡两端有较大高度差的电缆线路，不能采用油浸纸绝缘电缆。

⑥ 住宅内的绝缘线路，一般采用铜芯塑料线。

二、导线和电缆截面积的选择

为了保证供电系统安全、可靠、优质、经济地运行，选择导线和电缆截面积时必须满足下列条件：

（1）发热条件　导线通过正常计算电流（I_{30}）时，其发热所产生的温升，不应超过正常运行时的最高允许温度，以防止因过热引起导线绝缘损坏或加速老化。

（2）电压损失　导线在通过正常计算电流时产生的电压损失，应小于正常运行时的允许电压损失，以保证供电质量。

（3）经济电流密度　对高电压、长距离输电线路和大电流低压线路，其导线的截面积宜按经济电流密度选择，以使线路的年综合运行费用最低，节约电能和有色金属。

（4）机械强度　正常工作时，导线应有足够的机械强度，以防断线。通常要求所选截面积应不小于该种导线在相应敷设方式下的最小允许截面积，附表16（绝缘导线芯线的最小截面积）给出了不同类型的导线在不同敷设方式下的最小允许截面积。由于电缆具有高强度内外护套，机械强度很高，因此不必校验其机械强度，但需校验其短路热稳定度。

此外，对于绝缘导线和电缆，还应满足工作电压的要求；对于硬母线，还应校验短路时的动、热稳定度。

在工程设计中，应根据技术经济的综合要求选择导线：一般6～10kV及以下高压配电线路及低压动力线路，电流较大，线路较短，可先按发热条件选择截面积，再校验其电压损失和机械强度；低压照明线路对电压水平要求较高，故通常先按允许电压损失进行选择，再校验其发热条件和机械强度；对35kV及以上的高压输电线路和6～10kV的长距离大电流线路，则可先按经济电流密度确定经济截面积，再校验发热条件、电压损失和机械强度。

（一）按发热条件选择导线和电缆的截面积

电流通过导线（或电缆，包括母线，下同）时，要产生能耗，使导线发热。裸导线的温度过高时，会使接头处的氧化加剧，增大接触电阻，使之进一步氧化，如此恶性循环，最后可发展到断线。而绝缘导线和电缆的温度过高时，可使绝缘加速老化甚至烧毁，或引起火灾。因此，导线的正常发热温度不得超过附表15所列的额定负荷时的最高允许温度。

1. 三相系统相线截面积的选择

按发热条件选择三相系统中的相线截面积时，应使其允许载流量I_{al}不小于通过相线的计算电流I_{30}，即

$$I_{al} \geqslant I_{30} \tag{4-1}$$

式中，I_{30}为线路的计算电流，对降压变压器高压侧的导线，I_{30}取变压器额定一次电流$I_{1N.T}$；对电容器的引入线，考虑电容器充电时有较大的涌流，I_{30}应取电容器额定电流$I_{N.C}$的1.35倍；I_{al}为导线的允许载流量，即在规定的环境温度条件下，导线长期连续运行所达到的稳定温升不超过允许值的最大电流。

附表13列出了LJ型铝绞线、LGJ型钢芯铝绞线和LMY型硬铝母线的允许载流量；附表17列出了绝缘导线在不同环境温度下明敷及穿钢管和穿塑料管时的允许载流量。关于对应的铜线或铜芯电缆、铜芯绝缘线的允许载流量，可按相同截面积的铝线或铝芯电缆、铝芯绝缘线允许载流量的1.29倍计。其他导线和电缆的允许载流量，可查有关设计手册。铜芯导线的允许载流量可按相同类型、相同截面积铝芯导线的1.29倍计。

必须注意，按发热条件选择的导线和电缆截面积，还必须校验它是否满足与相应的保护

装置的配合要求。

2. 中性线和保护线截面积的选择

(1) 中性线(N线)截面积的选择 在三相四线制系统(TN或TT系统)中,正常情况下中性线通过的电流仅为三相不平衡电流、零序电流及三次谐波电流,通常都很小,因此中性线的截面积,可按以下条件选择。

① 一般三相四线制线路的中性线截面积 S_0,应不小于相线截面积 S_ϕ 的50%,即

$$S_0 \geqslant 0.5S_\phi \tag{4-2}$$

② 由三相四线制线路分支的两相三线线路和单相双线线路,由于其中性线电流与相线电流相等,因此它们的中性线截面积 S_0 应与相线截面积 S_ϕ 相同,即

$$S_0 = S_\phi \tag{4-3}$$

③ 三次谐波电流突出的三相四线制线路(供整流设备的线路),由于各相的三次谐波电流都要通过中性线,将使得中性线电流接近甚至超过相线电流,因此其中性线截面积 S_0 宜等于或大于相线截面积 S_ϕ,即

$$S_0 \geqslant S_\phi \tag{4-4}$$

(2) 保护线(PE线)截面积的选择 正常情况下,保护线不通过负荷电流,但当三相系统发生单相接地时,短路故障电流要通过保护线,因此保护线要考虑单相短路电流通过时的短路热稳定度。按《低压配电设计规范》(GB 50054—2011)规定,保护线的截面积 S_{PE} 可按以下条件选择。

① 当 $S_\phi \leqslant 16\text{mm}^2$ 时

$$S_{PE} \geqslant S_\phi \tag{4-5}$$

② 当 $16\text{mm}^2 < S_\phi \leqslant 35\text{mm}^2$ 时

$$S_{PE} \geqslant 16\text{mm}^2 \tag{4-6}$$

③ 当 $S_\phi > 35\text{mm}^2$ 时

$$S_{PE} \geqslant 0.5S_\phi \tag{4-7}$$

(3) 保护中性线(PEN线)截面积的选择 保护中性线兼有保护线和中性线的双重功能,其截面积选择应同时满足上述二者的要求,并取其中较大的截面积作为保护中性线截面积 S_{PEN}。应按《低压配电设计规范》规定:当采用单芯导线作PEN线时,铜芯截面积不应小于 10mm^2,铝芯截面积不应小于 16mm^2;采用多芯电缆的芯线作PEN线干线时,其截面积不应小于 4mm^2。

【例4-1】 有一条采用BLV-500型导线穿塑料管暗敷的220/380V的TN-S线路,计算电流为60A,负荷主要为三相电动机,当地最热月平均最高气温为35℃,试按发热条件选择此线路的截面积。

解: ① 相线截面积的选择:查附表17(绝缘导线明敷、穿钢管和穿硬塑料管时的允许载流量)得,环境温度为35℃时,35mm^2 的BLV-500型穿塑料管暗敷的5条铝芯塑料线的 $I_{al}=60\text{A}$,满足发热条件,故相线截面积 $S_\phi=35\text{mm}^2$。

② N线截面积的选择:由于负荷主要为三相电动机,可按式(4-2)选择N线截面积为 $S_0=25\text{mm}^2$。

③ PE线截面积的选择:PE线截面积按式(4-6)规定,选为 25mm^2。穿线的硬塑料管内径查附表17,选为65mm。

选择结果:BLV-500,(3×25+1×25+PE25)VG65,其中VG为硬塑料管代号。

（二）按经济电流密度选择导线和电缆的截面积

导线（或电缆）的截面积越大，其单位长度的电阻就越小，在传输相同的功率时，线路上产生的电能损耗就越小，但是线路的一次性投资、维修管理费用和有色金属消耗量却要增加。因此对长距离、超高压输电线路应从满足技术经济要求出发，选择综合效益最佳的“经济截面积”。

图 4-14 是年费用 C 与导线截面积 S 的关系曲线。其中曲线 1 表示线路的年折旧费（即线路投资除以折旧年限之值）和线路的年维修管理费之和与导线截面积的关系曲线；曲线 2 表示线路的年电能损耗费与导线截面积的关系曲线；曲线 3 为曲线 1 与曲线 2 的叠加，表示线路的年运行费用（包括线路的年折旧费、维修费、管理费和电能损耗费）与导线截面积的关系曲线。由曲线 3 可知，与年运行费最小值 C_a（a 点）相对应的导线截面积 S_a 不一定是很经济合理的导线截面积，因为 a 点附近，曲线 3 比较平坦，如果将导线截面积再选小一些，例如选为 S_b（b 点），年运行费用 C_b 增加不多，但导线截面积即有色金属消耗量却显著减少。因此从经济效益全面地来考虑，导线截面积选为 S_b 看来比选 S_a 更为经济合理。这种从全面的经济效益考虑，既使线路的年运行费用接近最小而又适当考虑有色金属节约的导线截面积，称为经济截面积（Economic Section），用符号 S_{ec} 表示。

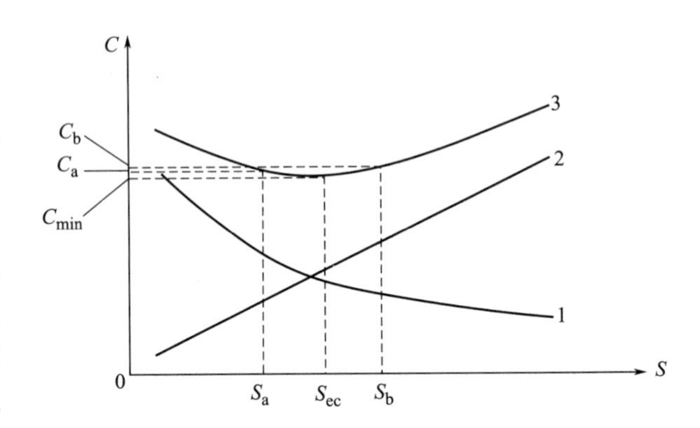

图 4-14　线路年运行费用与导线截面积的关系曲线

（1）年电能损耗费　年电能损耗费=线路的年电能损耗×电度电价。

（2）年折旧费　年折旧费=线路建设总投资×年折旧率。

（3）年维修费　年维修费=线路建设总投资×年维修费率。

（4）年管理费　包括人员工资、奖金、劳动防护用品等。

各国根据其具体国情特别是有色金属资源的情况，规定了导线和电缆的经济电流密度。我国现行的导线和电缆的经济电流密度规定如表 4-4 所示。

表 4-4　导线和电缆的经济电流密度　　单位：A/mm^2

线路类别	导线材料	年最大负荷利用时间		
		3000h 以下	3000～5000h	5000h 以上
架空线路	铝	1.65	1.15	0.9
	铜	3.00	2.25	1.75
电缆线路	铝	1.92	1.73	1.54
	铜	2.50	2.25	2.00

按经济电路密度 j_{ec} 计算经济截面积 S_{ec} 的公式为

$$S_{ec}=\frac{I_{30}}{j_{ec}} \tag{4-8}$$

式中，I_{30}为线路的计算电流。

按上式计算出S_{ec}后，应选最接近的标准截面积（可取较小的标准截面积），然后校验其他条件。

注意：与按发热条件选择导线截面积的原则不同，按发热条件选择的标准截面积应大于等于计算所得的截面积。

【例 4-2】 有一条用 LJ 型铝绞线架设的 5km 长的 10kV 架空线路，计算负荷为 1380kW，$\cos\phi=0.7$，$T_{max}=4800h$。试选择其经济截面积，并校验其发热条件和机械强度。

解：① 选择经济截面积

$$I_{30}=P_{30}/(\sqrt{3}U_N\cos\phi)$$
$$=1380/(\sqrt{3}\times10\times0.7)=114A$$

由$T_{max}=4800h$，查表 4-3 得$j_{ec}=1.15A/mm^2$，因此

$$S_{ec}=114/1.15=99mm^2$$

选标准截面积 $95mm^2$，即选 LJ-95 型铝绞线。

② 校验发热条件

查附表 13 得 LJ-95 的允许载流量（室外 25℃时）$I_{al}=325A>I_{30}=114A$，因此满足发热条件。

③ 校验机械强度

查附表 13 得 10kV 架空铝绞线的最小截面积 $S_{min}=35mm^2<S=95mm^2$，因此所选 LJ-95 型铝绞线也满足机械强度要求。

（三）按允许电压损失选择导线截面积

1. 电压损失的计算

（1）一个集中负荷线路电压损失的计算　设有功功率为 P，无功功率为 Q，电流为 I，功率因数为 $\cos\phi$，线路的电阻为 R，电抗为 X，线路额定电压为 U_N，则电压损失百分比值为

$$\Delta U\%=\frac{PRQX}{10U_N^2} \tag{4-9}$$

（2）多个集中负荷线路电压损失的计算　一条线路带有多个集中负荷，见图 4-15。已知每段线路的负荷及阻抗，则总的电压损失为各个负荷产生的电压损失之和：

$$\Delta U\%=\frac{\sum(p_ir_i+q_ix_i)}{10U_N^2} \tag{4-10}$$

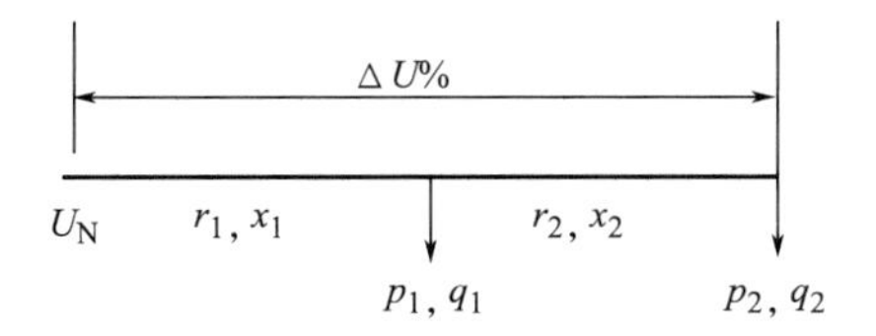

图 4-15　多个集中负荷线路

【例 4-3】 一条长 25km 的 35kV LJ-95 型架空线路，在 15km 处有负荷 2600kW，末端处有负荷 2000kW，$\cos\phi$ 均为 0.85，当地最热月平均气温 30℃，要求电压损失的百分比值不超过 5%。已知线路为等距三角形架设，线间距离为 1m。试计算线路的电压损失。

解：查附表 13，LJ-95 的 $r_0=0.36\Omega/\text{km}$，$x_0=0.34\Omega/\text{km}$。

由 $p_1=2600\text{kW}$，$p_2=2000\text{kW}$，$\cos\phi=0.85$，可求得：$q_1=1618\text{kvar}$，$q_2=1240\text{kvar}$。

$$r_1=0.36\times15=5.4\Omega \qquad x_1=0.34\times15=5.1\Omega$$

$$r_2=0.36\times25=9\Omega \qquad x_2=0.34\times25=8.5\Omega$$

线路的电压损失为

$$\Delta U\%=\frac{(2600\times5.4+1618\times5.1)+(2000\times9+1240\times8.5)}{10\times35^2}=4.15\%<5\%$$

满足电压损失要求。

(3) 分布负荷线路电压损失的计算　如图 4-16 所示，均匀分布负荷产生的电压损失，相当于全部负荷集中线路中点时的电压损失，可用下式计算：

$$\Delta U=\sqrt{3}Ir_0\frac{L}{2}=\frac{Pr_0}{U_N}\times\frac{L}{2} \tag{4-11}$$

式中，r_0为导线单位长度的电阻，Ω/km；L 为均匀分布线路的长度，km。

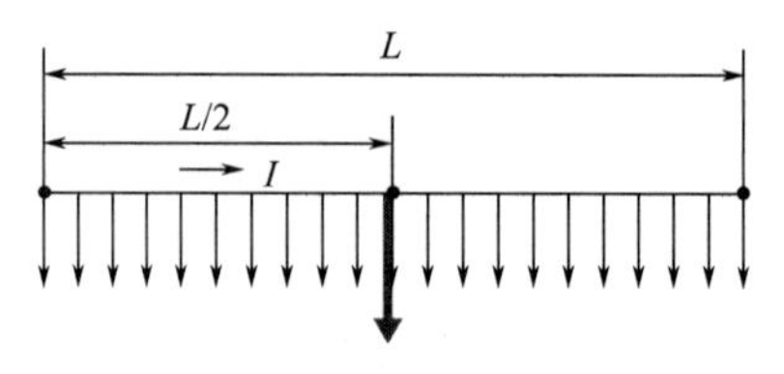

图 4-16　均匀分布负荷线路

2. **选择导线截面积**

由式（4-10）导出

$$\Delta U\%=\frac{\sum p_i r_i}{10U_N^2}+\frac{\sum q_i x_i}{10U_N^2}=\Delta U_p\%+\Delta U_q\% \tag{4-12}$$

式中　$\Delta U_p\%$——由有功负荷及电阻引起的电压损失；

$\Delta U_q\%$——由无功负荷及电抗引起的电压损失。

(1)“无感”线路导线截面积计算　“无感”线路即纯电阻线路，即由无功负荷及电抗引起的电压损失 $\Delta U_q\%$为零，所以线路电压损失为

$$\Delta U\%=\Delta U_p\%=\frac{\sum p_i l_i}{10\gamma U_N^2 S} \tag{4-13}$$

式中　p_i——各段线路的有功功率，kW；

l_i——各个负荷线路的长度，m；

γ——导线的电导率［铜线 $\gamma=53\text{m}/(\text{mm}^2\cdot\Omega)$，铝线 $\gamma=32\text{m}/(\text{mm}^2\cdot\Omega)$］；

S——导线的截面积，mm^2；

U_N——电网额定电压，kV。

特别提示：利用上式即可求出导线的截面积 S。

(2)“有感（有电阻又有电抗的线路）”线路导线截面积的计算

① 确定导线的平均单位电抗值。一般 6～10kV 架空线路 $x_0=(0.35\sim0.4)\Omega/\text{km}$；6～

10kV 电缆线路 $x_0=(0.07\sim0.08)\Omega/\text{km}$。

② 计算由无功负荷及电抗引起的电压损失 $\Delta U_q\%$

$$\Delta U_q\%=\frac{\sum q_i x_i}{10U_N^2}$$

③ 计算由有功负荷及电阻引起的电压损失 $\Delta U_p\%$

$$\Delta U_p\%=\Delta U_{al}\%-\Delta U_q\%$$

④ 根据“无感”公式计算出导线的截面积 S，据此选出标准截面积。再根据所选截面积查附表 13 找出实际的 x_0 和 r_0，代入式（4-12）。

再校验实际的电压损失、发热条件和机械强度。如不满足要求，可适当加大所选截面积，然后再查附表 13 或附表 14 找出相应的 x_0 和 r_0，再代入式（4-12），直到满足以上条件为止。

【例 4-4】 某厂一条 6kV 架空线路供电给两个车间，负荷资料如图 4-17 所示。导线采用 LJ 型铝铰线，等距三角形排列，线距 1m，环境温度为 30℃，全线允许电压损失 $\Delta U_{al}\%=5\%$，试按电压损失选择导线截面积。

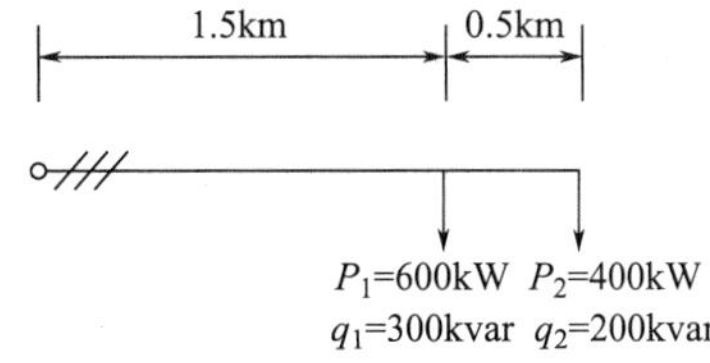

图 4-17 【例 4-4】用图

解： ① 选择导线截面。设架空线路的单位电抗 $x_0=0.4\Omega/\text{km}$，无功负荷及电抗引起的电压损失为

$$\Delta U_q\%=\frac{\sum q_i x_i}{10U_N^2}=\frac{300\times1.5\times0.4+200\times2\times0.4}{10\times6^2}=0.944\%$$

则有功负荷及电阻引起的电压损失为

$$\Delta U_p\%=\Delta U_{al}\%-\Delta U_q\%=5\%-0.944\%=4.056\%$$

导线截面

$$S=\frac{\sum p_i l_i}{10\gamma U_N^2\Delta U_p\%}=\frac{600\times1.5+400\times2}{10\times32\times6^2\times4.05}=36.38\text{mm}^2$$

查附表 13，选取 LJ-50 型铝铰线。

② 校验电压损失。因 LJ-50 型铝铰线的 $r_0=0.66\Omega/\text{km}$，$x_0=0.36\Omega/\text{km}$。

线路实际电压损失为

$$\Delta U\%=\frac{600\times1.5\times0.66+300\times1.5\times0.36+400\times2\times0.66+200\times2\times0.36}{10\times6^2}=3.967\%<5\%$$

满足要求。

③ 校验发热条件及机械强度。发热条件：查附表 13，LJ-50 型导线在环境温度为 30℃时的载流量为 202A，而线路的计算电流为

$$I_{30}=\frac{\sqrt{P_1^2+Q_1^2}}{\sqrt{3}U_N}=\frac{\sqrt{1000^2+500^2}}{\sqrt{3}\times6}=107\text{A}<202\text{A}$$

满足发热条件。

机械强度：查附表 18，6～10kV 架空线路在非居民区的最小截面积为 25mm^2，因此满足机械强度。

（3）三相四线制 380V 线路截面积计算

计算公式：

$$\Delta U\%=\frac{P_{30}L}{cS} \tag{4-14}$$

式中 S——导线、电缆截面积，mm^2；

c——系数；

P_{30}——计算负荷，kW；

L——导线长度，m。

三相四线制线路，铜线 c 为 77，铝线 c 为 46.3，一般取$\Delta U\%\leqslant 5\%$。在具体选择导线截面时，必须综合考虑电压损失、发热条件和机械强度等要求。

项目四任务二任务实施单

【任务实施及考核】

详细的实施步骤及考核扫描右侧二维码即可查看下载。

任务三 供配电线路接线方式的选择

【任务描述】

供配电线路在接线方式上有高压和低压的区别。本次任务主要学习高低压线路的各种接线方案，掌握其接线特点及应用。

【相关知识】

一、高压配电线路的接线方式

（一）高压放射式接线

放射式接线如图 4-18 所示。

优点：一户一线，供电可靠性较高，便于装设自动装置。

缺点：①高压开关设备用得较多，投资增加；②线路发生故障或检修时，所供电的负荷要停电。

适用场合：适用于二、三级负荷。

（二）高压树干式接线

1. 单树干式接线

单树干式接线如图 4-19 所示。

优点：① 能减少线路有色金属消耗量；② 高压开关数量较少，投资较省。

缺点：①供电可靠性较低，高压配电干线发生故障或检修时，接于该干线的所有负荷都要停电；②实现自动化方面适应性较差。

适用场合：适用于三级负荷。

2. 双树干式接线

双树干式接线见图 4-20。这种接线提高了供电可靠性，适用于一、二级负荷。

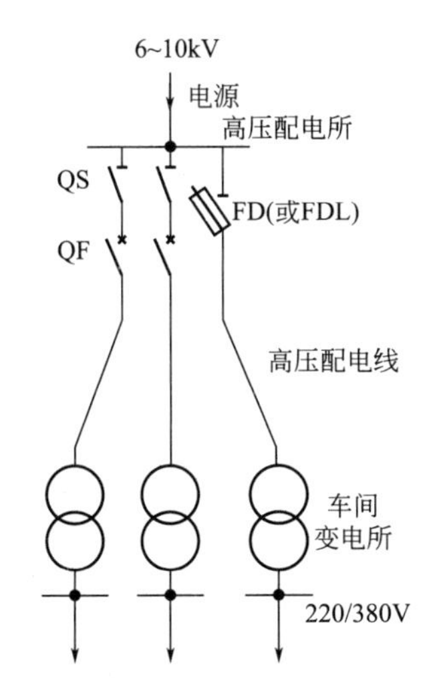

图 4-18　高压放射式接线

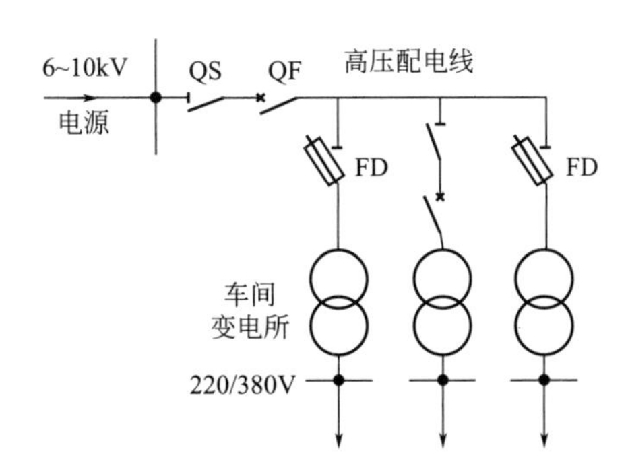

图 4-19　高压单树干式接线

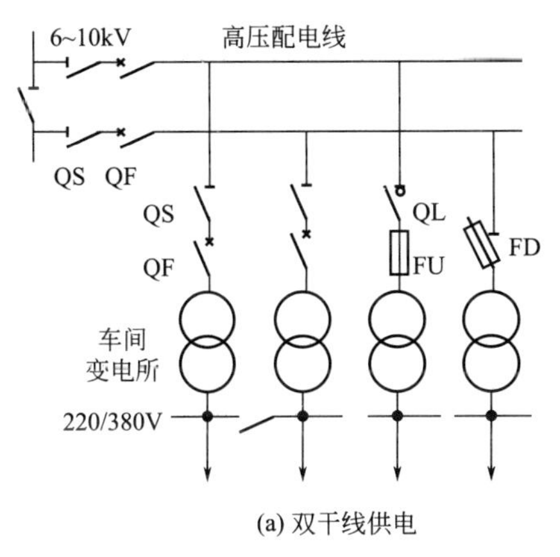

(a) 双干线供电

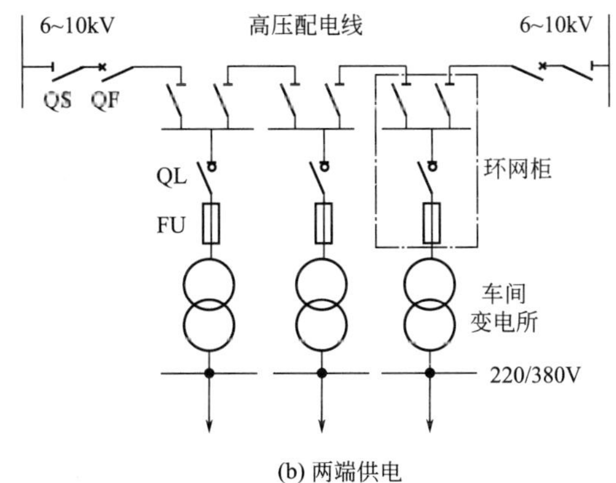

(b) 两端供电

图 4-20　高压双树干式接线

（三）高压环形接线

环形接线，实质上是两端供电的树干式接线，通常采取“开口”运行方式，即环形线路开关是断开的，两条干线分开运行，如图 4-21 所示。

优点：当任何一段线路故障或检修时，只需经短时间的停电切换后，即可恢复供电。

适用场合：二、三级负荷。

二、低压配电线路的接线方式

低压配电线路的接线方式也有放射式接线、树干式接线和环形接线三种。

（一）低压放射式接线

图 4-22 所示为低压放射式接线。此接线方式由变压器低压母线上引出若干条回路，再分别配电给各配电箱或用电设备。

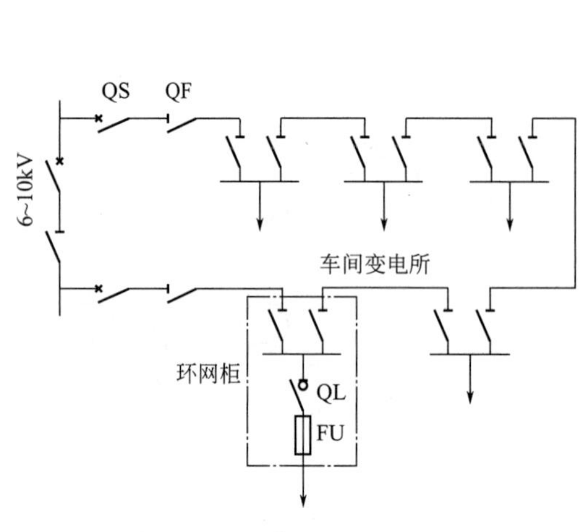

图 4-21　高压环形接线

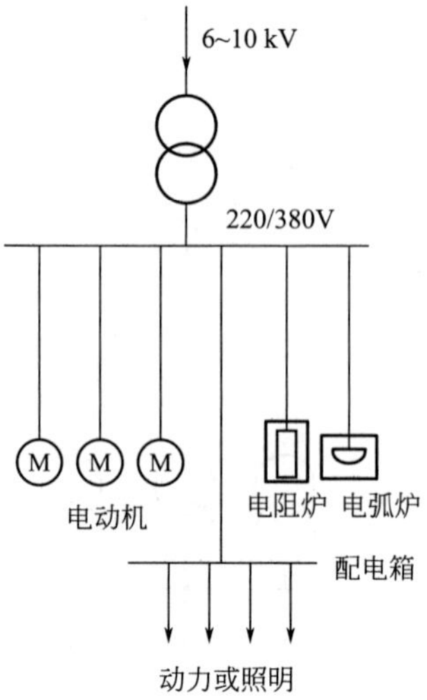

图 4-22　低压放射式接线

优点：供电线路独立，引出线发生故障时互不影响，供电可靠性较高。

缺点：有色金属消耗量较多，采用的开关设备也较多。

适用场合：多用于设备容量大或对供电可靠性要求高的设备配电，如大型消防泵、电热器、生活水泵和中央空调的冷冻机组等。

（二）低压树干式接线

图 4-23(a) 和（b）是两种常见的低压树干式接线。

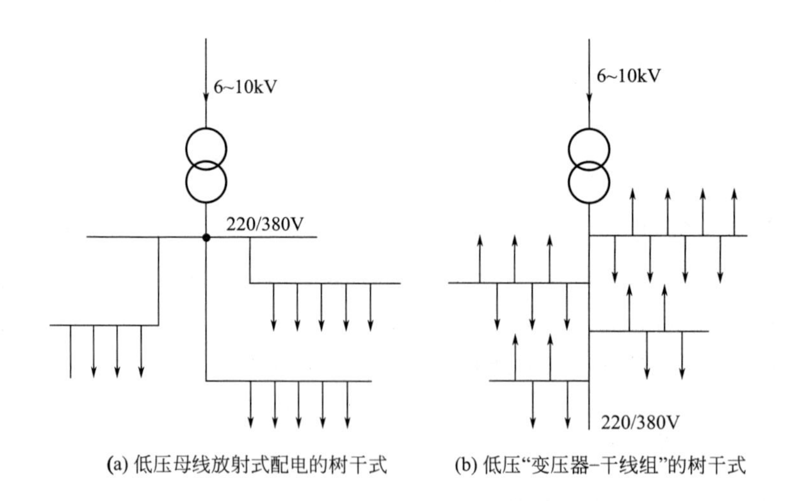

(a) 低压母线放射式配电的树干式　　(b) 低压“变压器-干线组”的树干式

图 4-23　低压树干式接线

优点：树干式采用的开关设备较少，有色金属消耗量也较少，图 4-23(b) 所示“变压器-干线组”接线，还省去了变电所低压侧整套低压配电装置，从而使变电所结构大为简化，投资大为降低。

缺点：干线发生故障时，影响范围大，因此供电可靠性较低。

适用场合：树干式接线在机械加工车间、工具车间和机修车间中应用比较普遍，而且多采用成套的封闭型母线，灵活方便，也比较安全，很适于供电给容量较小而分布较均匀的用电设备，如机床、小型加热炉。

图 4-24(a) 和 (b) 是一种变形的树干式接线，通常称为链式接线。链式接线的特点与树干式基本相同，适于用电设备彼此相距很近而容量均较小的次要用电设备，链式相连的设备一般不宜超过 5 台，链式相连的配电箱不宜超过 3 台，且总容量不宜超过 10kW。

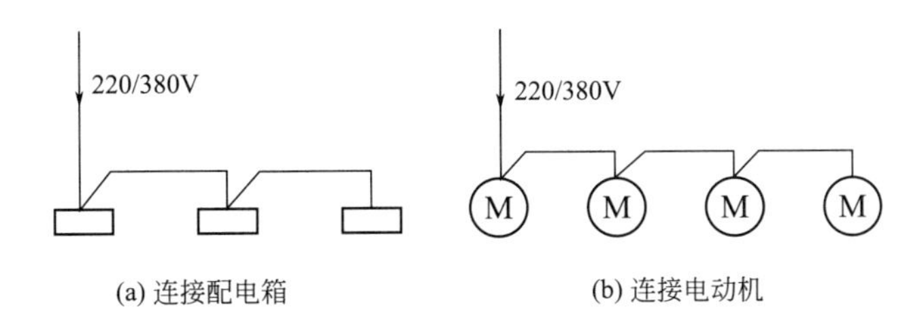

图 4-24　低压链式接线

(三) 低压环形接线

图 4-25 是由一台变压器供电的低压环形接线。环形接线实质上是两端供电的树干式接线方式的改进型，多采用“开口”方式运行。一个工厂内的一些车间变电所低压侧，也可以通过低压联络线相互连接成为环形。

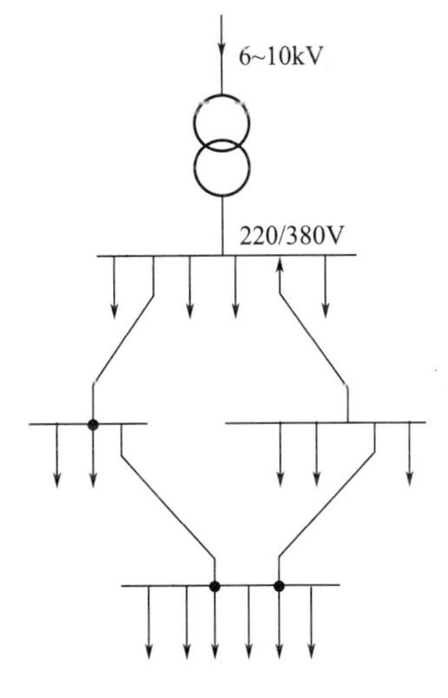

图 4-25　低压环形接线

优点：①环形接线，可使电能损耗和电压损耗减少；② 供电可靠性较高。任一段线路发生故障或检修时，都不致造成供电中断，或只短时停电，一旦切换电源的操作完成，即能恢复供电。

缺点：环形系统的保护装置及其整定配合比较复杂，若配合不当，容易发生误动作，反而扩大故障停电范围。

在工厂的低压配电系统中，往往是采用以上几种接线方式的组合，依具体情况而定。

图 4-26 是高层建筑中低压配电的几种典型接线方案。其中 4-26(a) 是分区树干式（链式）接线，每回干线配电给若干层楼。图 4-26(b) 是在图 4-26(a) 的基础上增加了一回备用干线，以提高供电可靠性。图 4-26(c) 是图 4-26(a) 的每回干线末端各增设了一配电箱，图 4-26(d) 则是采用电气竖井内的母线配电，各层配电箱均装在竖井内，适于楼层多、负荷大的大型商务楼。

总的来说，用户的供配电线路接线应力求简单。如果接线过于复杂，层次过多，不仅浪费投资，维护不便，而且由于电路中连接的元件过多，因操作错误或元件故障而发生事故的概率随之增多，处理事故和恢复供电的操作也较麻烦，从而延长了停电时间。同时由于配电级数多，继电保护的级数也相应增多，动作时间也相应延长，对供电系统的故障保护十分不利。因此，GB 50052—2009《供配电系统设计规范》规定：“供配电系统应简单可靠，同一电压供电系统的配电级数高压不宜多于两级。”

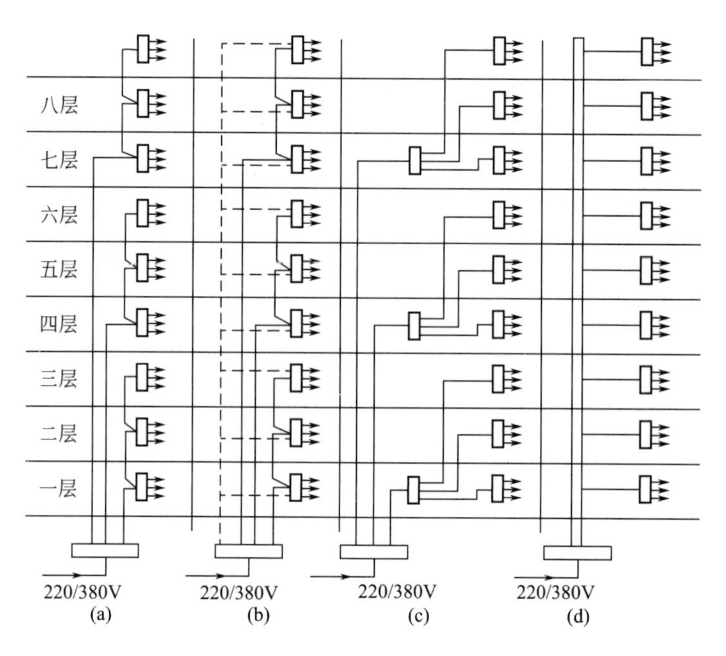

图 4-26　高层建筑低压配电的典型接线方案

【任务实施及考核】

详细的实施步骤及考核扫描右侧二维码即可查看下载。

项目四任务三任务实施单

在线测试八（供配电线路的敷设与选择）

思考与练习

4-1　简述架空线路的结构及各部分的作用，导线和避雷线的制成材料。

4-2　架空线路在什么情况下装设避雷线？

4-3　根据电杆在线路中的不同作用和受力情况，电杆分为几种？各有何特点？

4-4　按绝缘材料和结构，电缆可以分为几种？各有何特点？

4-5　电缆的敷设方式有几种？各适用于何种电缆？

4-6　低压动力线路通常按什么条件来择导线和电缆的截面？低压照明线路通常按照什么条件来择导线和电缆的截面？

4-7　对于室内明敷的绝缘导线，其最小截面积（mm^2）为多少？对于低压架空导线，其最小截面积（mm^2）为多少？

4-8　试按发热条件选择 220/380V、TN-C 系统中的相线和 PEN 线截面积及穿线钢管（G）的直径。已知线路的计算电流为 150A，安装地点的环境温度为 25℃。拟用 BLV 型铝芯塑料线穿钢管埋地敷设。

4-9　如果题 4-8 所述 220/380V 线路为 TN-S 系统。试按发热条件选择其相线、N 线和 PE 线的截面积及穿线钢管（G）的直径。

4-10　有一 380V 的三相架空线路，配电给两台 40kW（$\cos\phi=0.8$、$\eta=0.85$）的电动机。该线路长 70m 线间几何均距为 0.6m，允许电压损耗为 5%，该地区最热月平均最高气温为 30℃。试选择该线路的相线和 PE 线的 LJ 型铝绞线截面积。

4-11　高低压线路有哪几种接线方式？各有何特点？

项目五

供配电系统的保护

【知识目标】

① 了解继电保护的工作原理及要求。
② 了解继电保护装置的组成及作用。
③ 了解常用保护继电器及保护装置的分类与接线方式。
④ 了解电网的电流保护和电网的距离保护。
⑤ 了解低压配电系统保护的主要方式和实现方法。

【能力目标】

① 能根据工厂的图纸判断继电保护的类型。
② 能对工厂电力线路的继电保护进行整定。
③ 会根据所学知识解决继电保护系统中的实际问题。
④ 会设计简单的继电保护系统。

【素质目标】

通过“电网的三道防线”“带你全面了解地线”的案例，了解继电保护和地线的重要性，增强用电安全意识，培养电力工程技术人员所应具备的职业素养。

任务一　供配电系统的继电保护

【任务描述】

为了保证供配电的可靠性，在供配电系统发生故障时，必须有相应的保护装置将故障部分及时地从系统中切除，以保证非故障部分继续运行，或发出报警信号，以提醒运行人员检查并采取相应的措施。本次任务是在了解继电保护任务及要求的基础上，掌握常用继电器的功能及内部接线和图形符号。

【相关知识】

一、继电保护概述

（一）继电保护基本知识

电力元件——IGBT

1. 继电保护装置的组成

继电保护装置是按照保护的要求，将各种继电器按一定方式进行连接和组合而成的电气装置。

继电保护的种类虽然很多，但是在一般情况下，都是由三个部分组成的，即测量部分、逻辑部分和执行部分，其原理结构如图 5-1 所示。

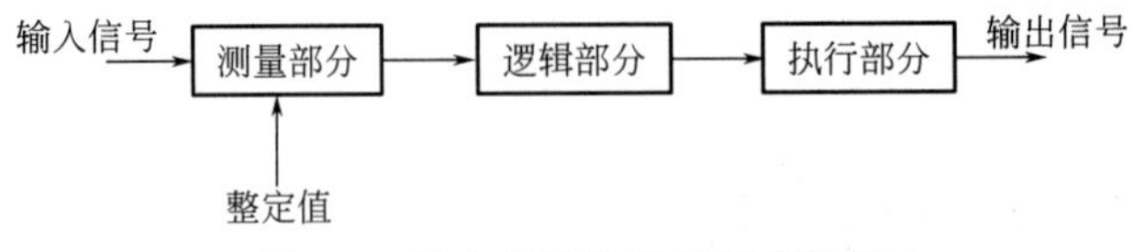

图 5-1　继电保护装置的原理结构

① 测量部分。测量部分的作用是测量被保护元件的工作状态（正常工作、非正常工作或故障状态）的一个或几个物理量，并和已给的整定值进行比较，从而判断保护是否应该启动。

② 逻辑部分。逻辑部分的作用是根据测量部分各输出量的大小、性质、出现的顺序或它们的组合，使保护装置按一定的逻辑程序工作，最后传到执行部分。

③ 执行部分。执行部分的作用是根据逻辑部分送的信号完成保护装置所担负的任务，如发出信号、跳闸或不动作。

2. 继电保护装置的功能

① 故障时动作于跳闸。供电系统中出现短路故障时，最靠近短路点的控制保护装置迅速跳闸，切除故障部分，恢复其他无故障部分的正常运行，同时发出信号，以便提醒值班人员检查，及时消除故障。

② 异常状态发出报警信号。供电系统出现不正常工作状态时，发出报警信号，提醒值班人员注意并及时处理，以免引起设备故障。

3. 继电保护的要求

电网对继电保护的基本要求是选择性、可靠性、快速性、灵敏性，即通常所说的“四性”，这些要求之间，有的相辅相成，有的相互制约，需要对不同的使用条件分别进行协调。

（1）选择性　在供配电系统发生故障时，离故障点最近的保护装置动作，切除故障，而系统的其他部分仍正常运行。如图 5-2 所示，当 k-1 点发生短路时，应使断路器 QF1 动作跳闸，切除电动机，而其他断路器都不跳闸，满足这一要求的动作，称为“选择性动作”。如果系统发生故障时，靠近故障点的保护装置不动作，而离故障点远的前一级保护装置动作，称为“失去选择性”。

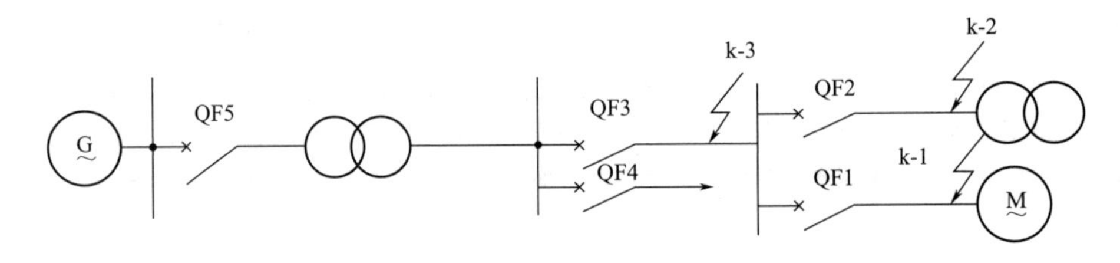

图 5-2　继电保护装置动作选择性示意图

（2）可靠性　可靠性是指保护装置在应该动作时不拒绝动作，在不应该动作时不误动作。保护装置的可靠性，与保护装置的元件质量、接线方案以及安装、整定和运行维护等多种因素有关。

（3）快速性　当系统发生短路故障时，保护装置应尽快动作，快速切除故障，减少对用电设备的损坏程度，缩小故障影响的范围，提高电力系统运行的稳定性。

（4）灵敏性　灵敏性是指保护装置在其保护范围内对故障和不正常运行状态的反应能力。如果保护装置对其保护区极轻微的故障都能及时地反应动作，则说明保护装置的灵敏性高。

（二）常用保护继电器

继电器是一种在其输入物理量（电气量或非电气量）达到规定值时，其电气输出电路被接通或分断的自动电器。

继电器按其应用分为控制继电器和保护继电器两大类，机床控制电路应用的继电器多属于控制继电器，供配电系统中应用的继电器多属于保护继电器。

供配电系统中的继电器种类繁多，按结构原理分为电磁式、感应式、数字式、微机式等继电器；按继电器在保护装置的功能分为启动继电器、时间继电器、信号继电器和中间继电器等。

供配电系统中常用的继电器主要是电磁式继电器和感应式继电器。在现代化的大、中型电厂及变配电所中，已经广泛使用微机式继电器或微机保护。

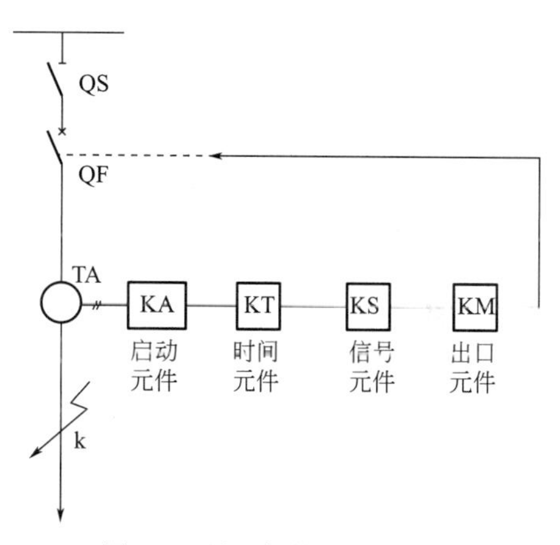

图 5-3　继电保护原理示意图

1. 常用继电器

（1）电磁式电流继电器（过电流继电器）（KA）　电磁式电流继电器在继电保护装置中通常用作启动元件。

① 电磁式电流继电保护原理　见图 5-3，线路短路时：

a. 电流继电器 KA 瞬时动作，使时间继电器 KT 启动。

b. KT 动作后，接通信号继电器 KS 和出口继电器 KM。

c. KM 触点闭合，接通断路器 QF 的跳闸线圈回路，使断路器跳闸。

d. KS 触点闭合，接通信号回路，发出报警信号。

② 电磁式电流继电器的内部结构　工厂供电系统中常用的 DL-10 系列电磁式电流继电器（KA）的基本结构如图 5-4 所示，其内部接线和图形符号如图 5-5 所示。

由图 5-4 可知，当继电器线圈 1 通过电流时，电磁铁 2 中产生磁通，力图使 Z 形钢舌片 3 向凸出磁极偏转。与此同时，轴 10 上的反作用弹簧 9 又力图阻止钢舌片偏转。当继电器线圈中的电流增大到使钢舌片所受的转矩大于弹簧的反作用力矩时，钢舌片便被吸近磁极，使常开触点闭合，常闭触点断开，这就叫做继电器动作。

过电流继电器线圈中的使继电器动作的最小电流，称为继电器的动作电流，用 I_{OP} 表示。过电流继电器动作后，减小线圈电流到一定值时，钢舌片在弹簧作用下返回起始位置。

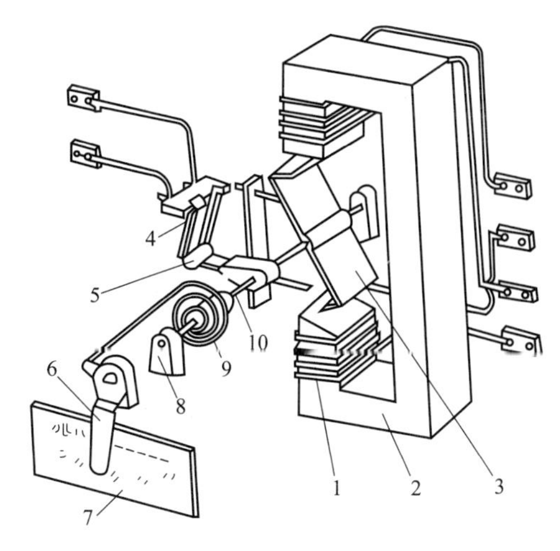

图 5-4　DL-10 系列电磁式电流继电器的基本结构

1—线圈；2—电磁铁；3—钢舌片；4—静触点；5—动触点；6—启动电流调节螺杆；7—标度盘（铭牌）；8—轴承；9—反作用弹簧；10—轴

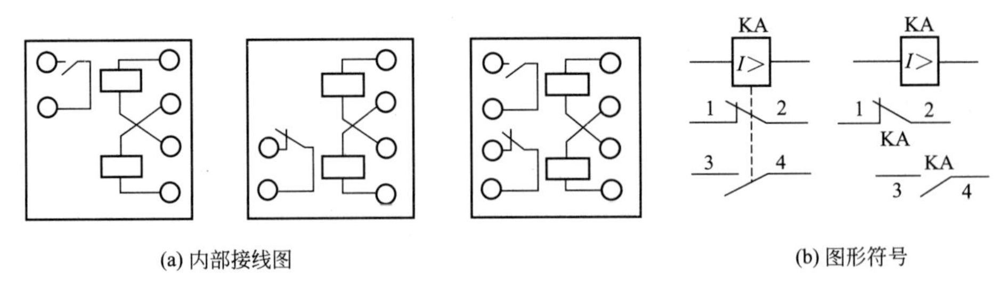

图 5-5　DL-10 系列电磁式电流继电器内部接线图与图形符号

过电流继电器线圈中的使继电器由动作状态返回到起始位置的最大电流，称为继电器的返回电流，用 I_{re}表示。

继电器的返回电流与动作电流的比值，称为继电器的返回系数，用 K_{re}表示，即

$$K_{re} \overset{def}{=\!=} \frac{I_{re}}{I_{OP}} \tag{5-1}$$

对于过量继电器（例如过电流继电器），K_{re}总小于 1，一般为 0.8。K_{re}越接近于 1，说明继电器越灵敏。

电流继电器动作电流的调整方法有两种：

a. 平滑调节。拨动调节螺杆 6 来改变弹簧的反作用力矩，可平滑地调节动作电流。

b. 级进调节。利用两个线圈的串联和并联来调节。当两个线圈由串联改为并联时，动作电流将增大一倍。反之，由并联改为串联时，动作电流将减小一半。

（2）电磁式电压继电器　电磁式电压继电器（KV）的结构、工作原理均与电磁式电流继电器基本相同。正常工作时，电压继电器的接点动作，当电压低于它的整定值时，继电器会恢复起始位置。不同之处是：电压继电器的线圈是电压线圈，其匝数多而线径细；而电流继电器线圈为电流线圈，其匝数少而线径粗。

电磁式电压继电器有过电压和欠电压继电器两大类，其中欠电压继电器在工厂供电系统应用较多。

低电压继电器的动作电压 U_{OP}，为其线圈上使继电器动作的最高电压；其返回电压 U_{re} 为其线圈上使继电器由动作状态返回到起始位置的最低电压。低电压的返回系数 $K_{re}=U_{re}/U_{OP}>1$，其值越接近 1，说明继电器越灵敏，一般为 1.25。

（3）电磁式时间继电器　电磁式时间继电器（KT）在保护装置中起延时作用，用以保证保护装置动作的选择性。

工厂供电系统中常用的 DS-110、DS-120 系列电磁式时间继电器的基本结构如图 5-6 所示。

当继电器的线圈接上工作电压时，铁芯被吸入，使被卡住的一套钟表机构被释放，同时切换瞬时触点。在拉引弹簧作用下，经过整定的时间，使主触点闭合。

继电器的延时，可借改变主静触点的位置（即它与主动触点的相对位置）来调整。调整的时间范围，在标度盘上标出。

当继电器的线圈断电时，继电器在弹簧作用下返回起始位置。

其内部接线和图形符号如图 5-7 所示。

（4）电磁式中间继电器　电磁式中间继电器（KM）在继电保护装置中用作辅助继电器，以弥补继电器触点数量或触点容量的不足。

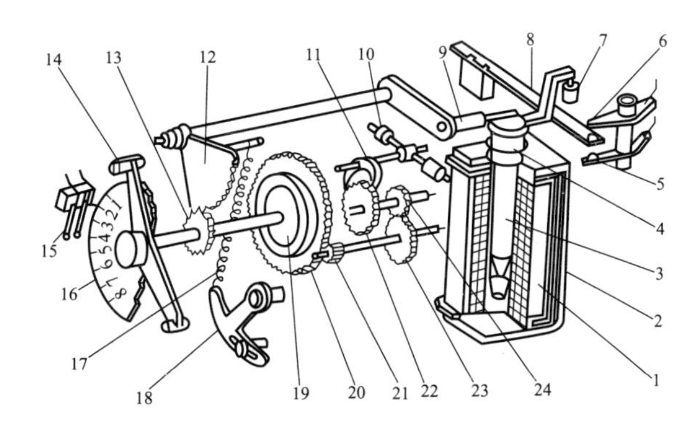

图 5-6　DS-110、DS-120 系列时间继电器的基本结构

1—线圈；2—电磁铁；3—可动铁芯；4—返回弹簧；5、6—瞬时静触点；7—绝缘件；8—瞬时动触点
9—压杆；10—平衡锤；11—摆动卡板；12—扇形齿轮；13—传动齿轮；14—主动触点
15—主静触点；16—标度盘；17—拉引弹簧；18—弹簧拉力调节器；19—摩擦离合器
20—主齿轮；21—小齿轮；22—掣轮；23、24—钟表机构传动齿轮

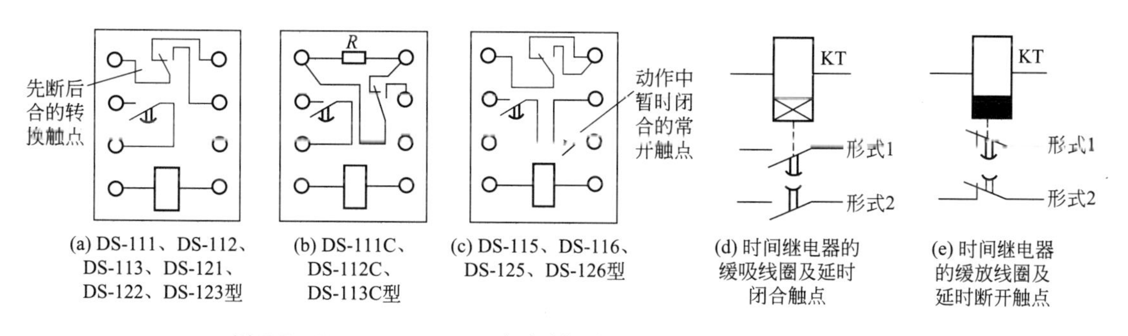

图 5-7　DS-110、DS-120 系列时间继电器的内部接线和图形符号

工厂供配电系统中常用的是 DZ-10 系列，其结构如图 5-8 所示。当线圈 1 通电时，衔铁 4 吸向电磁铁，使触点动作，常开触点闭合，常闭触点断开。当线圈断电时，衔铁释放，触点返回起始位置。

这种快吸快放的电磁式中间继电器的内部接线和图形符号如图 5-9 所示。

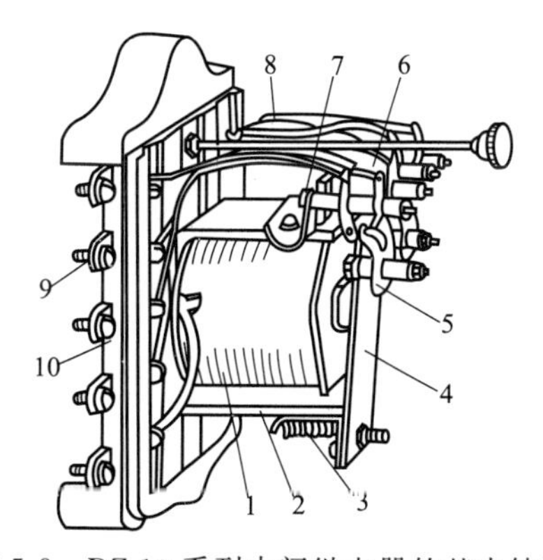

图 5-8　DZ-10 系列中间继电器的基本结构

1—线圈；2—电磁铁；3—弹簧；4—衔铁；5—动触点；6,7—静触点；8—连接线；9—接线端子；10—底座

（5）电磁式信号继电器　电磁式信号继电器（KS）用于各保护装置回路中，作为保护动作的指示器。信号继电器一般按电磁原理构成，继电器的电磁启动机构采用吸引衔铁式，由直流电源供电。常用的 DX-11 型电磁式信号继电器结构如图 5-10 所示。

在正常情况下，继电器线圈中没有电流通过，信号继电器在正常位置。当继电器线圈 1 中有电流流过时，衔铁 4 被吸向铁芯，信号牌 5 失去衔铁的支撑，靠自重掉下，显示动作信号，随着信号牌转动带动转轴旋转，使转轴上的动触点 8 与静触点 9 接通，利用其接点接通其他的信号回路。为了便于分析故障原因，要求信号指示不能随电气量的消失而消失。因此，信号继电器须设计为手动复归式。

(a) DZ-15型　(b) DZ-16型　(c) DZ-17型　(d) 图形符号

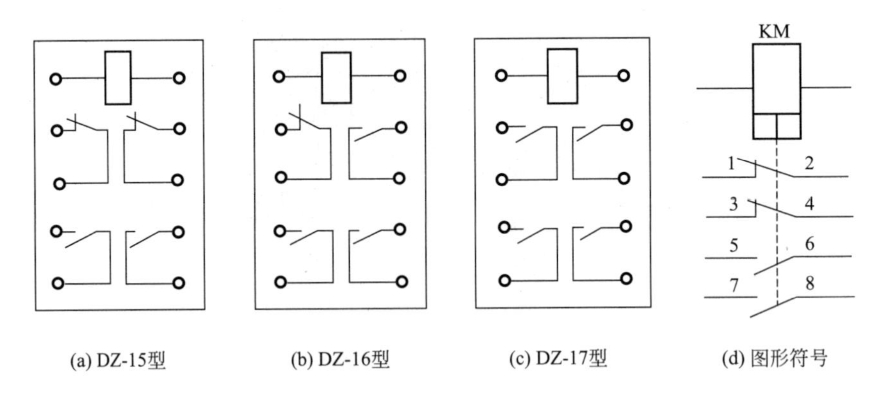

图 5-9　DZ-10 系列中间继电器的内部接线和图形符号

DX-11 型信号继电器的内部接线和图形符号如图 5-11 所示，由于该继电器的触点不能自动返回，因此其触点符号就在一般触点符号上面附加一个 GB 4728 规定的“非自动复位”的限定符号。

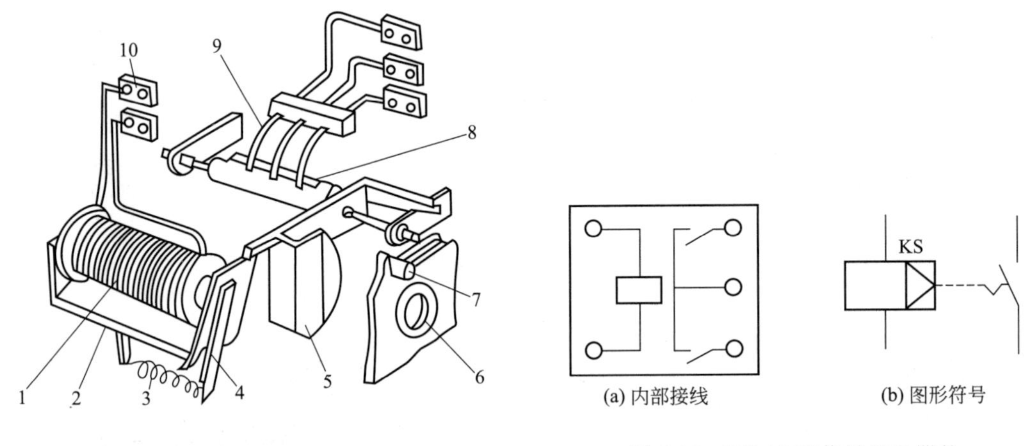

图 5-10　DX-11 型信号继电器的基本结构

1—线圈；2—电磁铁；3—弹簧；4—衔铁；5—信号牌；6—玻璃窗孔；7—复位旋钮；8—动触点；9—静触点；10—接线端子

(a) 内部接线　(b) 图形符号

图 5-11　DX-11 型信号继电器的内部接线和图形符号

（6）感应式电流继电器

① 内部结构　感应式电流继电器属测量继电器，其内部结构见图 5-12。

感应式电流继电器兼有电磁式电流继电器、时间继电器、信号继电器和中间继电器的功能，可同时实现过电流保护和电流速断保护。

感应式电流继电器有两个系统：感应系统和电磁系统。继电器的感应系统主要由线圈、带短路环的电磁铁和装在可偏转的框架上的铝盘组成。继电器的电磁系统由电磁铁和衔铁组成。

② 工作原理　感应式电流继电器的转矩 M_1 和制动力矩 M_2 的产生过程见图 5-13。

当继电器线圈中通过电流时，电磁铁在无短路环的磁极内产生磁通 Φ_1，在带短路环的磁极内产生磁通 Φ_2。两个磁通作用于铝盘，产生转矩 M_1，使铝盘开始转动。同时铝盘转

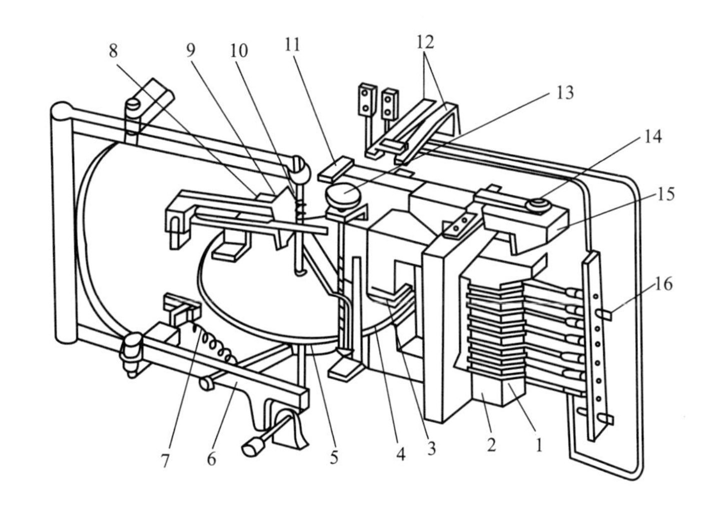

图 5-12　GL10、20 系列感应式电流继电器

1—线圈；2—铁芯；3—短路环；4—可转铝盘；5—钢片；6—可偏转铝框架；7—调节弹簧；8—制动永久磁铁；9—扇形齿轮；10—蜗杆；11—扁杆；12—继电器触点；13—时限调节螺杆；14—速断电流调节螺钉；15—衔铁；16—动作电流调节插销

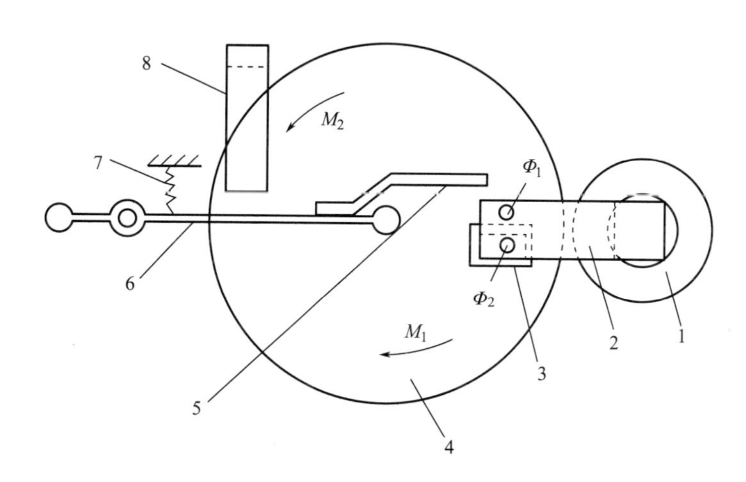

图 5-13　转矩 M_1 和制动力矩 M_2 的产生示意图

1—线圈；2—铁芯；3—短路环；4—铝盘；5—钢片；6—可偏转铝框架；7—调节弹簧；8—制动永久磁铁

动切割永久磁铁 8 的磁通，在铝盘上产生涡流，涡流与永久磁铁作用，又产生一个与转矩 M_1 方向相反的制动力矩 M_2。它与铝盘转速 n 成正比，当铝盘转速 n 增大到某一定值时，$M_1=M_2$，这时铝盘匀速转动。

当继电器线圈中的电流增大到某一值（I_{OP}）时，铝盘受到的推力增大到克服弹簧 7 的阻力时，铝盘 4 带动框架 6 顺时针偏转，使蜗杆 10（图 5-12）与扇形齿轮 9（图 5-12）啮合，继电器开始“动作”。

由于铝盘继续转动，使扇形齿轮沿着蜗杆上升，最后使触点 12（图 5-12）切换（常闭延时断开，常开延时闭合），同时信号牌（图中未示出）掉下，可知继电器已经动作。

③ 动作特性

- 反时限特性：线圈中的电流越大，铝盘转动越快，扇形齿轮沿蜗杆上升的速度也越快，因此动作时间越短，如图 5-14 所示曲线 abc。
- 电流速断特性：当线圈电流突然达到某一电流值时（速断电流 I_{qb}），铁芯不经过延时而瞬时吸下衔铁，使触点切换，同时使信号牌掉下，见图 5-14 的折线 bb′d。
- 速断电流倍数：$n_{qb}=I_{qb}/I_{OP}$。

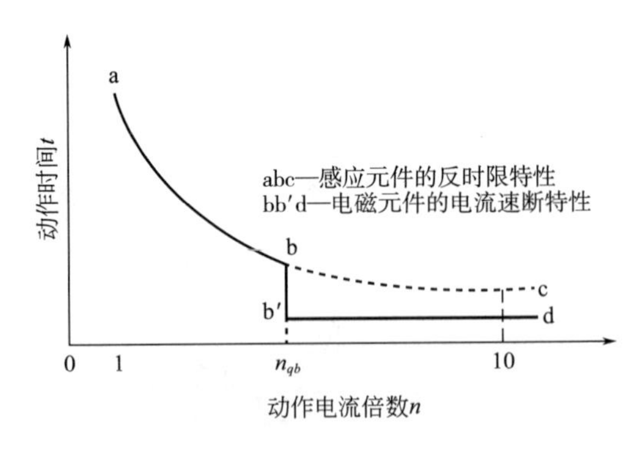

图 5-14 感应式电流继电器的动作特性曲线

例如：GL-10、20 系列电流继电器的速断电流倍数为 n_{qb} 为 2～8。

④ 继电器参数的调整

a. 继电器动作电流 I_{OP} 的调整。

- 调整插销 16（图 5-12）改变线圈匝数来进行动作电流的级进调节。
- 利用调节弹簧 7（图 5-12）的拉力来进行平滑的微调。

b. 继电器速断电流倍数 n_{qb} 的调整。调整螺钉 14 以改变衔铁 15 与铁芯 2（图 5-12）之间的气隙大小来调节。气隙越大，n_{qb} 越大。

c. 继电器动作时间调整。

- 继电器动作时间：继电器标度尺上所标示的动作时间，是继电器线圈通过的电流为其整定的动作电流的 10 倍时的动作时间。继电器实际的动作时间，取决于实际通过继电器线圈的电流大小，需从附表中继电器的动作特性曲线上去查得。
- 动作时间调整：调节螺杆 13（图 5-12）来改变扇形齿轮沿蜗杆上升的起点，以使动作特性曲线上下移动。

感应式电流继电器内部接线图形符号见图 5-15。

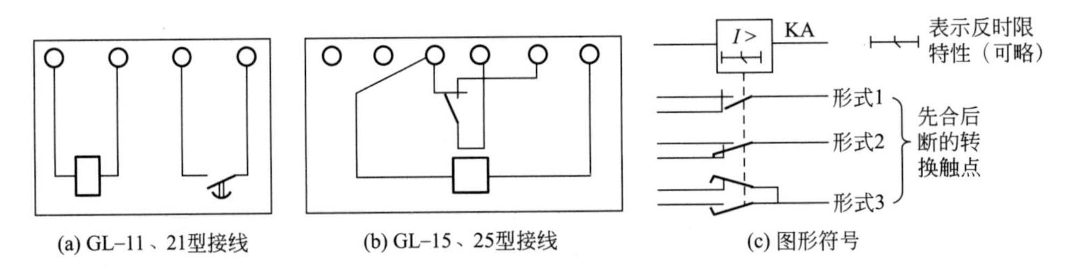

图 5-15 感应式电流继电器内部接线图形符号

2. 继电保护装置的接线方式

由于工厂内的供配电线路一般不是很长，电压也不太高，而且多采用单电源供电的放射式供电方式，因此工厂供配电系统的继电保护装置接线方式通常比较简单，一般只需装设相间短路保护、单相接地保护和过负荷保护。

线路发生短路时，线路电流会突然增大，电压会突然降低。当流过被保护元件中的电流超过预先整定值时，断路器就会跳闸或发出报警信号，由此来构成线路的电流保护。

工厂高压线路的继电保护装置中，启动继电器与电流互感器之间的连接方式，主要有两相两继电器式和两相一继电器式两种。

（1）两相两继电器式接线（图 5-16） 这种接线，如一次电路发生三相短路或任意两相短路，都至少有一个继电器要动作，从而使一次电路的断路器跳闸。

为了表述继电器电流 I_{KA} 与电流互感器二次电流 I_2 的关系，特引入一个接线系数 K_W：

$$K_W \stackrel{\text{def}}{=\!=} \frac{I_{KA}}{I_2} \tag{5-2}$$

两相两继电器式接线在一次电路发生任意形式相间短路时，$K_W=1$，即保护灵敏度都相同。

（2）两相一继电器式接线（图 5-17） 这种接线，又称两相电流差接线。正常工作时，流入继电器的电流为两相电流互感器二次电流之差。

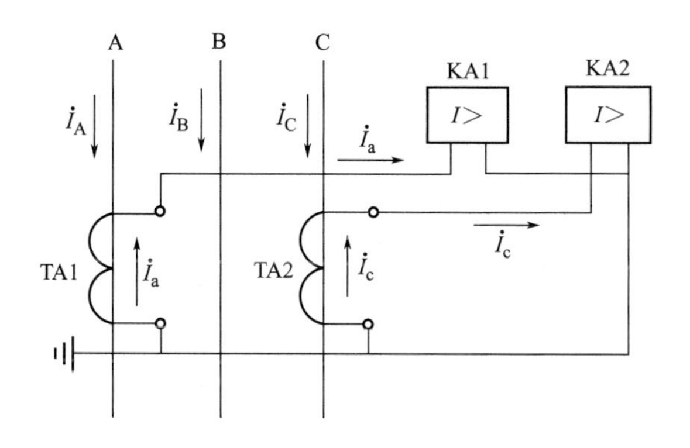

图 5-16 两相两继电器式接线

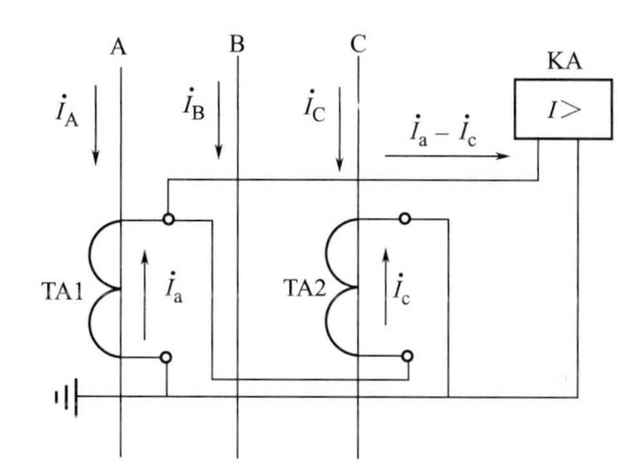

图 5-17 两相一继电器式接线

在其一次电路发生三相短路时，流入继电器的电流为电流互感器二次电流的$\sqrt{3}$倍［参看图 5-18(a) 相量图］，即 $K_W^{(3)}=\sqrt{3}$。

在其一次电路的 A、C 两相发生短路时，由于两相短路电流反应在 A 相和 C 相中是大小相等，相位相反［参看图 5-18(b) 相量图］，因此流入继电器的电流（两相电流差）为互感器二次电流的 2 倍，即 $K_W^{A,C}=2$。

在其一次电路的 A、B 两相或 B、C 两相发生短路时，流入继电器的电流只有一相（A 相或 C 相）互感器的二次电流［参看图 5-18(c) 和图 5-18(d) 相量图］，即 $K_W^{A,B}=K_W^{B,C}=1$。

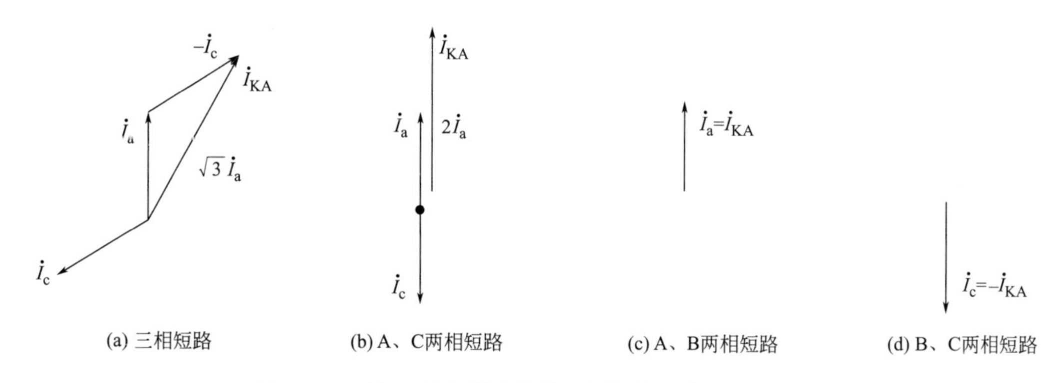

图 5-18 两相一继电器式接线不同相间短路的相量分析

由以上分析可知，两相一继电器式接线能反映各种相间短路故障，但保护灵敏度有所不同，有的甚至相差一倍，因此不如两相两继电器式接线。但它少用一个继电器，较为简单经济。这种接线主要用于高压电动机保护。

二、高压线路的继电保护

在供电线路上发生短路故障时，其重要特征是电流增加和电压降低，根据这两个特征可以构成电流、电压保护。反应电流突然增大使继电器动作而构成的保护装置，称为过电流保护，主要包括带时限过流保护和电流速断保护。电压保护主要是低电压保护，当发生短路时，保护装置安装处母线残余电压低于低电压保护的整定值，保护动作。电压保护一般很少单独采用，多数情况下是与电流保护配合使用，例如低电压闭锁过电流保护。

规范规定：3～66kV 电力线路，应装设相间短路保护、单相接地保护和过负荷保护；相间短路保护，主要采用带时限的过流保护和电流速断保护；如过流保护的时限不大于 0.5～0.7s 时，可不装设电流速断保护；单相接地保护（亦称零序电流保护），一般动作于信号，但当单相接地危及人身和设备安全时，则应动作于跳闸。

（一）带时限的过电流保护

带时限的过电流保护，按其动作时间特性分，有定时限过电流保护和反时限过电流保护两种。定时限就是保护装置的动作时间是按整定的动作时间固定不变的，与故障电流大小无关；反时限就是保护装置的动作时间与故障电流大小成反比关系，故障电流越大，动作时间越短，所以反时限特性也称为反比延时特性。

1. 定时限过电流保护

(1) 定时限过电流保护的组成和原理　定时限过电流保护装置的原理电路如图 5-19 所示。其中图 5-19(a) 为集中表示的原理电路图，通常称为接线图，这种图的所有电器的组成部件是各自归总在一起的，因此过去也称为归总式电路图。图 5-19(b) 为分开表示的原理电路图，通常称为展开图，这种图的所有电器的组成部件按各部件所属回路来分开表示，全名是展开式原理电路图。从原理分析的角度来说，展开图简明清晰，在二次回路图（包括继电保护）中应用最为普遍。

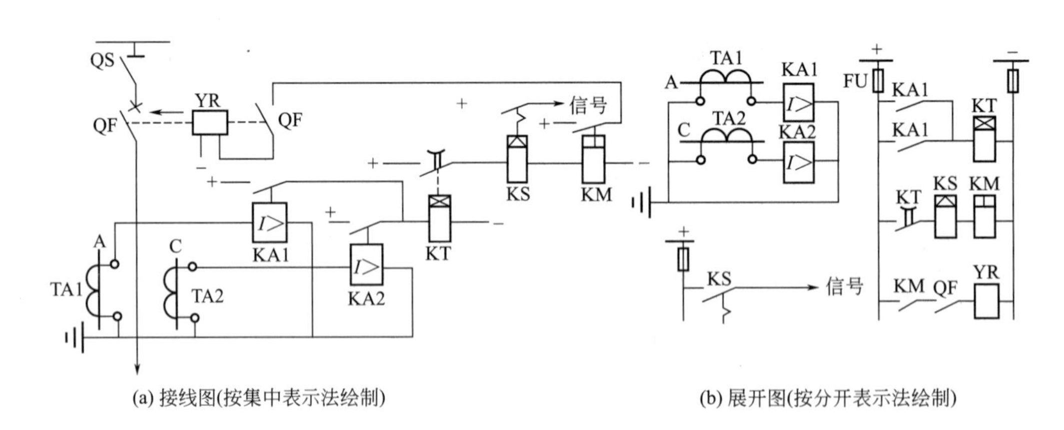

图 5-19　定时限过电流保护的原理电路

QF—断路器；KT—时间继电器（DS 型）；KA—电流继电器（DL 型）；KS—信号继电器（DX 型）；KM—中间继电器（DZ 型）；YR—跳闸线圈

当一次电路发生相间短路时，电流继电器 KA 瞬时动作，闭合其触点，使时间继电器 KT 动作，KT 经过整定的时限后，其延时触点闭合，使串联的信号继电器（电流型）KS 和中间继电器 KM 动作。KS 动作后，其信号牌掉下，同时接通信号回路，给出灯光信号和音响信号。KM 动作后，接通跳闸线圈 YR 回路，使断路器 QF 跳闸，切除短路故障。QF 跳闸后，其辅助触点 QF 1-2 随之切断跳闸回路，以减轻 KM 触点的工作。在短路故障被切除后，继电保护装置除 KS 外的其他所有继电器均自动返回起始状态，而 KS 可手动复位。

（2）定时限过电流保护的整定　在供电系统中发生过载或短路时，主要特征是在供电线路上的电流增大。因此必须设置过电流保护装置，对供电线路进行过电流保护。

① 工作电流的整定

a. 保护装置的动作电流 I_{OP} 应该躲过线路的最大负荷电流（包括正常过负荷电流和尖峰电流）$I_{L.max}$，以免在最大负荷通过时保护装置误动作。

b. 保护装置的返回电流 I_{re} 也应该躲过线路的最大负荷电流 $I_{L.max}$，以保证装置在外部故障切除后，能可靠地返回到原始位置，避免发生误动作。

为了说明这一点，以图 5-20(a) 为例来说明。当线路 WL2 的首端 k 点发生短路时，由于短路电流远远大于线路上的所有负荷电流，所以沿线路的过电流保护装置包括 KA1、KA2 均要动作。按照保护选择性的要求，应是靠近故障点时的保护装置 KA2 首先断开 QF2，切除故障线路 WL2。这时故障线路 WL2 已被切除，保护装置 KA1 应立即返回起始状态，不致断开 QF1。假设 KA1 的返回电流未躲过线路 WL1 的最大负荷电流，即 KA1 的返回系数过低时，则在 KA2 动作并断开线路 WL2 后，KA1 可能不返回而是继续保持动作状态（由 WL1 供电的负荷线路除 WL2 外，还有其他线路，因此 WL1 仍有负荷电流），而经过 KA1 所整定的时限后，断开断路器 QF1，造成 WL1 停电，扩大了故障停电范围，这是不允许的。所以保护装置的返回电流也必须躲过线路的最大负荷电流。

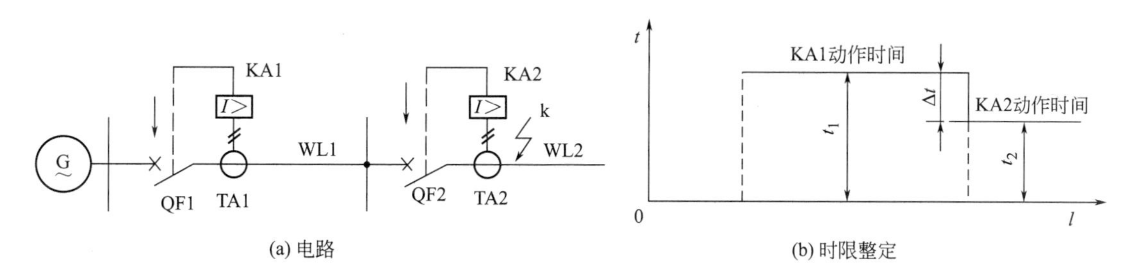

图 5-20　线路定时限过电流保护整定说明

电流保护装置动作电流的整定计算公式为

$$I_{OP}=\frac{K_{rel}K_{W}}{K_{re}K_{i}}I_{L.max} \tag{5-3}$$

式中，K_{rel} 为保护装置的可靠系数，对 DL 型继电器取 1.2，对 GL 型继电器取 1.3；K_W 为保护装置的接线系数，对两相两继电器接线为 1，对两相一继电器式接线为 $\sqrt{3}$；K_{re} 为保护装置的返回系数，对 DL 型继电器可取 0.85～0.9，对 GL 型继电器可取 0.8；K_i 为电流互感器的变比；$I_{L.max}$ 为线路上的最大负荷电流，可取为 $(1.5\sim3)I_{30}$，I_{30} 为线路计算电流。

② 动作时间的整定　如图 5-20(b) 所示，各套保护装置过电流保护的动作时间，为了保证前后两级保护装置动作的选择性，应按“阶梯原则”进行整定，也就是在后一级

保护装置所保护的线路首端［如图5-20(a) 中的k点］发生三相短路时，前一级保护的动作时间 t_1 应比后一级保护中最长的动作时间 t_2 都要大一个时间级差 Δt，如图5-20(b) 所示，即

$$t_1 \geqslant t_2 + \Delta t \tag{5-4}$$

Δt 不能取得太小，其值应保证电力网任一段线路短路时，上一段线路的保护不应误动作；然而，为了降低整个电力网的时限水平，Δt 应尽量取小，否则靠近电源侧的保护动作时限太长。考虑上述两种因素，一般情况 $\Delta t = 0.5$s。定时限过电流保护的动作时间，利用时间继电器来整定。

③ 灵敏度校验　按式(5-3) 确定的动作电流，在线路出现最大负荷电流时不会出现误动作。但当线路发生各种短路故障时，保护装置都必须准确动作，即要求流过保护装置的最小短路电流必须大于其动作电流。能否满足这项要求，需要进行灵敏度校验。具体校验分两种情况进行。

a. 过电流保护作为本段线路的近后备保护时，灵敏度校验点设在被保护线路末端，其灵敏度应满足：

$$S_P = \frac{K_W I_{k.min}^{(2)}}{K_i I_{OP}} \geqslant 1.5 \tag{5-5}$$

式中，$I_{k.min}^{(2)}$ 表示被保护线路末端在系统最小运行方式下的两相短路电流。

b. 当过电流保护作为相邻线路的远后备保护时，灵敏度校验点设在相邻线路末端，其灵敏度应满足：

$$S_P = \frac{K_W I_{k.min}^{(2)}}{K_i I_{OP}} \geqslant 1.2 \tag{5-6}$$

【例5-1】 如图5-21所示的无限大容量供电系统中，6kV线路L-1上的最大负荷电流为298A，电流互感器TA的变比为400/5。k-1、k-2点三相短路时归算至6.3kV侧的最小短路电流分别为930A、2660A。变压器T-1上设置的定时限过电流保护装置1的动作时限为0.6s。拟在线路L-1上设置定时限过电流保护装置2，试进行整定计算。

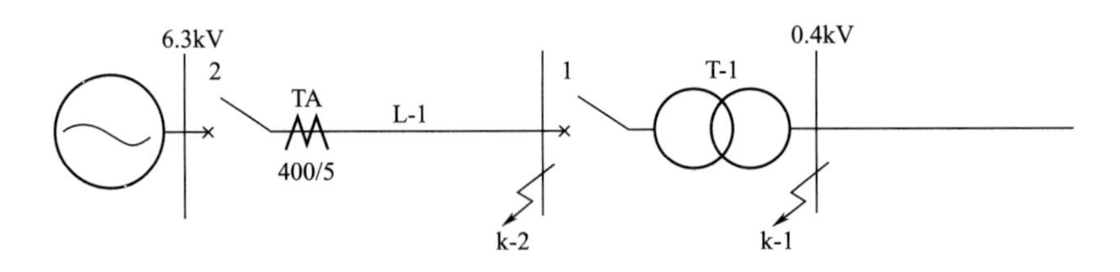

图5-21　无限大容量供电系统示意图

解：(1) 动作电流的整定

取 $K_{rel}=1.2$，$K_W=1$，$K_{re}=0.85$，且 $K_{TA}=K_i$，则过电流继电器的动作电流由式(5-3)求得

$$I_{OP} = \frac{K_{rel} K_W}{K_{re} K_i} I_{L.max} = \frac{1.2 \times 1}{0.85 \times 400/5} \times 298 = 5.26\ (\text{A})$$

查附表19，选GL-21/10型电流继电器两个，并整定为 $I_{OP}=6$A。则保护装置一次侧动作电流为

$$I_{OP(1)} = \frac{K_i}{K_W} I_{OP} = \frac{400/5}{1} \times 6 = 480\ (\text{A})$$

(2) 灵敏度校验

① 作为线路 L-1 主保护的近后备保护时，由式(5-5) 得

$$S_{P}=\frac{K_{W}I_{k1.min}^{(2)}}{K_{i}I_{OP}}=\frac{K_{W}}{K_{TA}I_{OP}}\times\frac{\sqrt{3}}{2}I_{k2.min}^{(3)}=\frac{1}{(400/5)\times6}\times\frac{\sqrt{3}}{2}\times2660=4.8>1.5$$

② 作为线路 L-1 主保护的远后备保护时，由式(5-6) 得

$$S_{P}=\frac{K_{W}I_{k1.min}^{(2)}}{K_{TA}I_{OP}}=\frac{K_{W}}{K_{TA}I_{OP}}\times\frac{\sqrt{3}}{2}I_{k1.min}^{(3)}=\frac{1}{(400/5)\times6}\times\frac{\sqrt{3}}{2}\times930=1.68>1.2$$

以上两点均满足要求。

(3) 动作时间整定

由时限阶梯原则，动作时限应比下一级大一个时限阶梯 Δt，则

$$t_{L-1}=t_{t-1}+\Delta t=0.6+0.5=1.1\ (s)$$

查附表 23，选 DS-21 型时间继电器，时间整定范围为 0.2～1.5s。

2. 反时限过电流保护

(1) 反时限过电流保护的组成和原理　反时限过电流保护装置的原理电路，如图 5-22 所示。

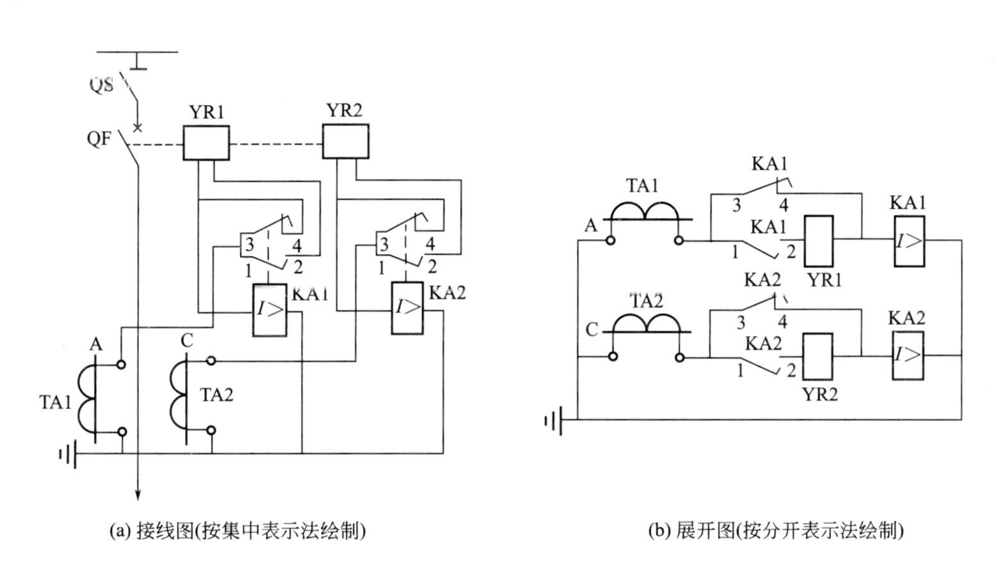

图 5-22　反时限过电流保护的原理电路

QF—断路器；TA—电流互感器；KA—电流继电器（GL-15、GL-25 型）；YR—跳闸线圈

当一次电路发生相间短路时，电流继电器 KA 动作，经过一定延时后（反时限特性），其常开触点闭合，紧接着其常闭触点断开。这时断路器因其跳闸线圈 YR 去分流而跳闸，切除短路故障。在 GL 型继电器去分流跳闸的同时，其信号牌掉下，指示保护装置已经动作。在短路故障被切除后，继电器自动返回，其信号牌可利用外壳上的旋钮手动复位。

比较图 5-22 和图 5-19 可知，图 5-18 中的电流继电器增加了一对常开触点，与跳闸线圈串联，其目的是防止电流继电器的常闭触点在一次电路正常运行时由于外界振动的偶然因素使之断开而导致断路器误跳闸的事故。增加这对常开触点后，即使常闭触点偶然断开，也不会造成断路器误跳闸。

(2) 反时限过电流保护的整定　反时限过电流保护装置动作电流的整定和灵敏度校验方法与定时限过电流保护完全相同。其动作时限的整定和配合如图 5-23 所示。为了保证各种

保护装置动作的选择性，反时限过电流保护装置也应该按照阶梯形的原则来选择。但是由于它的动作时限与通过保护装置的电流有关，因此，它的动作时限实际上指的是在某一短路电流下，或者说在某一动作电流倍数下的动作时限。从图 5-23 中看出，前后级的配合点仍然在后一级保护装置的线路首端，k 点短路时，$t_1=t_2+\Delta t$，Δt 一般取 0.7s。

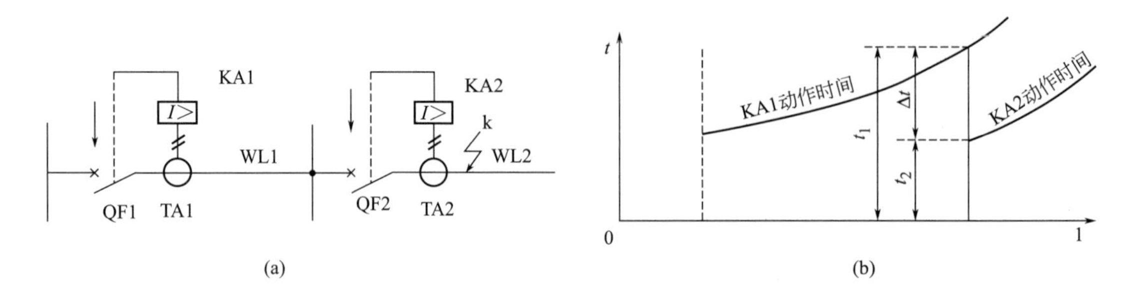

图 5-23　反时限过电流保护的动作时间整定

由于 GL 型继电器的时限调节机构是按 10 倍动作电流的动作时间来标度的，而实际通过继电器的电流一般不会恰好为动作电流的 10 倍，因此，必须根据继电器的动作特性曲线来整定。

（3）定时限过电流保护与反时限过电流保护的比较

① 定时限过电流保护的优缺点

优点：动作时间比较精确，整定简便，而且不论短路电流大小，动作时间都是一定的，不会出现因短路电流小动作时间长而延长了故障时间的问题。

缺点：所需继电器多，接线复杂，且需直流操作电源，投资较大。此外，靠近电源处的保护装置，其动作时间较长，这是带时限过电流保护共有的缺点。

② 反时限过电流保护的优缺点

优点：继电器数量大为减少，而且可同时实现电流速断保护，加之可采用交流操作，因此简单经济，投资大大降低，故它在中小工厂供电系统中得到广泛应用。

缺点：动作时间的整定比较麻烦，而且误差较大，当短路电流较小时，其动作时间可能相当长，延长了故障持续时间。

3. 低电压闭锁的过电流保护

（1）电路组成　如图 5-24 所示，在 KA 的常开触点回路中，串入低电压继电器 KV 的常闭触点；而 KV 线圈经电压互感器 TV 接在被保护线路的母线上。

（2）保护原理　正常运行时，母线电压为系统额定电压，因此低电压继电器 KV 的常闭触点是断开的。由于 KV 的常闭触点与 KA 的常开触点串联，所以这时的 KA 即使由于线路过负荷而误动作，KA 的触点闭合，也不致造成断路器 QF 误跳闸。

（3）动作参数整定

① 动作电流 I_{OP} 的整定

$$I_{OP}=\frac{K_{rel}K_{W}}{K_{re}K_{i}}I_{30} \tag{5-7}$$

② 动作电压 U_{OP} 的整定

$$U_{OP}=\frac{U_{min}}{K_{rel}K_{re}K_{u}}\approx 0.6\frac{U_{N}}{K_{u}} \tag{5-8}$$

式中，K_U 为电压互感器的电压比，一般取 1.25。

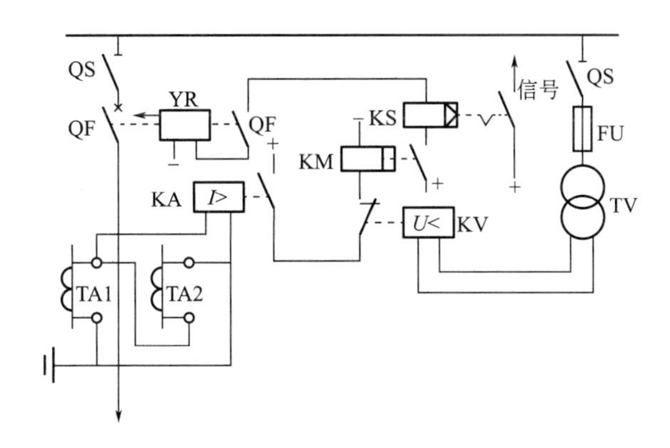

图 5-24　低电压闭锁的过电流保护的接线

QF—高压断路器；TA—电流互感器；TV—电压互感器；KA—电流继电器

KS—信号继电器；KM—中间继电器；KV—电压继电器

（二）电流速断保护

带时限的过电流保护，有一个明显的缺点，就是越靠近电源的线路的过电流保护，其动作时间越长，而短路电流则是越靠近电源，其值越大，危害也就更加严重。这种情况对切除电源端的故障是不允许的，过流保护动作时间大于 1s 时，在靠近电源出口处应装设速断保护装置。

1. 电流速断保护的组成

电流速断保护就是一种瞬时动作的过电流保护。对于采用 DL 系列电流继电器的速断保护来说，就相当于定时限过电流保护中抽去时间继电器，即在启动用的电流继电器之后，直接接信号继电器和中间继电器，最后由中间继电器触点接通断路器的跳闸回路。图 5-25 所示为线路上同时装有定时限过电流保护和电流速断保护的电路，其中 KA1、KA2、KT、KS1 和 KM 属定时限过电流保护，KA3、KA4、KS2 和 KM 属电流速断保护。

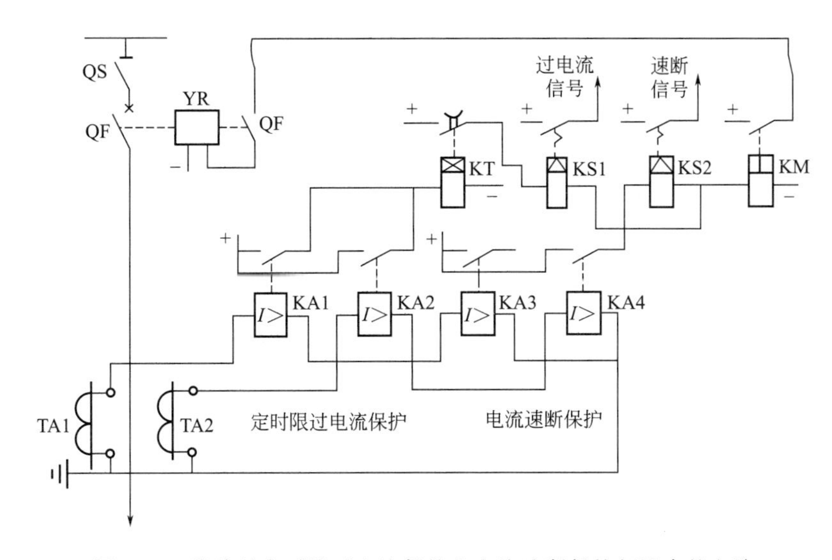

图 5-25　线路的定时限过电流保护和电流速断保护相配合的电路

2. 速断电流的整定

为保证选择性，电流速断保护的动作范围不能超过被保护线路的末端，速断保护的动作电流（即速断电流）应躲过被保护线路末端最大可能的短路电流。

在图 5-26 所示的线路中，设在线路 WL1 和 WL2 装有电流速断保护 1 和保护 2，当线路 WL2 的始端 k-1 点短路时，应该由保护 2 动作于 QF_2 而跳闸，将故障线路 WL2 切除，而保护 1 不应误动作。为此必须使保护 1 的动作电流躲过线路 WL2 的始端 k-1 点的短路电流 I_{k1}。实际上 I_{k1} 与其前一段线路 WL1 末端 k-2 点的短路电流 I_{k2} 几乎是相等的，因为 k-1 点和 k-2 点相距很近，线路阻抗小。因此电流速断保护装置 1 的动作电流为

$$I_{qb}=\frac{K_{rel}K_{W}}{K_{i}}I_{k.max}^{(3)} \tag{5-9}$$

式中 I_{qb}——电流速断保护装置的速断电流；

K_{rel}——可靠系数，对 DL 型继电器取 1.2～1.3，对 GL 型继电器取 1.4～1.5；

$I_{k.max}^{(3)}$——被保护线路末端的最大三相短路电流。

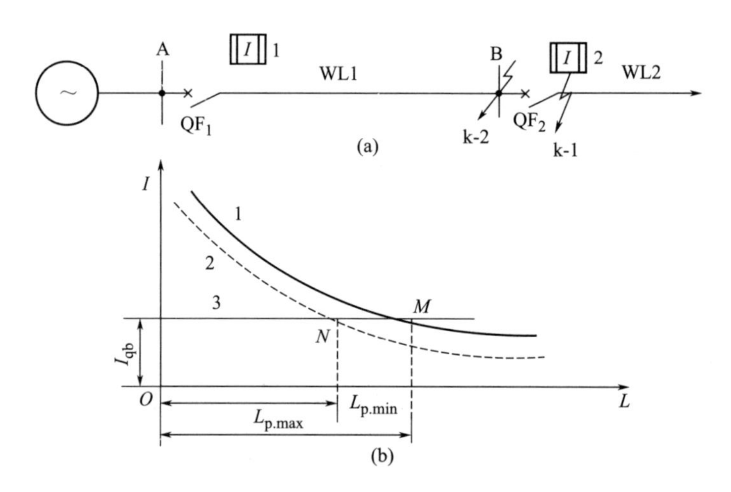

图 5-26 电流速断保护的整定计算

3. 电流速断保护的“保护死区”

由于电流速断保护的动作电流躲过了被保护线路末端的最大短路电流，因此在靠近末端的一段线路上发生的不一定是最大短路电流（例如两相短路电流）时，电流速断保护就不能动作，也就是电流速断保护实际上不能保护线路的全长。这种保护装置不能保护的区域，称为“保护死区”，见图 5-27。

4. 电流速断保护的灵敏度

电流速断保护的灵敏度按其安装处（即线路首端）在系统最小运行方式下的两相短路电流 $I_{k}^{(2)}$ 作为最小短路电流 $I_{k.min}$ 来检验。因此电流速断保护的灵敏度必须满足的条件为

$$S_{P}=\frac{K_{W}I_{k}^{(3)}}{K_{i}I_{qb}}\geqslant 1.5\sim 2 \tag{5-10}$$

【例 5-2】 某 10kV 电力线路，如图 5-28 所示。已知 TA1 的变流比为 100/5A，TA2 的变流比为 50/5A。WL1 和 WL2 的过电流保护均采用两相两继电器式接线，继电器均为 GL-15/10 型。令 KA1 已经整定，其动作电流为 7A，10 倍动作电流的动作时间为 1s。WL2 的

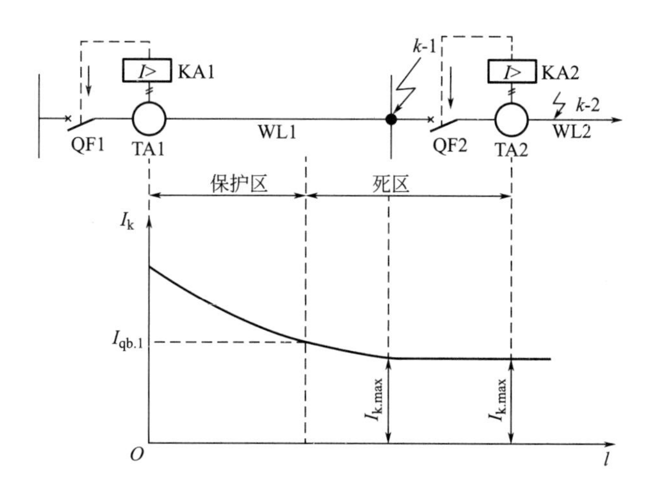

图 5-27　电流速断保护的“保护死区”

计算电流为 28A，WL2 首端 k-1 点的三相短路电流为 500A，其末端 k-2 点的三相短路电流为 200A。试整定 KA2 继电器的速断电流，并检验其灵敏度。

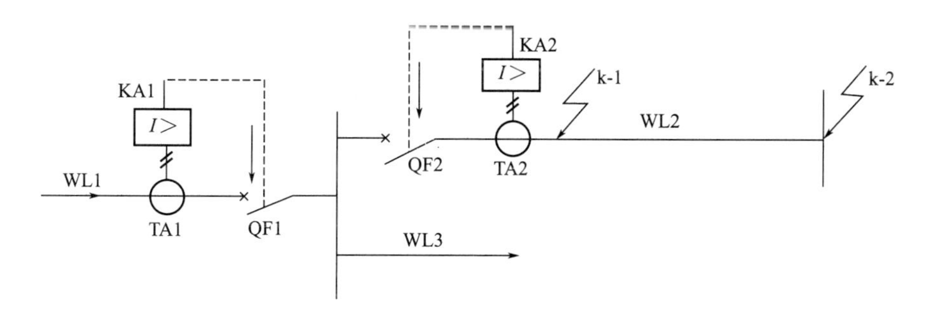

图 5-28　【例 5-2】电路图

解： ① 整定 KA2 的速断电流

已知 WL2 末端的 $I_{k.max}=200A$，又 $K_W=1$，$K_i=10$，取 $K_{rel}=1.4$。因此速断电流为

$$I_{qb}=\frac{K_{rel}K_W}{K_i}I_{k.max}=\frac{1.4\times1}{10}\times200A=28A$$

而 KA2 的 $I_{OP}=9A$，故速断电流倍数为

$$n_{qb}=I_{qb}/I_{OP}=28A/9A=3.1$$

② 检验 KA2 的保护灵敏度

$I_{k.min}$取 WL2 首端 k-1 点的两相短路电流，即

$$I_{k.min}=I_{k-1}^{(2)}=0.866I_k^{(3)}=0.866\times500A=433A$$

故 KA2 的速断保护灵敏度为

$$S_P=\frac{K_W I_{k-1}^{(2)}}{K_i I_{qb}}=\frac{1\times433A}{10\times28A}=1.55>1.5$$

由此可见，KA2 整定的速断电流基本满足保护灵敏度的要求。

（三）线路的过负荷保护

线路的过负荷保护作用：用于有可能经常出现过负荷的电缆线路，它一般是延时动作于信号，其接线见图 5-29。

动作电流的整定：按躲过线路的计算电流 I_{30} 来整定。

$$I_{OP(OL)}=\frac{1.2\sim1.3}{K_i}I_{30} \tag{5-11}$$

动作时间的整定：动作时间整定为 10～15s。

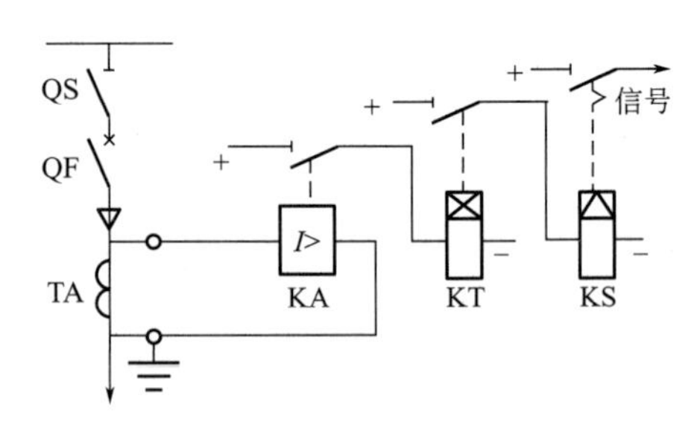

图 5-29 线路的过负荷保护的接线

三、电力变压器的继电保护

（一）电力变压器继电保护类型

变压器的故障可分为油箱内部故障和油箱外部故障。油箱内部故障包括相间短路、绕组匝间短路和单相接地短路。油箱内部故障对变压器来说是非常危险的，高温电弧不仅会烧毁绕组和铁芯，而且还会使变压器绝缘油受热分解产生大量气体，引起变压器油箱爆炸的严重后果。变压器油箱外部故障包括引线及绝缘套管处会产生各种相间短路和系统短路。

变压器的非正常工作状态主要是由外部短路或过负荷引起的过电流、油面降低和过励磁等。根据上述可能发生的故障及非正常工作情况，变压器一般应装设下列保护装置。

1. 瓦斯保护

瓦斯保护用来防御变压器内部故障。当变压器内部发生故障，油受热分解产生气体或变压器油面降低时，瓦斯保护应动作。容量在 800kV·A 及以上的油浸式变压器和 400kV·A 及以上的车间油浸式变压器，按国标规定，应装设瓦斯保护。其中，轻瓦斯动作于预告信号，重瓦斯动作于跳开各电源侧断路器。

2. 纵联差动保护

纵联差动保护用来防御变压器内部故障及引出线套管故障。如果单台运行的变压器容量在 10000kV·A 及以上或并列运行的变压器每台容量在 6300kV·A 及以上时，则装设纵联差动保护。

3. 电流速断保护

电流速断保护用来防御变压器内部故障及引出线套管故障。容量在 10000kV·A 以下单台运行的变压器和容量在 6300kV·A 以下并列运行的变压器，一般装设速断保护来代替纵联差动保护。对容量在 2000kV·A 以上的变压器，当灵敏度不满足要求时，应改为装设纵联差动保护。

4. 过电流保护

过电流保护用来防御变压器内部故障及引出线套管故障。作为纵联差动保护和电流速断保护的后备保护，带时限动作于跳开电源侧断路器。

5. 过负荷保护

过负荷保护用来防御变压器因过负荷引起的过电流。保护装置只接在某一相的电路中，一般延时动作于信号，也可延时跳闸，或延时自动减负荷（无人值守变电所）。容量在 400kV·A 及以上的变压器，当数台并列运行或单台运行并作为其他负荷的备用电源时，可装设过负荷保护。

（二）变压器的瓦斯保护

瓦斯保护亦称气体继电保护，是保护油浸式变压器内部故障的主保护。瓦斯保护可以很好地反映变压器内部故障，如变压器绕组的匝间短路，将在短路的线匝内产生环流，局部过热，损坏绝缘，并可能发展成为单相接地故障或相间短路故障。这些故障在变压器外电路中的电流值还不足以使变压器的差动保护或过电流保护动作，但瓦斯保护却能动作并发出信号，使运行人员及时处理，从而避免事故扩大。因此，瓦斯保护是反映变压器内部故障最有效、最灵敏的保护装置。

瓦斯保护的主要元件是瓦斯继电器，它装设在变压器的油箱与储油柜之间的连通管上。为了使油箱内产生的气体（瓦斯）能够顺畅地通过瓦斯继电器并排往油枕，变压器安装应取1%～1.5%的倾斜度，见图5-30。

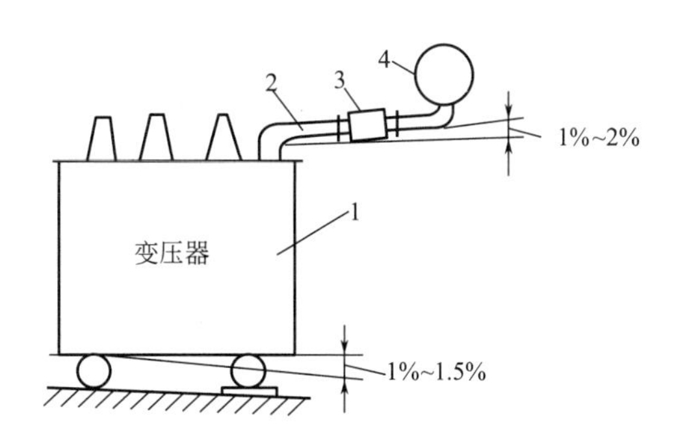

图5-30　变压器安装

1—变压器油箱；2—连通管；3—瓦斯继电器；4—油枕

1. 瓦斯继电器的结构和工作原理

(1) 瓦斯继电器的内部结构　瓦斯继电器的内部结构如图5-31所示。

(2) 瓦斯继电器动作说明

① 正常运行时，瓦斯继电器的容器内及其中的上、下开口油杯都是充满油的；上、下油杯因各自平衡锤的作用而升起，如图5-32(a)所示。此时上、下两对触点都是断开的。

② 当变压器油箱内部发生轻微故障时，由故障产生的少量气体慢慢升起，进入瓦斯继电器的容器，并由上而下地排出其中的油，使油面下降，上油杯因盛有残余的油而使其力矩大于另一端平衡锤的力矩而降落，如图5-32(b)所示。此时上触点接通信号回路，发出音响和灯光信号，这称之为“轻瓦斯动作”。

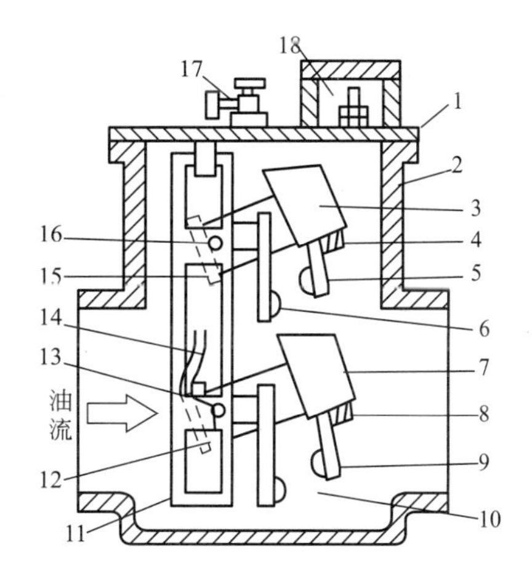

图5-31　瓦斯继电器的内部结构

1—盖；2—容器；3—上油杯；4—永久磁铁；5—上动触点；6—上静触点；7—下油杯；8—永久磁铁；9—下动触点；10—下静触点；11—支架；12—下油杯平衡锤；13—下油杯转轴；14—挡板；15—上油杯平衡锤；16—上油杯转轴；17—放气阀；18—接线盒

③ 当变压器油箱内部发生严重故障时，由故障产生的气体很多，带动油流迅猛地由油箱通过连通管进入油枕。这大量的油气混合体在经过瓦斯继电器时，冲击挡板，使下油杯下降，如图5-32(c)所示。此时下触点接通跳闸回路（通过中间继电器），使断路器跳闸，同时发出音响和灯光信号（通过信号继电器），这称之为“重瓦斯动作”。

④ 如果变压器油箱漏油，使得瓦斯继电器内的油也慢慢流尽，如图5-32(d)所示。先是瓦斯继电器的上油杯下降，发出“轻瓦斯”报警信号；随后下油杯下降，动作于跳闸，切除变压器，同时发出“重瓦斯”动作信号。

2. 变压器瓦斯保护的接线

(1) 变压器瓦斯保护的接线图　变压器瓦斯保护的接线见图5-33。

(2) 变压器瓦斯保护的工作原理

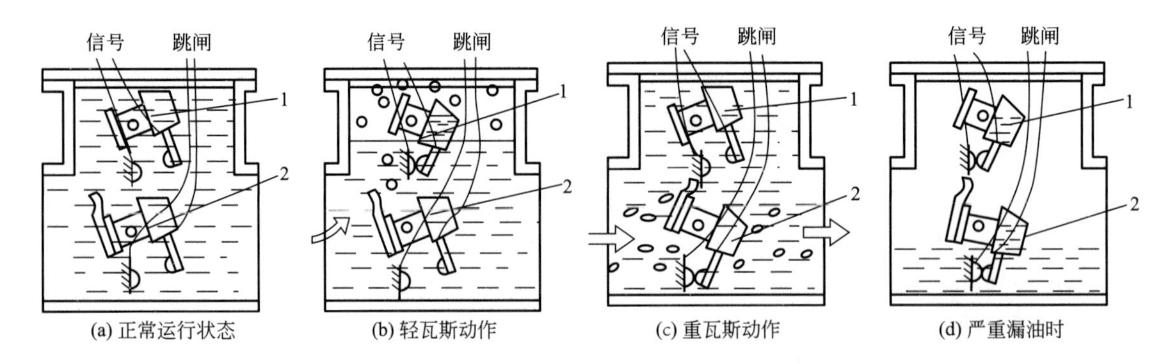

图 5-32　瓦斯继电器动作

1—上油杯；2—下油杯

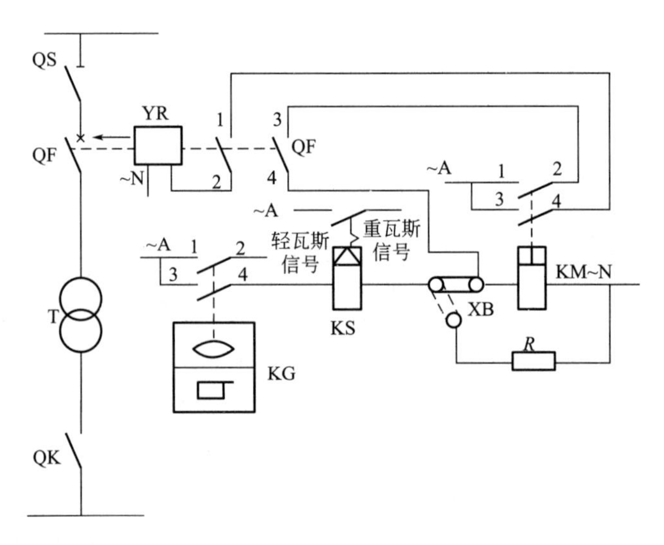

图 5-33　变压器瓦斯保护的接线

T—电力变压器；KG—瓦斯继电器；KS—信号继电器；KA—中间继电器；

QF—断路器；YR—跳闸线圈；XB—切换片

① 当变压器轻瓦斯动作时，瓦斯继电器上触点 KG1-2 闭合，动作于报警信号。

② 当变压器重瓦斯动作时，下触点 KG3-4 闭合，经中间继电器 KM 动作于断路器 QF 的跳闸线圈 YR，同时通过信号继电器 KS 发出跳闸信号。也可以利用切换片 XB 切换位置，串入限流电阻 R，只动作于报警信号。

③ KM1-2 触点是中间继电器 KM 线圈的自保持触点，防止瓦斯继电器受到强烈油气流冲击时，KG3-4 可能会接触不稳定（“抖动”），导致跳闸回路工作不可靠。

④ QF 跳闸后，其辅助触点 QF1-2 断开跳闸回路，以减轻中间继电器触点的工作，而 QF 的另一对辅助触点 QF3-4 则切断中间继电器的自保持回路，使中间继电器返回。

3. 变压器瓦斯保护动作后的故障分析

瓦斯保护动作后，可由蓄积在瓦斯继电器内的气体性质来分析故障原因并进行处理，见表 5-1。

表 5-1 瓦斯继电器内的气体性质分析

气体性质	故障原因	处理要求
无色、无臭、不可燃	变压器内含有空气	允许继续运行
灰白色、有剧臭、可燃	纸质绝缘烧毁	应立即停电检修
黄色、难燃	木质绝缘烧毁	应停电检修
深灰色或黑色、易燃	油内闪络，油质碳化	应分析油样，必要时停电检修

值得注意的是：瓦斯保护只能反映变压器油箱内部的故障，无法反映变压器外部端子上的故障。因此，除了设置瓦斯保护外，还需设置过电流、速断或差动保护。

（三）变压器的过电流保护、电流速断保护和过负荷保护

1. 变压器的过电流保护

变压器的过电流保护用来保护变压器外部短路时引起的过电流，同时又可作为变压器内部短路时瓦斯保护和差动保护的后备保护。为此，保护装置应装在电源侧。过电流动作以后，断开变压器两侧的断路器。

变压器的过电流保护，其组成、原理与电力线路的过电流保护完全相同，见图 5-34。

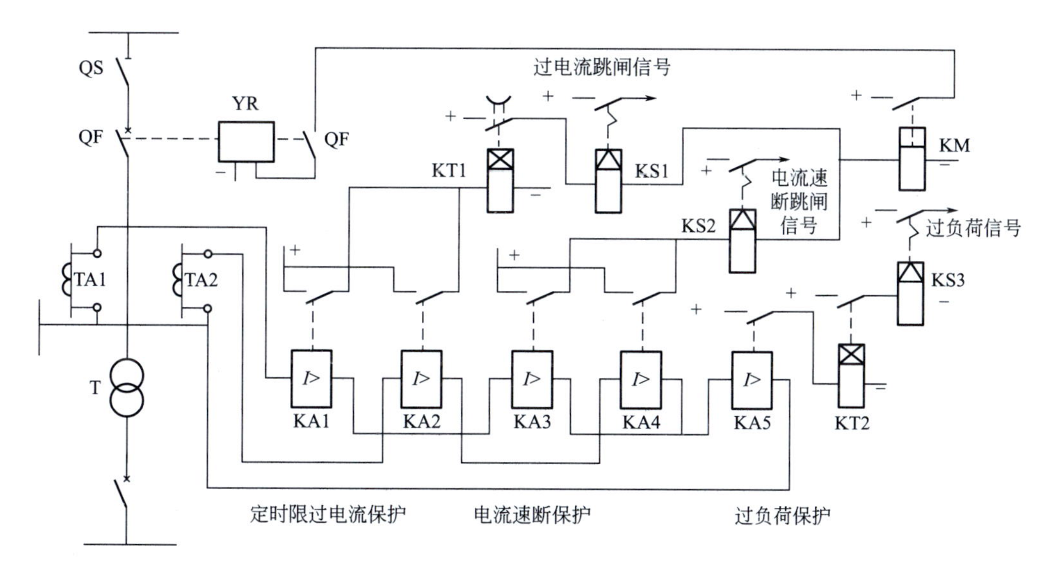

图 5-34 变压器的过电流保护、电流速断保护和过负荷保护

变压器过电流保护的动作电流整定：与电力线路过电流保护的基本相同，只是线路最大负荷电流 I_{Lmax} 取（1.5～3）I_{1NT}，I_{1NT} 为变压器的额定一次电流。

变压器过电流保护的动作时间的整定：动作时间取 10～15s。但对电力系统终端变电所，其动作时间可整定为最小时间 0.5s。

变压器过电流保护灵敏度的校验：按变压器低压侧母线在系统最小运行方式下发生两相短路时换算到高压侧的短路电流值 I'_{Kmin} 来检验，要求灵敏系数 $S_P \geq 2$。如果达不到要求，可采用低电压闭锁的过电流保护。

2. 变压器的电流速断保护

组成与原理：与电力线路的电流速断保护完全相同，见图 5-34。

速断电流整定：速断电流的整定计算公式与线路电流速断保护的基本相同，只是式中的 I_{Kmax} 为低压母线的三相短路电流换算到高压侧的短路电流值。

灵敏度校验：按其保护装置安装处（即高压侧）在系统最小运行方式下发生两相短路的短路电流 $I_K^{(2)}$ 来检验，要求 $S_P \geqslant 2$。

解决速断保护死区问题：配备带时限的过电流保护。

解决励磁涌流冲击问题：变压器在空投或者突然恢复电压时将出现（8～10）$I_{1N.T}$ 的励磁涌流，为防止此冲击电流引起电流速断保护误动作，可在整定后，将变压器空载试投几次，以检查速断保护是否误动作。

3. 变压器的过负荷保护

组成与原理：与电力线路的过负荷保护完全相同，见图 5-34。

动作电流整定：与电力线路过负荷保护的基本相同，只是 I_{30} 取变压器的额定一次电流。

动作时间：10～15s。

【例 5-3】 某配电变电所装有一台 10/0.4kV、1000kV・A 的配电变压器。已知变压器低压侧母线的三相短路电流 $I_K^{(3)}=16kA$，高压侧继电保护用电流互感器电流比为 100/5，继电器采用 GL-15/10 型，接成两相两继电器式。试整定该过电流继电器的动作电流、动作时间及速断电流倍数。

解：① 过电流保护动作电流的整定

取 $K_{rel}=1.3$，而 $K_W=1$，$K_{re}=0.8$，$K_i=100/5=20$，

$$I_{Lmax}=2I_{1NT}=2\times1000/\sqrt{3}\times10=115.5A$$

故动作电流整定为 9A。

② 过电流保护动作时间的整定

考虑到配电变电所为系统的终端变电所，因此过电流保护的 10 倍动作电流的动作时间整定为 0.5s。

③ 电流速断保护速断电流的整定

取 $K_{rel}=1.5$，而 $I_{Kmax}=16kA\times0.4/10=0.64kA=640A$，故

$$I_{qb}=\frac{1.5\times1}{20}\times640=48A$$

因此速断电流倍数应整定为

$$n_{qb}=\frac{I_{qb}}{I_{OP}}=\frac{48}{9}=5.3$$

【任务实施及考核】

详细的实施步骤及考核扫描右侧二维码即可查看下载。

项目五任务一任务实施单

在线测试九（供配电系统继电保护）

任务二　电气设备的防雷与接地

【任务描述】

供配电系统要实现正常运行，首先必须保证其安全性。防雷和接地是电气安全的主要措施。本次任务

首要学习有关电气安全和电气接地的基本知识，并熟悉电气安全规程，了解雷电的形成和危害以及供配电系统的接地类型。本任务主要是学习电气接地装置的安装接线技术，使学生掌握安装操作规程，学会选择接地点和接地线、正确连接接地体和接地线，规范安装接地体和接地带装置。

【相关知识】

一、电气装置的防雷

供电系统正常运行时，因为某种原因导致电压升高危及到电气设备绝缘，这种超过正常状态的高电压称为过电压。

在供电系统中，过电压有两种：内部过电压和大气过电压。内部过电压是供电系统中开关操作、负荷骤变或由于故障而引起的过电压，运行经验证明，内部过电压对电力线路和电气设备绝缘的威胁不是很大。大气过电压又称为雷电过电压，它是由于电力系统内部的设备或建筑物遭受雷击或雷电感应而产生的过电压。

（一）雷电形成及危害

1. 雷电的形成与形式

（1）雷电的形成　雷电是雷云对带不同电荷的物体进行放电的一种自然现象。

① 雷云：水蒸气通过摩擦形成带不同种电荷的云。

② 雷电过电压：物体遭受雷击或雷电感应而产生的过电压。

③ 雷电压：约为1亿至10亿伏特。

④ 雷电流：最高几十万安培。

（2）雷电过电压基本形式

① 直击雷过电压。它是雷电直接击中电气设备、线路或建（构）筑物，其过电压引起强大的雷电流通过这些物体放电入地。直击雷过电压产生过程如图5-35所示。

a. 带某种电荷的雷云，在能量积聚足够强时冲向地面，即雷电先导。

b. 地面突出物感应出另一种电荷，即迎雷先导。

c. 两种电荷相遇后，形成巨大的雷电流直接对物体放电。

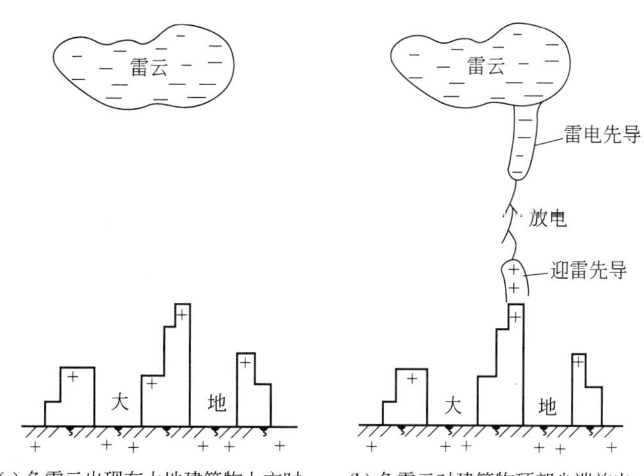

(a) 负雷云出现在大地建筑物上方时　(b) 负雷云对建筑物顶部尖端放电

图5-35　雷云（直击雷）对大地放电示意图

② 感应雷过电压。它是雷电未直接击中电力系统中的任何部分而由雷电对设备、线路或其他物体的静电感应或电磁感应所产生的过电压，如图 5-36 所示。

③ 雷电波侵入。架空线路或金属管路遭受直接雷击或间接雷击而引起的过电压波，会沿线路侵入变配电所或其他建筑物。据我国几个城市统计，供电系统中由于雷电波侵入而造成的雷害事故，占整个雷害事故的 50%～70%，比例很大，因此对雷电波侵入的防护应予足够的重视。

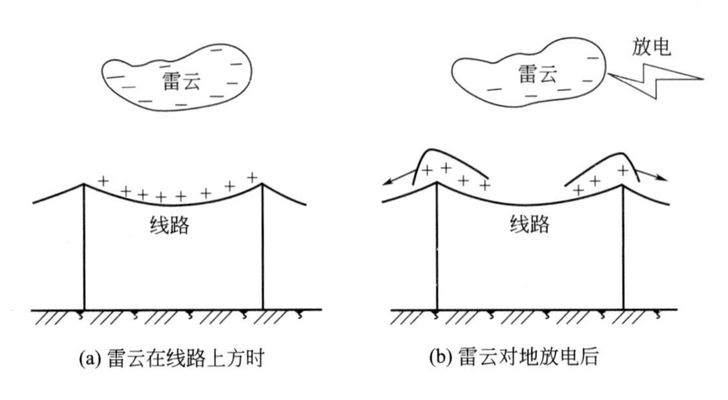

图 5-36 架空线路上的感应过电压

2. **雷电的危害**

雷电形成伴随着巨大的电流和极高的电压，在它的放电过程中会产生极大的破坏力，雷电的危害主要是以下几方面。

（1）雷电的热效应 雷电产生强大的热能使金属熔化，烧断输电导线，摧毁用电设备，甚至引起火灾和爆炸。

（2）雷电的机械效应 雷电产生强大的电动力可以击毁杆塔，破坏建筑物，人畜亦不能幸免。

（3）雷电的闪络放电 雷电产生的高电压会引起绝缘子烧坏，断路器跳闸，导致供电线路停电。

（二）防雷保护装置

防雷装置一般都由接闪器、引下线及接地装置三部分组成。其中接地装置又由接地体和接地线组成。

1. **接闪器**

接闪器是专门用来接收雷云放电的金属物体。接闪器的类型有避雷针、避雷线、避雷网、避雷带、避雷器等，它们都是常用于防止直击雷的防雷设备。

（1）避雷针

① 避雷针的功能 装设避雷针是防止直击雷的有效措施。避雷针的功能实质上是引雷作用，它能对雷电场产生一个附加电场（这附加电场是由于雷云对避雷针产生静电感应引起的），使雷电场畸变，从而将雷云放电的通道，由原来可能向被保护物体发展的方向，吸引到避雷针本身，然后经与避雷针相连的引下线和接地装置将雷电流泄放到大地中去，使被保护物免受直接雷击。所以，避雷针实质是引雷针，它把雷电流引入地下，从而保护了线路、设备及建筑物等。

② 避雷针的制作安装 避雷针一般采用针长为 1～2m、直径不小于 20mm 的镀锌圆钢，

或针长为1～2m、内径不小于25mm的镀锌钢管制成。它通常安装在电杆或构架、建筑物上。

③ 避雷针的保护范围 一定高度的避雷针下面有一个安全区域，此区域的物体基本上不受雷击。我们把这个安全区域叫做避雷针的保护范围。保护范围的大小与避雷针的高度有关。确定避雷针的保护范围至关重要，一般用滚球法确定。滚球法就是选择一个半径为h_r的球体（表5-2），沿需要防护的部位滚动，如果球体只接触到避雷针，而不触及需要保护的部位，则该部位就在避雷针的保护范围之内。

表5-2 滚球半径的选择

建筑物的防雷类别	滚球半径h_r/m
第一类防雷建筑物	30
第二类防雷建筑物	45
第三类防雷建筑物	60

避雷针保护范围的确定方法如图5-37所示，具体步骤如下：

• 当避雷针高度$h \leqslant h_r$时

a. 距地面h_r处作平行于地面的直线。

b. 以针尖为圆心，h_r为半径划弧交于直线A、B两点。

c. 分别以A、B为圆心，h_r为半径划弧线，该弧线与地面及避雷针形成的空间即为避雷针的保护范围。

d. 避雷针在某一高度h_x的xx'平面上的保护半径r_x按下式确定（单位为m）。

$$r_x = \sqrt{h(2h_r - h)} - \sqrt{h_x(2h_r - h_x)}$$

式中，h为避雷针的高度，m；h_x为被保护物的高度，m；h_r为滚球半径，按表5-2确定，m。

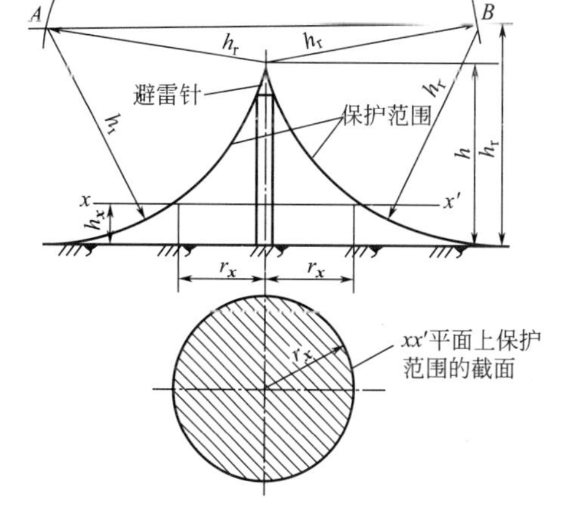

图5-37 单支避雷针的保护

• 当避雷针高度$h > h_r$时

在避雷针上取高度为h_r的一点代替上述的针尖作圆心，其余的做法同$h \leqslant h_r$时。

【例5-4】 某单位一座高30m的水塔旁边，建有水泵房（属第三类防雷建筑物），见图5-38。水塔上面安装有一支高2m的避雷针。试问此避雷针能否保护这水泵房。

解： $h_r = 60$m，而$h = 30\text{m} + 2\text{m} = 32$m，$h_x = 6$m。水泵房屋顶水平面上的保护半径为：

$$r_x = \sqrt{32 \times (2 \times 60 - 32)} - \sqrt{6 \times (2 \times 60 - 6)} = 26.9\text{m}$$

泵房在$h_x = 6$m高度（屋顶）上最远一角距离避雷针的水平距离为：

$$r = \sqrt{(12 + 6)^2 + 5^2} = 18.7\text{m} < r_x$$

故此避雷针能保护该水泵房。

（2）避雷线

① 避雷线的功能 避雷线的原理及作用与避雷针基本相同，它主要用于保护架空线路，

它由悬挂在空中的接地导线、接地引下线和接地体等组成。避雷线一般采用截面积不小于$35mm^2$的镀锌钢线，架设在架空线路导线的上方，以保护架空线或其他物体免遭直击雷。

② 避雷线的保护范围　当避雷线高度$h>2h_r$时，无保护范围；当避雷线的高度当$h<2h_r$时，确定方法如图5-39所示，具体步骤如下。

a. 距地面h_r处作一平行线。

b. 以避雷线为圆心，h_r为半径，划弧线交于平行线的A、B两点。

c. 分别以A、B为圆心，h_r为半径作弧线，则两弧线与地面间的空间就是保护范围。

避雷线在某一高度h_x的平面xx'上的保护宽度b_x按下式计算。

$$b_x=\sqrt{h(2h_r-h)}-\sqrt{h_x(2h_r-h_x)}$$

但要注意，确定架空避雷线的高度时，应计及弧垂的影响。在无法确定弧垂的情况下，等高支柱间的档距小于120m时，其避雷线中点的弧垂宜取2m；档距为120～150m时，弧垂宜取3m。

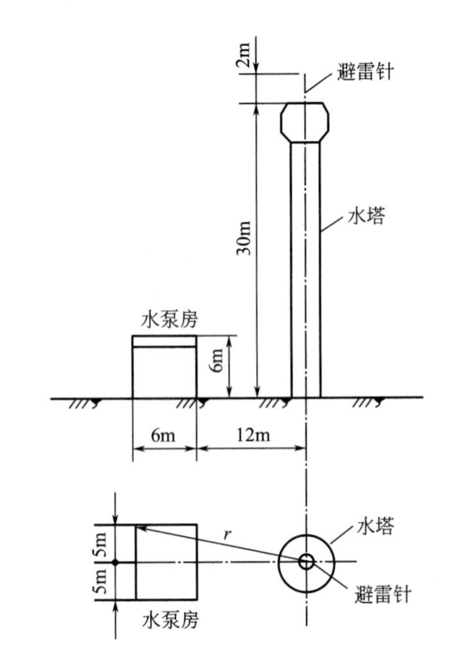

图5-38　【例5-4】题图

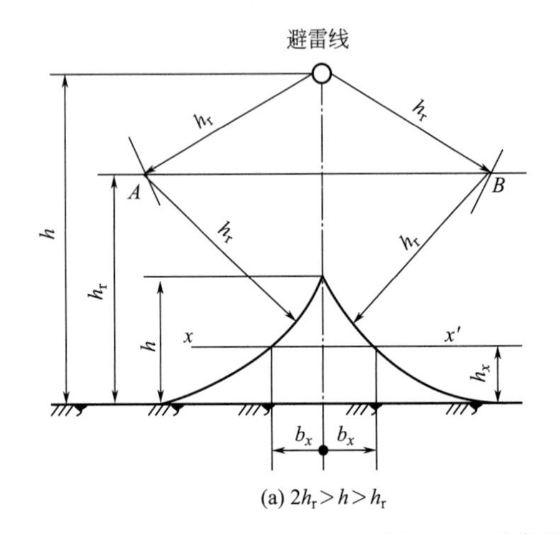

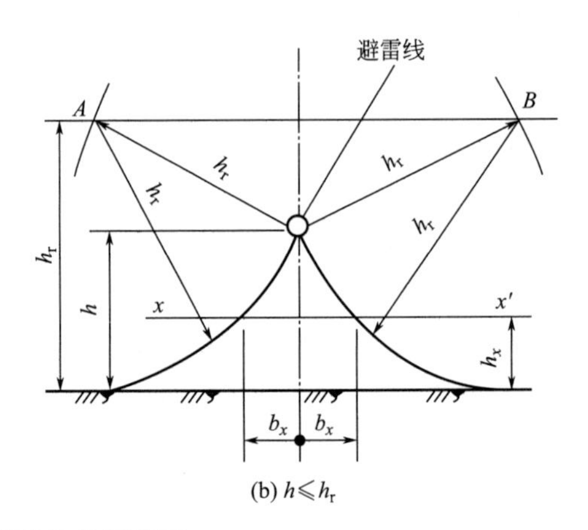

(a) $2h_r>h>h_r$　　(b) $h\leqslant h_r$

图5-39　单条避雷线的保护范围

（3）避雷带和避雷网

避雷带和避雷网主要用来保护高层建筑物免遭直击雷和感应雷。

避雷带和避雷网宜采用圆钢和扁钢，优先采用圆钢。圆钢直径应不小于8mm；扁钢截面积应不小于$48mm^2$，其厚度应不小于4mm。当烟囱上采用避雷环时，其圆钢直径应不小于12mm；扁钢截面积应不小于$100mm^2$，其厚度应不小于4mm。

避雷带一般沿屋顶屋脊装设，用预埋角钢作支柱，高出屋脊或屋檐100～150mm，支柱间距为1000～1500mm。

以上接闪器均应经引下线与接地装置连接。引下线宜采用圆钢或扁钢，优先采用圆钢，其尺寸要求与避雷带（网）采用的相同。引下线应沿建筑物外墙明敷，并经最短的路径接地，建筑艺术要求较高者可暗敷，但其圆钢直径应不小于 10mm，扁钢截面积应不小于 $80mm^2$。

（4）避雷器

① 避雷器作用　避雷器是用来防止雷电产生过电压波沿线路侵入变电所或其他设备内，从而使被保护设备的绝缘免受过电压的破坏。它一般接于导线与地之间，与被保护设备并联，装在被保护设备的电源侧。

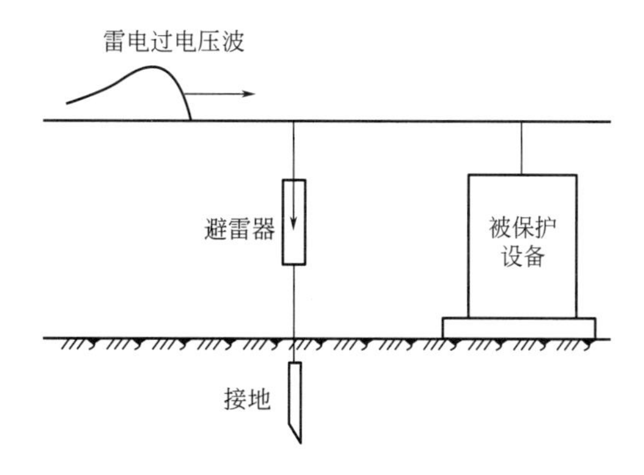

图 5-40　避雷器安装示意图

如图 5-40 所示，在供配电系统正常工作的时候，避雷器并不导电，当有危及被保护设备绝缘的雷电入侵波来袭时，避雷器的火花间隙立即被击穿发生放电，自动将金属管线与大地接通，使入侵波对地放电，从而保护了电气设备的安全。放电结束后可以自行将管线与大地隔开绝缘，恢复供配电系统的正常工作。

② 避雷器种类　目前使用的避雷器主要有管式避雷器、阀式避雷器、金属氧化物避雷器和角式避雷器。

a. 阀式避雷器（FV）　阀式避雷器又称阀型避雷器，是保护发、变电设备最主要的基本元件，也是决定高压电气设备绝缘水平的基础。阀式避雷器分为普通阀式避雷器和磁吹阀式避雷器两大类。普通阀型避雷器有 FS 型和 FZ 型两个系列；磁吹阀型避雷器有 FCD 型和 FCZ 型两个系列。阀式避雷器型号中的符号含义如下：

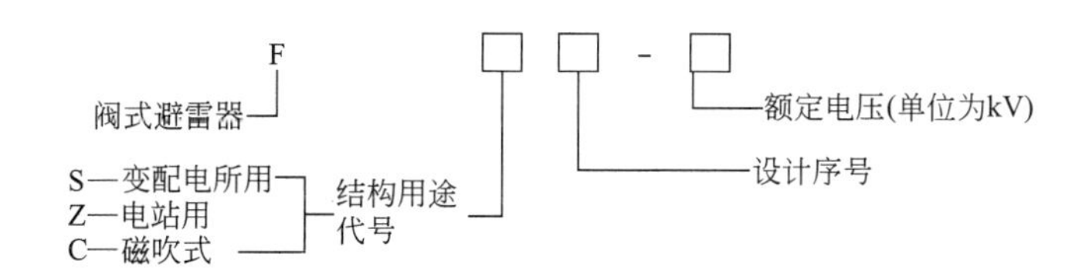

阀式避雷器的实物见图 5-41。内部结构及特性见图 5-42，火花间隙和阀片密封在瓷套管内，火花间隙用铜片冲制而成，每对间隙用云母垫圈隔开。阀片用碳化硅制成，具有非线性电阻特性。

图 5-41　阀式避雷器实物

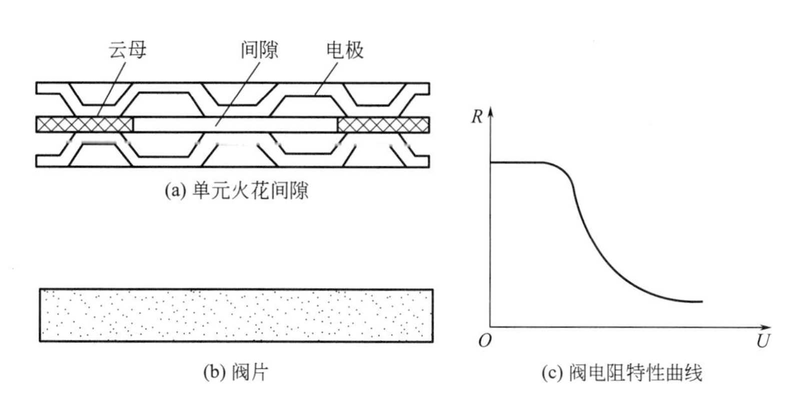

图 5-42　阀式避雷器内部结构及特性

避雷原理如下：正常情况下，火花间隙阻断工频电流通过；雷电情况下，火花间隙被击穿放电，阀片呈现小电阻，使雷电流顺畅泄放。

雷电过后，阀片呈现大电阻，电弧熄灭，火花间隙形成，切断工频续流，恢复线路的正常运行。由此可见，电阻阀片和火花间隙的绝好配合，使避雷器很像一个阀门，对雷电流阀门打开，对工频电流阀门则关闭，故称之为阀式避雷器。

FS系列阀式避雷器的结构如图5-43所示。此系列避雷器阀片直径较小，通流容量较低，一般用作保护变配电设备和线路。FZ系列阀式避雷器如图5-44所示，此系列避雷器阀片直径较大，且火花间隙并联了具有非线性的碳化硅电阻，通流容量较大，一般用于保护35kV及其以上大中型工厂中总降压变电所的电气设备。

磁吹阀式避雷器（FCD型），其内部附有磁吹装置来加速火花间隙中电弧的熄灭，专门用来保护重要的或绝缘较为薄弱的设备，如高压电动机等。

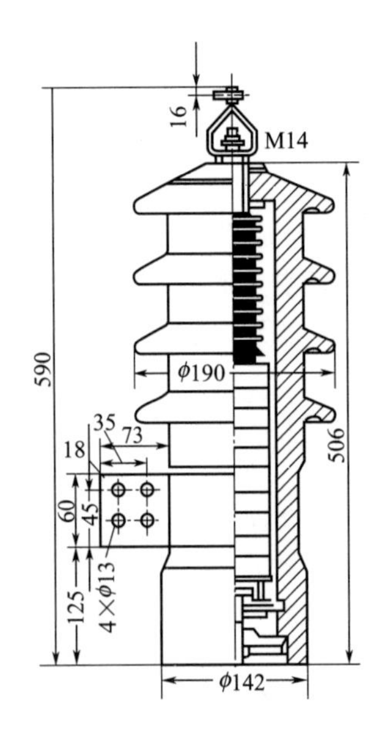

图5-43　FS-10阀式避雷器

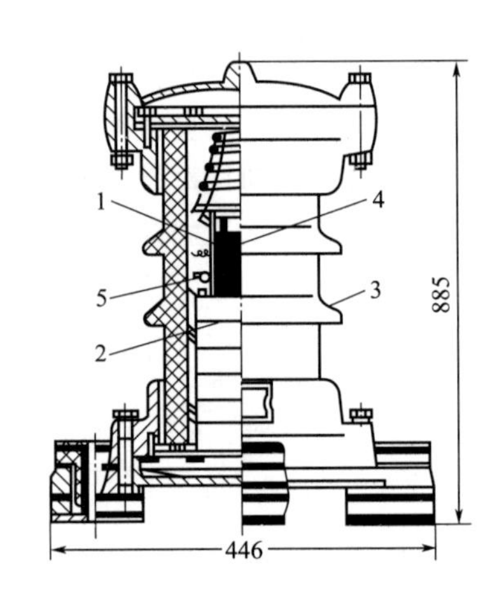

图5-44　FZ-10阀式避雷器

1—火花间隙；2—阀片；3—瓷套；4—云母片；5—分路电阻

b. 管式避雷器　管式避雷器的基本元件是安装在产气管内的火花间隙，间隙由棒形和环形电极构成，如图5-45所示。管式避雷器由灭弧管内间隙和外间隙组成。灭弧管一般用纤维胶木等能在高温下产气的材料制成。当雷电波过电压来临，管式避雷器的内外间隙（s_1、s_2）被击穿，雷电流通过接地线泄入大地。接踵而来的工频电流产生强烈的电弧，电弧燃烧管壁并产生大量气体从管口喷出，很快地吹灭电弧。同时外部间隙恢复绝缘，使灭弧管或避雷器与系统隔开，系统恢复正常运行。

因管式避雷器是靠工频电流产生气体而灭弧的，所以如果开断的短路电流过大，产气过多，超出灭弧管的机械强度时，会使其开裂或爆炸，因此管式避雷器通常用于户外，一般用于架空线上的防雷保护。

c. 金属氧化物避雷器　金属氧化物避雷器（亦称压敏避雷器）是20世纪70年代开始出现的一种新型的避雷器，如图5-46所示。与传统的碳化硅阀式避雷器相比，金属氧化物避雷器没有火花间隙，且用氧化锌（ZnO）代替碳化硅（SiC），在结构上采用压敏电阻制成

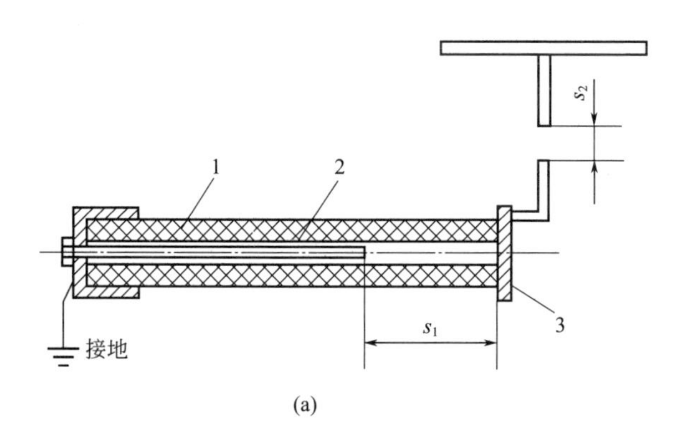

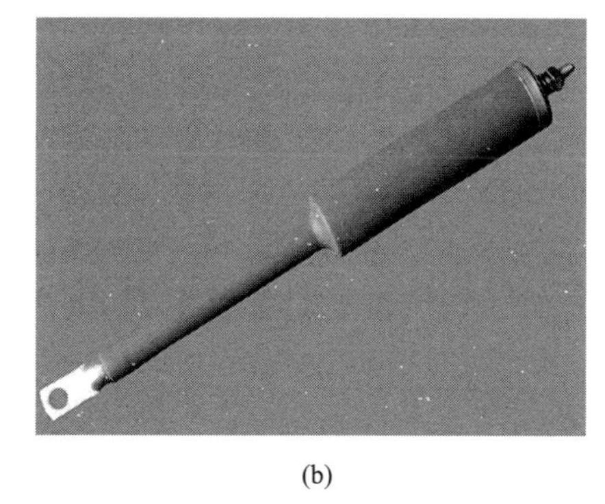

图 5-45　管式避雷器

1—产气管；2—内部电极；3—外部电极；s_1—内间隙；s_2—外间隙

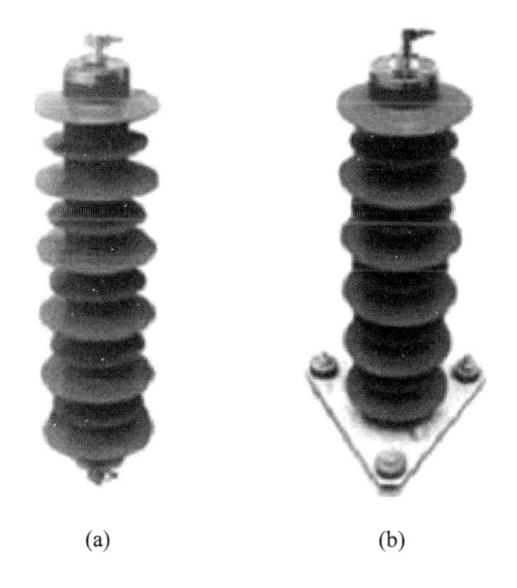

图 5-46　金属氧化物避雷器

的阀片叠装而成的。该阀片具有优异的非线性伏安特性：工频电压下，它呈现极大的电阻，能有效地抑制工频电流；而在雷电波过电压下，它又呈现极小的电阻，能很好地泄放雷电流。

金属氧化物避雷器具有保护特性好、通流能力强、残压低、体积小、安装方便等优点。

目前金属氧化物避雷器已广泛地用于高低压电气设备的保护，只用于室内。

d. 角式避雷器　角式避雷器的结构见图 5-47，其保护间隙由主间隙和辅助间隙组成。

雷电来时，雷电过电压击穿保护间隙后放电。辅助间隙的作用是防止主间隙被误短路造成保护间隙误动作。角式避雷器只装于室外且负荷次要的线路上。

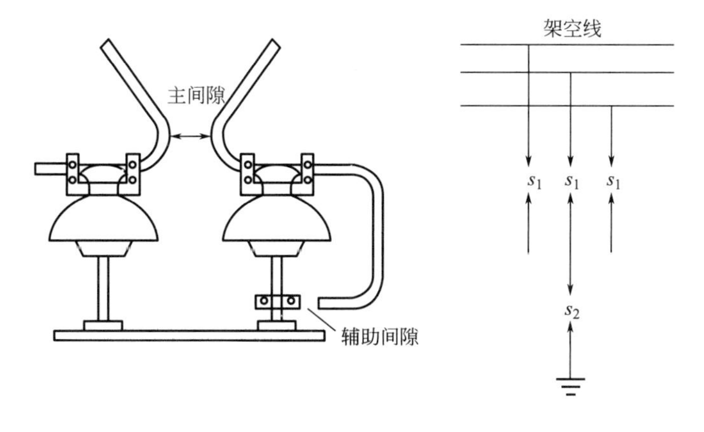

图 5-47　角式避雷器的结构及接线

2. 引下线

引下线是连接接闪器和接地装置的金属导体。其作用是构成雷电流向大地泄放的通道。

引下线一般用圆钢或扁钢制作。引下线应满足机械强度、耐腐蚀和热稳定性的要求。

（1）敷设要求　引下线可以专门敷设，也可以利用建筑物内的金属构件。引下线应沿建筑物外墙敷设，并经最短路径接地。采用圆钢时，直径不应小于 8mm；采用扁钢时，其截面积应不小于 48mm²，厚度应不小于 4mm。暗装时截面积应放大一级。

在我国高层建筑物中，优先利用柱或剪力墙中的主钢筋作为引下线。当钢筋直径不小于 16mm 时，应用两根主钢筋作为一组引下线。当钢筋直径为 10mm 及以上时，应用四根钢筋作为一组引下线。防雷引下线的数量多少影响到反击电压大小及雷电流引下的可靠性，所以引下线及其布置应按不同防雷等级确定，一般不少于两根。

为了便于测量接地电阻和检查引下线与接地装置的连接情况，人工敷设的引下线宜在引下线距地面 0.3～1.8m 之间位置设置断接卡。但利用钢筋作为引下线时应在室内或室外的适当地点设置若干连接板，该连接板可供测量、接人工接地体和作等电位连接用。

（2）施工要求　明敷的引下线应镀锌，焊接处应涂防腐漆。地上约 1.7m 至地下 0.3m 的一段引下线，应有保护措施，以防止受机械损伤和人身接触。引下线施工不得直角转弯，与雨水管相距接近时可以焊接在一起。

高层建筑的引下线应该与金属门窗电气接通，当采用两根主筋时，其焊接长度应不小于直径的 6 倍。

3. 接地装置

（1）接地装置　接地装置包括接地体和接地线。接地体指的是埋入地中并直接与大地接触的金属物体，见图 5-48。接地体分为人工接地体和自然接地体。

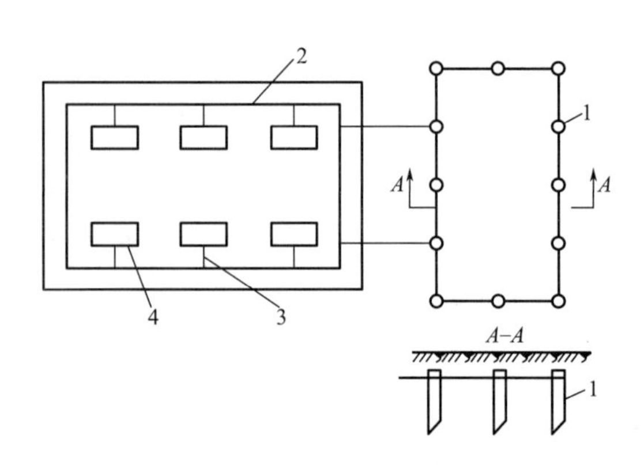

图 5-48　接地装置

1—接地体；2—接地干线；3—接地支线；4—电气设备

其中人工接地体是指专门为接地而人为装设的接地体；自然接地体体是指直接与大地接触的各种金属体。

接地线指的是设备的接地点与接地体相连的金属导体（图 5-48）。接地干线一般应采用不少于两根导体在不同地点与接地网连接。

接地网是指由若干接地体在大地中相互用接地线连接起来的整体。

（2）接地装置的安装

① 一般要求

a. 垂直接地体的安装。垂直埋设的接地体一般采用热镀锌的角钢、钢管、圆钢等，垂直敷设的接地体长度不应小于 2.5m。圆钢直径不应小于 19mm，钢管壁厚不应小于 3.5mm，角钢壁厚不应小于 4mm。

b. 水平接地体的安装。水平埋设接地体一般采用热镀锌的扁钢、圆钢等。扁钢截面不应小于 100mm²。变配电所的接地装置，应敷设以水平接地体为主的人工接地网。

c. 避雷针的接地装置应单独敷设，且与其他电气设备保护接地装置相隔一定的安全距离，一般不少于 10m。

② 自然接地体的使用（如自然接地体满足要求可不装人工接地体）　自然接地体如建筑物的钢结构基础、地下管道等，要求在其连接处必须跨接焊接。

③ 人工接地体的敷设　通常采用垂直埋设，宜采用圆钢、钢管或角钢，最常用为钢管长 2.5m，直径 50mm。垂直埋设接地体间距大于接地体长度的两倍；水平埋设接地体间距

大于 5m。接地体与建筑物基础水平距离 1.5m。人工接地体的安装如图 5-49 所示。

④ 接地装置平面布置图示例　见图 5-50，距变配电所建筑 3m 左右，埋设 10 根管式垂直接地体（直径 50mm、长 2.5m 的钢管）。接地钢管之间约为 5m，采用 $40mm^2 \times 4mm$ 的扁钢焊接成一个外缘闭合的环形接地网。变压器下面的钢轨以及安装高压开关柜、高压电容器柜和低压配电屏的地沟上的槽钢或角钢，均用 $25mm^2 \times 4mm$ 的扁钢焊接成网，并与室外接地网多处连接。

为便于测量接地电阻及临时接地的需要，在适当地点安装临时接地端子。

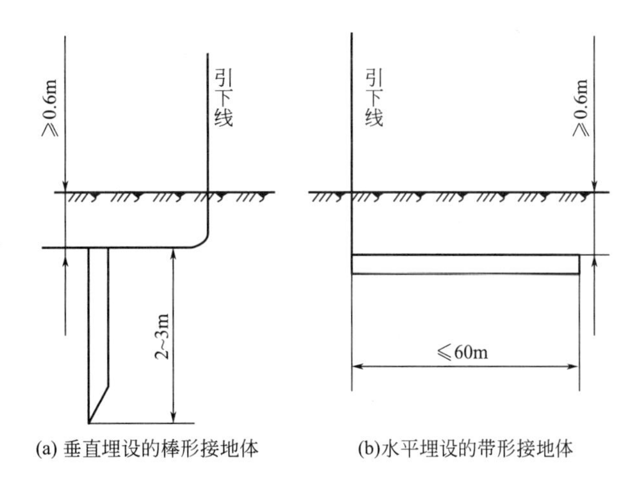

图 5-49　人工接地体的安装

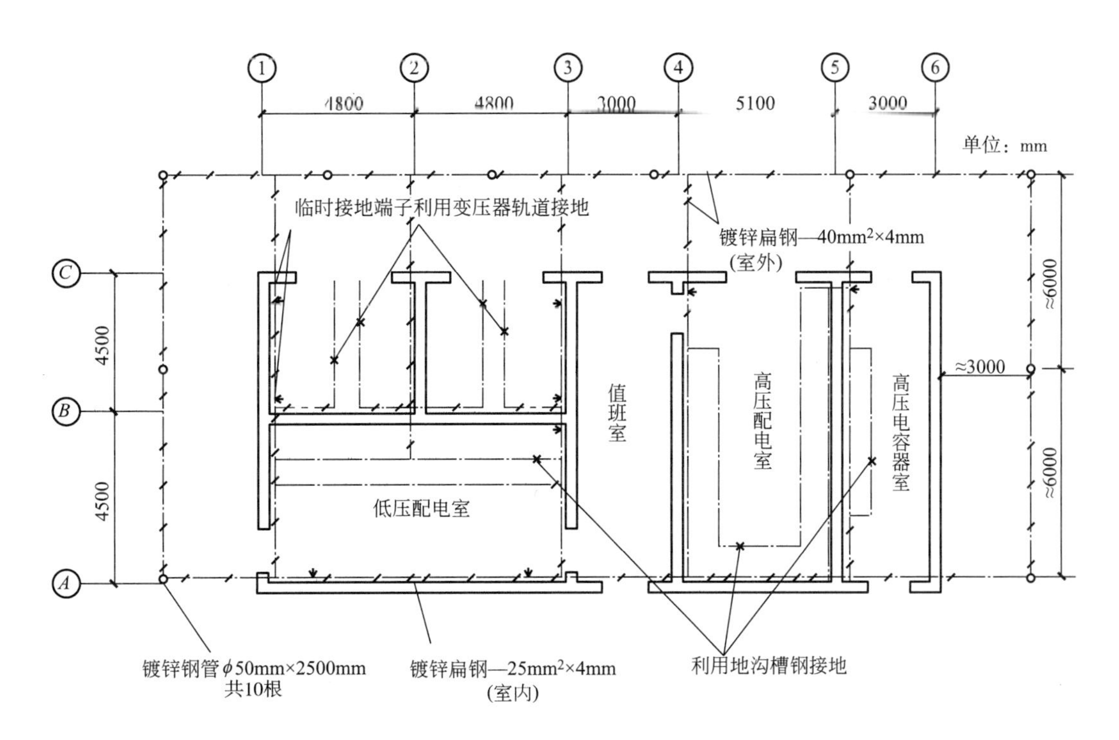

图 5-50　接地装置平面布置图示例

（三）供配电系统的防雷措施

1. 架空线路的防雷措施

（1）架设避雷线　这是防雷的有效措施，但造价高，因此只在 66kV 及以上的架空线路上才沿全线装设。35kV 的架空线路上，一般只在进出变配电所的一段线路上装设；而 10kV 及以下线路上一般不装设避雷线。

（2）提高线路本身的绝缘水平　在架空线路上，可采用木横担、瓷横担或高一级的绝缘子，以提高线路的防雷水平，这是10kV及以下架空线路防雷的基本措施。

（3）加装避雷器或保护间隙　由于3～10kV的线路是中性点不接地的系统，因此可在三角形排列的顶线绝缘子上装以保护间隙，如图5-51所示。在出现雷电过电压时，顶线绝缘子上的保护间隙被击穿，通过其接地引下线对地泄放雷电流，从而保护了下面两根导线，也不会引起线路断路器跳闸。

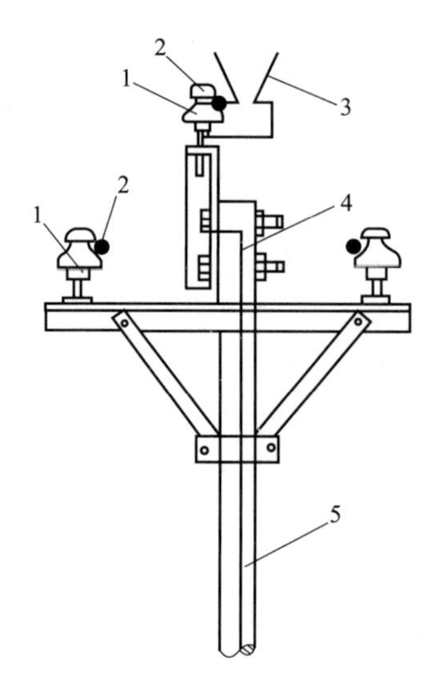

图5-51　架空线路顶线绝缘子附加保护间隙

1—绝缘子；2—架空导线；3—保护间隙；4—接地引下线；5—支柱（电杆）

2. 变配电所的防雷措施

（1）装设避雷针或避雷带（网）　室外配电装置应装设避雷针来防护直接雷击。如果变配电所处在附近高建（构）筑物上避雷设施保护范围之内或变配电所本身为室内型时，不必再考虑直击雷的防护。

① 独立避雷针宜设独立的接地装置，接地电阻$R_E \leqslant 10\Omega$。

② 要求避雷针与配电装置在空气中的水平间距$s_0 \geqslant 5$m（图5-52）。

③ 要求避雷针的接地装置与变配电所主接地网在地下的水平间距$s_E \geqslant 3$m，如图5-52所示。

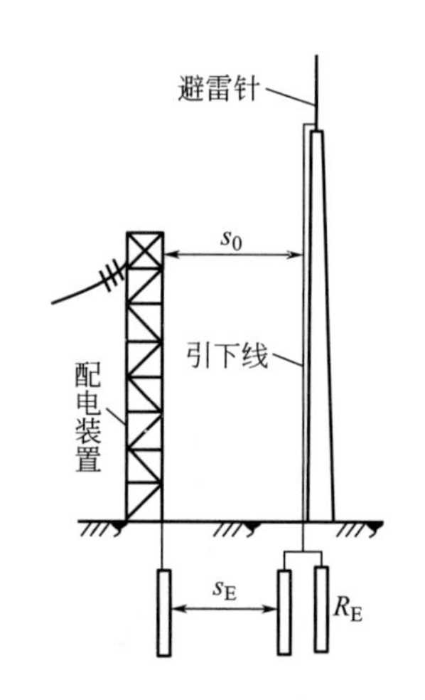

图5-52　避雷针与配电装置及变配电所主接地网

（2）装设避雷线　在35kV的变配电所架空进线上，架设1～2km的避雷线，避免其引起的雷电侵入波对变电所电气装置产生危害。

（3）装设避雷器

① 高压侧装设避雷器　这主要用来保护主变压器，以免雷电冲击波沿高压线路侵入变电所，损坏了变电所这一最关键的设备。为此要求避雷器应尽量靠近主变压器安装。阀式避雷器至3～10kV主变压器的最大电气距离如表5-3所示。避雷器的接地端应与变压器低压侧中性点及金属外壳等连接在一起接地，如图5-53所示。变配电所高压侧装设避雷器以防雷电波侵入的接线如图5-54所示。在每路进线终端和每段母线上，均装有阀式避雷器。如果进线是具有一段引入电缆的架空线路，则在架空线路终端的电缆头处装设阀式避雷器或排气式避雷器，其接地端与电缆头外壳相连后接地。

表5-3　阀式避雷器至3～10kV主变压器的最大电气距离

雷雨季节经常运行的进线路数	1	2	3	≥4
避雷器至主变压器的最大电气距离/m	15	23	27	30

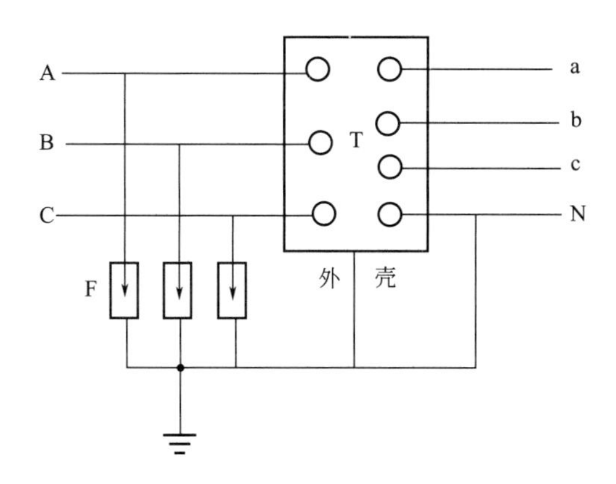

图 5-53 电力变压器的防雷保护及其接地系统

T—电力变压器；F—阀式避雷器

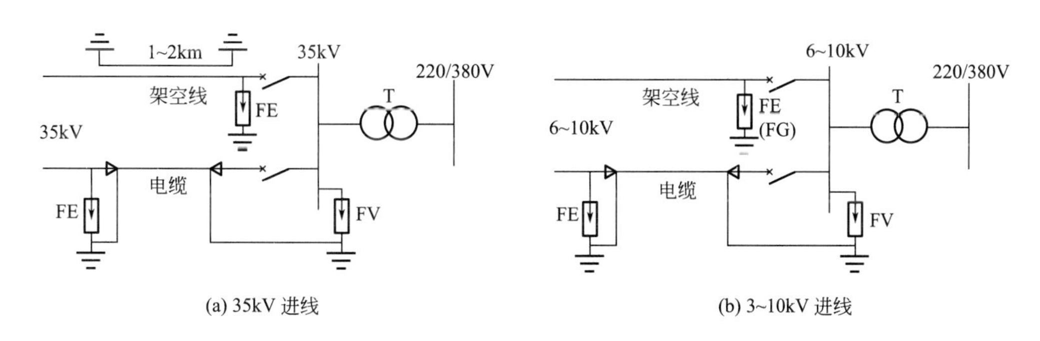

图 5-54 变配电所的雷电侵入波过电压保护接线

FV—阀式避雷器；FE—排气式避雷器；FG—保护间隙

② 低压侧装设避雷器 这主要用在多雷区用来防止雷电波沿低压线路侵入而击穿电力变压器的绝缘。当变压器低压侧中性点不接地时（如 IT 系统），其中性点可装设阀式避雷器或金属氧化物避雷器或保护间隙。

3. 高压电动机的防雷措施

高压电动机的定子绕组是采用固体介质绝缘的，其冲击耐压试验值大约只有同电压等级电力变压器的 1/3 左右。加之长期运行时，固体绝缘介质还要受潮、腐蚀和老化，会进一步降低其耐压水平。因此高压电动机对雷电波侵入的防护，不能采用普通的 FS 型和 FD 型阀式避雷器，而要采用专用于保护旋转电机用的 FCD 型磁吹阀式避雷器，或采用具有串联间隙的金属氧化物避雷器。

对定子绕组中性点能引出的高压电动机，就在中性点装设磁吹阀式避雷器或金属氧化物避雷器。

对定子绕组中性点不能引出的高压电动机，可采用图 5-55 所示接线。为降低沿线侵入的雷电波波头陡度，减轻其对电动机绕组绝缘的危害，可在电动机前面加一段 100～150m 的引入电缆，并在电缆前的电缆头处安装一组排气式或阀式避雷器，而在电动机电源端（母线上）安装一组并联有电容器（0.25～0.5μF）的 FCD 型磁吹阀式避雷器。

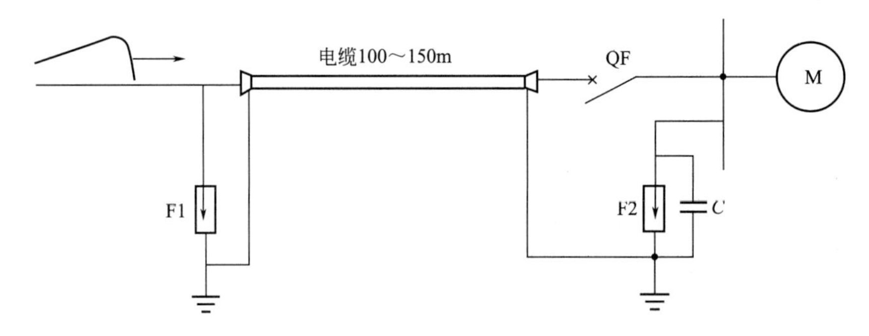

图 5-55　高压电动机的防雷保护接线

4. 建筑物的防雷措施

（1）建筑物的防雷分类（表 5-4）

表 5-4　建筑物的防雷分类

类别	防雷建筑划分条件
第一类防雷建筑物	凡制造、使用或储存有雷管、炸药等大量爆炸物质的建筑物，因火花而引起爆炸，会造成巨大破坏和人身伤亡的
第二类防雷建筑物	国家级重点文物保护建筑物、会堂、办公建筑物、大型展览和博览建筑物、大型火车站、国宾馆、国家级档案馆、大型城市的重要给水泵房等特别重要的建筑物。制造、使用或储存爆炸物质的建筑物，且电火花不易引起爆炸或不致造成巨大破坏和人身伤亡的
第三类防雷建筑物	省级重点文物保护的建筑物及省级档案馆。 预计雷击次数大于或等于 0.012 次/年，且小于或等于 0.06 次/年的省级办公建筑物及其他重要或人员密集的公共建筑物。 预计雷击次数大于或等于 0.06 次/年，且小于或等于 0.3 次/年的住宅、办公楼等一般性的民用建筑物。 平均雷暴日大于 15 天/年的地区、高度在 20m 及以上的烟囱、水塔等孤立的高耸建筑物

（2）各类防雷建筑物的防雷要求　建筑物易受雷击的部位见表 5-5。

表 5-5　建筑物易受雷击的部位

序号	屋面情况	易受雷击部位示意图
1	平屋面	
2	坡度不大于 1/10 的屋面	

续表

序号	屋面情况	易受雷击部位示意图
3	坡度大于 1/10 且小于 1/2 的屋面	
4	坡度不小于 1/2 的屋面	

注：1. 图上圆圈“○”表示雷击率最高的部位；实线“——”表示易受雷击部位；虚线“---”表示不易受雷击部位；

2. 对序号 3、4 所示屋面，在屋脊有避雷带的情况下，当屋檐处于屋脊避雷带的保护范围内时，屋檐上可不再装设避雷带。

① 第一类防雷建筑物的防雷要求

a. 防直击雷。装设独立避雷针或避雷线（网），其与被保护物的距离不得小于 3m，接地电阻 $R \leqslant 10\Omega$。当建筑物高于 30m 时，应采取防侧击雷的措施。

b. 防雷电感应。建筑物内的金属物件及设备接到同一接地装置上。接地电阻 $R \leqslant 10\Omega$。金属屋面每隔 18～24m 应采用引下线接地一次。

c. 防雷电波侵入。低压线路应全线采用电缆直接埋地敷设。在入户处，将电缆的金属外皮、钢管接地。当采用一段电缆穿钢管埋地引入，其埋地长度不应小于 15m。在电缆与架空线连接处，还应装设避雷器。避雷器、电缆金属外皮、钢管及绝缘子铁脚、金具等均应连在一起接地，其接地电阻 $R \leqslant 10\Omega$。

② 第二类防雷建筑物的防雷要求

a. 防直击雷。装设避雷网（带）或避雷针或其混合装置。接地电阻 $R \leqslant 10\Omega$。当建筑物高于 45m 时，应采取防侧击雷的措施。

b. 防雷电感应。建筑物内的主要金属物应就近接地。

c. 防雷电波侵入。电缆引入时，在入户端将电缆金属外皮接地。架空线引入时，在入户处装设避雷器或设 2～3mm 的空气间隙，并与绝缘子铁脚、金具连在一起接到接地装置上，其接地电阻 $R \leqslant 10\Omega$。

③ 第三类防雷建筑物的防雷要求

a. 防直击雷。装设避雷网（带）或避雷针或其混合装置。接地电阻 $R \leqslant 10\Omega$。当建筑物高于 60m 时，应采取防侧击雷的措施。

b. 防雷电感应。引下线与附近金属物和电气线路的间距应符合要求。

c. 防雷电波侵入。架空线应装设避雷器。电缆的金属外皮等接地，接地电阻 $R \leqslant 10\Omega$。进出建筑物的架空金属管道，在进出处就近接地，接地电阻 $R \leqslant 10\Omega$。

【例 5-5】 某商务大楼楼顶避雷带的平面布置图（单位为 mm），见图 5-56。

二、电气装置的接地

（一）接地的相关概念

1. “地”

大地是一个电阻非常低、电容量非常大的物体，拥有吸收无限电荷的能力，而且在吸收

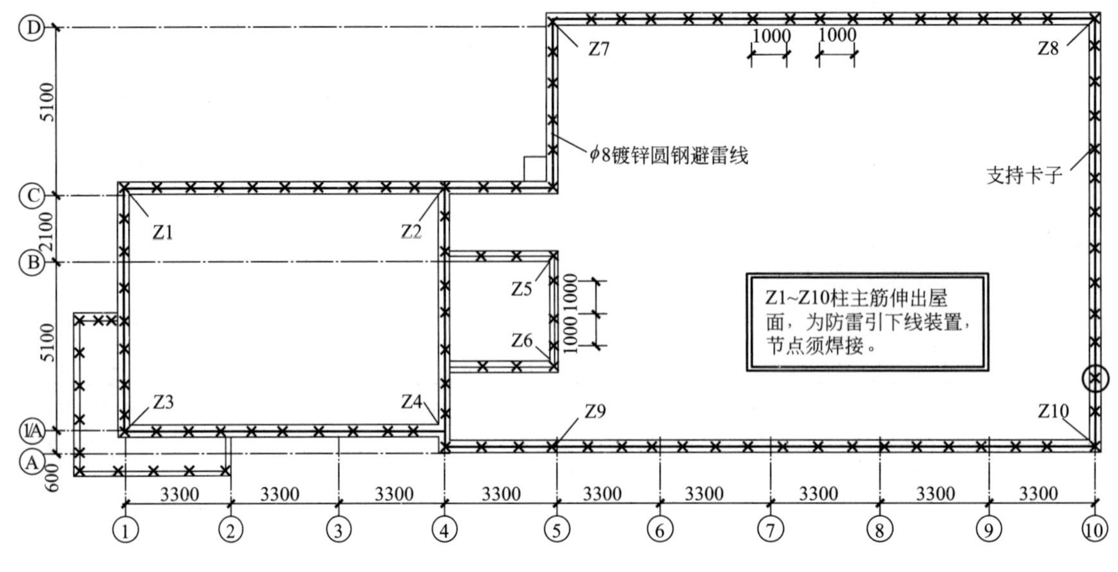

图 5-56 【例 5-5】示例图

大量电荷后仍能保持电位不变，因此适合作为电气系统中的参考电位体。

2. 接地

接地就是将电气设备某金属部分与大地作良好的电气连接。

3. 接地电阻

接地电阻是接地体的流散电阻与接地线和接地体电阻的总和。在数值上等于电气设备的接地点对地电压与通过接地体流入地中电流的比值。接地电阻 R_E 的表示式为

$$R_E = U_E / I_E \tag{5-12}$$

式中 U_E——接地电压，V；

I_E——接地电流，A。

4. 接零

接零就是电气设备的某部分与 PEN 线（或 PE 线）线进行良好的电气连接。

5. 接触电压

人站在发生接地故障的电气设备旁边，手触及设备的外露可导电部分，则人所接触的两点（如手与脚）之间所呈现的电位差称为接触电压 U_{tou}，如图 5-57 所示。由接触电压引起的触电称为接触电压触电。

6. 跨步电压

人在接地故障点周围行走，两脚之间的电位差，称为跨步电压 U_{step}，如图 5-57 所示。由跨步电压引起的触电称为跨步电压触电。

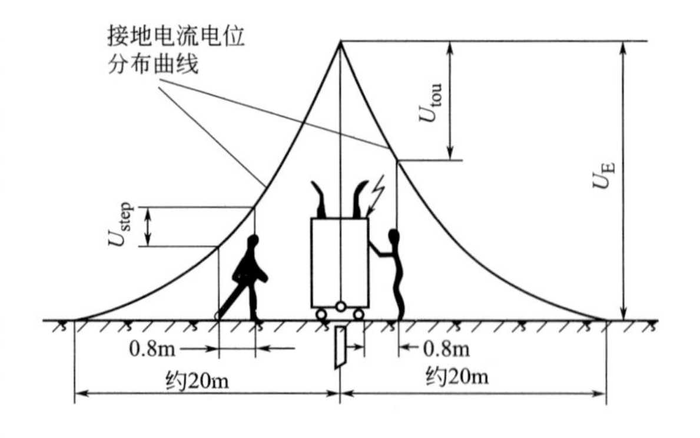

图 5-57 接触电压与跨步电压示意图

（二）接地的类型

1. 工作接地

工作接地是为了保证电气设备在正常的情况下可靠工作而进行的接地。各种工作接地都有其各自的功能。如变压器、发电机的中性点直接接地，能在运行中维持三相系统中相线对地电压不变；又如电压互感器一次线圈中性点接地是为了测量一次系统相对地的电压；电源中性点经消弧线圈接地能防止系统出现过电压等。

2. 保护接地

保护接地是将电气设备的金属外壳、配电装置的构架、线路的塔杆等正常情况下不带电，但可能因绝缘损坏而带电的所有部分接地。保护接地就是为了在系统故障情况下保障人身安全、防止触电事故而进行的一种接地方式，如图 5-58 所示。

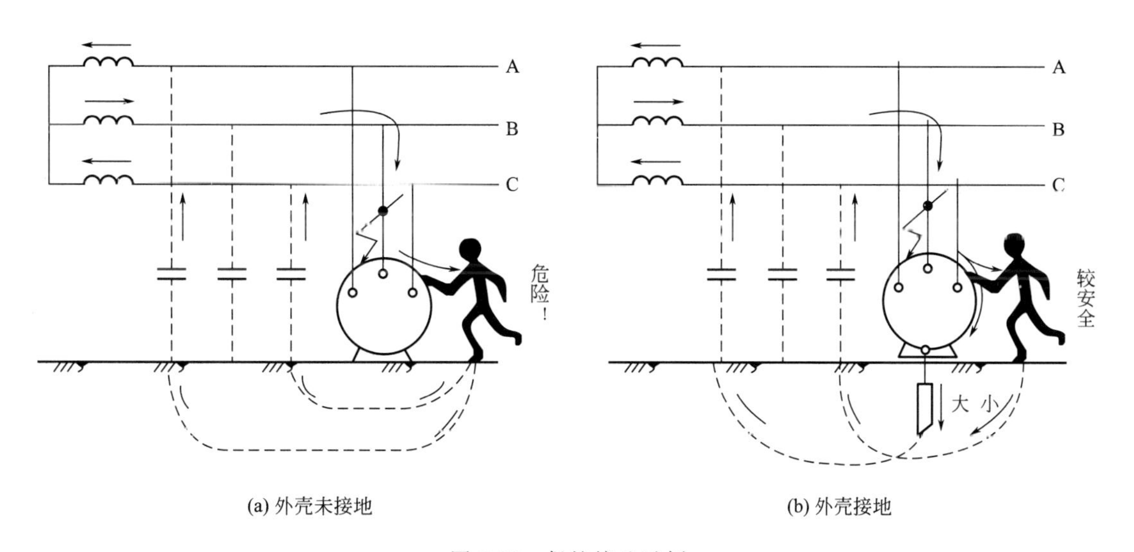

图 5-58　保护接地示例

3. 保护接零

保护接零就是将电气设备外壳接 PEN 线（通称“零线”）或 PE 线（保护线，或称“地线”）的方式。

必须禁止：在同一系统中，不允许一部分设备外壳采取接地，另一部分设备外壳又采取接零（图 5-59）。否则当外壳接地的设备发生一相碰壳时，零线 PEN 线的电位将升高，从而使所有接零的设备外壳均带上危险的电位。

4. 重复接地

重复接地的目的就是确保 PEN 线或 PE 线安全可靠，否则断线危险，如图 5-60 所示。

重复接地点的位置：

① 在架空线路末端及沿线每隔 1km 处。

② 电缆和架空线引入建筑物处。

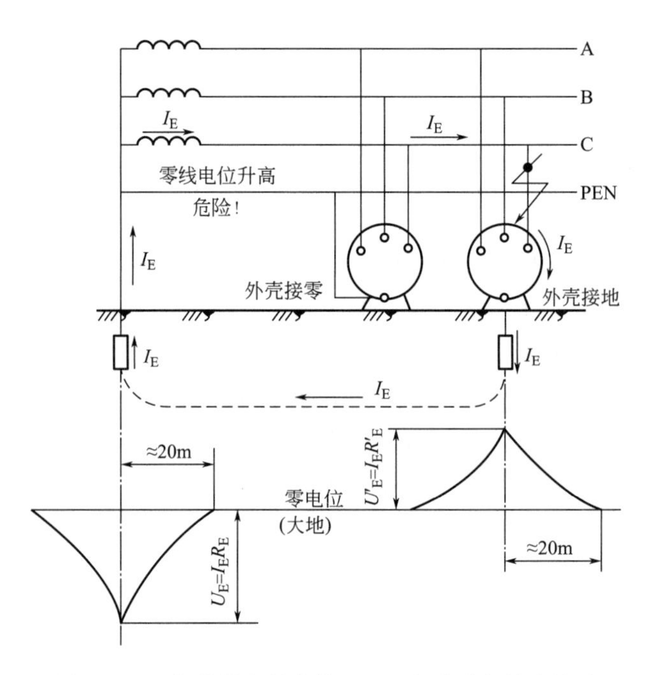

图 5-59　一部分设备外壳接地，一部分设备外壳接零

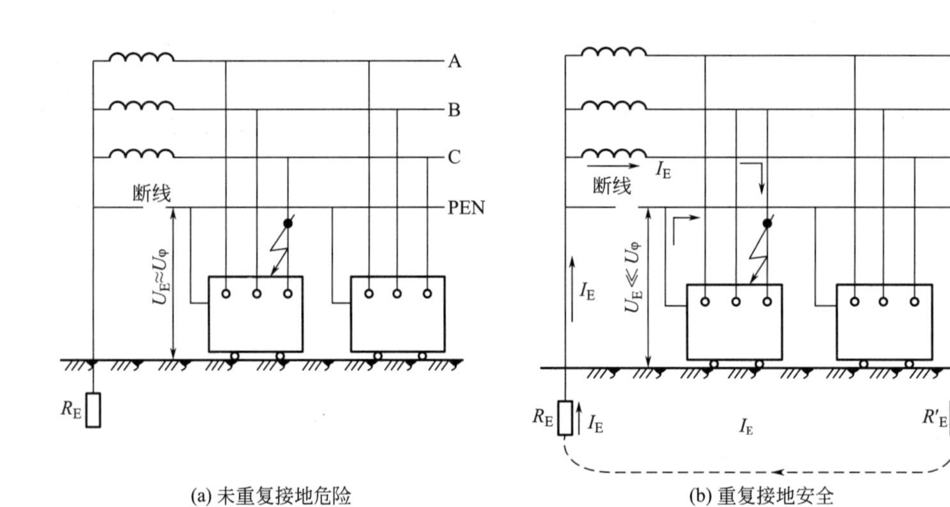

(a) 未重复接地危险　　(b) 重复接地安全

图 5-60　重复接地

【任务实施及考核】

项目五任务二
任务实施单

详细的实施步骤及考核扫描右侧二维码即可查看下载。

任务三　低压配电系统的漏电保护与等电位联结的选择与安装

【任务描述】

本次任务主要学习低压配电系统的漏电保护与等电位联结的选择与安装。

【相关知识】

一、低压配电系统的漏电保护

电网的三道防线

（一）漏电保护器的功能与原理

1. 漏电保护器的功能

漏电保护器（Residual Current Device，RCD）漏电电流达到或超过规定值时能自动断开电路的一种保护电器，用来对低压配电系统中的漏电和接地故障进行安全防护。

2. 漏电保护器的原理

（1）电磁脱扣型漏电保护器　电磁脱扣型漏电保护器接线见图 5-61。

电磁脱扣型漏电保护器原理：正常时，YA 的线圈中没有电流，永久磁铁将衔铁吸合，开关合闸。故障时，YA 线圈中有交流电流通过，产生的交变磁通与原永久磁通叠加产生去磁作用，衔铁被弹簧拉开，开关跳闸。

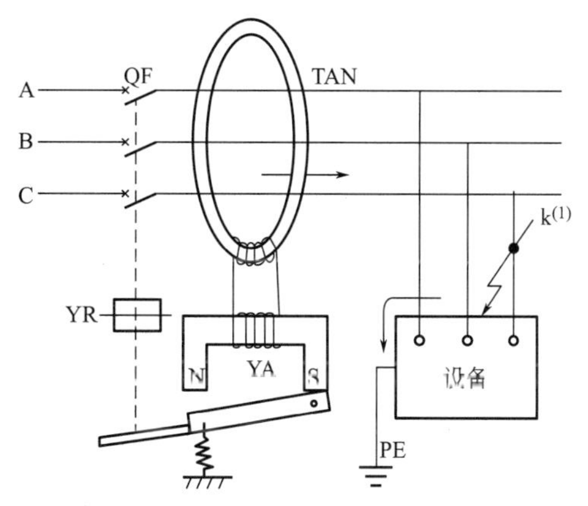

图 5-61　电磁脱扣型漏电保护器接线
TAN—零序电流互感器；YA—极化电磁铁；
QF—断路器；YR—自由脱扣机构

（2）电子脱扣型漏电保护器　电子脱扣型漏电保护器接线见图 5-62。

电子脱扣型漏电保护器原理：正常时，零序电流互感器 TAN 线圈中没有电流，电子放大器 AV 无信号发出，开关处于合闸状态。故障时，线圈中的电信号经电子放大器 AV 放大后，接通脱扣机构 YR，使开关跳闸，从而也起到漏电保护的作用。

（二）漏电保护器的分类

1. 漏电开关

漏电开关由零序电流互感器、漏电脱扣器和主开关组成，具有漏电保护及手动通断电路的功能，主要用于住宅。

2. 漏电断路器

漏电断路器由低压断路器加装（或拼装）漏电保护部件组成，具有漏电、过负荷和短路保护的功能，例如 C45 系列漏电断路器。

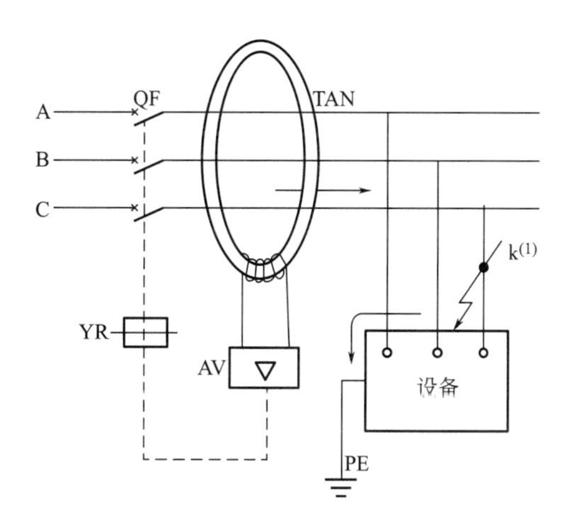

图 5-62　电子脱扣型漏电保护器接线
TAN—零序电流互感器；AV—电子放大器；
QF—断路器；YR—自由脱扣机构

3. 漏电继电器

漏电继电器由零序电流互感器和继电器组成，具有检测和判断漏电和接地故障的功能，由继电器发出信号，并控制断路器或接触器切断电路。

4. 漏电保护插座

漏电保护插座由漏电开关或漏电断路器与插座组合而成，使插座回路连接的设备具有漏电保护功能。

漏电保护器按极数分有单极 2 线、双极 2 线、3 极 3 线、3 极 4 线和 4 极 4 线等多种形式，其在低压配电线路中的接线如图 5-63 所示。

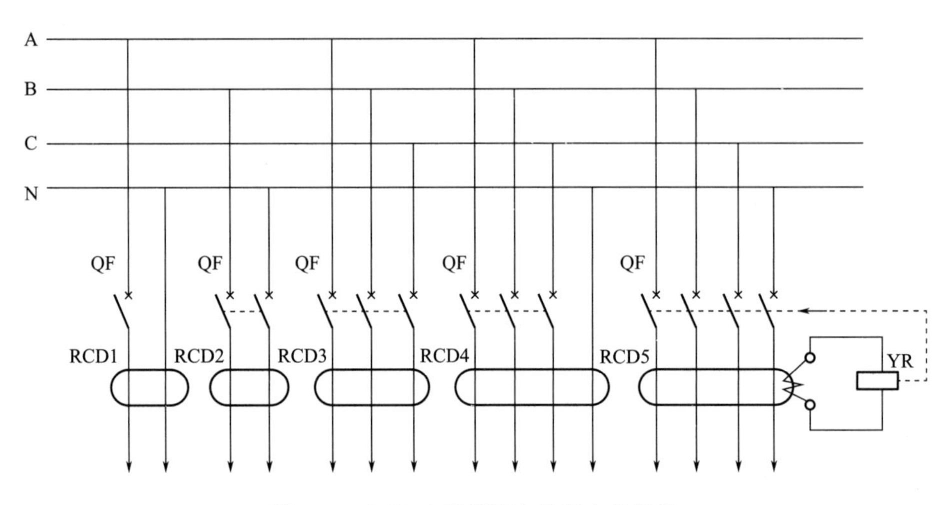

图 5-63 RCD 在低压配电线路中的接线

（三）漏电保护器的装设

1. 漏电保护器的装设场合

国家标准规定，除空调电源插座外（空调属于固定设备，危险低），其他电源插座回路均应装设 RCD。

2. RCD 接线

在 TN-S 系统中装设 RCD 时，PE 线不得穿过零序电流互感器铁芯，否则在发生单相接地故障时，由于进出互感器铁芯的故障电流相互抵消，RCD 不会动作，如图 5-64(a) 所示。而在 TN-C 系统中装设 RCD 时，PEN 线不得穿过零序电流互感器铁芯，否则在发生单相接地故障时，RCD 同样不会动作，如图 5-64(b) 所示。

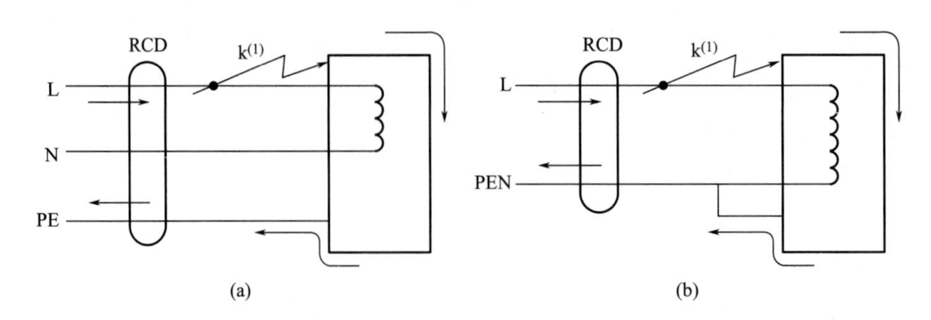

图 5-64 PE 线和 PEN 线不得穿过 RED 的互感器铁芯说明

图 5-64 的正确接线如图 5-65(a)、(b) 所示。

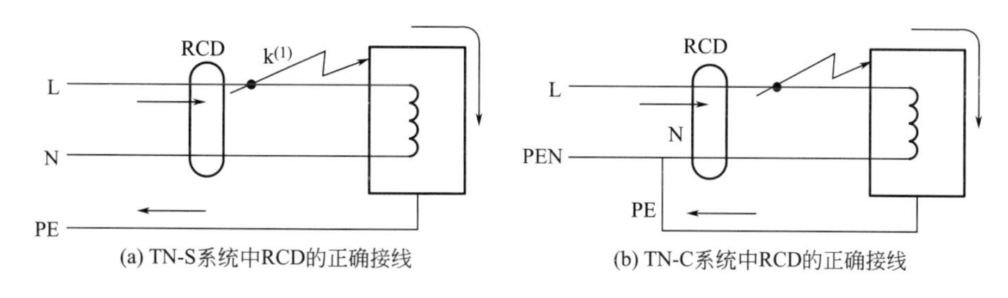

图 5-65 RCD 的正确接线

讨论：图 5-66、图 5-67 中接线是否正确？

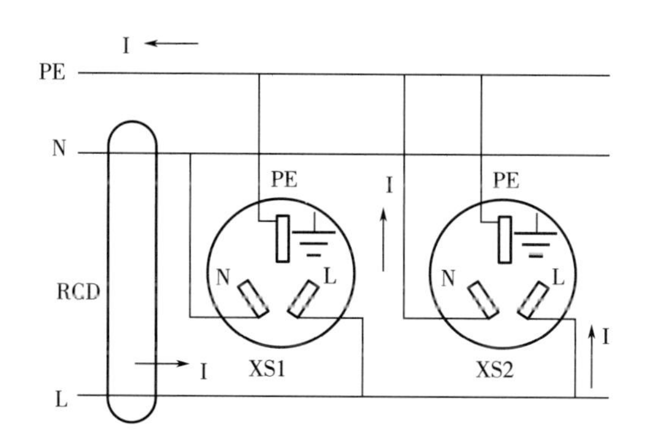

图 5-66 低压配电线路中如插座 xS2 的 N 线和 PE 线接反时，RCD 无法合闸

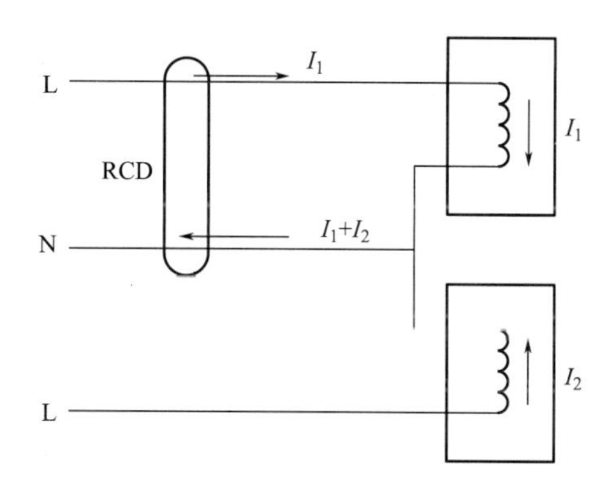

图 5-67 不同回路共用一根 N 线可引起 RCD 误动

二、 低压配电系统的等电位联结

（一）等电位联结

等电位联结就是将各设备金属外壳联结在一起并接地，使其各部分电位基本相等，防触电保安全。

1. 总等电位联结（MEB）

在建筑物进线处，将保护线与电气装置接地干线、各种金属管道（水管等）及金属构件等，都接向总等电位联结端子，使它们都具有基本相等的电位，如图 5-68 所示。

2. 局部等电位联结（LEB）

在远离总等电位联结处、非常潮湿、触电危险性大的局部地区内进行的等电位联结（如浴室等），见图 5-68。

（二）等电位联结的连接线要求

等电位联结主母线的截面积，规定不应小于装置中最大 PE 线或 PEN 线的一半，但采用铜线时截面积不应小于 $6mm^2$，采用铝线时截面积不应小于 $16mm^2$。采用铝线时，必须采取机械保护，且应保证铝线连接处的持久导通性。如果采用铜导线做连接线，其截面积可不超过 $25mm^2$。如采用其他材质导线时，其截面积应能承受与之相当的载流量。

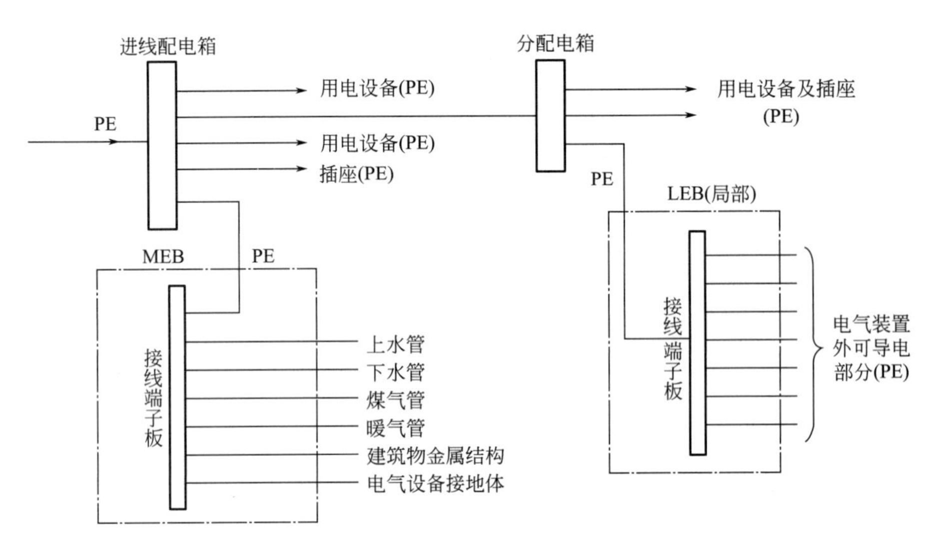

图 5-68　总等电位联结（MEB）和局部等电位联结（LEB）

连接装置外露可导电部分与装置外可导电部分的局部等电位联结线，其截面积不应小于相应 PE 线的一半。而连接两个外露可导电部分的局部等电位联结线，其截面积不应小于接至该两个外露可导电部分的较小 PE 线的截面积。

（三）等电位联结中的几个具体问题

1. 两金属管道连接处缠有黄麻或聚乙烯薄膜，是否需要做跨接线？

由于两管道在做丝扣连接时，上述包缠材料实际上已被损伤而失去了绝缘作用，因此管道连接处在电气上依然是导通的，所以除了自来水管的水表两端需做跨接线外，金属管道连接处一般不需跨接。

2. 现在有些管道系统以塑料管取代金属管，塑料管道系统要不要做等电位联结？

做等电位联结的目的在于使人体可同时触及的导电部分的电位相等或相近，以防人身触电。而塑料管是不导电物质，不可能传导或呈现电位，因此不需对塑料管道做等电位联结，但对金属管道系统内的小段塑料管需做跨接。

3. 在等电位联结系统内，是否需对一管道系统做多次重复联结？

只要金属管道全长导通良好，原则上只需做一次等电位联结。例如在水管进入建筑物的主管上做一次总等电位联结，再在浴室内的水道主管上做一次局部等电位联结就行了。

4. 是否可用配电箱内的 PE 母线来代替接地母线和等电位联结端子板来连接等电位联结线？

由于配电箱内有带危险电压的相线，在配电箱内带电检测等电位联结和接地时，容易不慎触及危险电压而引起触电事故，而若停电检测又将给工作和生活带来不便。因此应在配电箱外另设接地母线或等电位联结端子板，以便安全地进行检测。

5. 是否需在建筑物出入口处采用均衡电位的措施，以降低跨步电压？

对于 1000V 及以下的工频低压装置不必考虑跨步电压的危害，因为一般情况下其跨步电压不足以构成对人体的伤害。

【任务实施及考核】

详细的实施步骤及考核扫描右侧二维码即可查看下载。

项目五任务三
任务实施单

任务四　电气安全与急救认知

【任务描述】

本次任务学习安全电流、安全电压等级、保证安全用电的一般措施及触电急救知识。

【相关知识】

一、电气安全

（一）电流对人体的作用及相关概念

人体接触带电体或人体与带电体之间产生闪络放电，并有一定电流通过人体，导致人体伤亡的现象，称为触电。

人体触电时，若电压一定，则通过人体的电流由人体的电阻值决定。不同类型、不同条件下的人体电阻不尽相同。一般情况下，人体电阻可高达几十千欧，而在最恶劣的情况下（如出汗且有导电粉尘）可能降至1000Ω，而且人体电阻会随着作用于人体的电压升高而急剧下降。

1. 安全电流

安全电流是人体触电后的最大摆脱电流。我国采用的安全电流为30mA。如果通过人体电流大于50mA，一般要致命。

2. 安全电压等级

安全电压是指不致使人直接致死或致残的电压。安全电压的由来：人体的平均电阻（约为1700Ω）与安全电流的乘积。

$$U_{saf}=30\times1700\approx50V$$

相关国家标准规定允许人体接触的安全电压见表5-6。

表5-6　安全电压

安全电压（交流有效值）/V	选用举例	安全电压（交流有效值）/V	选用举例
65	干燥无粉尘地面环境	36	矿井有较多导电粉尘时使用行灯等
42	在有触电危险场所使用手提电动工具	12	对于特别潮湿或有蒸汽游离物等及其他危险的环境

（二）安全用电措施

1. 安全用电的一般措施

（1）电工安全教育　触电事故与各部门电气工人的业务水平、安全工作意识有直接关系。

因此，电气工作人员应该了解本行业的安全要求；熟悉本岗位的安全操作规程。新职工上岗前则应经三级（厂、车间、班组）安全教育和日常安全教育，力争将事故苗子消灭在萌芽状态。

进行带电作业时，人身与带电体间的安全距离不得小于表 5-7 的规定。

表 5-7　人身与带电体的安全距离

电压等级/kV	10	35	66	110	220	330
安全距离/m	0.4	0.6	0.7	1.0	1.8(1.6)	2.6

（2）建立和健全规章制度　必要而合理的规章制度是从长期的生产实践中总结出来的，是保证安全生产的有效手段。如石化行业长期推广的“三三、二五制”，“三三”即三图（操作系统模拟图、设备状况指示图、二次接线图）、三票（运行操作票、检修工作票、临时用电票）、三定（定期检修、定期清扫、定期试验）；“二五”指五规定（运行、检修、试验、事故处理、安全工作等 5 个规程）、五记录（运行、检修、试验、事故处理、设备缺陷等 5 种记录）。这些规章制度为企业安全、连续、高效的生产起到了保驾护航的作用。

（3）加强电气安全检查　电气装置长期带缺陷运行、电气工人违章操作，这些均为事故隐患，应该加强正常运行维护工作和定期检修工作，发现和消除隐患；教育电气工作人员严格执行安全操作规程，以确保安全用电。

（4）采用电气安全用具　为了防止电气工人在工作中发生触电事故，必须使用电气安全用具。通常将安全用具分成基本安全用具和辅助安全用具两大类。基本安全用具指安全用具的绝缘强度能长期承受工作电压，如绝缘棒、绝缘夹钳、低压试电笔、绝缘手套等。辅助安全用具是指其绝缘强度不能长期承受工作电压，常用来防止接触电压、跨步电压、电弧灼伤等对电气工人的危害，如高压绝缘手套、绝缘垫等。

验电工具如图 5-69 所示。

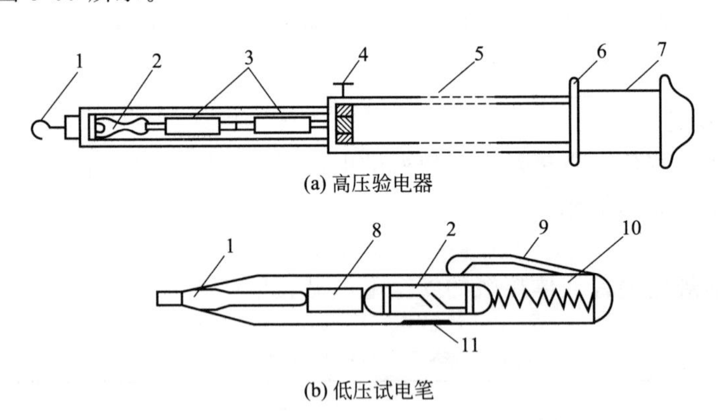

图 5-69　验电工具

1—触头；2—氖灯；3—电容器；4—接地螺钉；5—绝缘棒；6—护环；7—绝缘手柄；8—碳质电阻；9—金属挂钩；10—弹簧；11—观察窗口

2. 安全用电的技术措施

在供电系统的运行、维护过程中，电气工作人员在全部停电或部分停电的电气设备上工作，必须采取下列技术措施。

① 停电时，必须把来自各途径的电源均断开，且各途径至少有一个明显的断开点（如隔离开关、刀开关等）。工作人员在工作时，应与带电部分保持一定的安全距离。

② 通过验电可以明显地验证停电设备确实无电压，从而防止重大事故发生。验电时，工作人员应戴绝缘手套，使用电压等级合适、试验合格、试验期限有效的验电器。在验电前，还必须将验电器在带电设备上检验是否良好。

③ 装设临时接地线是为了防止工作地点突然来电，以保证人身安全的可靠措施。装设临时接地线必须先接接地端，后接设备端。拆掉临时接地线的顺序与此相反。装拆临时接地线应使用绝缘棒或戴绝缘手套。

④ 悬挂标志牌和装设临时遮拦标志牌用来对所有人员提出危及人身安全的警告以及应注意的事项，如“禁止合闸，有人工作”、“高压、生产危险”等；临时遮拦是为防止工作人员误碰或靠近带电体，以保证安全检修。

3. 安全用电的组织措施

安全用电的组织措施，是为保证人身和设备安全而制定的各种制度、规定和手续。

① 工作票制度。工作票制度是准许在电气设备或线路上工作的书面命令，也是执行保证安全技术措施的书面依据。工作票主要内容应包括：工作内容、工作地点、停电范围、停电时间、许可开始工作时间、工作终结及安全措施等。

② 操作票制度。操作票制度在全部停电或部分停电的电气设备或线路上工作，必须执行操作票制度。该制度是人身安全和正确操作的重要保证。操作票的内容应包括：操作票编号、填写日期、发令人、受令人、操作开始和结束时间、操作任务、顺序、项目、操作人、监护人以及备注等。

③ 任务交底制度。任务交底制度规定在接班之前应做好各项准备工作，以保证人身安全及施工进展顺利。对工作负责人而言，在工作开始前，应根据工作票的内容向全体人员交代工作的任务、时间、要求以及各种安全措施。

④ 工作许可制度。此制度是为了进一步加强工作责任感。工作许可人负责审查工作票所列安全措施是否正确完备，是否符合现场条件，在确认安全措施到位后，与工作负责人在工作票上分别签字。工作负责人和工作许可人任何一方不得擅自改变安全措施和工作项目。

⑤ 工作监护制度。该制度是保护人身安全及操作正确的主要措施。监护人的主要职责是监护工作人员的活动范围、工具使用、操作方法正确与否等。

⑥ 工作间断及工作转移制度。在工作时如遇间断（如吃饭休息等），间断后重新开始工作无须再通过工作许可人的许可。工作地点如果发生转移，则应通过工作许可人的许可，办理转移手续。

⑦ 工作终结及送电制度。全部工作完毕后，工作人员应清理现场、清点工具。一切正确无误后，全体人员撤离现场。宣布工作终结后，方可办理送电手续。

二、触电急救

带你全面了解地线

因某种原因，发生人员触电事故时，对触电人员的现场急救，是抢救过程的一个关键。如果能正确并及时地处理，就可能使因触电而假死的人获救；反之则可能带来不可弥补的后果。因此，从事电气工作的人员必须熟悉和掌握触电急救技术。

1. 触电急救的一般原则

（1）低压触电　可采用“拉”“切”“挑”“拽”“垫”的方法，拉开或切断电源，操作中应注意避免救护人触电，应使用干燥绝缘的利器或物件，完成切断电源或使触电人与电源隔离。

（2）高压触电　应采取通知供电部门，使触电电路停电，或用电压等级相符的绝缘拉杆拉开跌落式熔断器切断电路，或采取使线路短路造成跳闸断开电路的方法，也要注意救护人安全，防止跨步电压触电。触电人在高处触电，要注意防止落下跌伤。在触电人脱离电源后，根据受伤程度迅速送往医院或急救。

2. 脱离电源后的处理方法

（1）将触电者脱离电源后，立即移到通风处，并将其仰卧，迅速鉴定触电者是否有心跳、呼吸（图 5-70）。

（2）触电者如神志不清，应使其就地仰面躺平，确保其气道通畅，并用 5s 时间，呼叫其姓名或轻拍其肩膀，判断伤员是否丧失意识，严禁晃动伤员头部呼叫伤员。

（3）抢救伤员要就地迅速进行，抢救过程要坚持不断进行，在医疗部门未到场接替救治前要不停地进行施救。在送往医院的途中也不能停止抢救。当抢救者出现面色好转、嘴唇逐渐红润、瞳孔缩小（图 5-70）、心跳和呼吸迅速恢复正常，即为抢救有效的特征。

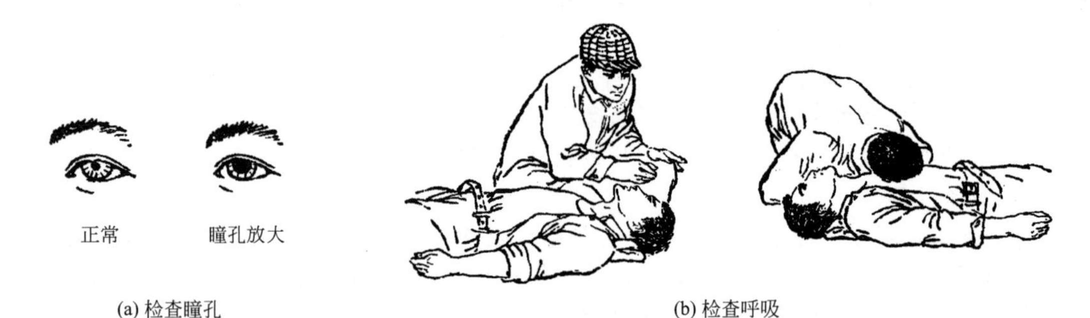

(a) 检查瞳孔　(b) 检查呼吸

图 5-70　检查瞳孔和检查呼吸

3. 急救方法

（1）如果触电者所受伤害不太严重，只是有些心悸、四肢发麻、全身无力，一度昏迷但未失去知觉，此时应使触电者静卧休息，并严密观察，以等医生到来或送往医院。

（2）如果触电者出现呼吸困难或心脏跳动不正常，应及时进行人工呼吸。若心脏停止跳动，应立即进行人工呼吸和胸外心脏挤压。如现场只有一个人，可将人工呼吸和胸外心脏挤压交替进行（挤压心脏 1～2 次，吹气 2～3 次）。现场救护要不停地进行，不能中断，直到医生到来或送往医院。

（3）现场急救：口对口（或口对鼻）人工呼吸法、胸外心脏挤压法。

① 无呼吸，有心跳：通畅气道，用口对口（或口对鼻）人工呼吸法，每分钟 12 次，如图 5-71 所示。

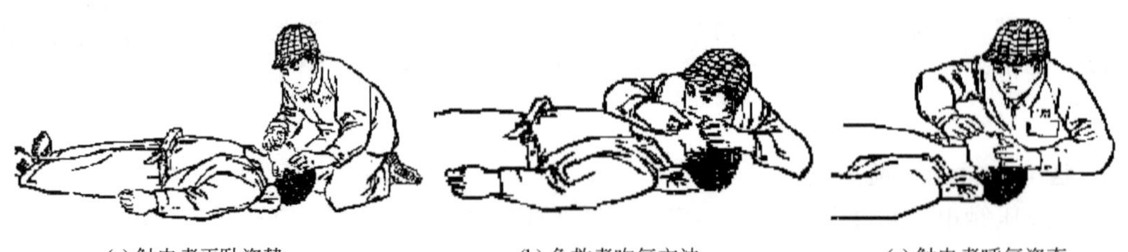

(a) 触电者平卧姿势　(b) 急救者吹气方法　(c) 触电者呼气姿态

图 5-71　无呼吸，有心跳的现场急救

② 有呼吸，无心跳：用胸外心脏挤压法，每分钟 60 次，如图 5-72 所示。

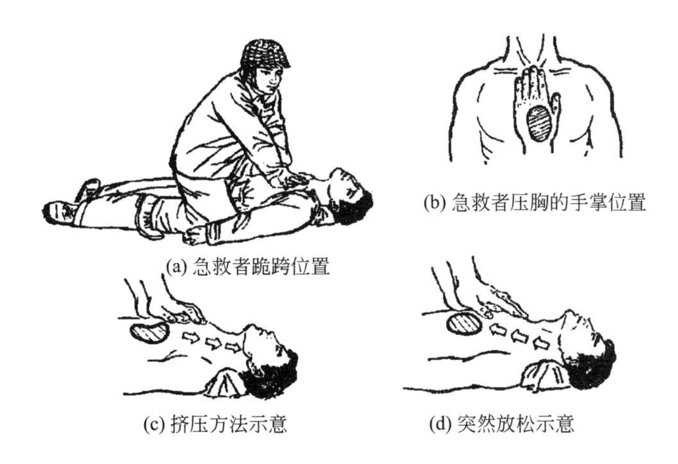

图 5-72 有呼吸，无心跳的现场急救

③ 无呼吸，无心跳：用口对口（或口对鼻）人工呼吸 2～3 次，胸外心脏挤压 5～12 次。

【任务实施及考核】

详细的任务实施步骤及考核扫描右侧二维码即可查看下载。

项目五任务四任务实施单

在线测试十（供配电系统的电气安全）

思考与练习

5-1 继电保护装置的功能是什么？

5-2 对继电保护装置有何要求？

5-3 参见图 5-3，简述过电流继电保护的基本原理。

5-4 电磁式电流继电器、时间继电器、信号继电器和中间继电器在继电保护装置中各起什么作用？各自的图形符号和文字符号如何表示？感应式电流继电器又有哪些功能？其图形符号和文字符号又如何表示？

5-5 什么叫过电流继电器的动作电流、返回电流和返回系数？如继电器返回系数过低，有什么不好？

5-6 什么是继电器的接线系数？

5-7 过电流保护装置的动作时间应如何整定？定时限过电流保护的动作时间整定是调节什么地方？反时限过电流保护的动作时间整定又是调节什么地方？什么叫“10 倍动作电流的动作时间”？

5-8 采用低电压闭锁的过电流保护为什么能提高过电流保护的灵敏度？

5-9 某 10kV 线路，采用两相两继电器接线的去分流跳闸方式的反时限过电流保护装置，电流互感器的变流比为 200/5A，线路的最大负荷电流（含尖峰电流）为 180A，线路首端的三相短路电流周期分量有效值为 2.8kA，末端为 1kA。试整定该线路采用的 GL-15/10 型电流继电器的动作电流和速断电流倍数，并检验其保护灵敏度。

5-10 现有前后两级反时限过电流保护，都采用 GL-15 型过电流继电器，前一级按两相两继电器接线，后一级按两相电流差接线。后一级继电器的 10 倍动作电流的动作时间已整定为 0.5s，动作电流已整定为 9A，而前一级继电器的动作电流已整定为 5A。前一级电流互感器的变流比为 100/5A，后一级电流互感器的变流比为 75/5A。后一级线路首端的 $I_k^{(3)}=400A$。试整定前一级继电器的 10 倍动作电流的动作时间（取 $\Delta t=0.7s$）。

5-11 电流速断保护的动作电流（速断电流）为什么要按躲过被保护线路末端的最大短路电流来整定？这样整定后又出现什么问题？如何弥补？

5-12 某企业 10kV 高压配电所有一回路供电给一车间变电所。该高压配电线首端拟装设由 GL-15 型电流继电器组成的反时限过电流保护和电流速断保护，两相两继电器接线。已知安装的电流互感器变流比为 160/5A，高压配电所的电源进线上装设的定时限过电流保护的动作时间已整定为 1.5。高压配电所母线的三相短路电流 $I_{k-1}^{(3)}=2.86kA$，车间变电所的 380V 母线的三相短路电流 $I_{k-2}^{(3)}=22.3kA$，车间变电所的一台主变压器为 S9-1000 型。试整定供电给该车间变电所的高压配电线首端装设的 GL-15 型电流继电器的动作电流和动作时间及其速断电流倍数，并检验其灵敏度（建议变压器的 $I_{Lmax}=2I_{1NT}$）。

5-13 电力变压器在哪些情况下应装设瓦斯保护？什么情况下“轻瓦斯”动作？什么情况下“重瓦斯”动作？

5-14 电力变压器的过电流保护和电流速断保护的动作电流如何整定？其过负荷保护的动作电流和动作时间又如何整定？

5-15 雷电过电压有哪些形式？各是如何产生的？

5-16 雷电危害对供电系统主要表现在哪几个方面？

5-17 什么叫接闪器？避雷针是如何防护雷击的？

5-18 避雷针、避雷线、避雷带、避雷网各主要用于哪些场所？

5-19 避雷器的功用如何？主要有几种？各有何特点？

5-20 避雷器一般安装在线路的什么位置？

5-21 滚球法是如何确定防雷范围的？

5-22 什么叫接地和接地装置？什么叫自然接地体？什么叫人工接地体？

5-23 最常用的垂直接地体为什么多采用直径 50mm，长 2.5m 的钢管？

5-24 变配电所有哪些防雷措施？

5-25 架空线路有哪些防雷措施？

5-26 建筑物按防雷要求分哪几类？各类建筑物应采取哪些防雷措施？

5-27 某单位有一座二类防雷建筑物，高 10m，其屋顶最远的一角距离高 50m 的烟囱有 15m 远，烟囱上面安装有一支高 2.5m 的避雷针。试问此避雷针能否保护此建筑物？

5-28 什么叫接触电压和跨步电压？一般离接地故障点多远的范围外对人身比较安全？

5-29 什么叫工作接地和保护接地？什么叫保护接零？为什么在同一系统中，不允许对一部分设备外壳采取接地保护，对另一部分设备外壳采取接零保护？

5-30 装设漏电保护器的目的是什么？试分别说明电磁脱扣型和电子脱扣型 RCD 的工作原理。

5-31 为什么低压系统中装设 RCD 时 PE 线和 PEN 线不得穿过零序电流互感器的线圈？

5-32 什么叫总等电位联结 MEB 和局部等电位联结 LEB？它们的功能是什么？各应用在哪些场合？

5-33 在正常的环境条件下，安全电流、安全电压各为多少？

5-34 在全部停电和部分停电的电气设备上工作，应采取哪些保证安全的技术措施？

5-35 发现有人触电，如何急救处理？

项目六

供配电系统二次回路的调试与运行

【知识目标】

① 熟悉工厂供配电系统的二次回路及自动装置。
② 掌握变电所信号装置的基本知识。
③ 掌握变电所测量仪表配置与接线的基本知识。
④ 掌握 6～10kV 母线的绝缘监视的基本知识。

【技能目标】

① 能正确识读二次回路图，能根据二次回路图进行正确接线。
② 能正确判别变电所信号装置的各种信号，能根据信号进行相应操作。
③ 能对电测量仪表进行配置和选择，能对变电所的测量仪表进行安装接线和正确读数。
④ 能对 6～10kV 母线的绝缘监视进行分析，能根据故障信号和仪表读数完成判断故障任务。

【素质目标】

通过“拉闸限电”的案例，了解电力工业快速发展带来的某些隐患，增强环保意识。

任务一　二次回路的分析与监测

【任务描述】

供配电系统的二次回路是指为保证一次电路安全、正常、经济合理运行而装设的具有控制、保护、测量、监察、指示功能的电路，它对一次电路的安全、可靠、优质及经济运行有着十分重要的作用。本次任务主要是掌握变电所二次系统的概念、组成和作用，学会二次回路图的绘制方法，掌握二次回路的安装接线。

【相关知识】

一、二次回路概述

拉闸限电

（一）二次回路及其分类

工厂变配电所的二次回路是指用来控制、指示、监测和保护一次电路运行的电路，亦称二次系统，包括控制系统、信号系统、监测系统及继电保护和自动化系统等。

二次回路中的电气设备称为二次设备，是对一次设备的工作状态进行监视、测量、控制和保护的辅助电气设备。二次设备包括控制开关、继电器、测量仪表、指示灯和音响灯光信号设备等。

1. 二次回路组成

二次回路由控制系统、信号系统、监测系统及继电保护和自动化系统等电路组成。

2. 二次回路分类

二次回路按电源性质分，有直流回路和交流回路。交流回路又分交流电流回路和交流电压回路。交流电流回路由电流互感器供电，交流电压回路由电压互感器供电。

二次回路按其用途分，有断路器控制（操作）回路、信号回路、测量回路、继电保护回路和自动装置回路等。

图 6-1 所示为供配电系统的二次回路功能示意图。

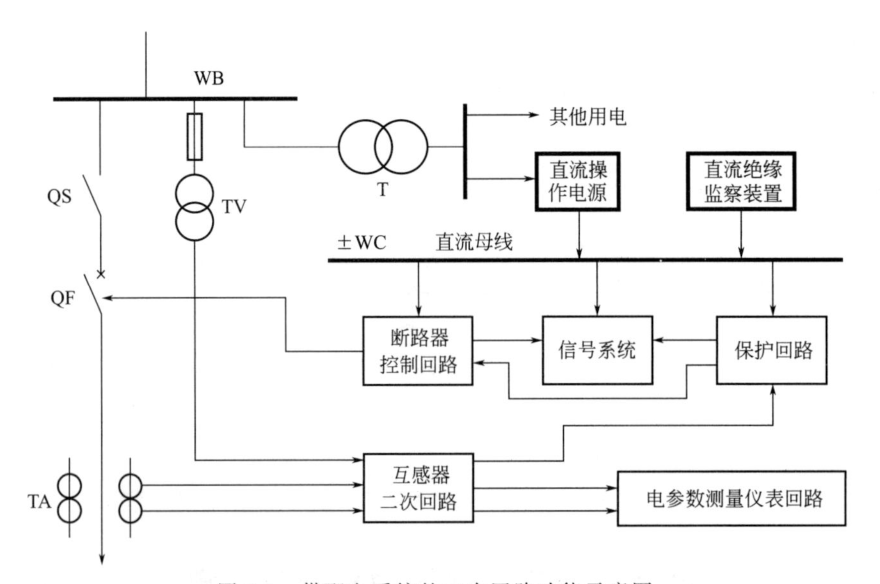

图 6-1 供配电系统的二次回路功能示意图

在图 6-1 中，断路器控制回路的主要功能是对断路器进行通、断操作。当线路发生短路故障时，相应继电保护动作，接通断路器控制回路中的跳闸回路，使断路器跳闸，启动信号回路发出声响和灯光信号。

操作电源向断路器控制回路、继电保护装置、信号回路、监测系统等二次回路提供所需的电能。电压互感器、电流互感器还向监测、电能计量回路提供电压和电流。

（二）二次回路的操作电源

操作电源主要是向二次回路提供所需的电能。因此对操作电源的可靠性要求很高，容量要求足够大，尽可能不受供电系统运行的影响。

二次回路操作电源分直流和交流两大类，其中直流操作电源按电源性质可分为由蓄电池组供电的独立直流电源和交流整流电源，主要用于大、中型变配电所。交流操作电源包括由变配电所主变压器供电的交流电源和由仪用互感器供电的交流电源，通常用于小型变配电所。

1. 直流操作电源

（1）蓄电池组供电的直流操作电源　蓄电池组供电的直流操作电源是一种与电力系统运

行方式无关的独立电源系统。即使在变电所完全停电的情况下，仍能在 2h 内可靠供电，具有很高的供电可靠性。蓄电池主要有铅酸蓄电池和镉镍蓄电池两种。

① 铅酸蓄电池组。铅酸蓄电池的额定端电压（单个）为 2V。但是蓄电池充电终了时，其端电压可达 2.7V。而放电后，其端电压可降到 1.95V。为获得 220V 的操作电压，需蓄电池个数为 $n=230/1.95\approx118$ 个。考虑到充电终了时端电压的升高，因此长期接入操作电源母线的蓄电池个数为 $n_1=230/2.7\approx88$ 个，而 $n_2=n-n_1=30$ 个蓄电池用于调节电压，接于专门的调节开关上。

采用铅酸蓄电池组作操作电源，不受供电系统运行情况的影响，工作可靠；但由于它充电时要排出氢和氧的混合气体，有爆炸危险，而且随着气体带出硫酸蒸气，有强腐蚀性，对人身健康和设备安全都有很大影响。因此铅酸蓄电池组一般要求单独装设在一房间内，而且要考虑防腐防爆，从而投资很大。现在一般工厂供电系统中不予采用。

② 镉镍蓄电池组。近年来我国发展的镉镍蓄电池克服了上述铅酸蓄电池的缺点，其额定端电压（单个）为 1.2V。充电终了时端电压可达 1.75V，采用镉镍蓄电池组作操作电源，除不受供电系统运行情况的影响、工作可靠外，还有大电流放电性能好，功率大，机械强度高，使用寿命长，腐蚀性小，无需专用房间等优点，从而大大降低了投资，因此在工厂供电系统中应用比较普遍。

镉镍蓄电池组如图 6-2 所示。

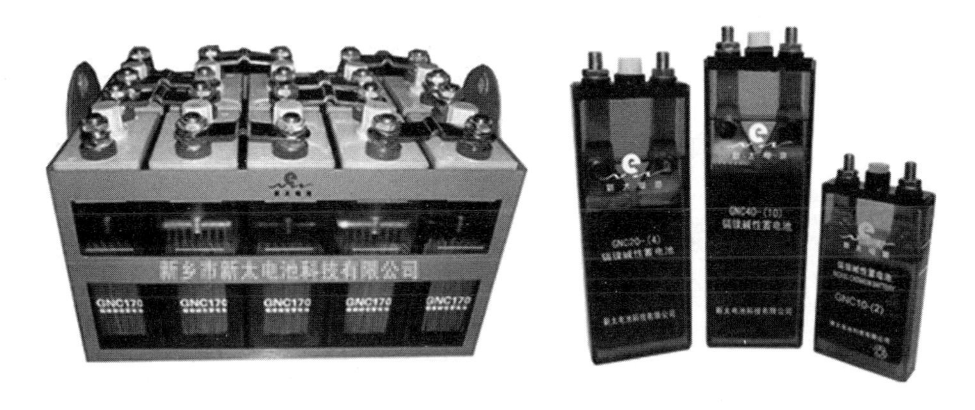

图 6-2　镉镍蓄电池组

（2）由整流装置供电的直流操作电源　硅整流操作电源在变电所应用比较普遍，一般可分为电容储能直流操作电源和复式整流的直流操作电源两种。

① 硅整流电容储能直流操作电源　如果单独采用硅整流器来作直流操作电源，则交流供电系统电压降低或电压消失时，将严重影响直流的二次回路的正常工作。因此宜采用有电容储能的硅整流电源，在供电系统正常运行时，通过硅整流器供给直流操作电源，同时通过电容器储能，在交流供电系统电压降低或消失时，由储能电容器对继电器和跳闸回路放电，使其正常动作。

图 6-3 所示为一种硅整流电容储能式直流操作电源系统接线。为了保证直流操作电源的可靠性，采用两个交流电源和两台硅整流器。

各元件功能：

a. 硅整流器 U1 和 U2：硅整流器 U1 主要用作断路器合闸电源，并可向控制回路供电。硅整流器 U2 的容量较小，仅向控制回路供电。

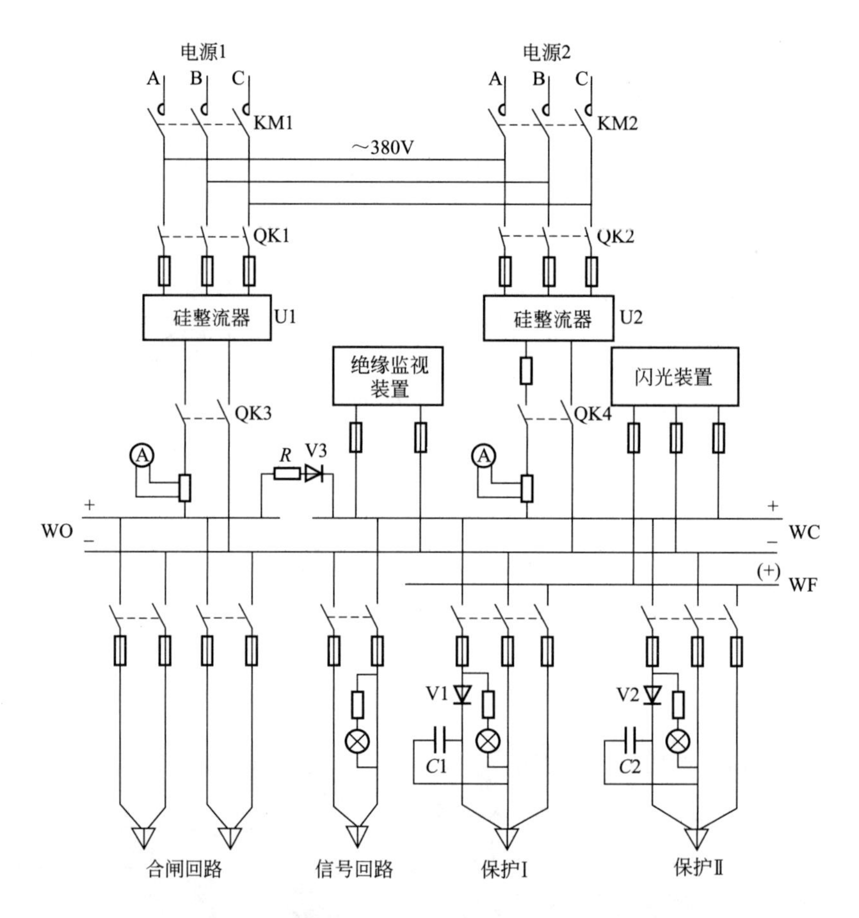

图 6-3　硅整流电容储能式直流操作电源系统接线

$C1$，$C2$—储能电容器；WC—控制小母线；WF—闪光信号小母线；WO—合闸小母线

b. 逆止元件 V1 和 V2：一是当直流电源电压因交流供电系统电压降低而降低时，使储能电容 $C1$、$C2$ 所储能量仅用于补偿自身所在的保护回路，而不向其他元件放电；二是限制 $C1$、$C2$ 向各断路器控制回路中的信号灯和重合闸继电器等放电，以保证其所供的继电保护和跳闸线圈可靠动作。

c. 逆止元件 V3：使直流合闸母线只向控制小母线 WC 供电，防止断路器合闸时硅整流器 U2 向合闸母线供电。

d. 限流电阻 R：限制控制回路短路时通过 V3 的电流，以免 V3 烧毁。

e. 储能电容器 $C1$ 和 $C2$：$C1$ 用于对高压线路的继电保护和跳闸回路供电，而储能电容器 $C2$ 用于对其他元件的继电保护和跳闸回路供电。储能电容器多采用容量大的电解电容器，其容量应能保证继电保护和跳闸线圈回路可靠地动作。

② 复式整流的直流操作电源　实际应用中，还有一种复式整流的直流操作电源，这种电源有两部分供电，一是由变压器或电压互感器供电，二是由反映故障电流的电流互感器供电。由于复式整流的直流操作电源有电压源和电流源，因此能保证交流供电系统在正常或故障情况下均能正常供电。与电容储能式相比，复式整流的直流操作电源能输出较大的功率，电压的稳定性也较好，广泛用于具有单电源的中、小型工厂变配电所。

复式整流的直流操作电源如图 6-4 所示。

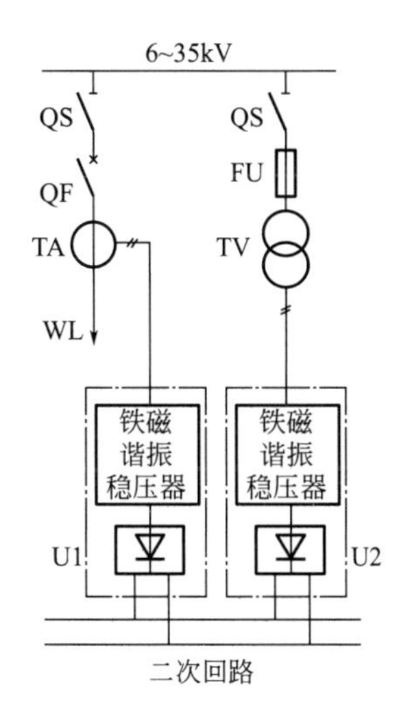

图 6-4 复式整流的直流操作电源

2. 交流操作电源

采用交流操作电源可取自所有变压器的低压侧，这是一种较为普遍的应用方式。当交流操作电源取自电压互感器的二次侧时，其容量较小，一般只作为油浸式变压器瓦斯保护的交流操作电源；当取自于电流互感器时，主要供电给继电保护和跳闸回路。

二、二次回路的绘制

（一）接线图的绘制要求

接线图是用来表示成套装置或设备中各元器件之间连接关系的一种图形。绘制接线图应遵循《电气技术用文件的编制 第 1 部分：规则》（GB/T 6988.1—2008）的规定，其图形符号应符合《电气简图用图形符号》（GB/T 4728—2008）的有关规定，其文字符号包括项目代号应符合《工业系统、装置与设备以及工业产品结构原则与参照代号》（GB/T 5094—2005）及《技术产品及技术产品文件结构原则》（GB/T 20939—2007）的有关规定。

接线图和接线表一般都应表示出各个项目（指元件、器件、部件、组件和成套设备等）的相对位置、项目代号、端子号、导线号、导线类型和导线截面等内容。

（二）接线图的绘制方法

1. 二次设备的表示方法

由于二次设备都是从属于某一次设备或电路的，而一次设备或电路又从属于某一成套装置，因此为避免混淆，所有二次设备都必须按 GB 5094 标明其项目种类代号，见表 6-1。

表 6-1 二次设备项目种类代号

项目层次（段）	项目代号名称	前缀符号	示例
第一段	高层代号	=	=A3
第二段	位置代号	+	+W5（WL5）
第三段	种类代号	−	−P2（PJ2）
第四段	端子代号	：	：7

注：1. “高层项目”是指系统或设备中较高层次的项目，如开关柜。
2. “位置项目”是指二次设备从属于的位置，如线路。
3. “种类项目”是指二次设备，如有功电度表、无功电度表、电流表等测量仪表。

例如：电流表 P2 上端子 7 的完整代号的表示方法如下：

“=A2+W5−P2：7”表示电流表 P2（种类代号）隶属于 5 号线路 W5（项目），而 W5 又隶属于开关柜 A2（项目），“+”和“=”表示项目级别。

在不致引起混淆的情况下，项目种类代号的表示可简化。例如上述端子 7 的项目种类代号可简化为“−P2：7”或“P2：7”。

2. 接线端子的表示方法

盘外的导线或设备与盘上的二次设备相连时，必须经过端子排。某端子排如图 6-5 所示。各端子作用如下：

① 普通端子。用来连接由盘外引至盘上或由盘上引至盘外的导线。

② 连接端子。装有横向连接片，可与邻近端子板相连，用来连接有分支的二次回路导线。

③ 试验端子。用来在不断开二次回路的情况下，对仪表继电器进行试验。

④ 终端端子。用来固定或分隔不同安装项目的端子排。

在接线图中，端子排中各种型式端子板的符号标志如图 6-5 所示。端子排的文字代号为 X，端子的前缀符号为“:”。

实际上，所有设备上都有接线端子，其端子代号应与设备上端子标记柜一致。如果设备的端子没有标记时，应在图上设定端子代号。

例如：将工作电流表 PA1 与电流互感器 TA 连接起来，见图 6-6。当需要换下工作电流表 PA1 进行校验时，可用另一只备用电流表 PA2 分别接在试验端子的接线螺钉 2 和 7 上，如图上虚线所示。然后拧开螺钉 3 和 8，拆下电流表 PA1 进行校验。

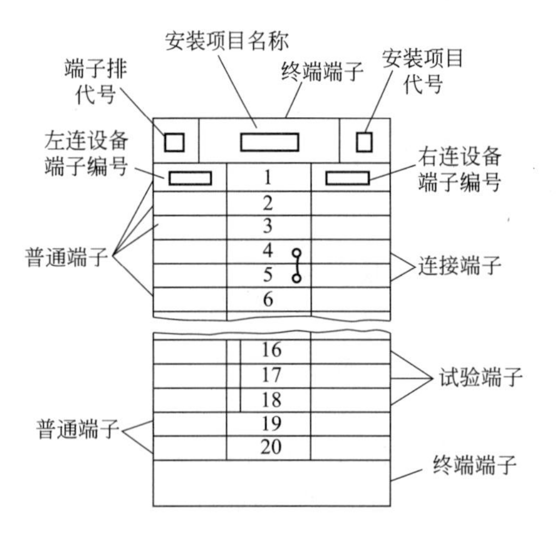

图 6-5 端子排标志图例

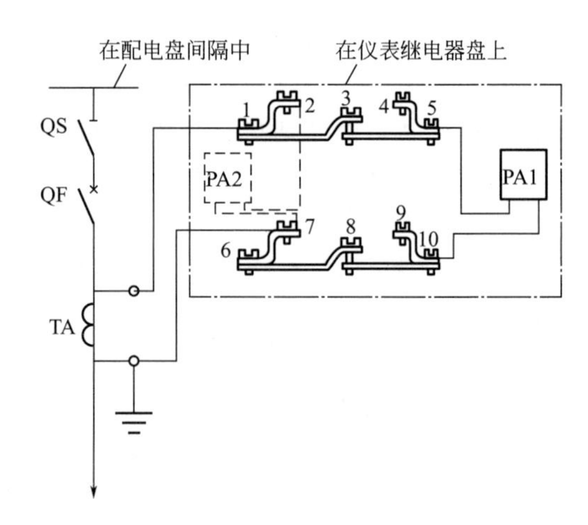

图 6-6 试验端子应用（1～10 均为螺钉）

3. 连接导线的表示方法

接线图中端子之间的连接导线有下列两种表示方法：

① 连续线。表示两端子之间连接导线的线条是连续的，如图 6-7(a) 所示。

② 中断线。表示两端子之间连接导线的线条是中断的，如图 6-7(b) 所示。在线条中断处必须标明导线的去向，即在接线端子出线处标明对方端子的代号，这种标号方法称为“相对标号法”或“对面标号法”。

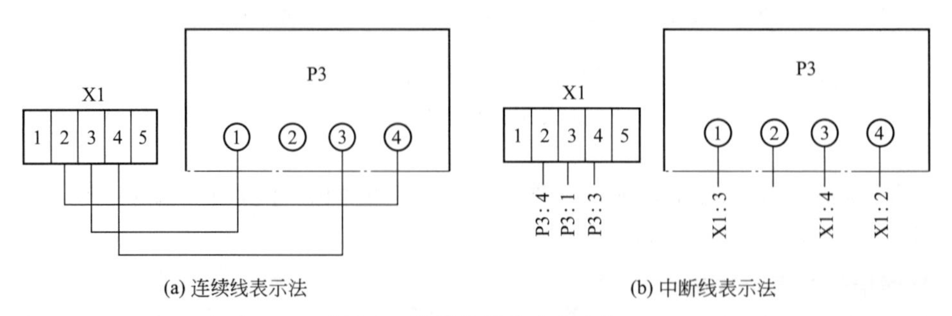

(a) 连续线表示法 (b) 中断线表示法

图 6-7 连接导线的表示方法

用连续线表示的连接导线如果全部画出，有时显得过于繁杂，因此在不致引起误解的情况下，也可以将导线组、电缆等用加粗的线条来表示。不过现在在配电装置二次回路接线图上多采用中断线来表示连接导线，因为这显得简明清晰，对安装接线和维护检修都很方便。

图 6-8 所示为用中断线来表示二次回路连接导线的一条高压线路二次回路接线。为了阅读方便，另绘出该高压线路二次回路的展开式原理电路如图 6-9 所示，供对照参考。

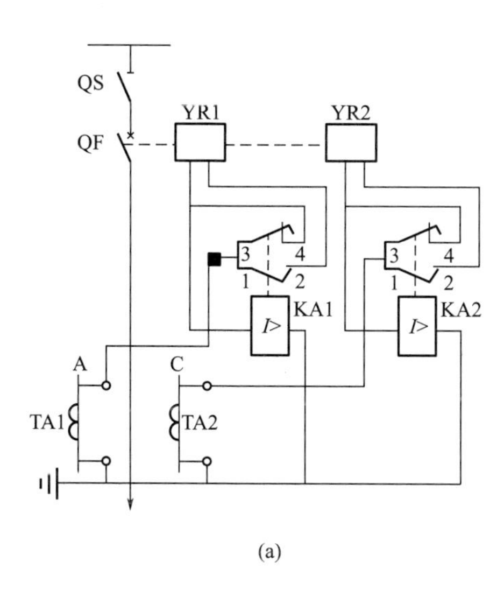

(a)

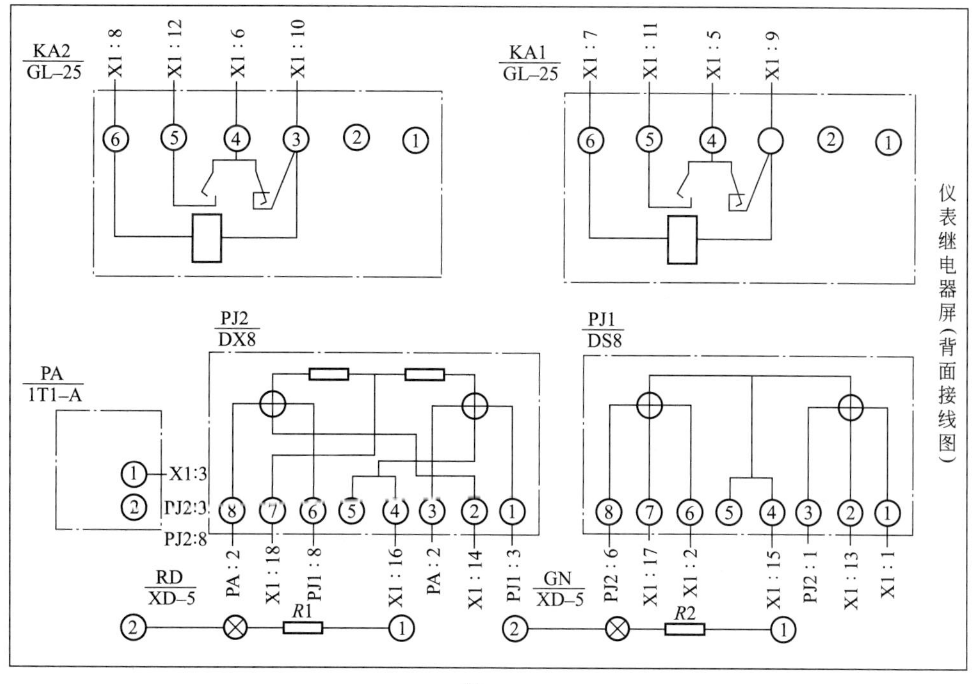

(b)

图 6-8

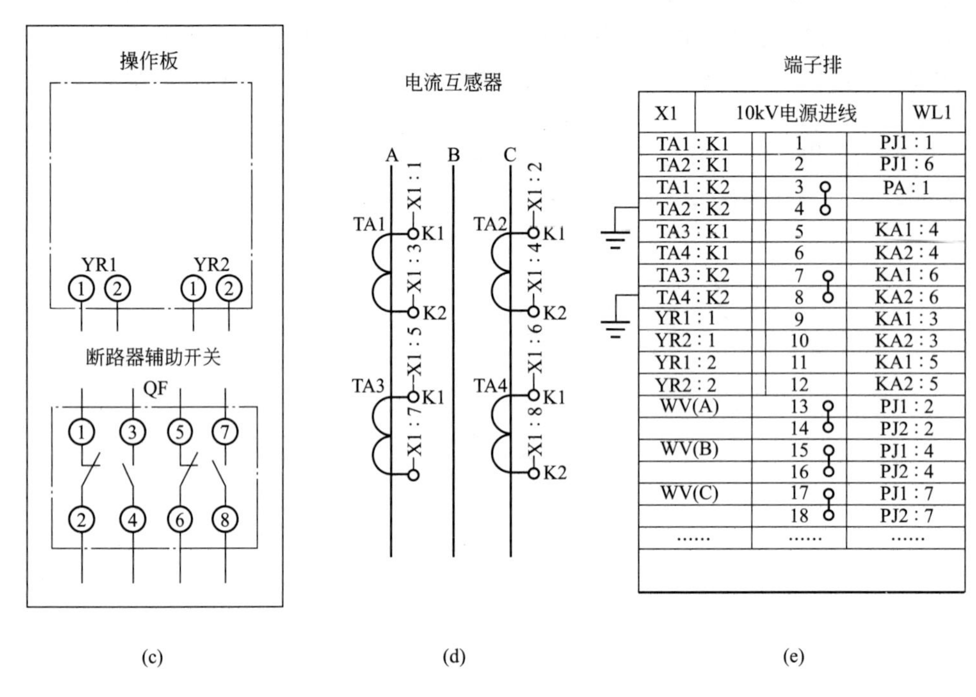

图 6-8　高压线路二次回路接线

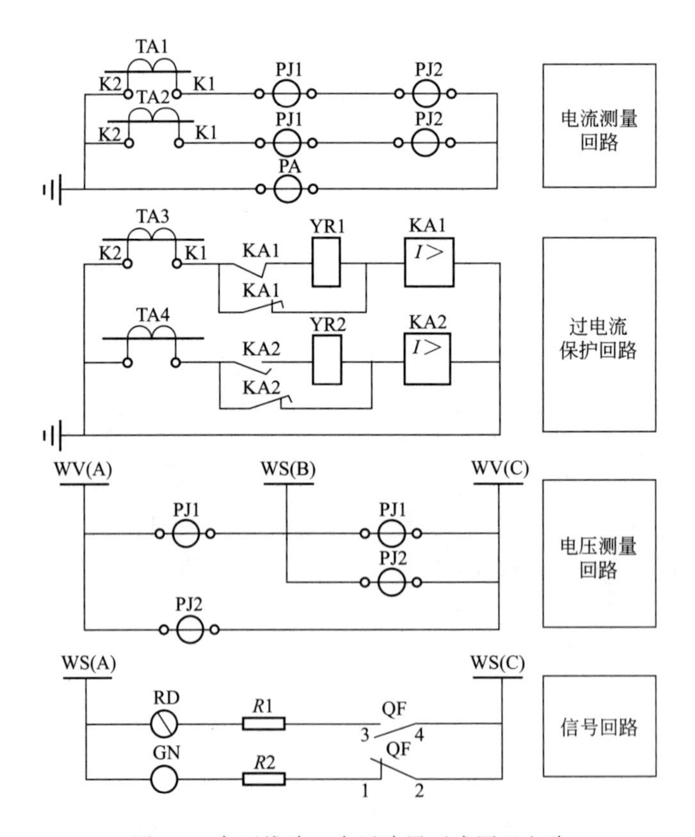

图 6-9　高压线路二次回路展开式原理电路

【任务实施及考核】

详细的实施步骤及考核扫描右侧二维码即可查看下载。

项目六任务一
任务实施单

任务二　高压断路器的控制和信号回路的识读

【任务描述】

本任务主要了解高压断路器控制和信号回路的要求；掌握采用不同操作机构断路器的控制回路；能对高压断路器进行分合操作（模拟）；能根据灯光信号判断断路器的位置。

【相关知识】

一、高压断路器控制回路和信号回路概述

（一）高压断路器的控制回路和信号回路

1. 控制回路

控制回路，就是指控制（操作）高压断路器跳、合闸的回路。电磁操作机构只能采用直流操作电源，弹簧操作机构和手动操作机构可采用交直流两用电源，但一般采用交流操作电源。

2. 信号回路

信号回路是用来指示一次电路设备运行状态的二次回路。

信号按用途分，有断路器位置信号、事故信号和预告信号。

（1）断路器位置信号　用来显示断路器正常工作的位置状态。一般红灯亮，表示断路器处在合闸位置；绿灯亮，表示断路器处在跳闸位置。

（2）事故信号　用来显示断路器在事故情况下的工作状态。一般红灯闪光，表示断路器自动合闸；绿灯闪光，表示断路器自动跳闸。此外还有事故音响信号和光字牌等。

（3）预告信号　它是在一次设备出现不正常状态时或在故障初期发出报警信号。例如变压器过负荷或者轻瓦斯动作时，就发出区别于上述事故音响信号的另一种预告音响信号，同时光字牌亮，指示出故障的性质和地点，值班员可根据预告信号及时处理。

（二）断路器的控制和信号回路要求

① 应能监视控制回路保护装置（如熔断器）及其跳、合闸回路的完好性，以保证断路器的正常工作，通常采用灯光监视的方式。

② 合闸或跳闸完成后，应能使命令脉冲解除，即能切断合闸或跳闸的电源。

③ 应能指示断路器正常合闸和跳闸的位置状态，并在自动合闸和自动跳闸时有明显的指示信号。如前所述，通常用红、绿灯的平光来指示断路器的位置状态，而用其闪光来指示断路器的自动跳、合闸。

④ 断路器的事故跳闸信号回路，应按“不对应原理”接线。当断路器采用手动操作机构时，利用手动操作机构的辅助触点与断路器的辅助触点构成“不对应”关系，即操作机构（手柄）在合闸位置而断路器已跳闸时，发出事故跳闸信号。当断路器采用电磁操作机构或弹簧操作机构时，则利用控制开关的触点与断路器的辅助触点构成“不对应”关系，即控制开关（手柄）在合闸位置而断路器已跳闸时，发出事故跳闸信号。

⑤ 对有可能出现不正常工作状态或故障的设备，应装设预告信号。预告信号应能使控制室或值班室的中央信号装置发出音响和灯光信号，并能指示故障地点和性质。通常预告音响信号用电铃，而事故音响信号用电笛，两者有所区别。

二、高压断路器控制回路和信号回路分析

（一）采用手动操作的断路器控制和信号回路

1. 电路组成

图 6-10 是手动操作的断路器控制和信号回路原理图。

2. 线路分析

① 合闸时，推上操作机构手柄使断路器合闸。这时断路器的辅助触点 QF 3-4 闭合，红灯 RD 亮，指示断路器已经合闸。由于有限流电阻 $R2$，跳闸线圈 YR 虽有电流通过，但电流很小，不会动作。红灯 RD 亮，还表明跳闸线圈 YR 回路及控制回路的熔断器 FU1～FU2 是完好的，即红灯 RD 同时起着监视跳闸回路完好性的作用。

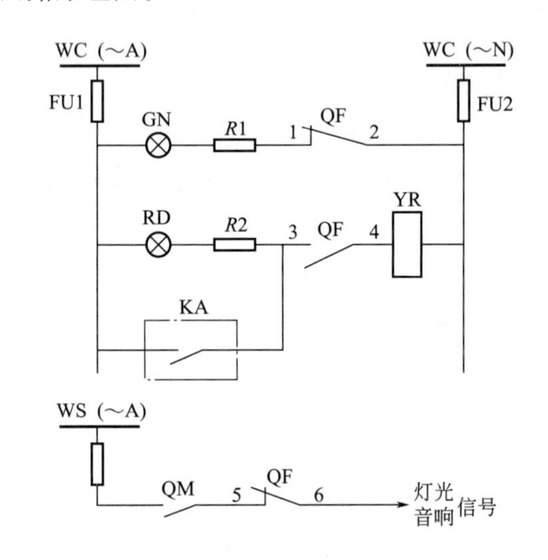

图 6-10 手动操作的断路器控制和信号回路原理图

WC—控制小母线；WS—信号小母线；GN—绿色指示灯；RD—红色指示灯；R—限流电阻；YR—跳闸线圈（脱扣器）；KA—继电保护触点；QF 1～6—断路器 QF 的辅助触点；QM—手动操作机构辅助触点

② 跳闸时，扳下操作机构手柄使断路器跳闸。断路器的辅助触点 QF 3-4 断开，切断跳闸回路，同时辅助触点 QF 1-2 闭合，绿灯 GN 亮，指示断路器已经跳闸。绿灯 GN 亮，还表明控制回路的熔断器 FU1～FU2 是完好的，即绿灯 GN 同时起着监视控制回路完好性的作用。

在断路器正常操作跳、合闸时，由于操作机构辅助触点 QM 与断路器辅助触点 QF 5-6 都是同时切换的，总是一开一合，所以事故信号回路总是不通的，因而不会错误地发出事故信号。

③ 当一次电路发生短路故障时，继电保护装置 KA 动作，其出口继电器触点闭合，接通跳闸线圈 YR 的回路（QF 3-4 原已闭合），使断路器跳闸。随后 QF 3-4 断开，使红灯 RD 灭，并切断 YR 的跳闸电源。与此同时，QF 1-2 闭合，使绿灯 GN 亮。这时操作机构的操作手柄虽然仍在合闸位置，但其黄色指示牌掉落，表示断路器自动跳闸。同时事故信号回路接通，发出音响和灯光信号。这个事故信号回路是按“不对应原理”接线的。由于操作机构仍在合闸位置，其辅助触点 QM 闭合，而断路器已事故跳闸，其辅助触点 QF 5-6 也返回闭合，因此事故信号回路接通。当值班员得知事故跳闸信号后，可将操作手柄扳下至跳闸位置，这时黄色指示牌随之返回，事故信号也随之消除。

控制回路中分别与指示灯 GN 和 RD 串联的电阻 $R1$ 和 $R2$，主要用来防止指示灯灯座短路造成控制回路短路或断路器误跳闸。

（二）采用电磁操作机构的断路器控制和信号回路

1. 电路组成

图 6-11 所示为采用电磁操作机构的断路器控制和信号回路原理。其操作电源采用硅整流电容储能的直流系统。控制开关采用图 6-12 所示双向自复式并具有保持触点的 LW5 型万能转换开关，其手柄正常为垂直位置（0°）。顺时针扳转 45°为合闸（ON）操作，手松开即自动返回（复位），保持合闸状态。逆时针扳转 45°为跳闸（OFF）操作，手松开也自动返回，保持跳闸状态。图中虚线上打黑点（·）的触点，表示在此位置时该触点接通，而虚线上标出的箭头（→）表示控制开关手柄自动返回的方向。表 6-2 所列为图 6-12 所示控制开关 SA 的触头图表，可供读图参考。

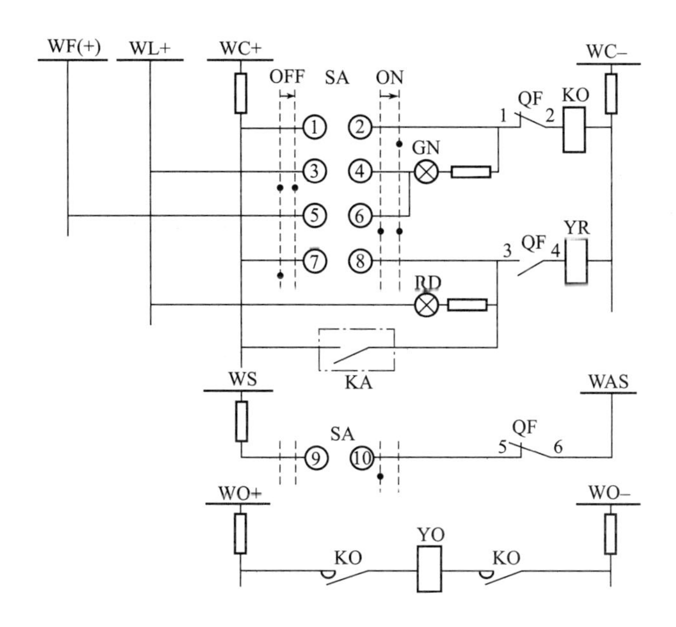

图 6-11　采用电磁操作机构的断路器控制和信号回路原理图

WC—控制小母线；WL—灯光指示小母线；WF—闪光信号小母线；WS—信号小母线；
WAS—信号音响小母线；WO—合闸小母线；SA—控制开关；KO—合闸接触器；
YO—电磁合闸线圈；YR—跳闸线圈；KA—继电保护触点；QF 1～6—断路器 QF 的辅助触点；
GN—绿色指示灯；RD—红色指示灯；ON—合闸操作方向；OFF—跳闸操作方向

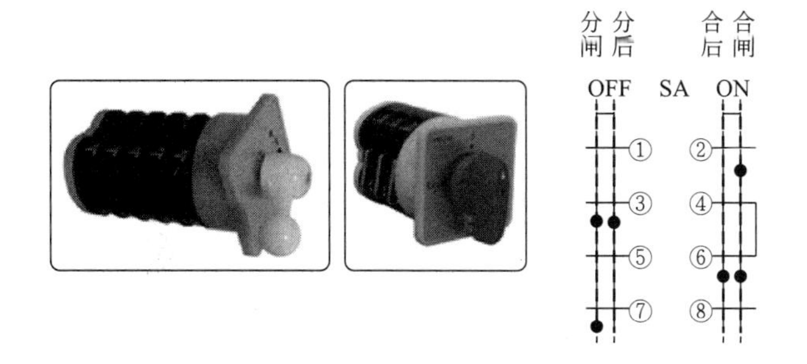

图 6-12　LW5 型万能转换开关及触点

2. 电路分析

① 合闸时，将控制开关SA手柄顺时针扳转45°，这时其触点SA 1-2接通，合闸接触器KO通电（其中QF 1-2原已闭合），其主触点闭合，使电磁合闸线圈YO通电，断路器合闸。合闸完成后，控制开关SA自动返回，其触点SA 1-2断开，切断合闸回路，同时QF 3-4闭合，红灯RD亮，指示断路器已经合闸，并监视着跳闸YR回路的完好性。

表6-2　图6-11所示控制开关SA的触头图表

SA触点编号			1-2	3-4	5-6	7-8	9-10
手柄位置	分闸后	↑		×			
	合闸操作	↗	×		×		
	合闸后	↑			×		×
	分闸操作	↖		×		×	

注：“×”表示触头接通。

② 跳闸时，将控制开关SA手柄逆时针扳转45°，这时其触点SA 7-8接通，跳闸线圈YR通电（其中QF 3-4原已闭合），使断路器跳闸。跳闸完成后，控制开关SA自动返回，其触点SA 7-8断开，断路器辅助触点QF 3-4也断开，切断跳闸回路，同时触点SA 3-4闭合，QF 1-2也闭合，绿灯GN亮，指示断路器已经跳闸，并监视着合闸KO回路的完好性。

由于红绿指示灯兼起监视跳、合闸回路完好性的作用，长时间运行，因此耗能较多。为了减少操作电源中储能电容器能量的过多消耗，因此另设灯光指示小母线WL(+)，专用来接入红绿指示灯。储能电容器的能量只用来供电给控制小母线WC。

③ 当一次电路发生短路故障时，继电保护动作，其触点KA闭合，接通跳闸线圈YR回路（其中QF 3-4原已闭合），使断路器跳闸。随后QF 3-4断开，使红灯RD灭，并切断跳闸回路，同时QF 1-2闭合，而SA在合闸位置，其触点SA 5-6也闭合，接通闪光电源WF(+)，使绿灯GN闪光，表示断路器自动跳闸。由于断路器自动跳闸，SA在合闸位置，其触点SA 9-10闭合，而断路器已跳闸，其触点QF 5-6也闭合，因此事故音响信号回路接通，又发出音响信号。当值班员得知事故跳闸信号后，可将控制开关SA的操作手柄扳向跳闸位置（逆时针扳转45°后松开），使SA的触点与QF的辅助触点恢复对应关系，全部事故信号立即消除。

（三）采用弹簧操动机构的断路器控制和信号回路

采用弹簧操动机构的断路器控制和信号回路是利用预先储能的合闸弹簧释放能量，使断路器合闸。合闸弹簧由电动机拖动储能，也可手动储能。

1. 电路组成

图6-13是弹簧操动机构的断路器控制和信号回路原理图。

2. 线路分析

① 弹簧储能，按下按钮SB，储能电动机M通电（位置开关SQ3原已闭合），合闸弹簧储能。储能完成后，SQ3自动断开，切断电动机电源，同时位置开关SQ1和SQ2闭合，为分合闸做好准备。

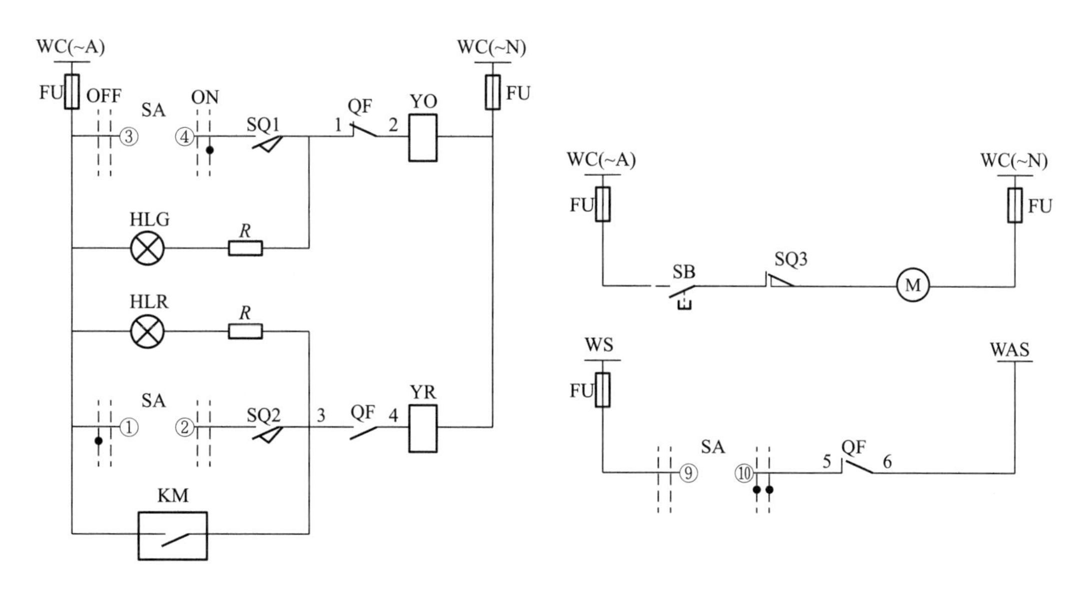

图 6-13　CT7 型弹簧操动机构的断路器控制和信号回路原理图

WC—控制小母线；WS—信号小母线；WAS—事故音响信号小母线；SA—控制开关；
SB—按钮；SQ—储能位置开关；Y0—电磁合闸线圈；YR—跳闸线圈；QF1～6—断路器辅助触头；
M—储能电动机；HIG—绿色指示灯；HLR—红色指示灯；KM—继电保护出口触头

② 合闸时，控制开关 SA 手柄扳向合闸（ON）位置，SA3-4 接通，合闸线圈 YO 通电使弹簧释放，致使断路器 QF 合闸。合闸后 QF1-2 断开，绿灯 HLG 灭，并切断合闸电源；同时 QF3-4 闭合，红灯 HLR 亮，指示断路器在合闸位置，并监视着跳闸回路的完好性。

③ 分闸时，控制开关 SA 手柄扳向分闸（OFF）位置，SA1-2 接通，跳闸线圈 YR 通电，使断路器 QF 分闸。分闸后，QF3-4 断开，红灯 HLR 灭，并切断跳闸回路；同时 QF1-2 闭合，绿灯 HLG 亮，指示断路器在分闸位置，并监视着合闸回路的完好性。

④ 故障时，保护装置动作，继电器 KM 触头闭合，接通跳闸线圈 YR 回路，使断路器 QF 跳闸。随后 QF3-4 断开，红灯 HLR 灭，并切断跳闸回路；同时，由于断路器是自动跳闸，SA 手柄仍在合闸位置，其触 SA9-10 闭合，而断路器 QF 已经跳闸，QF5-6 闭合，因此信号音响母线 WAS 有电，发出事故跳闸音响信号。值班员得知此信号后，将 SA 手柄扳向分闸位置（OFF），解除事故跳闸信号。

【任务实施及考核】

详细的实施步骤及考核扫描右侧二维码即可查看下载。

项目六任务二
任务实施单

任务三　电测量仪表与绝缘监视装置

【任务描述】

本次任务主要是学会查阅电气测量规范，能根据要求正确配置电测量仪表，并会对测量仪表进行安装接线，读懂绝缘监视装置的电路图，会判断接地故障。

【相关知识】

一、电测（计）量仪表

（一）电测（计）量仪表任务与要求

为了监视供电系统一次设备（电力装置）的运行状态和计量一次系统消耗的电能，保证供电系统安全、可靠、优质、经济、合理地运行，工厂供电系统的电力装置中必须装设一定数量的电测量仪表。

1. 电测（计）量仪表任务

在电力系统和供配电系统中，进行电气测量的目的有三个：

① 计费测量，主要计量用电单位的用电量，如有功电度表、无功电度表；

② 对供电系统中运行状态、技术经济分析所进行的测量，如电压、电流、有功功率、无功功率及有功电能、无功电能测量等；

③ 对交直流系统的安全状况如绝缘电阻、三相电压是否平衡等进行监测。

2. 电测（计）量仪表的要求

（1）对电测量仪表的要求

① 能正确反映电力装置的运行参数，能随时监测电力装置回路的绝缘状况。

② 交流回路仪表的精确度等级，除谐波测量仪表外，不应低于 2.5 级；直流回路仪表的精确度等级，不应低于 1.5 级。

③ 互感器的精度要高于仪表的精度，1.5 级和 2.5 级的常用测量仪表，应配用不低于 1.0 级的互感器。

④ 适当选择电流互感器变流比，以满足仪表的指示在标度尺的 70%～100%处。

⑤ 对有可能过负荷运行的电力装置回路，仪表的测量范围，宜留有适当的过负荷裕度。

⑥ 对重载启动的电动机和运行中有可能出现短时冲击电流的电力装置回路，宜采用具有过负荷标度尺的电流表。对有可能双向运行的电力装置回路，应采用具有双向标度尺的仪表。

（2）对电能计量仪表的要求

① 月平均用电量在 1×10^6kW·h 及以上的电力用户电能计量点，应采用 0.5 级的有功电度表。月平均用电量小于 1×10^6kW·h，在 315kV·A 及以上的变压器高压侧计费的电力用户电能计量点，应采用 1.0 级的有功电度表。在 315kV·A 以下的变压器低压侧计费的电力用户电能计量点、75kW 及以上的电动机以及仅作为企业内部技术经济考核而不计费的线路和电力装置，均应采用 2.0 级有功电度表。

② 在 315kV·A 及以上的变压器高压侧计费的电力用户电能计量点和并联电力电容器组，均应采用 2.0 级的无功电度表。在 315kV·A 以下的变压器低压侧计费的电力用户电能计量点及仅作为企业内部技术经济考核而不计费的电力用户电能计量点，均应采用 3.0 级的无功电度表。

③ 0.5 级的有功电度表，应配用 0.2 级的互感器。1.0 级的有功电度表、1.0 级的专用电能计量仪表、2.0 级计费用的有功电度表及 2.0 级的无功电度表，应配用不低于 0.5 级的互感器。仅作为企业内部技术经济考核而不计费的 2.0 级有功电度表及 3.0 级的无功电度表，宜配用不低于 1.0 级的互感器。

（二）电气测量仪表配置原则

测量变配电所电气设备和线路的运行参数，如电流、电压、功率、电能、频率和功率因数等，就需配置相应的电流表、电压表、功率表、电能表、功率因数表等。

变电所变配电装置中各部分仪表的配置原则如下：

① 在用户的电源进线上，或经供电部门同意的电能计量点，必须装设计费的有功电度表和无功电度表。为了解负荷电流，进线上还应装设一只电流表。

② 变配电所的每段母线上，必须装设电压表测量电压。在中性点不接地系统中，各段母线上还应装设绝缘监视装置。在中性点不接地系统中，各段母线上还应装设绝缘监视装置。

③ 35～110/6～10kV 的电力变压器，应装设电流表、有功功率表、无功功率表、有功电度表和无功电度表各一只，装在哪一侧视具体情况而定。6～10/0.4kV 的变压器，在高压侧装设电流表和有功电度表各一只，如为单独经济核算单位的变压器，还应装设一只无功电度表。

④ 3～10kV 的配电线路，应装设电流表、有功电度差和无功电度表各一只。如不是送往单独经济核算单位时，可不装无功电度表。

⑤ 380V 的电源进线或变压器低压侧，各相应装一只电流表。如果变压器高压侧未装电度表时，低压侧还应装设有功电度表一只。

⑥ 低压动力线路上，应装设一只电流表。低压照明线路及三相负荷不平衡率大于 15% 的线路上，应装设三只电流表分别测量三相电流。如需计量电能，应装设一只三相四线有功电度表。对负荷平衡的三相动力线路，可只装设一只单相有功电度表，实际电能按其计度的三倍计。

⑦ 并联电力电容器组的总回路上，应装设三只电流表，分别测量三相电流，并装设一只无功电度表。

图 6-14 所示为 6～10kV 高压线路上装设的电测量仪表电路图。

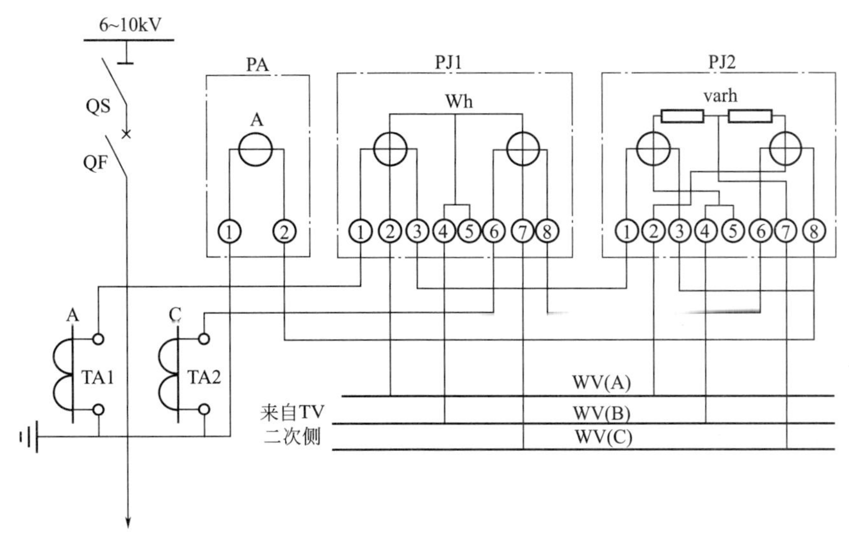

(a) 接线图

图 6-14

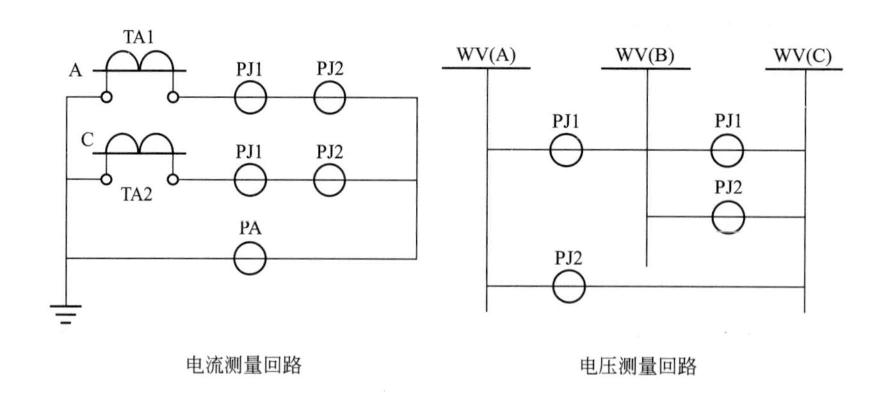

(b) 展开图

图 6-14　6～10kV 高压线路电测量仪表电路

TA1，TA2—电流互感器；TV—电压互感器；PA—电流表；

PJ1—三相有功电度表；PJ2—三相无功电度表；WV—电压小母线

图 6-15 所示为低压 220/380V 照明线路上装设的电测量仪表电路图。

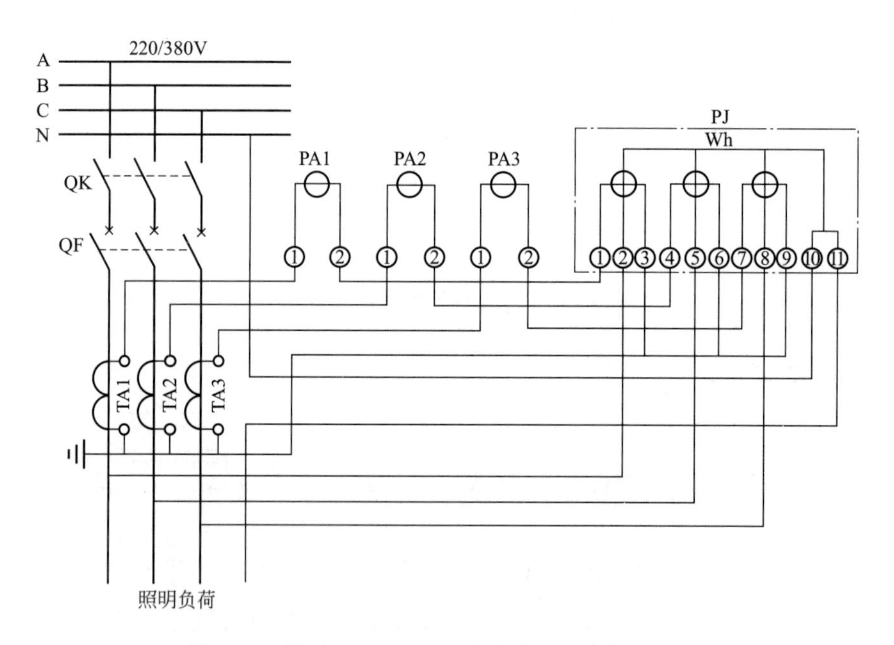

图 6-15　低压 220/380V 照明线路电测量仪表电路

TA1～TA3—电流互感器；PA1～PA3—电流表；PJ—三相四线有功电度表

二、绝缘监视装置

（一）绝缘监视装置的作用

绝缘监视装置用于在中性点不接地的 6～35kV 系统中监视单相接地故障，并设法处理，以免故障发展为两相接地短路，造成停电事故。

（二）绝缘监视装置的电路分析

6～35kV 系统的绝缘监视装置电路如图 6-16 所示。

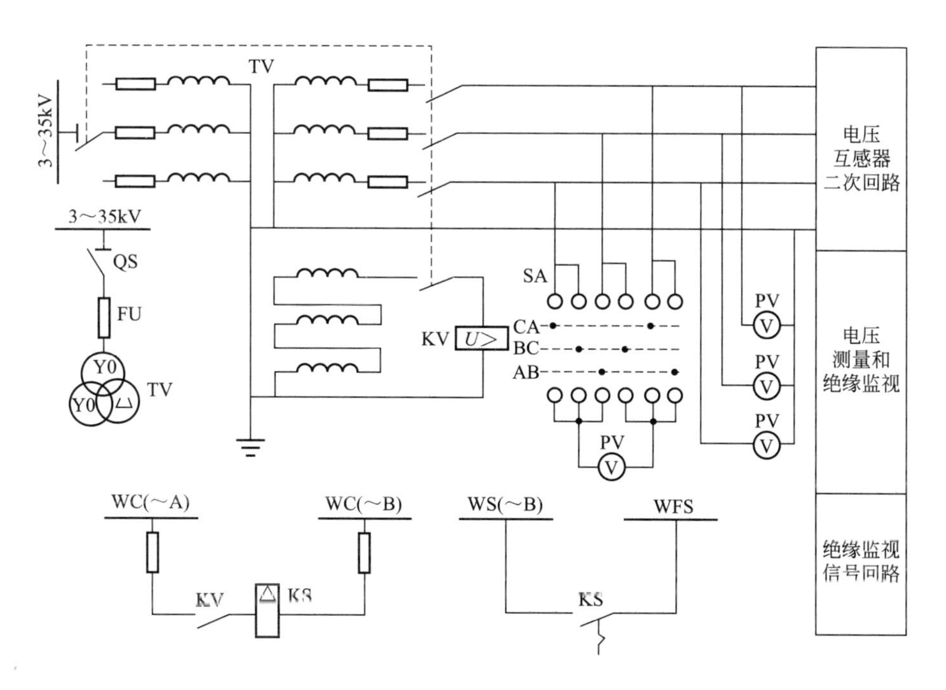

图 6-16　6～10kV 母线的电压测量和绝缘监视电路

TV—电压互感器；QS—高压隔离开关及其辅助触点；

SA—电压转换开关；PV—电压表；KV—电压继电器

分析：若一次电路某一相发生接地故障，当电压继电器动作，发出报警的灯光和音响信号时，说明接成开口三角的二次绕组有 100V 的电压输出，且一次回路发生某相接地。

确定哪相接地？观察监视三个相电压的电压表，必有一相指示为零，另两相电压升高，那么指示为零的相即为相接地。

【任务实施及考核】

详细的实施步骤及考核扫描右侧二维码即可查看下载。

项目六任务三任务实施单

任务四　自动装置的检验与调试

【任务描述】

本次任务主要是介绍自动装置的结构和工作原理，让学生掌握自动重合闸装置、备用电源自动投入装置的工作过程，并能够实地进行正确的自动装置的安装调试和运行维护，对一些简单的故障进行分析和维修。

【相关知识】

一、电力线路自动重合闸装置

（一）自动重合闸装置概述

1. 自动重合闸装置作用

电力系统运行过程中时常出现瞬时性故障，这些故障虽然会引起断路器跳闸，但短路故障后，故障点的绝缘一般都能自动恢复。例如雷击或鸟兽造成的线路短路故障，往往在雷闪过后或鸟兽烧死以后，线路大多能恢复正常运行。此时断路器再一次合闸，便可恢复供电，从而提高了供电可靠性。

自动重合闸装置是当断路器跳闸后，能够自动地将断路器重合闸的装置，简称 ARD。

ARD 装置所需设备少，投资省，可以减少停电损失，带来很大的经济效益，在工厂供电系统中得到广泛应用。按照规程规定，电路在 1kV 以上的架空线路和电缆线路与架空的混合线路，当具有断路器时，一般均应装设自动重合闸装置；对电力变压器和母线，必要时可以装设自动重合闸装置。

工厂供电系统中采用的 ARD，一般都是一次重合式（机械式或电气式），因为一次重合式 ARD，比较简单经济，而且基本上能满足供电可靠性的要求。运行经验证明，ARD 的重合成功率随着重合次数的增加而显著降低。对于架空线路来说，一次重合成功率可达60%～90%，而二次重合成功率只有 15%左右，三次重合成功率仅 3%左右。因此工厂一般采用一次 ARD。

2. 电气一次自动重合闸的基本原理

图 6-17 所示为电气一次自动重合闸的原理电路。

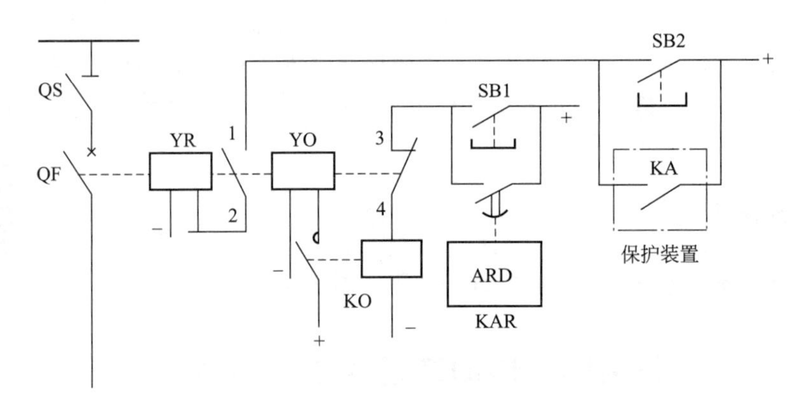

图 6-17　电气一次 ARD 的原理电路

YR—跳闸线圈；YO—合闸线圈；KO—合闸接触器；KAR—重合闸继电器；

KA—保护装置出口触点；SB1—合闸按钮；SB2—跳闸按钮

① 手动合闸时，按下 SB1，使合闸接触器 KO 通电动作，从而使合闸线圈 YO 动作，使断路器 QF 合闸。

② 手动跳闸时，按下 SB2，使跳闸线圈 YR 通电动作，使断路器 QF 跳闸。

③ 当一次线路上发生短路故障时，保护装置 KA 动作，接通跳闸线圈 YR 回路，使断

路器 QF 自动跳闸。与此同时，断路器辅助触点 QF 3-4 闭合，而且重合闸继电器 KAR 启动，经整定的时限后其延时常开触点闭合，使合闸接触器 KO 通电动作，从而使断路器重合闸。如果一次线路上的短路故障是瞬时性的，已经消除，则重合成功。如果短路故障尚未消除，则保护装置又要动作，KA 的触点闭合又使断路器再次跳闸。由于一次 ARD 采取了防跳措施（图 6-17 上未标示），因此不会再次重合闸。

（二）电气一次自动重合闸装置示例

1. 电路组成

图 6-18 所示为采用 DH-2 型重合闸继电器的电气一次自动重合闸装置展开式原理电路图（图中仅绘出了与 ARD 有关的部分）。该电路的控制开关 SA1 采用 LW2 型，它的合闸（ON）和跳闸（OFF）操作各具有三个位置：预备跳、合闸，正在跳、合闸，跳、合闸后，其控制开关触点图表如表 6-3 所示。SA1 的两侧箭头“→”指向就是此操作顺序。选择开关 SA2 采用 LW2-1・1/F4：-X 型，只有合闸（ON）和跳闸（OFF）两个位置，用来投入和解除 ARD。

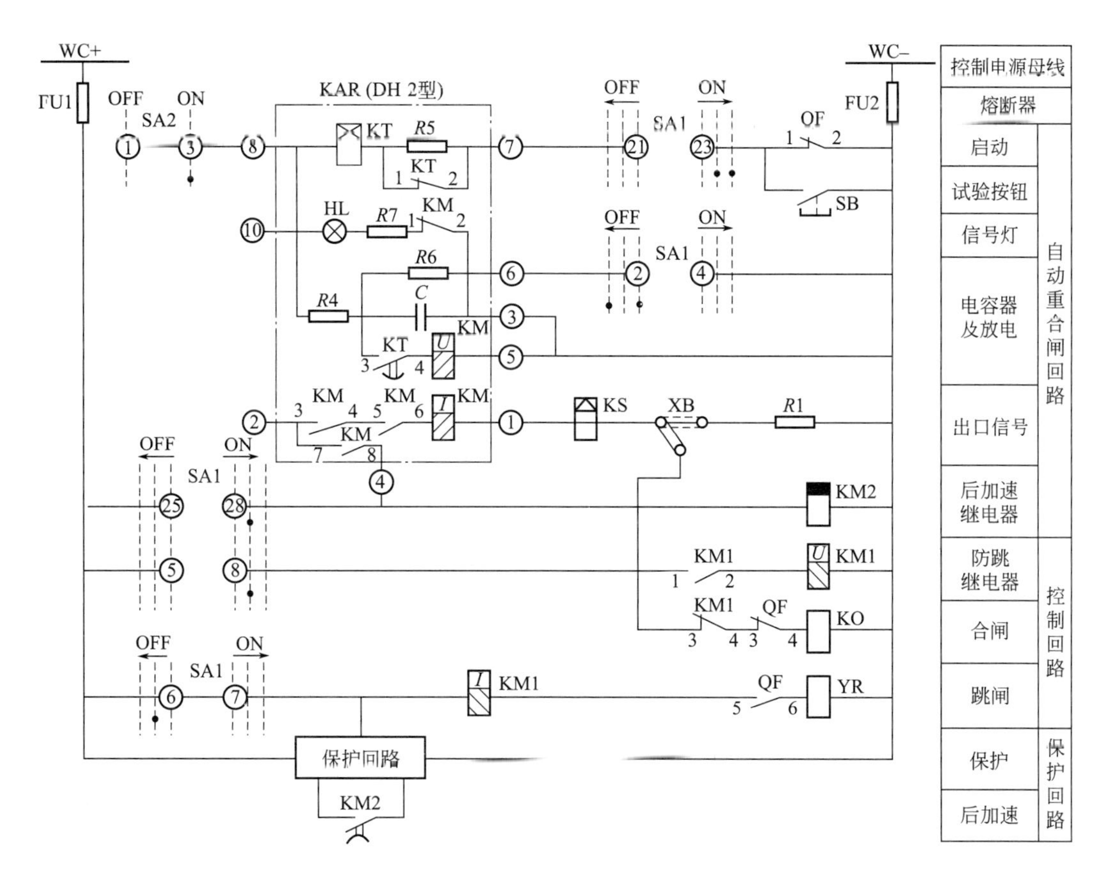

图 6-18　电气式一次自动重合闸装置展开式原理电路

WC—控制小母线；SA1—控制开关；SA2—选择开关；KAR—DH-2 型重合闸继电器

（内含 KT 时间继电器、KM 中间继电器、HL 指示灯及电阻 R、电容器 C 等）；

KM1—防跳继电器（DZB-115 型中间继电器）；KM2—后加速继电器（DZS-145 型中间继电器）；

KS—DX-11 型信号继电器；KO-合闸接触器；YR—跳闸线圈；XB—连接片；QF—断路器辅助触点

表 6-3 LW2 型控制开关触点图表

手柄和触点盒形式		F-8	1a		4		6a			40			20			20		
触点号			1-3	2-4	5-8	6-7	9-10	9-12	10-11	13-14	14-15	13-16	17-19	17-18	18-20	21-23	21-22	22-24
位置	跳闸后	←		×					×		×				×			×
	预备合闸	↑	×				×			×				×			×	
	合闸	↗			×			×				×	×			×		
	合闸后	↑	×				×					×	×			×		
	预备跳闸	←		×					×	×				×			×	
	跳闸	↙				×			×		×				×			×

注“×”表示触点接通。

2. 电路分析

（1）供电线路正常运行时，ARD 处于准备状态　SA1 和 SA2 都在合闸位置，此时 SA1 接点㉑～㉓接通；SA2 接点①～③接通。ARD 中的电容器 C 经 $R4$ 充电，同时指示灯 HL 点亮，表示控制母线 WC 的电压正常，电容器 C 已在充电状态，中间继电器 KM 接点接触良好，ARD 装置处于准备工作状态。

（2）当供电线路发生瞬时性故障，ARD 动作　QF 跳闸，其辅助触点 QF1-2 闭合，而 SA1 仍处于合闸位置，从而接通 ARD 的启动回路，ARD 中的时间继电器 KT 动作。KT 的延时闭合触点 KT3-4 闭合。这时电容器 C 对继电器 KM 的电压线圈放电，KM 动作。KM 动作后，KM1-2 断开，指示灯 HL 熄灭，表示 ARD 已经动作。合闸接触器 KO 由控制母线＋WC 经 SA2 接点①～③、KM 两对串联的常开触点 3-4、5-6 及 KM 的电流线圈、KS 线圈、连接片 XB、KM1 中的常闭触点 3-4 和 QF3-4 获得电源，断路器 QF 重合。断路器重合成功后，所有继电器自动返回，电容器 C 又恢复充电。要使 ARD 退出工作，可将选择开关 SA2 扳到断开（OFF）位置。

KM 电流线圈的作用：由于 KM 电压线圈是由电容器 C 放电而动作，但电容器 C 的放电时间短，因此为了使 KM 能够自保持，在 ARD 的出口回路串入了 KM 的电流线圈，借 KM 本身的常开触点 KM3-4、5-6 闭合使电流线圈得电，使 KM 保持动作状态。

信号继电器 KS 的作用：发出信号表明 ARD 动作。

（3）当 QF 重合到永久性故障　继电保护又动作使断路器再跳闸。此时 ARD 又要启动，虽然 KT 再次动作，但因电容器 C 还未充满电，电容器 C 两端电压较低，所以放电电流很小，KM 不能动作，ARD 的出口回路不会接通，保证 ARD 不能再次重合。

（4）使用 SA1 分闸，ARD 不能重合　控制开关 SA1 扳到“预备跳闸”及“已经跳闸”位置时，其触点②～④闭合，使电容器 C 先对电阻 $R6$ 放电，从而使 KM 失去动作电源。

（5）解决遇到永久故障，KM 触点 3-4、5-6 又被粘住，ARD 频繁合闸、跳闸的问题　KM 触点 3-4、5-6 被粘住，T 点始终带电，跳闸回路中的 KM1 电流线圈得电，启动了 KM1 的电压线圈，从而使 KM1 的触点 3-4 断开，避免了 ARD 会频繁合闸、跳闸问题。手动合闸到永久故障线路上时，SA1 的 5、6 闭合，视同 T 点始终带电（防跳）。

（6）解决重合到永久性故障上，要求继电保护装置解除保护时限断路器瞬时跳闸的问题　KM的7、8触点在第一次合闸时已经闭合，KM2线圈有电，触点瞬时闭合。当重合到永久性故障上，虽然KM的7、8触点断开，KM2线圈失电，但其触点延时断开，从而解除保护动作时限，断路器跳闸线圈瞬时得电，断路器跳闸。当手动合闸到永久性故障上，SA1触点25、28闭合，使KM2线圈有电，通过并联在保护回路的触点闭合，解除保护动作时限，断路器跳闸线圈瞬时得电，完成断路器跳闸。

二、备用电源自动投入装置

（一）备用电源自动投入装置的作用

备用电源自动投入装置（APD）是当主电源线路发生故障而断电时，能自动并且迅速将备用电源投入运行，以确保供电可靠性的装置。

在要求供电可靠性较高的工厂变配电所中，通常设有两路及以上的电源进线。在车间变电所低压侧，一般也设有与相邻车间变电所相连的低压联络线。如果在作为备用电源的线路上装设备用电源自动投入装置，则在工作电源线路突然断电时，利用失压保护装置使该线路的断路器跳闸，而备用电源线路的断路器则在APD作用下迅速合闸，使备用电源投入运行，从而大大提高供电可靠性，保证对用户的不间断供电。

（二）备用电源自动投入装置的基本要求及分类

1. APD的基本要求

① 工作电源不论何种原因（故障或误操作）消失时，APD应动作。

② 备用电源的电压必须正常，且只有在工作电源已经断开的条件下，才能投入备用电源。

③ 备用电源自动投入装置只允许动作一次。这是为了防止备用电源投入到永久性故障上，而造成断路器损坏或使事故扩大。

④ 备用电源自动投入装置的动作时间应尽量缩短，以利于电动机的自启动和减少停电对生产的影响。

⑤ 自动投入装置引入电源即电压互感器二次回路断线时，APD不应误动作。

2. APD的分类

（1）备用线路自动投入装置［图6-19(a)］　正常时由工作线路供电，故障时QF1断开，APD自动将QF2合闸，备用线路投入，适用两个电源一台变压器的变电所。

（2）分段断路器自动投入装置［图6-19(b)］　正常时两段母线分别运行，分段断路器QF5断开；故障时QF2或QF4断开，APD自动将QF5合闸，两段母线正常工作。这种接线的特点是两个线路——变压器组正常时都在供电，故障时又互为备用。

（3）备用变压器自动投入装置［图6-19(c)］　正常时T1、T2工作，T3备用，故障时QF2或QF4断开，APD自动将QF6或QF7合闸，备用变压器投入工作。这种接线的特点是备用元件平时不投入运行，只有当工作元件发生故障时才将备用元件投入。

（三）APD装置的典型接线

1. 高压APD装置

6～10kV两路电源进线断路器互投的APD装置，其展开式原理电路如图6-20所示，图中只画出有关电路。

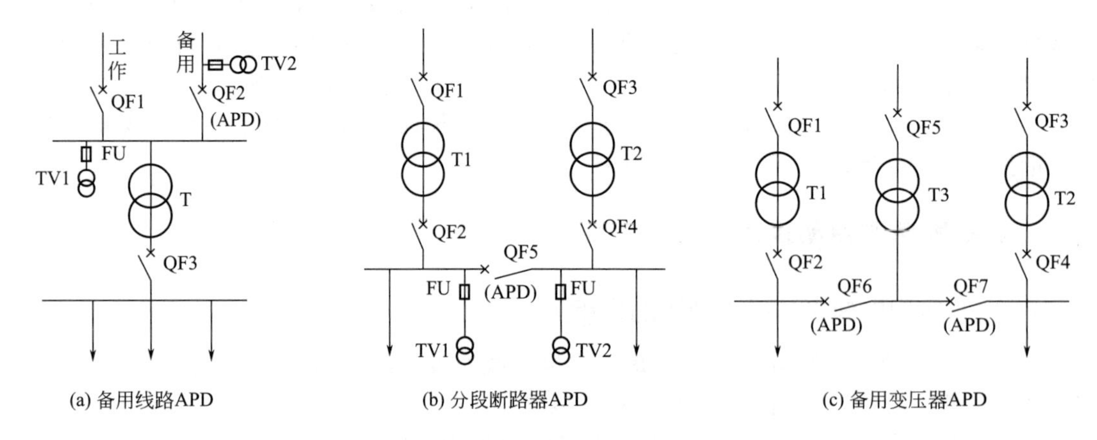

图 6-19 备用电源自动投入装置展开式原理电路

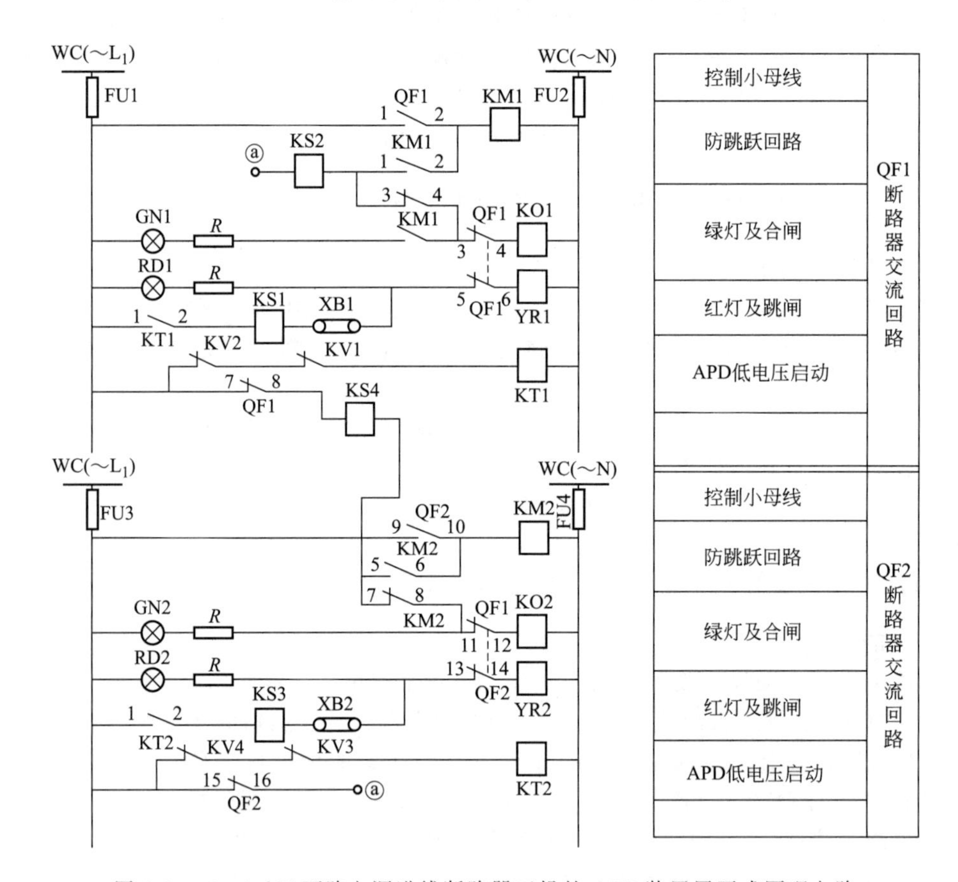

图 6-20 6～10kV 两路电源进线断路器互投的 APD 装置展开式原理电路

（1）正常运行时　假设 QF1（工作电源）合闸，其常开辅助触点 5-6 接通，红色指示灯 RD1 点亮，指示 QF1 处于合闸状态；QF2（备用电源）分闸，其常闭辅助触点 11、12 闭合，绿色指示灯 GN2 点亮，指示 QF2 处于分闸状态。此时低电压继电器 KV1～KV4 的线圈（图中未画出，每一路电源两台）均通电，其常闭触点均断开，KT1 和 KT2 无电。

每一路电源采用两台低电压继电器使其触点串联，是为了防止其供电的电压互感器一相熔断器熔断，而使 APD 装置误动作。

（2）当断路器 QF1 控制的一路工作电源停电时　因工作电源失去电压，而使低电压继电器 KV1 和 KV2 失电，其常闭触点接通，启动时间继电器 KT1（即 APD 启动），经事先整定的延时后，KT1 动作，其常开触点 1、2 闭合，信号继电器 KS1 动作，通过连接压板 XB1 及已闭合的 QF1 常开辅助触点 5、6，使断路器 QF1 跳闸线圈 YR1 通电，从而 QF1 跳闸。QF1 跳闸后，其常开辅助触点 5、6 断开，红灯 RD1 熄灭，同时切断跳闸线圈 YR1 电源。QF1 的常闭辅助触点 3、4 恢复闭合，绿灯 GN1 点亮，指示 QF1 处于分闸位置。QF1 跳闸同时，其常闭辅助触点 7、8 也恢复闭合，通过信号继电器线圈 KS4、中间继电器 KM2 的常闭触点 7、8，QF2 的常闭辅助触点 11、12，使断路器的合闸线圈 KO2 通电（即 APD 动作），从而使 QF2 合闸，则备用电源开始供电。QF2 合闸后，其常开辅助触点 13、14 闭合，红灯 RD2 点亮，指示 QF2 处于合闸位置；同时 QF2 的常开辅助触点 9、10 也闭合，KM2 线圈通电，KM2 的常开触点 5、6 闭合使其自保持，其常闭触点 7、8 断开，切断其合闸回路，从而保证了 QF2 只动作一次。该动作称为断路器防跳跃动作，即为“防跳跃闭锁”。

如果 QF2 为工作电源，QF1 为备用电源，则 APD 装置的工作过程与上述完全相同。

该电路由于采用交流操作电源，因此在工作电源消失，而备用电源无电时，由于无操作电源，从而保证了 APD 装置不误动作的要求。

该电路的不足之处是：当 QF1（工作电源）因过电流保护装置的动作而跳闸时，QF2（备用电源）仍会自动投入，使第二路电源再投入故障点。改进的方法是，将 QF1 过电流保护继电器的常开触点串入 QF2 的合闸回路，因为当 QF1 保护动作跳闸时，能闭锁 QF2 的合闸回路，从而使 QF2 不会再投入故障点。

2. 低压 APD 装置

（1）电路组成　图 6-21 所示为互为备用的低压电源自动投入装置。

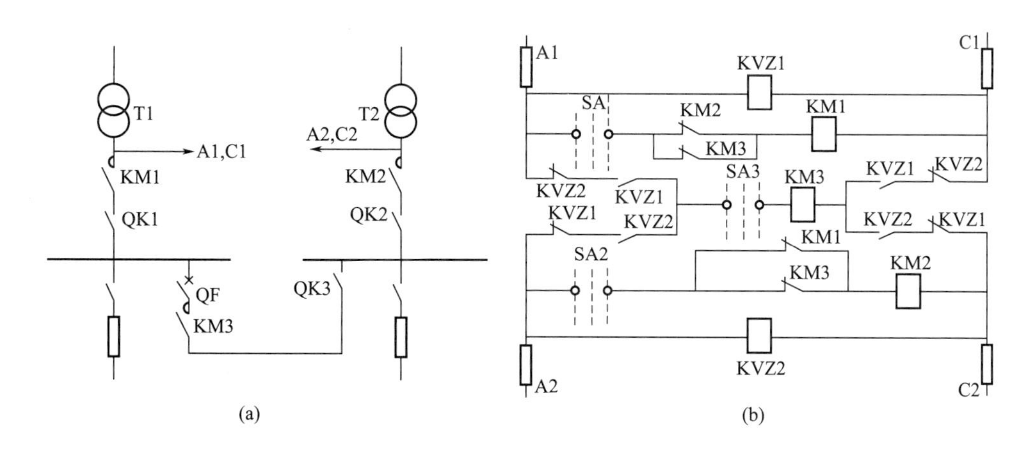

图 6-21　低压 APD 装置展开式原理电路

①操作电源分别取自两台变压器 A、C 相。

②KM3 触点作用，当一路由停电到恢复供电时，保证先退出 KM3 后，KM1 或 KM2 才能通电，当两路都有电时，保证 KM1、KM2 线圈有电，两路分别工作；KM1、KM2 触点作用，当一路停电时，KM3 线圈有电，常闭触点断开，但 KM1 或 KM2 触点已闭合，保证有电一路的接触器继续工作。

③两组 KVZ1、KVZ2 作用。监视工作电压，防止一路工作时电源互串，造成短路。

（2）电路分析

①正常运行状态时，接触器 KM3 则无法接通两段母线，只能分别运行。

②假如变压器 T1 发生故障或进线停电，接触器 KM1 释放，同时 KVZ1 断电，其常闭触点闭合，并经 KVZ2 常开触点将 KM3 接于另侧电源 A2、C2 上，而保持接通状态，所有低压负荷均由第二台变压器 T2 供电。若变压器 T2 断电，则由 KVZ2 常闭触点、KVZ1 的常开触点将 KM3 接于 A1、C1 上，全部负荷均由 T1 供电。这种装置多适用于容量为 320kV · A 以下两台变压器互为备用的低压系统。

【任务实施及考核】

详细的实施步骤及考核扫描右侧二维码即可查看下载。

项目六任务四任务实施单　　在线测试十一（供配电系统的二次回路）

思考与练习

6-1　什么是二次回路？它包括哪些部分？

6-2　什么是二次回路的操作电源？常用的交直流操作电源有哪些？各有何主要特点？

6-3　二次回路的安装接线应符合哪些要求？

6-4　什么是连接导线的“相对标号法”？二次回路接线图中的标号“＝A3＋w5—P2：7”中各符号各代表什么含义？

6-5　某供电给高压并联电容器组的线路上，装有一只无功电能表和三只电流表，如图 6-22 所示。试按中断线表示法（即相对标号法）在图 6-22(b) 上标注出图 6-22(a) 所示的仪表和端子排的端子代号。

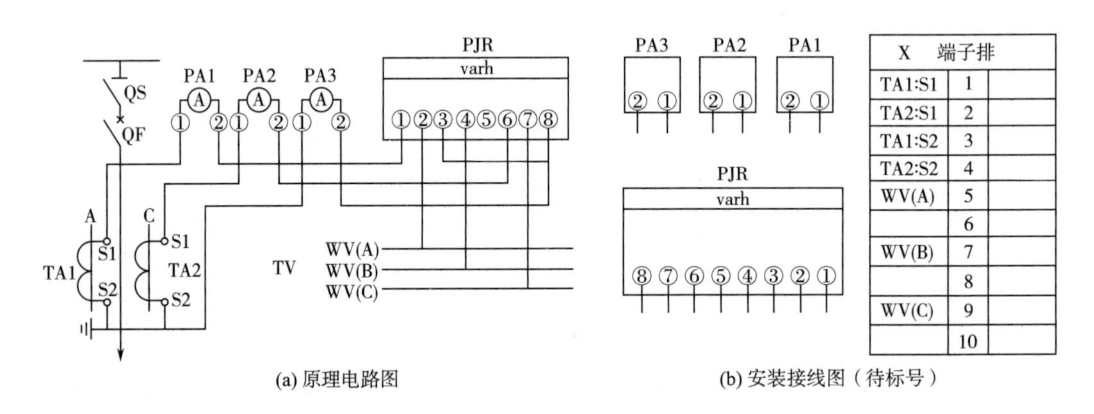

(a) 原理电路图　　(b) 安装接线图（待标号）

图 6-22　高压并联电容器的供电线路图

6-6　对断路器的控制和信号回路有哪些主要要求？什么是事故跳闸信号的“不对应原理”？

6-7　试分别分析图 6-11 和图 6-13 所示两种操动机构的断路器控制和信号回路在其一次电路发生短路故障时的动作程序和信号指示情况。

6-8　对常用测量仪表和电能计量仪表各有哪些主要要求？

6-9　一般在 6～10kV 配电线路上装设哪些仪表？

6-10　220/380V 的动力线路和照明线路上一般各装设哪些仪表？

6-11　什么叫“自动重合闸（ARD）”？试分析图 6-17 所示原理电路如何实现自动重合

闸？在用控制开关断开断路器时，又如何做到 ARD 不动作？什么叫“防跳”？如何实现“防跳”？

6-12　什么叫“备用电源自动投入（APD）”？试分析图 6-23 所示原理电路如何实现备用电源自动投入？

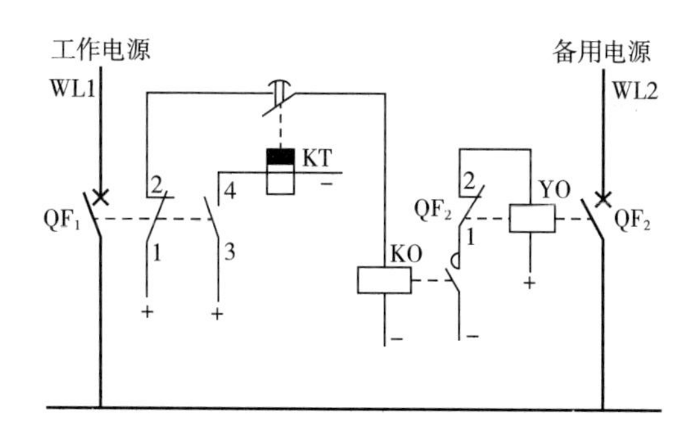

图 6-23　备用电源自动投入装置（APD）的基本原理电路图

QF_1—工作电源进线 WL1 上的断路器；QF_2—备用电源进线 WL2 上的断路器；

KT—时间继电器；KO—合闸接触器；YO—QF_2的合闸线圈

项目七 工厂供配电系统电气设计

【技能目标】

① 能够读懂电气主接线图，且能根据原始资料对变电所和中小型企业配电室进行主接线设计。

② 能够根据原始资料初步拟出 2～3 个技术合理的电气主接线方案，并进行技术经济比较，确定出一个最优方案，并绘出该方案的草图。

③ 了解工厂供配电系统电气设计的基本原则。

④ 熟悉工厂供配电系统电气设计的基本内容、程序与要求。

⑤ 熟悉工厂年电能消耗量的计算方法，掌握工厂计算负荷的确定。

⑥ 熟悉供配电系统短路的原因，了解短路的后果及短路的形式，并能用标幺值进行短路电流的计算。

⑦ 了解选择电气设备的一般条件，掌握各类电气设备的选择和校验方法。

任务一　电气主接线方案设计

【任务描述】

电气主接线方案设计是“供配电系统运行与维护”课程中的一次综合性实践环节，通过对变配电所电气主接线的设计，巩固和加深对供配电系统的认识和理解，培养学生独立分析问题和解决问题的能力及理论联系实际的能力，初步学习工程设计的方法。

【相关知识】

一、工厂供配电系统设计原则

按照国家标准的有关规定，进行工厂供配电系统电气设计必须遵循以下原则。

① 工厂供配电系统电气设计必须遵循国家的各项方针政策，设计方案必须符合国家标准中的有关规定，并应做到保障人身和设备安全，供电可靠，电能质量合格，技术先进和经济合理。

② 应根据工程特点、规模和发展规划，正确处理近期建设和远期发展的关系，做到远、近期结合，适当考虑扩建的可能。

③ 必须从全局出发，统筹兼顾，按照负荷性质、用电容量、工程特点和地区供配电条件，合理确定设计方案，以满足供配电的要求。

二、工厂供配电系统电气设计内容

工厂供配电系统电气设计包括变配电所设计、配电线路设计和电气照明设计等。

（一）变配电所设计

无论工厂总降压变电所或车间变电所，其设计的内容都是相同的。工厂高压配电所，除了没有主变压器的选择外，其余部分的设计内容也与变配电所基本相同。变配电所的设计内容应包括：变（配）电所负荷的计算及无功功率的补偿；变（配）电所所址的选择；变（配）电所主变压器台数、容量、型号的确定；变（配）电所主接线方案的选择；进出线的选择；短路电流计算和开关设备的选择；二次回路方案的确定及继电保护的选择与整定；防雷保护与接地装置的设计；变（配）电所电气照明的设计等。最后需编制设计说明书、设备材料清单及工程概预算，绘制变（配）电所主接线图、平剖面图、二次回路图及其他施工图纸。

（二）配电线路设计

工厂配电线路设计分厂区配电线路设计和车间配电线路设计。

1. 厂区配电线路设计

厂区配电线路设计包括厂区高压供配电线路设计及车间外部低压配电线路的设计。其设计内容应包括：配电线路路径及线路结构形式（架空线路还是电缆线路）的确定；线路的导线或电缆及其配电设备和保护设备的选择，架空线路杆位的确定及电杆与绝缘子、金具的选择，架空线路的防雷保护及接地装置的设计等。最后需编制设计说明书、设备材料清单及工程概预算、绘制厂区配电线路系统图和平面图、电杆总装图及其他施工图纸。

2. 车间配电线路设计

车间配电线路设计的内容包括：车间配电线路布线方案的确定；线路导线及其配电设备和保护设备的选择等。最后编制设计说明书、设备材料清单及工程概预算、绘制车间配电线路系统图和平面图及其他施工图纸。

（三）电气照明设计

工厂电气照明设计，包括厂区室外照明系统的设计和车间（建筑）内照明系统的设计。

其内容均应包括：照明光源和灯具的选择；灯具布置方案的确定和照度计算；照明线路导线的选择；保护与控制设备的选择等。最后也编制设计说明书、设备材料清单及工程概预算，绘制照明系统图和平面图及其他施工图纸。

三、工厂供配电系统电气设计程序和要求

工厂供配电系统电气设计，通常分为扩大初步设计和施工设计两个阶段。对于用电量大的大型工厂，在建厂可行性研究报告阶段，可增加工厂供配电采用方案意见书。用电量较小的工厂，经技术论证许可时，也可将两个阶段合并为一个阶段进行。

（一）扩大初步设计

扩大初步设计的任务主要是根据设计任务书的要求，进行负荷的统计计算，确定工厂的需要用电容量，选择工厂供配电系统的原则性方案及主要设备，提出主要设备材料清单，并编制工程投资概预算，报上级主管部门审批。因此，扩大初步设计资料应包括设计说明书和工程投资概算两部分。

在设计前必须收集以下资料。

(1) 工厂的总平面图，各车间（建筑）的土建平、剖面图。

(2) 全厂的工艺、给水、排水、通风、取暖及动力等工种的用电设备平面布置图和主要剖面图，并附有各用电设备的名称及其有关技术数据。

(3) 用电负荷对供电可靠性的要求及工艺允许停电的时间。

(4) 全厂的年产量或年产值与年最大负荷利用时间，用以估算全厂的年用电量和最高需电量。

(5) 向当地供电部门收集下列资料。

① 可供的电源容量和备用电源容量。

② 供电电源的电压、供电方式（架空线还是电缆线，专用线还是公用线）、供电电源线路的回路数、导线型号、规格、长度以及进入工厂的方向和具体位置。

③ 电力系统的短路数据或供电电源线路首端的开关断流容量。

④ 供电电源线路首端的继电保护方式及动作电流和动作时限的整定值，电力系统对工厂进线端继电保护方式及动作的时限配合的要求。

⑤ 供电部门对工厂电能计量方式的要求及电费计收方法。

⑥ 对工厂功率因数的要求。

⑦ 电源线路厂外部分设计与施工的分工及工厂应负担的投资费用等。

⑧ 向当地气象、地质及建筑安装部门收集当地气温、地质、土壤、主导风向、地下水位及最高洪水位、最高地震烈度、当地电气工程的技术经济指标及电气设备材料的生产供应情况等资料。

（二）施工设计

施工设计的任务是在扩大初步设计经上级主管部门批准后，为满足安装施工要求而进行的技术设计，主要是绘制安装施工图和编制施工说明书。

施工设计须对初步设计的原则性方案进行全面的技术经济分析和必要的计算和修订，以使设计方案更加完善和精确，有助于安装施工图的绘制。安装施工图是进行安装施工所必需的全套图表资料。安装施工图应尽量采用国家规定的标准图纸。

施工设计资料应包括施工说明书、各项工程的平/剖面图、各种设备的安装图、各种非标准件的安装图、设备与材料明细表以及工程预算等。

施工设计由于是即将付诸安装施工的最后决定性设计，因此设计时更有必要深入实际，调查研究，核实资料，精心设计，以确保工厂供配电系统工程的质量。

项目七
任务实施单

【任务实施及考核】

详细的实施步骤及考核扫描右侧二维码即可查看下载。

任务二　某机械厂高压供配电系统电气设计示例

【任务描述】

工厂供配电系统电气设计是整个工厂设计的重要组成部分。工厂供配电系统电气设计的质量直接影响到工厂的生产及其发展。作为从事工厂供配电工作的工程技术人员，必须了解和学习有关工厂供配电系统电气设计的相关知识、掌握工厂用电负荷的计算、熟悉短路电流的计算、正确选择和校验电气一次设备，以便使工厂供配电系统工作安全可靠，运行维护方便，投资经济合理。

【相关知识】

一、设计基础资料

（一）全厂用电设备情况

（1）负荷大小　全厂设备台数、设备容量及计算负荷如表 7-1 所示。

表 7-1　某机械厂计算负荷数据

配电计量点名称	设备台数 n	设备容量 $\sum nP$ /kW	计算有功功率 P_{30} /kW	计算无功功率 Q_{30} /kvar	计算视在功率 S_{30} /(kV·A)	计算电流 I_{30} /A	功率因数 $\cos\phi$	$\tan\phi$	有功功率损耗 ΔP /kW	无功功率损耗 ΔQ /kW	变压器容量 S_N /(kV·A)
一车间	70	1419	470	183	506	770	0.93	0.39	10	50	630
二车间	177	2223	612	416	744	1130	0.82	0.68	15	74	800
三车间	194	2511	736	487	895	1360	0.82	0.67	13	89.6	1000
锻工车间	37	1755	920	276	957	1452	0.96	0.3	1.9	96	1000
工具、机修车间	81	1289	496	129	510	775	0.92	0.26	1.0	51	630
空压站、煤气站	45	1266	854	168	872	1374	0.98	0.5	17	87	1000
全厂总负荷	604	10463	4087	1659	4484	6811	—	—	57.9	447.6	5060

（2）负荷类型　空压站煤气站为二级，其余为三级。

（3）工作制　二班制，全年工作 4500h，T_{max}＝4000h，年耗电量 115×105kW·h。

（二）电源情况

1. 工作电源

工厂东北方向 6km 处有一地区降压变电所，用一台 110/35/10kV、25MV·A 的三绕组变压器作为工厂的工作电源，允许使用 35kV 或 10kV 两种电压中的一种电压，以一回路架空线路为工厂供电。35kV 侧系统的最大三相短路容量为 1000MV·A，最小三相短路容量为 500MV·A。

2. 备用电源

工厂正北方向由其他工厂引入 10kV 电缆作为本厂备用电源，平时不允许投入，只有在本厂的工作电源发生故障或检修停电时，提供照明及部分重要负荷用电，输送容量不得超过 1000kV·A。

（三）功率因数

供电部门对功率因数的要求为：当以 35kV 供电时，$\cos\phi\geqslant0.9$；当以 10kV 供电时，$\cos\phi\geqslant0.95$。

（四）电价计算

供电部门实行两部电价制。

（1）基本电价　按变压器安装容量每 1kV·A，6 元/月计费。

（2）电度电价　供电电压为 35kV 时，$\beta=0.30$ 元/(kW·h)；供电电压为 10kV 时，$\beta=0.35$ 元/(kW·h)。

（五）附加投资

线路的功率损失在发电厂引起的附加投资按 1000 元/kW 计算。

二、高压供配电系统的电气设计

（一）供电电压的选择

由于地区变电所仅能提供 35kV 或 10kV 中的一种电压，所以将两种电压的优缺点扼要分析如下。

（1）方案一：采用 35kV 电压供电的特点

① 供电电压较高，线路的功率损耗及电能损耗小，年运行费用较低。

② 电压损失小，调压问题容易解决。

③ 对 $\cos\phi$ 的要求较低，可以减小提高功率因数补偿设备的投资。

④ 需建设总降压变电所，工厂供电设备便于集中控制管理，易于实现自动化，但要多占一定的土地面积。

⑤ 根据运行统计数据，35kV 架空线路的故障比 10kV 架空线路的故障率低一半，因而供电可靠性高。

⑥ 有利于工厂进一步扩展。

（2）方案二：采用 10kV 电压供电的特点

① 不需投资建设工厂总降压变电所，并少占土地面积。

② 工厂内不装设主变压器，可简化接线，便于运行操作。

③ 减轻维护工作质量，减少管理人员。

④ 供电电压较 35kV 低，会增加线路的功率损耗和电能损耗，线路的电压损失也会增大。

⑤ 要求的 $\cos\phi$ 值高，要增加补偿设备的投资。

⑥ 线路的故障率比 35kV 的高，即供电可靠性不如 35kV。

（二）经济技术指标的比较

（1）方案一：正常运行时以 35kV 的单回路架空线路供电，由邻厂 10kV 电缆作为备用电源。根据全厂计算负荷情况，$S_{30}=4485$kV·A，且只有少数的负荷为二级负荷，大多数为三级负荷，故拟厂内总降压变电所装设一台容量为 5000kV·A 的变压器，型号为 SJL1-5000/35 型，电压为 35/10kV，查产品样本，其有关技术参数为 $\Delta P_0=6.9$kW，$\Delta P_k=45$kW，$U_k\%=7$，$I_0\%=1.1$，变压器的功率损耗如下。

有功功率损耗：

$$\Delta P_T \approx \Delta P_0+\Delta P_k\left(\frac{S_{30}}{S_N}\right)^2=6.9+45\times\left(\frac{4485}{5000}\right)^2=43.1\ (\mathrm{kW})$$

无功功率损耗：

$$\Delta Q_T \approx \Delta Q_0 + \Delta_N \left(\frac{S_{30}}{S_N}\right)^2 = S_N\left[\frac{I_0\%}{100} + \frac{U_k\%}{100}\left(\frac{S_{30}}{S_N}\right)^2\right]$$

$$= 5000 \times \left[\frac{1.1}{100} + \frac{7}{100}\left(\frac{4485}{5000}\right)^2\right] = 336.6\ (\text{kvar})$$

35kV 线路功率等于全厂计算负荷与变压器功率损耗之和。

$$P'_{30} = P_{30} + \Delta P_T = 4087 + 43.1 = 4130.1\ (\text{kW})$$

$$Q'_{30} = Q_{30} + \Delta Q_T = 1659 + 336.6 = 1995.6\ (\text{kvar})$$

$$S'_{30} = \sqrt{P'^2_{30} + Q'^2_{30}} = \sqrt{4130.1^2 + 1995.6^2} = 4587\ (\text{kvar})$$

$$\cos\phi' = P'_{30}/S'_{30} = \frac{4130.1}{4587} = 0.90$$

$$I'_{30} = S'_{30}/(\sqrt{3}U_N) = 4587/(\sqrt{3} \times 35) = 75.67\ (\text{A})$$

考虑到本厂负荷的增长是逐渐的，为了节约有色金属消耗量，按允许发热条件选择导线截面积，而未采用按经济电流密度选择导线截面积。查有关手册或产品样本，选择钢芯铝绞线 LGJ-35，其允许电流为 170A$>I'_{30}=75.67$A 满足要求。该导线单位长度电阻 $R_0=0.85\Omega/\text{km}$，单位长度电抗 $X_0=0.36\Omega/\text{km}$。

查有关设计手册，经过计算，35kV 供电的投资费用 Z_1 如表 7-2 所示，年运行费用 F_1 如表 7-3 所示。

表 7-2　35kV 供电的投资费用 Z_1

项　目	说　　明	单价	数量	费用/万元
线路综合投资	LGJ-35	1.2 万元/km	6km	7.2
变压器综合投资	SJL-5000/35	10 万元/台	1 台	10
5kV 断路器	SW_2-35/1000	2.8 万元/台	1 台	2.8
避雷器及互感器	FZ-35,JDJJ-35	1.3 万元/台	各 1 台	1.3
附加投资	$3I'^2_{30}R_0l+\Delta P_T=3\times75.67^2\times0.85\times6\times10^{-3}+43.1$	0.1 万元/kW	130.7kW	13.07
合计				34.37

表 7-3　35kV 供电的年运行费用 F_1

项　目	说　　明	费用/万元
线路折旧费	按线路投资的 5%计,7.2×5%	0.36
电气设备折旧费	按设备投资的 8%计,(1.0+2,8+1.3)×8%	1.128
线路电能损耗费	$\Delta F_1=3I'^2_{30}R_0l\tau\beta\times10^{-3}=3\times75.67^2\times0.85\times6\times2300\times0.3\times10^{-3}$	6.045
变压器电能损耗费	$\Delta F_T=\left[\Delta P_0\times8760+\Delta P_k\left(\frac{S_{30}}{S_N}\right)^2\tau\right]\beta=\left[6.9\times8760+45\times\left(\frac{4485}{5000}\right)^2\times2300\right]\times0.3$	4.312
基本电价费	每年有效生产时间为 10 个月,5000×10×6	30
合计		41.845

（2）方案二：采用 10kV 电压供电，厂内不设总降压变电所，即不装设变压器，故无变

压器损耗问题。此时，10kV 架空线路计算电流

$$I_{30}=S_{30}/(\sqrt{3}U_N)=4485/(\sqrt{3}\times10)=258.95\ (A)$$

而 $\cos\phi=P_{30}/S_{30}=4087/4485=0.991<0.95$，不符合要求。

为使两个方案比较在同一基础上进行，也按允许发热条件选择导线截面积。选择 LGJ-70 钢芯铝绞线，其允许载流量为 275A，$R_0=0.46\Omega/km$，单位长度电抗 $X_0=0.365\Omega/km$。

10kV 线路电压损失为（线路长度 $l=6km$）

$$\Delta U\%=\frac{\Delta U}{U_N}\times100=\frac{1491.3}{10\times10^3}\times100=14.9\%>5\%$$，不符合要求。

10kV 供电的投资费用 Z_2 如表 7-4 所示，年运行费用 F_2 如表 7-5 所示。

表 7-4　10kV 供电的投资费用 Z_2

项　　目	说　　明	单价	数量	费用/万元
线路综合投资	LGJ-70	1.44 万元/km	6km	8.64
附加投资	$3I_{30}R_0l=3\times258.95^2\times0.46\times6\times10^{-3}$	0.1 万元/km	555.22km	55.522
合计				64.162

表 7-5　10kV 供电的年运行费用 F_2

项　　目	说　　明	费用/万元
线路折旧费	以线路投资的 5%计，8.64×5%	0.432
线路电能损耗	$\Delta F_1=3I'^2_{30}R_0l\tau\beta=3\times258.95^2\times0.46\times6\times2300\times0.37\times10^{-3}$	47.249
合计		47.681

在上述各表中，变压器全年空载时间为 8760h，最大负荷利用时间 $T_{max}=4000h$，最大负荷损耗时间 τ 可由 $T_{max}=4000h$ 和 $\cos\phi=0.9$ 查有关手册中 τ-T_{max} 关系曲线，得出 $\tau=2300h$，β 为电度电价［35kV 时，$\beta=0.3$ 元/(kW·h)；10kV 时，$\beta=0.37$ 元/(kW·h)］。

由以上分析可知，方案一较方案二投资费用及年运行费用均少。而且方案二以 10kV 电压供电，电压损失达到了极为严重的程度，无法满足二级负荷长期正常运行的要求。因此，选用方案一，即采用 35kV 电压供电，建设厂内总降压变电所，不论从经济还是从技术上来讲，都是合理的。

（三）总降压变电所的电气设计

根据前面已确定的供电方案，结合本厂平面示意图，考虑总降压变电所尽量接近负荷中心，且远离人员集中区，不影响厂区面积的利用，有利于安全等诸多因数，拟将总降压变电所设在厂区东北部，如图 7-1 所示。

根据运行需要，对总降压变电所提出以下要求：

① 总降压变电所装设一台 5000A、35/10kV 的降压变压器，与 35kV 架空线路接成线路——变压器组。为了便于检修、运行、控制和管理，在变压器高压侧进线处应设置高压断路器。

② 根据规定，备用电源只有主电源线路解列及变压器有故障或检修时才允许投入，因此备用 10kV 电源进线断路器，在正常工作时必须断开。

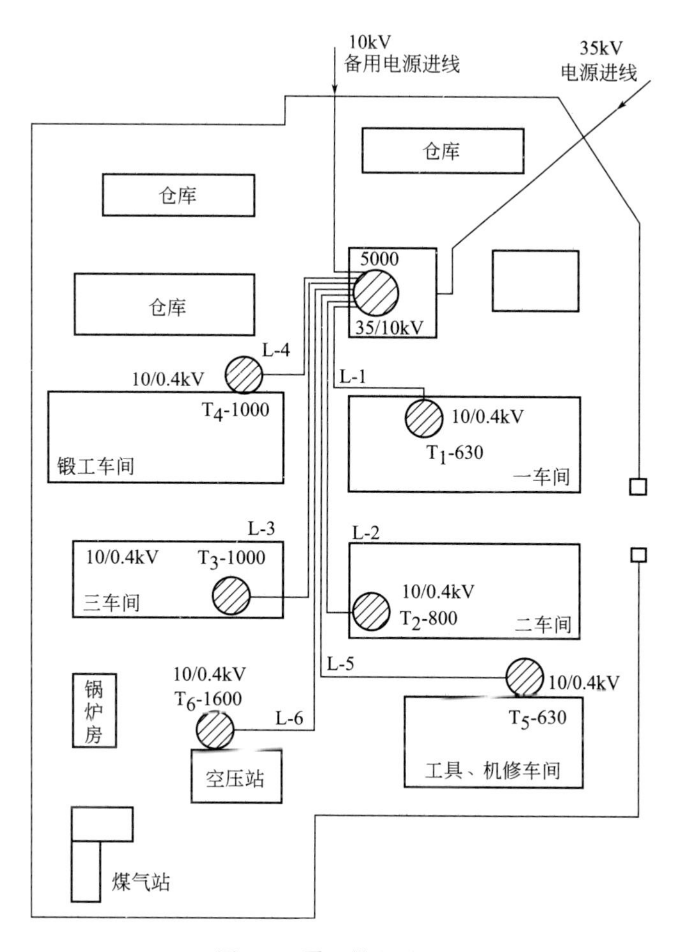

图 7-1 厂区供电平面图

③ 变压器二次侧（10kV）设置少油断路器，10kV 备用电源进线断路器组成备用电源自动投入装置，当工作电源失去电压时，备用电源立即自动投入。

④ 变压器二次侧 10kV 母线采用单母线分段接线。变压器二次侧 10kV 接在分段Ⅰ上，而 10kV 备用电源接在分段Ⅱ上。单母线分段联络开关在正常工作时闭合，重要二级负荷可接在母线分段Ⅱ上，在主电源停止供电时，不至于使重要负荷的供电受到影响。

⑤ 总降压变电所的操作电源来自备用电源断路器的所用变压器。当主电源停电时，操作电源不至于停电。

根据以上要求设计总降压变电所的主接线如图 7-2 所示。

（四）短路电流计算

短路电流按系统正常运行方式计算，其计算电路如图 7-3 所示。

为了选择高压电气设备，整定继电保护，需计算总降压变电所的 35kV 侧、10kV 母线以及厂区高压配电线路末端（及车间 10kV 母线）的短路电流，分别为 k-1、k-2 和 k-3 点。但因工厂厂区不大，总降压变电所到最远车间的距离不过数百米，因此总降压变电所 10kV 线路（k-2 点）与厂区高压配电线路末端处（k-3 点）的短路电流值差别极小，故只计算主变压器高、低压侧 k-1 和 k-2 两点短路电流。

根据计算短路电流做出计算短路电流的等效电路如图 7-4 所示。

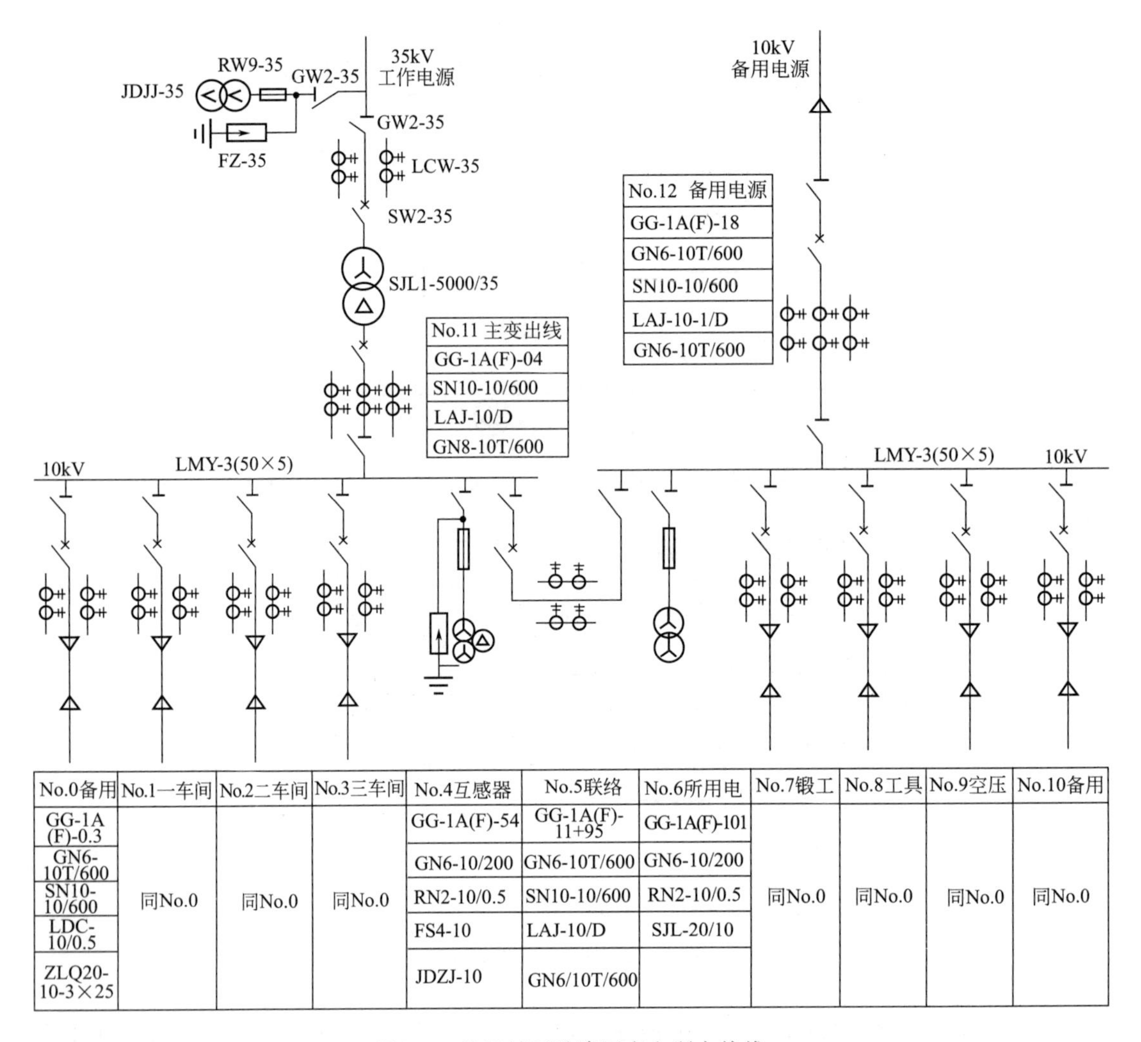

No.0备用	No.1一车间	No.2二车间	No.3三车间	No.4互感器	No.5联络	No.6所用电	No.7锻工	No.8工具	No.9空压	No.10备用
GG-1A(F)-0.3	同No.0	同No.0	同No.0	GG-1A(F)-54	GG-1A(F)-11+95	GG-1A(F)-101	同No.0	同No.0	同No.0	同No.0
GN6-10T/600				GN6-10/200	GN6-10T/600	GN6-10/200				
SN10-10/600				RN2-10/0.5	SN10-10/600	RN2-10/0.5				
LDC-10/0.5				FS4-10	LAJ-10/D	SJL-20/10				
ZLQ20-10-3×25				JDZJ-10	GN6/10T/600					

图 7-2 某机械厂总降压变电所主接线

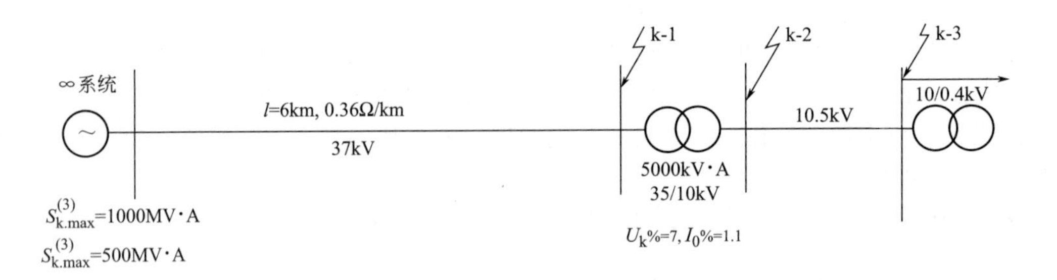

图 7-3 系统短路电流计算电路

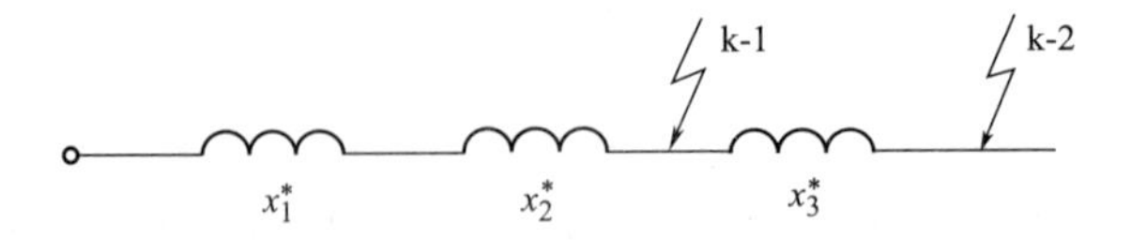

图 7-4 计算短路电流的等效电路

1. 求各元件电抗（用标幺值法计算）

设基准容量 $S_d = 100$（MV·A）

基准电压 $U_{d1} = 37$（kV），$U_{d2} = 10.5$（kA）

而基准电流

$$I_{d1} = \frac{S_d}{\sqrt{3}U_{d1}} = 100/(\sqrt{3}\times 37) = 1.56 \text{（kA）}$$

$$I_{d2} = \frac{S_d}{\sqrt{3}U_{d2}} = 100/(\sqrt{3}\times 10.5) = 5.50 \text{（kA）}$$

（1）电力系统电抗

$$S_{k.max}^{(3)} = 1000\text{MV·A 时，} X_{1.max}^{*} = \frac{S_d}{S_{k.max}^{(3)}} = 100/1000 = 0.1$$

$$S_{k.max}^{(3)} = 500\text{MV·A 时，} X_{1.min}^{*} = \frac{S_d}{S_{k.max}^{(3)}} = 100/500 = 0.2$$

（2）架空线路电抗

$$X_2^{*} = \frac{X_0 l S_d}{U_{d1}^2} = 0.36\times 6\times 100/37^2 = 0.1578$$

（3）主变压器电抗

$$X_3^{*} = \frac{U_k\% S_d}{100 S_N} = 7\times 100\times 10^3/(100\times 5000) = 1.4$$

2. k-1 点三相短路电流计算

系统最大运行方式时，总电抗标幺值为

$$X_{\Sigma(k\text{-}1)}^{*\prime} = X_{1.max}^{*} + X_2^{*} = 0.1 + 0.1578 = 0.2578$$

系统最小运行方式时，总电抗标幺值为

$$X_{\Sigma(k\text{-}1)}^{*\prime\prime} = X_{1.min}^{*} + X_2^{*} = 0.2 + 0.1578 = 0.3578$$

因此，系统最大运行方式时，三相短路电流及短路容量各为

$$I_{k\text{-}1}^{(3)} = \frac{I_{d1}}{X_{\Sigma(k\text{-}1)}^{*\prime}} = 1.56/0.2578 = 6.05 \text{（kA）}$$

$$I_{\infty(k\text{-}1)}^{(3)} = I''^{(3)}_{(k\text{-}1)} = I_{k\text{-}1}^{(3)} = 6.05 \text{（kA）}$$

$$i_{sh(k\text{-}1)}^{(3)} = 2.55 I_{(k\text{-}1)}^{(3)} = 2.55\times 6.05 = 15.43 \text{（kA）}$$

$$S_{k\text{-}1}^{(3)} = \frac{S_d}{X_{\Sigma(k\text{-}1)}^{*\prime}} = 100/0.2578 = 387.9 \text{（MV·A）}$$

系统最小运行方式时，三相短路电流及短路容量各为

$$I_{k\text{-}1}^{(3)\prime} = \frac{1.56}{0.3578} = 4.36 \text{（kA）}$$

$$I_{sh(k\text{-}1)}^{(3)\prime} = I''^{(3)\prime}_{k\text{-}1} = I_{k\text{-}1}^{(3)\prime} = 4.36 \text{（kA）}$$

$$i_{sh(k\text{-}1)}^{(3)\prime} = 2.55 I_{k\text{-}1}^{(3)\prime} = 2.55\times 4.36 = 11.12 \text{（kA）}$$

3. k-2 点三相短路电流计算

系统最大运行方式时，总电抗标幺值为

$$X_{\Sigma(k\text{-}2)}^{*\prime\prime} = X_{1.min}^{*} + X_2^{*} + X_3^{*} = 0.2 + 0.1578 + 1.4 = 1.7578$$

系统最小运行方式时，总电抗标幺值为

$$X_{\Sigma(k-2)}^{*\prime}=X_{1.max}^{*}+X_{2}^{*}+X_{3}^{*}=0.1+0.1578+1.4=1.6578$$

因此，三相短路电流及短路容量各为

$$I_{k-2}^{(3)}=\frac{I_{d2}}{X_{\Sigma(k-2)}^{*\prime}}=5.50/1.6578=3.32\ (kA)$$

$$I_{k-2}^{(3)\prime}=\frac{I_{d2}}{X_{\Sigma(k-2)}^{*\prime\prime}}=5.50/1.7578=3.13\ (kA)$$

$$I_{\infty(k-2)}^{(3)}=I''^{(3)}_{k-2}=I_{k-2}^{(3)}=3.32\ (kA)$$

$$I_{\infty(k-2)}^{(3)\prime}=I''^{(3)\prime}_{k-2}=I_{k-2}^{(3)\prime}=3.13\ (kA)$$

$$i_{sh(k-2)}^{(3)}=2.55I_{(k-2)}^{(3)}=2.55\times3.32=8.47\ (kA)$$

上述短路电流计算结果，如表 7-6 所示。

表 7-6　三相短路电流计算结果

短路计算点	运行方式	短路电流/kA				短路容量/(mV・A)
		$I_k^{(3)}$	$I_\infty^{(3)}$	$I''^{(3)}$	$i_{sh}^{(3)}$	$S_k^{(3)}$
k-1	最大	6.05	6.05	6.05	15.43	387.9
	最小	4.36	4.36	4.36	11.12	279.49
k-2(k-3)	最大	3.32	3.32	3.32	8.47	60.32
	最小	3.13	3.13	3.13	7.98	56.89

（五）电气设备选择

根据上述短路电流计算结果，按正常工作条件选择和按短路情况校验确定的总降压变电所高、低压电气设备如下。

（1）主变 35kV 侧电气设备如表 7-7 所示。

表 7-7　35kV 侧电气设备

计算数据	高压断路器 SW_2-35/1000	隔离开关 GW_2-35G	电压互感器 JDJJ-35	电流互感器 LCW-35	避雷器 FZ-35
$U=35kV$	35kV	35kV	35kV	35kV	35kV
$I_{30}=\frac{S_N}{\sqrt{3}U_{N1}}=82.48A$	1000A	600A		150/5	
$I_{k-1}^{(3)}=6.05kA$	24.8kA				
$S_{k-1}^{(3)}=387.9MV\cdot A$	1500MV・A				
$i_{sh(k-1)}^{(3)}=15.43kA$	63.4kA	50kA		$100\times\sqrt{2}/150=21.2kA$	
$I_\infty^{(3)2}t_{ima}=6.05^2\times0.7$	$I_t^2t=24.8^2\times4''$	$14^2\times5''$		$I_t^2t=(65\times0.15)^2\times1''$	

（2）主变 10kV 侧电气设备如表 7-8 所示。该设备分别组装在两套高压开关柜 GG-1A（F）。其中 10kV 母线按经济电流密度选为 LMY-3（50×5）铝母线，其允许电流 740A 大于 10kV 侧计算电流 288.7A，动稳定和热稳定均满足要求。10kV 侧电气设备的布置、排列顺序及用途如表 7-8 所示。

表 7-8 10kV 侧电气设备

计算数据	高压断路器 SN 10-10 Ⅰ/600	隔离开关 GN8-10T/600	电流互感器 LAJ-10/D	隔离开关 GN6-10T/600	备注
$U=10kV$	10kV	10kV	10kV	10kV	采用 GG-1A（F）高压开关柜
$I_{30}=\frac{S_N}{\sqrt{3}U_{N2}}=288.7A$	600A	600A	400/5，300/5	600A	采用 GG-1A（F）高压
$I_{k2}^{(3)}=3.32kA$	16kA	30kA		30kA	开关柜
$S_{k2}^{(3)}=60.32MV \cdot A$	300MV·A				
$i_{sh}^{(3)}=8.47kA$	46kA	52kA	$180\times\sqrt{3}\times0.3=57kA$	52kA	
$I_{\infty}^{(3)2}t_{ima}=3.32^2\times0.7$	$I_t^2t=16^2\times2''$	$20^2\times5''$	$(100\times0.3)^2\times1''$	$20^2\times5''$	

（3）10kV 馈电线路设备选择。以一车间的馈电线路为例，10kV 馈电线路设备如表 7-9 所示。该设备组装在 11 台 GG-1A（F）型高压开关柜中，其编号、排列顺序及用途如图 7 2 所示。

表 7-9 10kV 馈电线路设备

计算数据	高压断路器 SN 10-10/600	隔离开关 GN6-10T/600	电流互感器 LAC-10/0.5	电力电缆 ZLQ20-10-3×25
$U=10kV$	10kV	10kV	10kV	10kV
$I_{30}=\frac{S_N}{\sqrt{3}U_{N2}}=36.37A$	600A	600A	300/5	80A
$I_{k2}^{(3)}=3.32kA$	16kA	30kA		
$S_{k2}^{(3)}=60.32MV \cdot A$	300MV·A			
$i_{sh}^{(3)}=8.47kA$	40kA	52kA	$135\times\sqrt{3}\times0.3$	$A_{min}=18.7mm^2<25mm^2$
$I_{\infty}^{(3)2}t_{ima}=3.32^2\times0.2$	$I_t^2t=16^2\times2''$	$20^2\times5''$		

（4）车间变电所位置和变压器的选择。车间变电所的位置、变压器数量和容量，可根据厂区平面布置图提供的车间分布情况及车间负荷中心位置、负荷性质、负荷大小等，结合其他各项选择原则，与工艺、土建有关方面协商确定。本厂拟设置 6 个车间变电所，每个车间变电所装设一台变压器，其位置如图 7-1 所示，变压器容量表如表 7-10 所示。

表 7-10 车间变电所变压器一览表

变压器名称	位置及型式	容量/(kV·A)	变压器型号	变压器名称	位置及型式	容量/(kV·A)	变压器型号
T_1	一车间	630	SL7-630/10	T_4	锻工车间	1000	SL7-1000/10
T_2	二车间	800	SL7-800/10	T_5	工具、机修	630	SL7-630/10
T_3	三车间	1000	SL7-1000/10	T_6	空压、煤气	1000	SL7-1000/10

（六）厂区高压配电线路的计算

为便于管理，实现集中控制，尽量提高用户用电的可靠性，在本总降压变电所馈电线路不多的前提下，首先可虑采用放射式配电方式，如图 7-1 所示。

由于厂区面积不大，各车间变电所与总降压变电所距离较近，厂区高压配电所采用直埋电缆线路。

由于线路很短，电缆截面积按发热条件进行选择，然后进行热稳定校验。

以一车间变电所 T_1 为例，选择电缆截面积。

根据表 7-1 提供的一车间视在计算功率 $S_{30(1)}=506\text{kV}\cdot\text{A}$，其 10kV 的计算电流为

$$I_{30(1)}=\frac{S_{30(1)}}{\sqrt{3}U_N}=\frac{506}{\sqrt{3}\times 10}\approx 29\ (\text{A})$$

查有关产品样本或设计手册，考虑为今后发展留有余地，选用 ZLQ20-3×25 型铝芯纸绝缘铝包钢带铠装电力电缆，在 $U_N=10\text{kV}$ 时，其允许电流值为 80A，大于计算电流值，合格。

因厂区不大，线路很短，线路末端短路电流与始端短路电流相差无几，因此以 10kV 母线上短路时（k-2 点）的短路电流进行校验。

$$S_{\min}=\frac{I_{\infty}}{c}\sqrt{t_{\text{ima}}}=\frac{3.32\times 10^3}{87}\times\sqrt{0.7}=18.7\text{mm}^2<25\text{mm}^2\quad 合格$$

其他线路的电缆截面积选择相似，其计算结果如表 7-11 所示。

表 7-11 高压配电系统计算结果

线路序号	线路用途	计算负荷		计算电流 I_{30}/A	选定截面积 S/mm²	线路长度 /m
		P_{30}/kW	Q_{30}/kvar			
L-1	用于 T_1	470	183	29	25	80
L-2	用于 T_2	612	416	43	25	200
L-3	用于 T_3	735	487	51.7	25	250
L-4	用于 T_4	920	270	55	25	100
L-5	用于 T_5	496	129	29	25	300
L-6	用于 T_6	854	168	50	25	350

（七）配电装置设计

1. 户内配电装置

由于 10kV 电气设备采用成套的高压开关柜，因此户内配电装置比较简单，由供电系统主接线图（图 7-2）可知，10kV 配电室内共有高压开关柜 11 个（其中两个为备用），其布置示意图如图 7-5 所示。此外配电室附近还设有控制室、值班室等。

2. 户外配电装置

35kV 的变压器及其他电气设备均置于户外，平面布置情况如图 7-5(a) 所示。

（八）防雷与接地

为防御直接雷击，在总降压变电所内设避雷针。根据户内外配电装置建筑面积及高度，

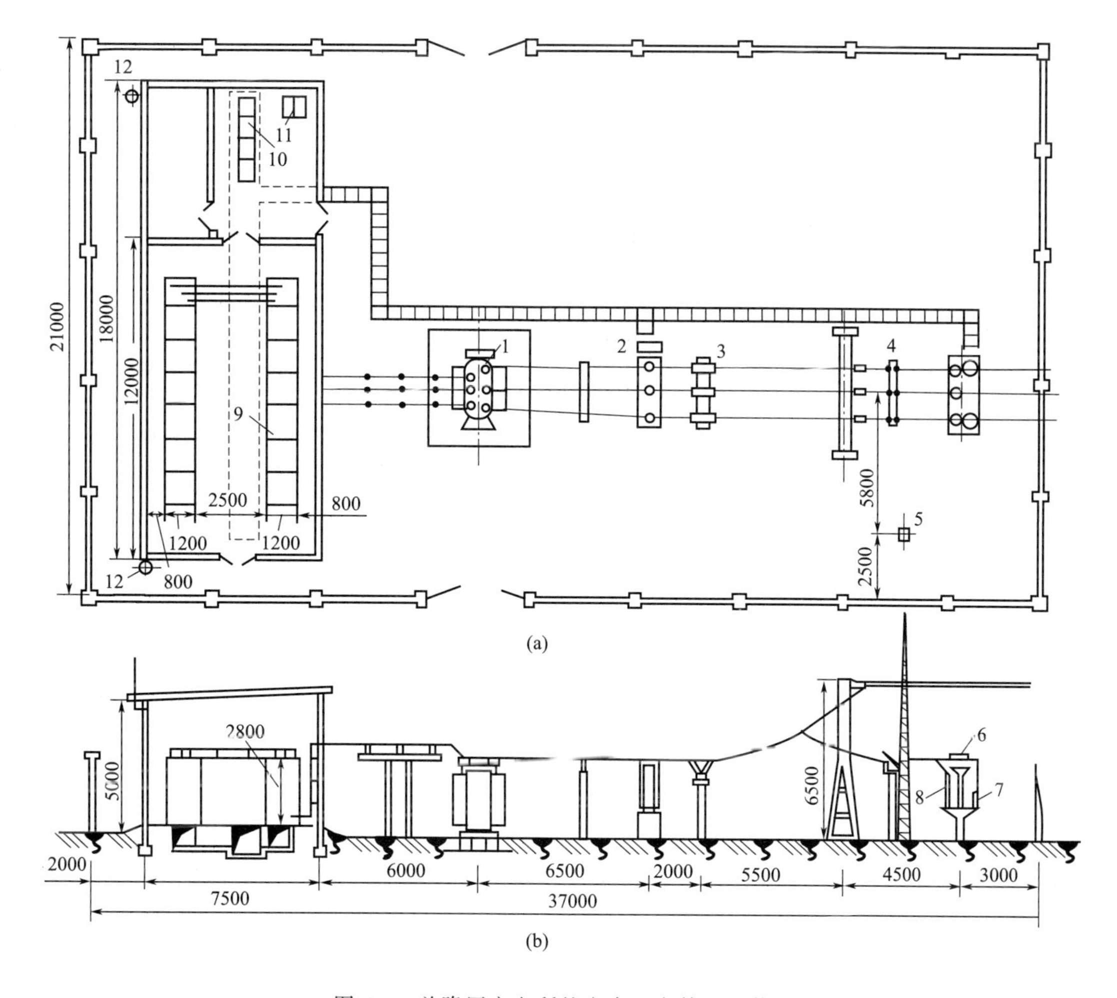

图 7-5 总降压变电所的户内、户外配电装置

1—SJL1-5000/35 主变压器；2—SW2-35 少油断路器；3—GW2-35G（D）隔离开关；4—GW2-35 隔离开关；5—25m 独立避雷针；6—RW9-35 熔断器；7—JDJJ-35 电压互感器；8—FZ-35 型避雷器；9—GG-1A（F）高压开关柜；10—控制、信号柜；11—硅整流装置；12—15m 附设式避雷针

设三支避雷针：一支为 25m 高的独立避雷针，另两支为置于户内配电装置建筑物边缘的 15m 高的附设式避雷针。根据作图计算，三支避雷针可安全保护整个总降压变电所不受直接雷击。

为防止雷电波侵入，在 35kV 进线杆塔前设 500m 架空避雷线，且在进线断路器前设一组 FZ-35 型避雷器，在 10kV 母线的Ⅱ分段上各设一组 FS-10 阀式避雷器。

总降压变电所接地采用环形接地网，用直径 50mm、长 2500mm 钢管作接地体，埋深 1m，用扁钢连接，经计算接地电阻不大于 4Ω，符合要求。

（九）继电保护的选择与整定

总降压变电所需要设置以下保护装置：主变压器保护、10kV 馈电线路保护、备用电源进线保护以及 10kV 母线保护。此外，还需设置备用电源自动投入装置和绝缘监察装置。

1. 主变压器保护

根据总降压变电所变压器容量及重要性，并参照规程规定，主变压器一次侧应设置带有定时限的过电流保护及电流速断保护。同时还应装设气体保护及温度信号等。主变压器的继电保护电路如图 7-6 所示。

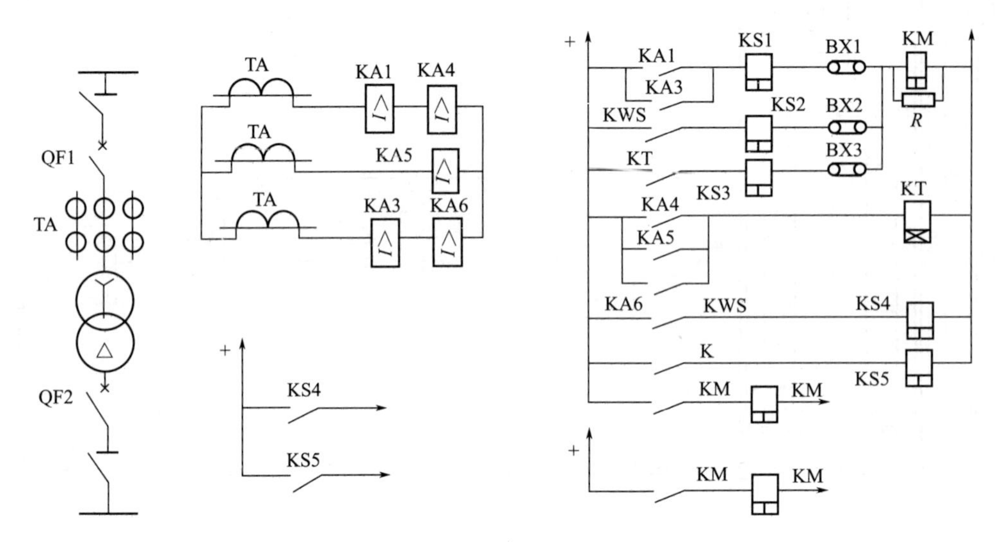

图 7-6 总降压变电所主变压器继电保护电路

(1) 定时限过电流保护 采用三个电流互感器接成完全星形接线方式，以提高保护动作灵敏度，继电器选用 DL-11 型。动作电流整定如下。

取保护装置可靠系数 $K_{rel}=1.2$，接线系数 $K_W=1$，返回系数 $K_{re}=0.85$，电流互感器变比 $K_{TA}=150/5=30$，变压器一次侧最大负荷电流取 2 倍的一次侧额定电流，即

$$I_{L.max}=2I_{1NT}=\frac{2S_N}{\sqrt{3}U_N}=\frac{2\times5000}{\sqrt{3}\times35}=165\ (A)$$

所以动作电流

$$I_{OP}=\frac{K_{rel}K_W}{K_{re}K_{TA}}I_{L.max}=\frac{12\times1}{0.85\times30}\times165=7.76\ (A)$$

动作电流 I_{OP}整定值取值为 8A。动作时间与 10kV 母线保护配合，10kV 馈电线的保护动作时间为 0.5s，母线保护动作时间为 1s，则主变压器过电流保护动作时间

$$t=0.5+1=1.5\ (s)$$

其保护灵敏度按变压器二次侧母线在系统最小运行方式时发生两相短路换算到一次侧的电流值 $I_{k.min}^{(2)}$来校验。

而 $$I_{k.min}^{(2)}=0.866\times3.13\times10^3\times\frac{10}{35}=774.45\ (A)$$

故灵敏度 $$S_P=\frac{K_W I_{k.min}^{(2)}}{K_{TA}I_{OP}}=\frac{1\times774.45}{30\times8}=3.23>1.5$$

满足要求。

(2) 电流速断保护 采用两相不完全星形接法进行电流速断保护，动作电流应躲过系统最大运行方式时变压器二次侧三相短路电流值，继电器选用 GL-25 型。速断电流整定如下：

取 $K_{rel}=1.5$，$K_W=1$，而二次三相短路电流 $I_{(k-2)}^{(2)}$ 换算到一次侧的短路电流值为

$$I_{k.max}^{(3)}=I_{(k-2)}^{(3)}\frac{U_{2N}}{U_{1N}}=3.32\times\frac{10}{35}=0.9486\ (kA)\ =948.6A$$

故速断电流为

$$I_{qb}=\frac{K_{rel}K_{W}I_{k.max}^{(2)}}{K_{TA}}=1.5\times1\times948.6/30=47.43\ (A)$$

速断保护灵敏度，按变压器一次侧在系统最小运行方式时的两相短路电流 $I_{(k-2)}^{(2)}$ 来检验，即

$$S_{P}=0.866I_{k-1}^{(3)}K_{W}/(K_{TA}I_{qb})=0.866\times4.36\times10^{3}\times1/(30\times47.43)=2.65>2$$

符合要求。

2. 变压器 10kV 馈电线路保护

由总降压变电所送至每一车间变电所的线路需设过电流保护和速断保护。电流互感器接成不完全星形，继电器选用 GL-15 型。

（1）过电流保护　过电流保护的动作电流整定值按下式计算

$$I_{OP}=\frac{K_{rel}K_{W}I_{L.max}}{K_{re}K_{TA}}$$

取 $K_{rel}=1.3$，$K_{W}=1$，$K_{TA}=0.8$，而电流互感器变比 K_{TA} 和线路最大负荷电流 $I_{L.max}$，可依据各馈电线路具体情况而定。根据计算结果选出相近 I_{OP} 动作电流值。过电流保护动作时间，因为需要与低压侧的空气断路器相配合，故选为 0.5s。

灵敏度校验可按下式进行

$$S_{P}=\frac{K_{W}I_{k.min}^{(2)}}{K_{TA}I_{OP}}\geqslant1.5$$

式中　$I_{k.min}^{(2)}$——380V 侧母线发生两相短路电流最小值，且换算到 10kV 侧的数值；

I_{OP}——过电流保护装置的动作电流整定值。

（2）速断保护　速度按保护的动作电流应按躲过变压器二次侧 380V 低压母线三相短路电流的换算值 $I_{k.min}^{(3)}$ 来整定，即

$$I_{qb}=\frac{K_{rel}K_{W}}{K_{TA}}I_{k.max}^{(3)}$$

式中，$I_{k.max}^{(3)}$ 由变压器低压侧 380V 母线三相短路电流除以变压器变比来求得。

速度按保护灵敏度，按该变压器 10kV 侧发生两相短路电流值来校验，计算公式为

$$S_{P}=\frac{K_{W}I_{k-2}^{(2)}}{K_{TA}I_{qb}}\geqslant1.5$$

备用电源进线保护、10kV 母线保护等继电保护整定计算从略。

附　　录

附表 1　工业用电设备组的需要系数、二项式系数及功率因数参考值

用电设备组名称	需要系数 K_d	二项式系数		最大容量设备台数 x	$\cos\phi$	$\tan\phi$
		b	c			
小批生产的金属冷加工机床电动机	0.16～0.2	0.14	0.4	5	0.5	1.73
大批生产的金属冷加工机床电动机	0.18～0.25	0.14	0.5	5	0.5	1.73
小批生产的金属热加工机床电动机	0.25～0.3	0.24	0.4	5	0.6	1.33
大批生产的金属热加工机床电动机	0.3～0.35	0.26	0.5	5	0.65	1.17
通风机、水泵、空压机及电动发电机组电动机	0.7～0.8	0.65	0.25	5	0.8	0.75
非联锁的连续运输机械及铸造车间整砂机械	0.5～0.6	0.4	0.4	5	0.75	0.88
联锁的连续运输机械及铸造车间整砂机械	0.65～0.7	0.6	0.2	5	0.75	0.88
锅炉房和机加、机修、装配等类车间的起重机($\varepsilon=25\%$)	0.1～0.15	0.06	0.2	3	0.5	1.73
铸造车间的起重机($\varepsilon=25\%$)	0.15～0.25	0.09	0.3	3	0.5	1.73
自动连续装料的电阻炉设备	0.75～0.8	0.7	0.3	2	0.95	0.33
实验室用的小型电热设备(电阻炉、干燥箱等)	0.7	0.7	0	—	1.0	0
工频感应电炉(未带无功补偿装置)	0.8	—	—	—	0.35	2.68
高频感应电炉(未带无功补偿装置)	0.8	—	—	—	0.6	1.33
电弧熔炉	0.9	—	—	—	0.87	0.57
点焊机、缝焊机	0.35	—	—	—	0.6	1.33
对焊机、铆钉加热机	0.35	—	—	—	0.7	1.02
自动弧焊变压器	0.5	—	—	—	0.4	2.29
单头手动弧焊变压器	0.35	—	—	—	0.35	2.68
多头手动弧焊变压器	0.4	—	—	—	0.35	2.68
单头弧焊电动发电机组	0.35	—	—	—	0.6	1.33
多头弧焊电动发电机组	0.7	—	—	—	0.75	0.88
生产厂房及办公室、阅览室、实验室照明	0.8～1	—	—	—	1.0	0
变配电所、仓库照明	0.5～0.7	—	—	—	1.0	0
宿舍(生活区)照明	0.6～0.8	—	—	—	1.0	0
室外照明、应急照明	1	—	—	—	1.0	0

注：1. 如果用电设备组的设备总台数 $n<2x$ 时，则最大容量设备台数 $x=n/2$，且按“四舍五入”规则取整数。

2. 这里的 $\cos\phi$ 和 $\tan\phi$ 均为白炽灯照明数据。如荧光灯，则 $\cos\phi=0.9$，$\tan\phi=0.48$；如高压汞灯，钠灯，则 $\cos\phi=0.5$，$\tan\phi=1.73$。

附表 2　民用建筑用电设备组的需要系数及功率因数参考值

序号	用电设备分类		需要系数 K_d	$\cos\phi$	$\tan\phi$
1	通风和采暖用电	各种风机、空调机	0.7～0.8	0.8	0.75
		恒温空调箱	0.6～0.7	0.95	0.33
		冷冻机	0.85～0.9	0.8	0.75
		集中式电热器	1.0	1.0	0
		分散式电热器(20kW 以下)	0.85～0.95	1.0	0
		分散式电热器(100kW 以上)	0.75～0.85	1.0	0
		小型电热设备	0.3～0.5	0.95	0.33

续表

序号	用电设备分类		需要系数 K_d	cosϕ	tanϕ
2	给排水用电	各种水泵(15 kW 以下)	0.75～0.8	0.8	0.75
		各种水泵(17 kW 以上)	0.6～0.7	0.87	0.57
3	起重运输用电	客梯(1.5t 及以下)	0.35～0.5	0.5	1.73
		客梯(2t 及以上)	0.6	0.7	1.02
		货梯	0.25～0.35	0.5	1.73
		输送带	0.6～0.65	0.75	0.88
		起重机械	0.1～0.2	0.5	1.73
4	锅炉房用电		0.75～0.85	0.85	0.62
5	消防用电		0.4～0.6	0.8	0.75
6	厨房及卫生用电	食品加工机械	0.5～0.7	0.8	0.75
		电饭锅、电烤箱	0.85	1.0	0
		电炒锅	0.7	1.0	0
		电冰箱	0.6～0.7	0.7	1.02
		热水器(淋浴用)	0.65	1.0	0
		除尘器	0.3	0.85	0.62
7	机修用电	修理间机械设备	0.15～0.2	0.5	1.73
		电焊机	0.35	0.35	2.68
		移动式电动工具	0.2	0.5	1.73
8	其他动力用电	打包机	0.2	0.6	1.33
		洗衣房动力	0.65～0.75	0.5	1.73
		天窗开闭机	0.1	0.5	1.73
9	家用电器(包括:电视机、收录机、洗衣机、电冰箱、风扇、吊扇、电吹风、电熨斗等)		0.5～0.55	0.75	0.88
10	通信及信号设备	载波机	0.85～0.95	0.8	0.75
		收讯机	0.8～0.9	0.8	0.75
		发讯机	0.7～0.8	0.8	0.75
		电话交换台	0.75～0.85	0.8	0.75
		客房床头电气控制箱	0.15～0.25	0.6	1.33

附表 3 部分企业的需要系数、功率因数及年最大有功负荷利用时间参考值

企业名称	需要系数	功率因数	年最大有功负荷利用时间/h	企业名称	需要系数	功率因数	年最大有功负荷利用时间/h
汽轮机制造厂	0.38	0.88	5000	量具刃具制造厂	0.26	0.60	3800
锅炉制造厂	0.27	0.73	4500	工具制造厂	0.34	0.65	3800
柴油机制造厂	0.32	0.74	4500	电机制造厂	0.33	0.65	3000
重型机械制造厂	0.35	0.79	3700	电器开关制造厂	0.35	0.75	3400
重型机床制造厂	0.32	0.71	3700	电线电缆制造厂	0.35	0.73	3500
机床制造厂	0.20	0.65	3200	仪器仪表制造厂	0.37	0.81	3500
石油机械制造厂	0.45	0.78	3500	滚珠轴承制造厂	0.28	0.70	5800

附表 4　部分并联电容器的主要技术数据

型　号	额定容量/kvar	额定电容/μF	型　号	额定容量/kvar	额定电容/μF
BCMJ0. 4-4-3	4	80	BGMJ0. 4-3. 3-3	3. 3	66
BCMJ0. 4-5-3	5	100	BGMJ0. 4-5-3	5	99
BCMJ0. 4-8-3	8	160	BGMJ0. 4-10-3	10	198
BCMJ0. 4-10-3	10	200	BGMJ0. 4-12-3	12	230
BCMJ0. 4-15-3	15	300	BGMJ0. 4-15-3	15	298
BCMJ0. 4-20-3	20	400	BGMJ0. 4-20-3	20	398
BCMJ0. 4-25-3	25	500	BGMJ0. 4-25-3	25	498
BCMJ0. 4-30-3	30	600	BGMJ0. 4-30-3	30	598
BCMJ0. 4-40-3	40	800	BGMJ0. 4-14-1/3	14	279
BCMJ0. 4-50-3	50	1000	BGMJ0. 4-16-1/3	16	318
BKMJ0. 4-6-1/3	6	120	BGMJ0. 4-20-1/3	20	398
BKMJ0. 4-7. 5-1/3	7. 5	150	BGMJ0. 4-25-1/3	25	498
BKMJ0. 4-9-1/3	9	180	BGMJ0. 4-75-1/3	75	1500
BKMJ0. 4-12-1/3	12	240	BGMJ10. 5-16-1	16	0. 462
BKMJ0. 4-15-1/3	15	300	BGMJ10. 5-25-1	25	0. 722
BKMJ0. 4-20-1/3	20	400	BGMJ10. 5-30-1	30	0. 866
BKMJ0. 4-25-1/3	25	500	BGMJ10. 5-40-1	40	1. 155
BKMJ0. 4-30-1/3	30	600	BGMJ10. 5-50-1	50	1. 44
BKMJ0. 4-40-1/3	40	800	BGMJ10. 5-100-1	100	2. 89
BGMJ0. 4-2. 5-3	2. 5	55			

附表 5　并联电容器的无功补偿率

补偿前的功率因数 $\cos\phi_1$	补偿后的功率因数 $\cos\phi_2$								
	0. 85	0. 86	0. 88	0. 90	0. 92	0. 94	0. 96	0. 98	1. 00
0. 60	0. 71	0. 74	0. 79	0. 85	0. 91	0. 97	1. 04	1. 13	1. 33
0. 62	0. 65	0. 67	0. 73	0. 78	0. 84	0. 90	0. 98	1. 06	1. 27
0. 64	0. 58	0. 61	0. 66	0. 72	0. 77	0. 84	0. 91	1. 00	1. 20
0. 66	0. 52	0. 55	0. 60	0. 65	0. 71	0. 78	0. 85	0. 94	1. 14
0. 68	0. 46	0. 48	0. 54	0. 59	0. 65	0. 71	0. 79	0. 88	1. 08
0. 70	0. 40	0. 43	0. 48	0. 54	0. 59	0. 66	0. 73	0. 82	1. 02
0. 72	0. 34	0. 37	0. 42	0. 48	0. 54	0. 60	0. 67	0. 76	0. 96
0. 74	0. 29	0. 31	0. 37	0. 42	0. 48	0. 54	0. 62	0. 71	0. 91
0. 76	0. 23	0. 26	0. 31	0. 37	0. 43	0. 49	0. 56	0. 65	0. 85
0. 78	0. 18	0. 21	0. 26	0. 32	0. 38	0. 44	0. 51	0. 60	0. 80
0. 80	0. 13	0. 16	0. 21	0. 27	0. 32	0. 39	0. 46	0. 55	0. 75
0. 82	0. 08	0. 10	0. 16	0. 21	0. 27	0. 33	0. 40	0. 49	0. 70
0. 84	0. 03	0. 05	0. 11	0. 16	0. 22	0. 28	0. 35	0. 44	0. 62
0. 85	0. 00	0. 03	0. 08	0. 14	0. 19	0. 26	0. 33	0. 42	0. 62
0. 86	—	0. 00	0. 05	0. 11	0. 17	0. 23	0. 30	0. 39	0. 59
0. 88	—	—	0. 00	0. 06	0. 11	0. 18	0. 25	0. 34	0. 54
0. 90	—	—	—	0. 00	0. 06	0. 12	0. 19	0. 28	0. 48

附表 6 S9 系列和 SC9 系列电力变压器的主要技术数据

1. 10kV 级 S9 系列油浸式铜线电力变压器的主要技术数据

型号	额定容量/(kV·A)	额定电压/kV		连接组标号	损耗/W		空载电流百分数/%	阻抗电压百分数/%
		一次	二次		空载	负载		
S9-30/10(6)	30	11,10.5,10,6.3,6	0.4	Y,yn0	130	600	2.1	4
S9-50/10(6)	50	11,10.5,10,6.3,6	0.4	Y,yn0	170	870	2	4
				D,yn11	175	870	4.5	4
S9-63/10(6)	63	11,10.5,10,6.3,6	0.4	Y,yn0	200	1040	1.9	4
				D,yn11	210	1030	4.5	4
S9-80/10(6)	80	11,10.5,10,6.3,6	0.4	Y,yn0	240	1250	1.8	4
				D,yn11	250	1240	4.5	4
S9-100/10(6)	100	11,10.5,10,6.3,6	0.4	Y,yn0	290	1500	1.6	4
				D,yn11	300	1470	4	4
S9-125/10(6)	125	11,10.5,10,6.3,6	0.4	Y,yn0	340	1800	1.5	4
				D,yn11	360	1720	4	4
S9-160/10(6)	160	11,10.5,10,6.3,6	0.4	Y,yn0	400	2200	1.4	4
				D,yn11	430	2100	3.5	4
S9-200/10(6)	200	11,10.5,10,6.3,6	0.4	Y,yn0	480	2600	1.3	4
				D,yn11	500	2500	3.5	4
S9-250/10(6)	250	11,10.5,10,6.3,6	0.4	Y,yn0	560	3050	1.2	4
				D,yn11	600	2900	3	4
S9-315/10(6)	315	11,10.5,10,6.3,6	0.4	Y,yn0	670	3650	1.1	4
				D,yn11	720	3450	3	4
S9-400/10(6)	400	11,10.5,10,6.3,6	0.4	Y,yn0	800	4300	1	4
				D,yn11	870	4200	3	4
S9-500/10(6)	500	11,10.5,10,6.3,6	0.4	Y,yn0	960	5100	1	4
				D,yn11	1030	4950	3	4
		11,10.5,10,	6.3	Y,d11	1030	4950	1.5	4.5
S9-630/10(6)	630	11,10.5,10,6.3,6	0.4	Y,yn0	1200	6200	0.9	4.5
				D,yn11	1300	5800	3	5
		11,10.5,10,	6.3	Y,d11	1200	6200	1.5	4.5
S9-800/10(6)	800	11,10.5,10,6.3,6	0.4	Y,yn0	1400	7500	0.8	4.5
				D,yn11	1400	7500	2.5	5
		11,10.5,10,	6.3	Y,d11	1400	7500	1.4	5.5
S9-3150/10(6)	3150	11,10.5,10	6.3	Y,d11	4100	23000	1	5.5
S9-1000/10(6)	1000	11,10.5,10,6.3,6	0.4	Y,yn0	1700	10300	0.7	4.5
				D,yn11	1700	9200	1.7	5
		11,10.5,10	6.3	Y,d11	1700	9200	1.4	5.5

续表

型号	额定容量/(kV·A)	额定电压/kV		连接组标号	损耗/W		空载电流百分数/%	阻抗电压百分数/%
		一次	二次		空载	负载		
S9-1250/10(6)	1250	11,10.5,10,6.3,6	0.4	Y,yn0	1950	12000	0.6	4.5
				D,yn11	2000	11000	2.5	5
		11,10.5,10	6.3	Y,d11	1950	12000	1.3	5.5
S9-1600/10(6)	1600	11,10.5,10,6.3,6	0.4	Y,yn0	2400	14500	0.6	4.5
				D,yn11	2400	14000	2.5	6
		11,10.5,10	6.3	Y,d11	2400	14500	1.3	5.5
S9-2000/10(6)	2000	11,10.5,10,6.3,6	0.4	Y,yn0	3000	18000	0.8	6
				D,yn11	3000	18000	0.8	6
		11,10.5,10	6.3	Y,d11	3000	18000	1.2	6
S9-2500/10(6)	2500	11,10.5,10,6.3,6	0.4	Y,yn0	3500	25000	0.8	6
				D,yn11	3500	25000	0.8	6
		11,10.5,10	6.3	Y,d11	3500	19000	1.2	5.5
S9-4000/10(6)	4000	11,10.5,10	6.3	Y,d11	5000	26000	1	5.5
S9-5000/10(6)	5000	11,10.5,10	6.3	Y,d11	6000	30000	0.9	5.5
S9-6300/10(6)	6300	11,10.5,10	6.3	Y,d11	7000	35000	0.9	5.5

2. 10kV 级 S9 系列树脂浇注干式铜线电力变压器的主要技术数据

型号	额定容量/(kV·A)	额定电压/kV		连接组标号	损耗/W		空载电流百分数/%	阻抗电压百分数/%
		一次	二次		空载	负载		
SC9-200/10	200	10	0.4	Y,yn0 D,yn11	480	2670	1.2	4
SC9-250/10	250				550	2910	1.2	4
SC9-315/10	315				650	3200	1.2	4
SC9-400/10	400				750	3690	1	4
SC9-500/10	500				900	4500	1	4
SC9-630/10	630				1100	5420	0.9	4
SC9-630/10	630				1050	5500	0.9	6
SC9-800/10	800				1200	6430	0.9	6
SC9-1000/10	1000				1400	7510	0.8	6
SC9-1250/10	1250				1650	8960	0.8	6
SC9-1600/10	1600				1980	10850	0.7	6
SC9-2000/10	2000				2380	13360	0.6	6
SC9-2500/10	2500				2850	15880	0.6	6

附表 7　LQJ-12 型电流互感器的主要技术指标

(1)额定二次负荷

铁芯代号	额定二次负荷					
	0.5 级		1 级		3 级	
	阻抗/Ω	容量/(V·A)	阻抗/Ω	容量/(V·A)	阻抗/Ω	容量/(V·A)
0.5	0.4	10	0.6	15	—	—
3	—	—	—	—	1.2	30

(2)热稳定度和动稳定度

额定一次电流/A	I_S 热稳定倍数	动稳定倍数
5,10,15,20,30,40,50,60,75,100	90	225
160(150),200,315(300),400	75	160

注：括号内数据，仅限老产品。

附表 8　电力变压器配用的高压熔断器规格

变压器容量		100	125	160	200	250	315	400	500	630	800	1000
$I_{1N.T}$/A	6kV	9.6	12	15.4	19.2	24	30.2	38.4	48	60.5	76.8	96
	10kV	5.8	7.2	9.3	11.6	14.4	18.2	23	29	36.5	46.2	58
RN1 型熔断器 $I_{N.FU}/I_{N.FE}$/(A/A)	6kV	20/20		75/30		75/40	75/50	75/75		100/100	200/150	
	10kV	20/15		20/20		50/30		50/40	50/50	100/75	100/100	
RW4 型熔断器 $I_{N.FU}/I_{N.FE}$/(A/A)	6kV	50/20	50/30	50/40		50/50		100/75		100/100	200/150	
	10kV	50/15	50/20		50/30	50/40		50/50		100/75		100/100

附表 9　部分高压断路器的主要技术数据

类别	型号	额定电压/kV	额定电流/A	开断电流/kA	断流容量/(MV·A)	动稳定电流峰值/kA	热稳定电流/kA	固有分闸时间/s ≤	合闸时间/s ≤
少油	SW2-35/1000	35 (40.5)	1000	16.5	1000	45	16.5(4s)	0.06	0.4
户外	SW2-35/1500		1500	24.8	1500	63.4	24.8(4s)		
少油户内	SN10-35 Ⅰ	35 (40.5)	1000	16	1000	45	16(4s)	0.06	0.2
	SN10-35 Ⅱ		1250	20	1200	50	20(4s)		0.25
	SN10-10 Ⅰ	10 (12)	630	16	300	40	16(4s)	0.06	0.15
			1000	16	300	40	16(4s)		0.2
	SN10-10 Ⅱ		1000	31.5	500	80	31.5(2s)	0.06	0.2
	SN10-10 Ⅲ		1250	40	750	125	40(2s)	0.07	0.2
			2000	40	750	125	40(4s)		
			3000	40	750	125	40(4s)		

续表

类别	型号	额定电压/kV	额定电流/A	开断电流/kA	断流容量/(MV·A)	动稳定电流峰值/kA	热稳定电流/kA	固有分闸时间/s ≤	合闸时间/s ≤
真空户内	ZN23-40.5	40.5	1600	25		63	25(4s)	0.06	0.075
	ZN3-10	10(12)	630	8		20	8(4s)	0.07	0.15
	ZN3-10		1000	20		50	20(2s)	0.05	0.1
	ZN4-10/1000		1000	17.3		44	17.3(4s)	0.05	0.2
	ZN4-10/1250		1250	20		50	20(4s)		
	ZN5-10/630		630	20		50	20(2s)	0.05	0.1
	ZN5-10/1000		1000	20		50	20(2s)		
	ZN5-10/1250		1250	25		63	25(2s)		
	ZN12-12/$\frac{1250}{2000}$-25		1250 2000	25		63	25(4s)	0.06	0.1
	ZN12-12/1250～3150-$\frac{31.5}{40}$		1250 2000 2500 3150	31.5 40		80，100	31.5(4s) 40(4s)		
	ZN24-12/1250-20		1250	20		50	20(4s)	0.06	0.1
	ZN12-12/$\frac{1250}{2000}$-31.5		1250 2000	31.5		80	31.5(4s)		
六氟化硫(SF_6)户内	LN2-35 Ⅰ	35(40.5)	1250	16		40	16(4s)	0.06	0.15
	LN2-35 Ⅱ		1250	25		63	25(4s)		
	LN2-35 Ⅲ		1600	25		63	25(4s)		
	LN2-10	10(12)	1250	25		63	25(4s)	0.06	0.15

附表 10　部分万能式低压断路器的主要技术数据

型号	脱扣器额定电流/A	长延时动作整定电流/A	短延时动作整定电流/A	瞬时动作整定电流/A	单相接地短路动作电流/A	分断能力	
						电流/kA	cosϕ
DW15-200	100	64～100	300～1000	300～1000 800～2000	—	20	0.35
	150	98～150	—	—			
	200	128～200	600～2000	600～2000 1600～4000			
DW15-400	200	128～200	600～2000	600～2000 1600～4000	—	25	0.35
	300	192～300	—	—			
	400	256～400	1200～4000	3200～8000			
DW15-600(630)	300	192～300	900～3000	900～3000 1400～6000	—	30	0.35
	400	256～400	1200～4000	1200～4000 3200～8000			
	600	384～600	1800～6000	—			

续表

型号	脱扣器额定电流/A	长延时动作整定电流/A	短延时动作整定电流/A	瞬时动作整定电流/A	单相接地短路动作电流/A	分断能力	
						电流/kA	cosϕ
DW15-1000	600	420～600	1800～6000	6000～12000	—	40（短延时 30）	0.35
	800	560～800	2400～8000	8000～16000			
	1000	700～1000	3000～10000	10000～20000			
DW15-1500	1500	1050～1500	4500～15000	15000～30000	—		
DW15-2500	1500	1050～1500	4500～9000	10500～21000	—	60（短延时 40）	0.2
	2000	1400～2000	6000～12000	14000～28000			
	2500	1750～2500	7500～15000	17500～35000			
DW15-4000	2500	1750～2500	7500～15000	17500～35000	—	80（短延时 60）	0.2
	3000	2100～3000	9000～18000	21000～42000			
	4000	2800～4000	12000～24000	28000～56000			
DW16-630	100	64～100	—	300～600	50	0 (380V) 20 (660V)	0.25
	160	102～160		480～960	80		
	200	128～200		600～1200	100		
	250	160～250		750～1500	125		
	315	202～315		945～1890	158		
	400	256～400		1200～2400	200		
	630	403～630		1890～3780	315		
DW16-2000	800	512～800	—	2400～4800	400	50	—
	1000	640～1000		3000～6000	500		
	1600	1024～1600		4800～9600	800		
	2000	1280～2000		6000～12000	1000		
DW16-4000	2500	1400～2500	—	7500～15000	1250	80	—
	3200	2048～3200		9600～19200	1600		
	4000	2560～4000		12000～24000	2000		
DW17-630（ME630）	630	200～400 350～630	3000～5000 5000～8000	1000～2000 1500～3000 2000～4000 4000～8000	—	50	0.25
DW17-800（ME800）	800	200～400 350～630 500～800	3000～5000 5000～8000	1500～3000 2000～4000 4000～8000	—	50	0.25
DW17-1000（ME1000）	1000	350～630 500～1000	3000～5000 5000～8000	1500～3000 2000～4000 4000～8000	—	50	0.25
DW17-1250（ME1250）	1250	500～1000 750～1250	3000～5000 5000～8000	2000～4000 4000～8000	—	50	0.25
DW17-1600（ME1600）	1600	500～1000 900～1600	3000～5000 5000～8000	4000～8000	—	50	0.25
DW17-2000（ME2000）	2000	500～1000 1000～2000	5000～8000 7000～12000	4000～8000 6000～12000	—	80	0.2
DW17-2500（ME2500）	2500	1500～2500	7000～12000 8000～12000	6000～12000	—	80	0.2

续表

型号	脱扣器额定电流/A	长延时动作整定电流 /A	短延时动作整定电流/A	瞬时动作整定电流/A	单相接地短路动作电流/A	分断能力	
						电流/kA	cosϕ
DW17-3200（ME3200）	3200	—	—	8000～16000	—	80	0.2
DW17-4000（ME4000）	4000	—	—	10000～20000	—	80	0.2

注：表中低压断路器的额定电压：DW15，直流 220V，交流 380V，660V，1140V；DW16，交流 400V（380V），690V（660V）；DW17（ME），交流 380～660V。

附表 11 RM10 型低压熔断器的主要技术数据和保护特性曲线

1. 主要技术数据

型号	熔管额定电压/V	额定电流/A		最大分断能力	
		熔管	熔体	电流/kA	cosϕ
RM10-15	交流 220,380,500 直流 220,440	15	6,10,15	1.2	0.8
RM10-60		60	15,20,25,35,45,60	3.5	0.7
RM10-100		100	60,80,100	10	0.35
RM10-200		200	100,125,160,200	10	0.35
RM10-350		350	200,225,260,300,350	10	0.35
RM10-600		600	350,430,500,600	10	0.35

2. 保护特性曲线

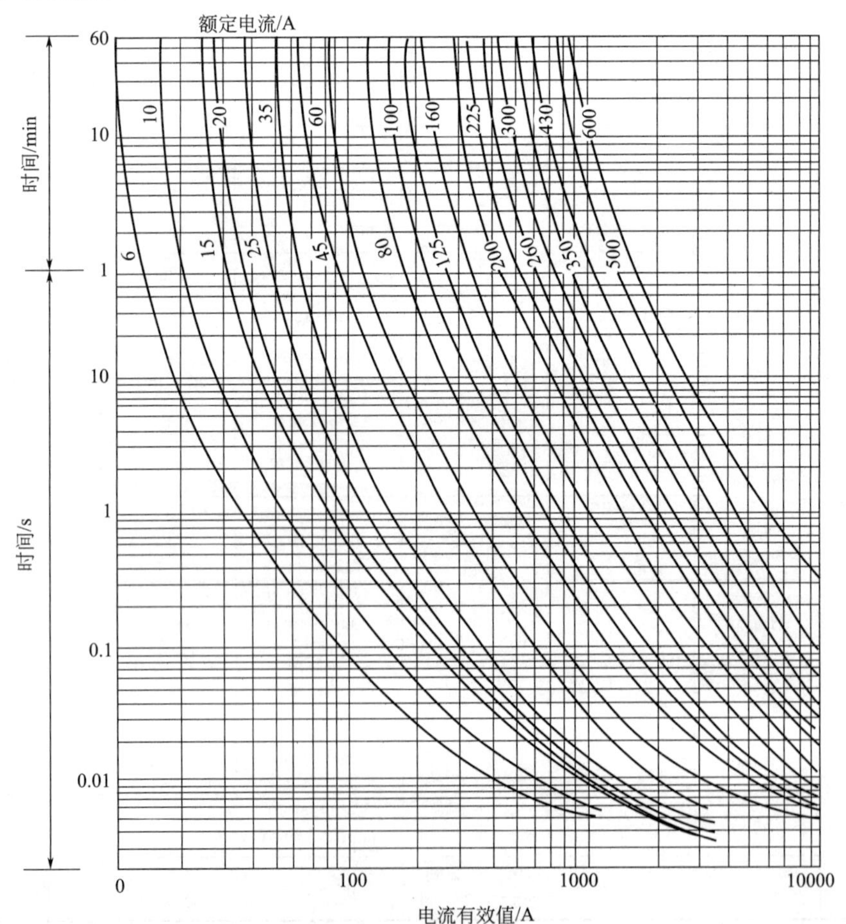

附表 12 RT0 型低压熔断器的主要技术数据和保护特性曲线

1. 主要技术数据

型号	熔管额定电压/V	额定电流/A		最大分断电流/kA
		熔管	熔体	
RT10-100	流 380 直流 440	100	30、40、50、60、80、100	50 ($\cos\phi$=0.1～0.2)
RT10-200		200	(80,100),120,150,200	
RT10-400		400	(150,200),50,300,350,400	
RT10-600		600	(350,400),450,500、550、600	
RT10-1000		1000	700,800,900,1000	

2. 保护特性曲线

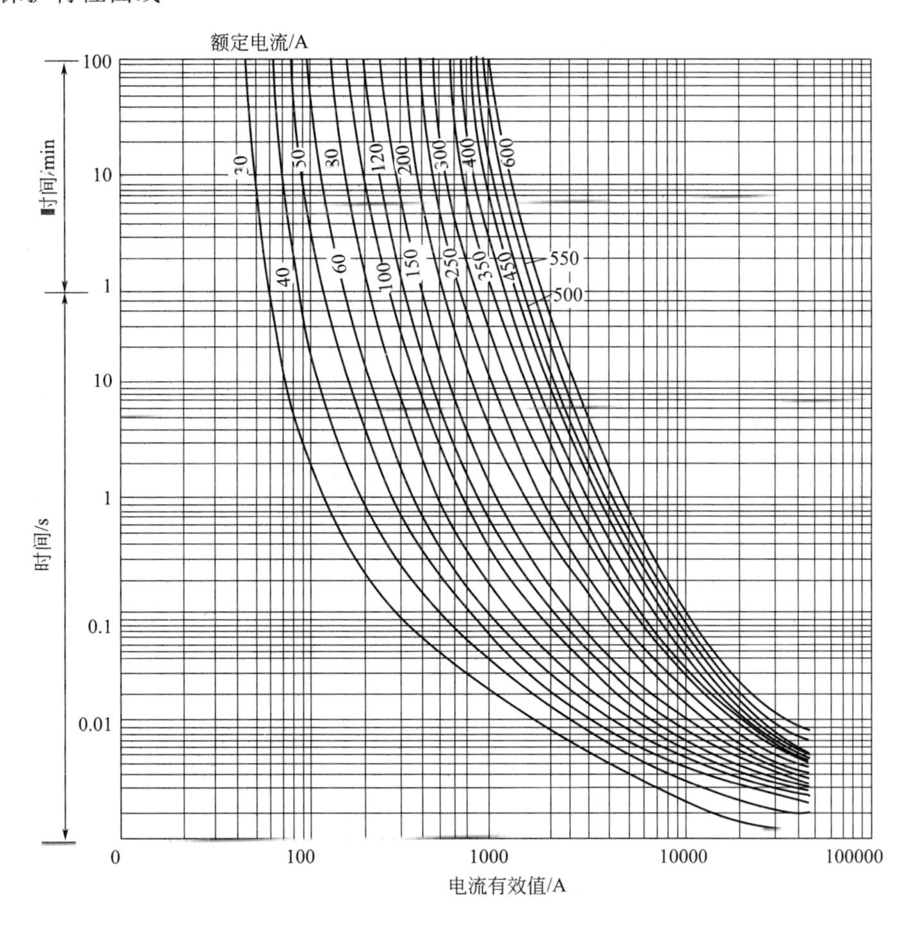

附表 13 LJ 型铝绞线、LGJ 型钢芯铝绞线和 LMY 型硬铝母线的主要技术数据

1. LJ 型铝绞线的主要技术数据

额定截面积/mm²	16	25	35	50	70	95	120	150	185	240
实际截面积/mm²	15.9	25.4	34.4	49.5	71.3	95.1	121	148	183	239
股数/外径/mm	7/5.10	7/6.45	7/7.50	7/9.00	7/10.8	7/12.5	19/14.3	19/15.8	19/17.5	19/20.0
50℃时电阻/(Ω/km)	2.07	1.33	0.96	0.66	0.48	0.36	0.28	0.23	0.18	0.14

续表

线间几何均距/mm		线路电抗/(Ω/km)									
600		0.36	0.35	0.34	0.33	0.32	0.31	0.30	0.29	0.28	0.28
800		0.38	0.37	0.36	0.35	0.34	0.33	0.32	0.31	0.30	0.30
1000		0.40	0.38	0.37	0.36	0.35	0.34	0.33	0.32	0.31	0.31
1250		0.41	0.40	0.39	0.37	0.36	0.35	0.34	0.34	0.33	0.32
1500		0.42	0.41	0.40	0.38	0.37	0.36	0.35	0.35	0.34	0.33
2000		0.44	0.43	0.41	0.40	0.40	0.38	0.37	0.37	0,.36	0.35
额定截面积/mm²		16	25	35	50	70	95	120	150	185	240
导线温度	环境温度/℃	允许持续载流量/A									
70℃（室外架设）	20	110	142	179	226	278	341	394	462	525	641
	25	105	135	170	215	265	325	375	440	500	610
	30	98.7	127	160	202	249	306	353	414	470	573
	35	93.5	120	151	191	236	289	334	392	445	543
	40	86.1	111	139	176	217	267	308	361	410	500
备注	①线间几何均距 $a_{av}=\sqrt[3]{a_1a_2a_3}$，式中 a_1、a_2、a_3 为三相导线的各相之间的线间距离。三相导线正三角形排列时，$a_{av}=a$；三相导线等距水平排列时，$a_{av}=1.26a$。 ② 铜绞线 TJ 的电阻约为同截面 LJ 电阻的 61%；TJ 的电抗与 LJ 同。TJ 的载流量约为同截面 LJ 载流量的 1.29 倍。										

2. LGJ 型钢芯铝线的主要技术数据

额定截面积/mm²		35	50	70	95	120	150	185	240
铝线实际截面积/mm²		34.9	48.3	68.1	94.4	116	149	181	239
铝股数/钢股数/外径/mm		6/1/8.16	6/1/9.60	6/1/11.4	26/7/13.6	26/7/15.1	26/7/17.1	26/7/18.9	26/7/21.7
50℃时电阻/(Ω/km)		0.89	0.68	0.48	0.35	0.29	0.24	0.18	0.15
线间几何均距/mm		线路电抗/(Ω/km)							
1500		0.39	0.38	0.37	0.35	0.35	0.34	0.33	0.33
2000		0.40	0.39	0.38	0.37	0.37	0.36	0.35	0.34
2500		0.41	0.41	0.40	0.39	0.38	0.37	0.37	0.36
3000		0.43	0.42	0.41	0.40	0.39	0.39	0.38	0.37
3500		0.44	0.43	0.42	0.41	0.40	0.40	0.39	0.38
4000		0.45	0.44	0.43	0.42	0.41	0.40	0.40	0.39
导线温度	环境温度/℃	允许持续载流量/A							
70℃（室外架设）	20	179	231	289	352	399	467	541	641
	25	170	220	275	335	380	445	515	610
	30	159	207	259	315	357	418	484	574
	35	149	193	228	295	335	391	453	536
	40	137	178	222	272	307	360	416	494

3. LMY 型涂漆矩形硬铝母线的主要技术数据

母线截面积 宽×厚/mm²	65℃时电阻 /(Ω/km)	相间距离为 250mm 时电抗 /(Ω/km)		母线竖放时的允许持续载流量/A (导线温度 70℃)			
				环境温度			
		竖放	平放	25℃	30℃	35℃	40℃
25×3	0.47	0.24	0.22	265	249	233	215
30×4	0.29	0.23	0.21	365	343	321	296
40×4	0.22	0.21	0.19	480	451	422	389
40×5	0.18	0.21	0.19	540	507	475	438
50×5	0.14	0.20	0.17	665	625	585	539
50×6	0.12	0.20	0.17	740	695	651	600
60×6	0.10	0.19	0.16	870	818	765	705
80×6	0.076	0.17	0.15	1150	1080	1010	932
100×6	0.062	0.16	0.13	1425	1340	1255	1155
60×8	0.076	0.19	0.12	1025	965	902	831
80×8	0.059	0.17	0.16	1320	1240	1160	1070
100×8	0.048	0.16	0.13	1625	1530	1430	1315
120×8	0.041	0.16	0.12	1900	1785	1670	1540
60×10	0.062	0.18	0.16	1155	1085	1016	936
80×10	0.048	0.17	0.14	1480	1390	1300	1200
100×10	0.040	0.16	0.13	1820	1710	1600	1475
120×10	0.035	0.16	0.12	2070	1945	1820	1680
备注	本表母线载流量系母线竖放时的数据。如母线平放,且宽度大于 60mm 时,表中数据应乘以 0.92;如母线平放,且宽度不大于 60 mm 时,表中数据应乘以 0.95。						

附表 14　绝缘导线和电缆的电阻和电抗值

1. 室内明敷和穿管的绝缘导线的电阻和电抗值

导线芯线额定 截面积/mm²	电阻/(Ω/km)				电抗/(Ω/km)					
	导线温度				明敷线距/mm				线穿管	
	50℃		60℃		100		150			
	铝芯	铜芯	铝芯	铜芯	铝芯	铜芯	铝芯	铜芯	铝芯	铜芯
1.5	—	14.00	—	14.50	—	0.342	—	0.368	—	0.138
2.5	13.33	8.40	13.80	8.70	0.327	0.327	0.353	0.353	0.127	0.127
4	8.25	5.20	8.55	5.38	0.312	0.312	0.338	0.338	0.119	0.119
6	5.53	3.48	5.75	3.61	0.300	0.300	0.325	0.325	0.112	0.112
10	3.33	2.05	3.45	2.12	0.280	0.280	0.306	0.306	0.108	0.108
16	2.08	1.25	2.16	1.30	0.265	0.265	0.290	0.290	0.102	0.102
25	1.31	0.81	1.36	0.84	0.251	0.251	0.277	0.277	0.099	0.099
35	0.94	0.58	0.97	0.60	0.241	0.241	0.266	0.266	0.095	0.095
50	0.65	0.40	0.67	0.41	0.229	0.229	0.251	0.251	0.091	0.091
70	0.47	0.29	0.49	0.30	0.219	0.219	0.242	0.242	0.088	0.088
95	0.35	0.22	0.36	0.23	0.206	0.206	0.231	0.231	0.085	0.085
120	0.28	0.17	0.29	0.18	0.199	0.199	0.223	0.223	0.083	0.083
150	0.22	0.14	0.23	0.14	0.191	0.191	0.216	0.216	0.082	0.082
185	0.18	0.11	0.19	0.12	0.184	0.184	0.209	0.209	0.081	0.081
240	0.14	0.09	0.14	0.09	0.178	0.178	0.200	0.2000	0.0800	0.080

2. 电力电缆的电阻和电抗值

额定截面积/mm^2	电阻/(Ω/km)								电抗/(Ω/km)					
	铝芯电缆				铜芯电缆				纸绝缘电缆			塑料电缆		
	缆芯工作温度/℃								额定电压/kV					
	55	60	75	80	55	60	75	80	1	6	10	1	6	10
2.5	—	14.38	15.13	—	—	8.54	8.98	—	0.098	—	—	0.100	—	—
4	—	8.99	9.45	—	—	5.34	5.61	—	0.091	—	—	0.093	—	—
6	—	6.00	6.31	—	—	3.56	3.75	—	0.087	—	—	0.091	—	—
10	—	3.60	3.78	—	—	2.13	2.25	—	0.081	—	—	0.087	—	—
16	2.21	2.25	2.36	2.40	1.31	1.33	1.40	1.43	0.077	0.099	0.110	0.082	0.124	0.133
25	1.41	1.44	1.51	1.54	0.84	0.85	0.90	0.91	0.067	0.088	0.098	0.075	0.111	0.120
35	1.01	1.03	1.08	1.10	0.60	0.61	0.64	0.65	0.065	0.083	0.092	0.073	0.105	0.113
50	0.71	0.72	0.76	0.77	0.42	0.43	0.45	0.46	0.063	0.079	0.087	0.071	0.099	0.107
70	0.51	0.52	0.54	0.56	0.30	0.31	0.32	0.33	0.062	0.076	0.083	0.070	0.093	0.101
95	0.37	0.38	0.40	0.41	0.22	0.23	0.24	0.24	0.062	0.074	0.080	0.070	0.089	0.096
120	0.29	0.30	0.31	0.32	0.17	0.18	0.19	0.19	0.062	0.072	0.078	0.070	0.087	0.095
150	0.24	0.24	0.25	0.26	0.14	0.14	0.15	0.15	0.062	0.071	0.077	0.070	0.085	0.093
185	0.20	0.20	0.21	0.21	0.12	0.12	0.12	0.13	0.062	0.070	0.075	0.070	0.082	0.090
240	0.15	0.16	0.16	0.17	0.09	0.09	0.10	0.11	0.062	0.069	0.073	0.070	0.080	0.087

附表 15 导线在正常和短路时的最高允许温度及热稳定系数

导体种类及材料			最高允许温度/℃		热稳定系数 $C/(A \cdot s^{1/2}/mm^2)$
			正常 θ_L	短路 θ_k	
母线	铜		70	300	171
	铜(接触面有锡层)		85	200	164
	铝		70	200	87
油浸纸绝缘电缆	铜芯	1～3kV	80	250	148
		6kV	65	220	145
		10kV	60	220	148
	铝芯	1～3kV	80	200	84
		6kV	65	200	90
		10kV	60	200	92
橡皮绝缘导线和电缆		铜芯	65	150	112
		铝芯	65	150	74
聚氯乙烯绝缘导线和电缆		铜芯	65	130	100
		铝芯	65	130	65
交联聚乙烯绝缘电缆		铜芯	80	230	140
		铝芯	80	200	84
有中间接头的电缆		铜芯	—	150	—
		铝芯	—	150	—

附表 16 绝缘导线芯线的最小截面积

线路类别			芯线最小截面积/mm²		
			铜芯软线	铜芯线	铝芯线
照明用灯头引下线		室内	0.5	1.0	2.5
		室外	1.0	1.0	2.5
移动设备线路		生活用	0.75	—	—
		生产用	1.0	—	—
敷设在绝缘支持件上的绝缘导线（L 为支持点间距）	室内	$L \leqslant 2m$	—	1.0	2.5
	室外	$L \leqslant 2m$	—	1.5	2.5
		$2m \leqslant L \leqslant 6m$	—	2.5	4
		$6m \leqslant L \leqslant 15m$	—	4	6
		$15m \leqslant L \leqslant 25m$	—	6	10
穿管敷设的绝缘导线			1.0	1.0	2.5
沿墙明敷的塑料护套线			—	1.0	2.5
板孔穿线敷设的绝缘导线			—	1.0	2.5
PE 线和 PEN 线	有机械保护时		—	1.5	2.5
	无机械保护时	多芯线	—	2.5	4
		单芯干线	—	10	16

附表 17 绝缘导线明敷、穿钢管和穿塑料管时的允许载流量

（导线正常最高允许温度为 65℃）

1. 绝缘导线明敷时的允许载流量

单位：A

芯线截面积/mm²	橡皮绝缘线								塑料绝缘线							
	环境温度								环境温度							
	25℃		30℃		35℃		40℃		25℃		30℃		35℃		40℃	
	铜芯	铝芯	铜芯	铝芯	铜芯	铝芯	铜芯	铝芯	铜芯	铝芯	铜芯	铝芯	铜芯	铝芯	铜芯	铝芯
2.5	35	27	32	25	30	23	27	21	32	25	30	23	27	21	25	19
4	45	35	41	32	39	30	35	27	41	32	37	29	35	27	32	25
6	58	45	54	42	49	38	45	35	54	42	50	39	46	36	43	33
10	84	65	77	60	72	56	66	51	76	59	71	55	66	51	59	46
16	110	85	102	79	94	73	86	67	103	80	95	74	89	69	81	63
25	142	110	132	102	123	95	112	87	135	105	126	98	116	90	107	83
35	178	138	166	129	154	119	141	109	168	130	156	121	144	112	132	102
50	226	175	210	163	195	151	178	138	213	165	199	154	183	142	168	130
70	284	220	266	206	245	190	224	174	264	205	246	191	228	177	209	162
95	342	265	319	247	295	229	270	209	323	250	301	233	279	216	254	197
120	400	310	361	280	346	268	316	243	365	283	343	266	317	246	290	225
150	464	360	433	336	401	311	366	284	419	325	391	303	362	281	332	257
185	540	420	506	392	468	363	428	332	490	380	458	355	423	328	387	300
240	660	510	615	476	570	441	520	403	—	—	—	—	—	—	—	—

注：型号表示，铜芯橡皮线—BX，铝芯橡皮线—BLX，铜芯塑料线—BV，铝芯塑料线—BLV。

2. 橡皮绝缘导线穿塑料管时的允许载流量

单位：A

芯线截面积/mm²	芯线材质	2根单芯线 环境温度				2根穿管管径/mm		3根单芯线 环境温度				3根穿管管径/mm		4～5根单芯线 环境温度				4根穿管管径/mm		5根穿管管径/mm	
		25℃	30℃	35℃	40℃	SC	MT	25℃	30℃	35℃	40℃	SC	MT	25℃	30℃	35℃	40℃	SC	MT	SC	MT
2.5	铜	27	25	23	21	15	20	25	22	21	19	5	20	21	18	17	15	20	25	20	25
	铝	21	19	18	16			19	17	16	15			16	14	13	12				
4	铜	36	34	31	28	0	25	32	30	27	25	20	25	30	27	25	23	20	25	20	25
	铝	28	26	24	22			25	23	21	19			23	21	19	18				
6	铜	48	44	41	37	20	25	44	40	37	34	20	25	39	36	32	30	25	25	25	32
	铝	37	34	32	29			34	31	29	26			30	28	25	23				
10	铜	67	62	57	53	25	32	59	55	50	46	25	32	52	48	44	40	25	32	32	40
	铝	52	48	44	41			46	43	39	36			40	37	34	31				
16	铜	85	79	74	67	25	32	76	71	66	59	32	32	67	62	57	53	32	40	40	—50
	铝	66	61	57	52			59	55	51	46			52	48	44	41				
25	铜	111	103	95	88	32	40	98	92	84	77	32	40	88	81	75	68	40	—50	40	—
	铝	86	80	74	68			76	71	65	60			68	63	58	53				
35	铜	137	128	117	107	32	40	121	112	104	95	32	—50	107	99	92	84	40	—50	50	—
	铝	106	99	91	83			94	87	83	74			83	77	71	65				
50	铜	172	160	148	135	40	—50	152	142	132	120	50	—50	135	126	116	107	50	—	70	—
	铝	135	124	115	105			118	110	102	93			105	98	90	83				
70	铜	212	199	183	168	0	—50	194	181	166	152	50	—50	172	160	148	135	70	—	70	—
	铝	164	154	142	130			150	140	129	118			133	124	115	105				
95	铜	258	241	223	204	70	—	232	217	200	183	70	—	206	192	178	163	70	—	80	—
	铝	200	187	173	158			180	168	155	142			160	149	138	126				
120	铜	297	277	255	233	70	—	271	253	233	214	70	—	245	228	216	194	70	—	80	—
	铝	230	215	198	181			210	196	181	166			190	177	164	150				
150	铜	335	313	289	264	70	—	310	289	267	244	70	—	284	266	254	224	80	—	100	—
	铝	260	243	224	205			240	224	2078	189			220	205	190	174				
185	铜	381	355	329	301	80	—	348	325	301	275	80	—	254	323	301	279	80	—	100	—
	铝	295	275	255	233			270	252	233	213			250	233	216	197				

3. 塑料绝缘导线穿钢管时的允许载流量

单位：A

芯线截面积/mm²	芯线材质	2根单芯线 环境温度				2根穿管管径/mm		3根单芯线 环境温度				3根穿管管径/mm		4～5根单芯线 环境温度				4根穿管管径/mm		5根穿管管径/mm	
		25℃	30℃	35℃	40℃	SC	MT	25℃	30℃	35℃	40℃	SC	MT	25℃	30℃	35℃	40℃	SC	MT	SC	MT
2.5	铜	26	23	21	19	15	15	23	21	19	18	15	15	19	18	16	14	15	15	15	20
	铝	20	18	17	15			18	16	15	14			15	14	12	11				
4	铜	35	32	30	27	20	25	31	28	26	23	15	15	28	26	23	21	15	20	20	20
	铝	27	25	23	21			24	22	20	18			22	20	19	17				

续表

芯线截面积/mm²	芯线材质	2根单芯线 环境温度 25℃	30℃	35℃	40℃	2根穿管管径/mm SC	MT	3根单芯线 环境温度 25℃	30℃	35℃	40℃	3根穿管管径/mm SC	MT	4～5根单芯线 环境温度 25℃	30℃	35℃	40℃	4根穿管管径/mm SC	MT	5根穿管管径/mm SC	MT
6	铜	45	41	39	35	20	25	41	37	35	32	15	20	36	34	31	28	20	25	25	25
	铝	35	32	30	27			32	29	27	25			28	26	24	22				
10	铜	63	58	54	49	25	32	57	53	49	44	20	25	49	45	41	39	25	25	25	32
	铝	49	45	42	38			44	41	38	34			38	35	32	30				
16	铜	81	75	70	63	25	32	72	67	62	57	25	32	65	59	55	50	25	32	32	40
	铝	63	58	54	49			56	52	48	44			50	46	43	39				
25	铜	103	95	89	81	32	40	90	84	77	71	32	32	84	77	72	66	32	40	32	(50)
	铝	80	74	69	63			70	65	60	55			65	60	56	51				
35	铜	129	120	111	102	32	40	116	108	99	92	32	40	103	95	89	81	40	(50)	40	—
	铝	100	93	86	79			90	84	77	71			80	74	69	63				
50	铜	161	150	139	126	40	50	142	132	123	112	40	(50)	129	120	111	102	50	(50)	50	—
	铝	125	116	108	98			110	102	95	87			100	93	86	79				
70	铜	200	186	173	157	50	(50)	184	172	159	146	50	(50)	164	150	141	129	50	—	70	—
	铝	155	144	134	122			143	133	123	113			127	118	109	100				
95	铜	245	228	212	194	70	—	219	204	190	173	50	—	196	183	169	155	70	—	70	—
	铝	190	177	164	150			170	158	147	134			152	142	131	120				
120	铜	284	264	245	224	70	—	252	235	217	199	50	—	222	206	191	175	70	—	80	—
	铝	220	205	190	174			195	182	168	154			172	160	148	136				
150	铜	323	301	279	254	70	—	290	271	250	228	70	—	258	241	223	204	70	—	80	—
	铝	250	233	216	197			225	210	194	177			200	187	173	158				
185	铜	368	343	317	290	80	—	329	307	284	259	70	—	297	277	255	233	80	—	100	—
	铝	285	266	246	225			255	238	220	201			230	215	198	181				

4. 橡皮绝缘导线穿硬塑料管时的允许载流量

单位：A

芯线截面积/mm²	芯线材质	2根单芯线 环境温度 25℃	30℃	35℃	40℃	2根穿管管径/mm	3根单芯线 环境温度 25℃	30℃	35℃	40℃	3根穿管管径/mm	4～5根单芯线 环境温度 25℃	30℃	35℃	40℃	4根穿管管径/mm	5根穿管管径/mm
2.5	铜	25	22	21	19	15	22	19	18	17	15	19	18	16	14	20	25
	铝	19	17	16	15		17	15	14	13		15	14	12	11		
4	铜	32	30	27	25	20	30	27	25	13	20	26	23	22	20	20	25
	铝	25	23	21	19		23	21	19	18		20	18	17	15		
6	铜	43	39	36	34	20	37	35	32	28	20	34	31	28	26	25	32
	铝	33	30	28	26		29	27	25	22		26	24	22	20		
10	铜	57	53	49	44	25	52	48	44	40	25	45	41	38	35	32	32
	铝	44	41	38	34		40	37	34	31		35	32	30	27		

续表

芯线截面积/mm²	芯线材质	2根单芯线 环境温度				2根穿管管径/mm	3根单芯线 环境温度				3根穿管管径/mm	4～5根单芯线 环境温度				4根穿管管径/mm	5根穿管管径/mm
		25℃	30℃	35℃	40℃		25℃	30℃	35℃	40℃		25℃	30℃	35℃	40℃		
16	铜	75	70	65	58	32	67	62	57	53	32	59	55	50	46	32	40
	铝	58	54	50	45		52	48	44	41		46	43	39	36		
25	铜	99	92	85	77	32	88	81	75	68	32	77	72	66	61	40	40
	铝	77	71	66	60		68	63	58	53		60	56	51	47		
35	铜	123	114	106	97	40	108	101	93	85	40	95	89	83	75	40	50
	铝	95	88	82	75		84	78	72	66		74	69	64	58		
50	铜	155	145	133	121	40	139	129	120	111	50	123	114	106	97	50	65
	铝	120	112	103	94		108	100	93	86		120	112	103	94		
70	铜	197	184	170	156	50	174	163	150	137	50	155	144	133	122	65	75
	铝	153	143	132	121		135	126	116	106		120	112	103	94		
95	铜	237	222	205	187	50	213	199	183	186	65	194	181	166	152	75	80
	铝	184	172	159	145		165	154	142	130		150	140	129	118		
120	铜	271	253	223	214	65	245	228	212	194	65	219	204	190	173	80	80
	铝	210	196	181	166		190	177	164	150		170	158	147	134		
150	铜	323	301	277	254	75	293	273	253	231	75	264	246	228	209	80	90
	铝	250	233	215	197		227	212	196	179		205	191	177	162		
185	铜	364	339	313	288	80	329	307	284	259	80	299	279	258	236	100	100
	铝	282	263	243	223		255	238	220	201		232	216	200	183		

5. 塑料绝缘导线穿硬塑料管时的允许载流量

单位：A

芯线截面积/mm²	芯线材质	2根单芯线 环境温度				2根穿管管径/mm	3根单芯线 环境温度				3根穿管管径/mm	4～5根单芯线 环境温度				4根穿管管径/mm	5根穿管管径/mm
		25℃	30℃	35℃	40℃		25℃	30℃	35℃	40℃		25℃	30℃	35℃	40℃		
2.5	铜	23	21	19	18	15	21	18	17	15	15	18	17	15	14	20	25
	铝	18	16	15	14		16	14	13	12		14	13	12	11		
4	铜	31	28	26	23	20	28	26	24	22	20	25	22	20	19	20	25
	铝	24	22	20	18		22	20	19	17		19	17	16	15		
6	铜	40	36	34	31	20	35	32	30	27	20	32	30	27	25	25	32
	铝	31	28	26	24		27	25	23	21		25	23	21	19		
10	铜	54	50	46	43	25	49	45	42	39	25	43	39	36	34	32	32
	铝	42	39	36	33		38	35	32	30		33	30	28	26		
16	铜	71	66	61	51	32	63	58	54	49	32	57	53	49	44	32	40
	铝	55	51	47	43		49	45	42	38		44	41	38	34		
25	铜	94	88	81	74	32	84	77	72	66	40	74	68	63	58	40	50
	铝	73	68	63	57		65	60	56	51		57	53	49	45		

续表

芯线截面积/mm²	芯线材质	2根单芯线				2根穿管管径/mm	3根单芯线				3根穿管管径/mm	4～5根单芯线				4根穿管管径/mm	5根穿管管径/mm
		环境温度					环境温度					环境温度					
		25℃	30℃	35℃	40℃		25℃	30℃	35℃	40℃		25℃	30℃	35℃	40℃		
35	铜	116	108	99	92	40	103	95	89	81	40	90	84	77	71	50	65
	铝	90	84	77	71		80	74	69	63		70	65	60	55		
50	铜	147	137	126	116	50	132	123	114	103	50	116	108	99	92	65	65
	铝	114	106	98	90		102	95	89	80		90	84	77	71		
70	铜	187	174	161	147	50	168	156	144	132	50	148	138	128	116	65	75
	铝	145	135	125	114		130	121	112	102		115	107	98	90		
95	铜	226	210	195	178	65	204	190	175	160	65	181	168	156	142	75	75
	铝	175	163	151	138		158	147	136	124		140	130	121	110		
120	铜	266	241	223	205	65	232	217	200	183	65	206	192	178	163	75	80
	铝	206	187	173	158		180	168	155	142		160	149	138	126		
150	铜	297	277	255	233	75	267	249	231	210	75	239	222	206	188	80	90
	铝	230	215	198	181		207	193	179	163		185	172	160	146		
185	铜	342	319	295	270	75	303	283	262	239	80	273	255	236	215	90	100
	铝	267	247	220	209		235	219	203	185		212	198	183	167		

附表18 架空裸导线的最小截面积

线路类别		导线最小截面积/mm²		
		铝及铝合金线	钢芯铝线	铜绞线
35kV及以上线路		35	35	35
3～10kV线路	居民区	35	25	25
	非居民区	25	16	16
低压线路	一般	16	16	16
	与铁路交叉跨越档	35	16	16

附表19 GL型电流继电器的主要技术数据及其动作特性曲线

1. 主要技术数据

型号	额定电流/A	额定值		速断电流倍数	返回系数
		动作电流/A	10倍动作电流的动作时间/s		
GL-11/10,-21/10	10	4,5,6,7,8,9,10	0.5,1,2,3,4	2～8	0.85
GL-11/5,-21/5	5	2,2.5,3,3.5,4,4.5,5			
GL-15/10,-25/10	10	4,5,6,7,8,9,10	0.5,1,2,3,4		0.8
GL-15/5,-25/5	5	2,2.5,3,3.5,4,4.5,5			

2. 动作特性曲线

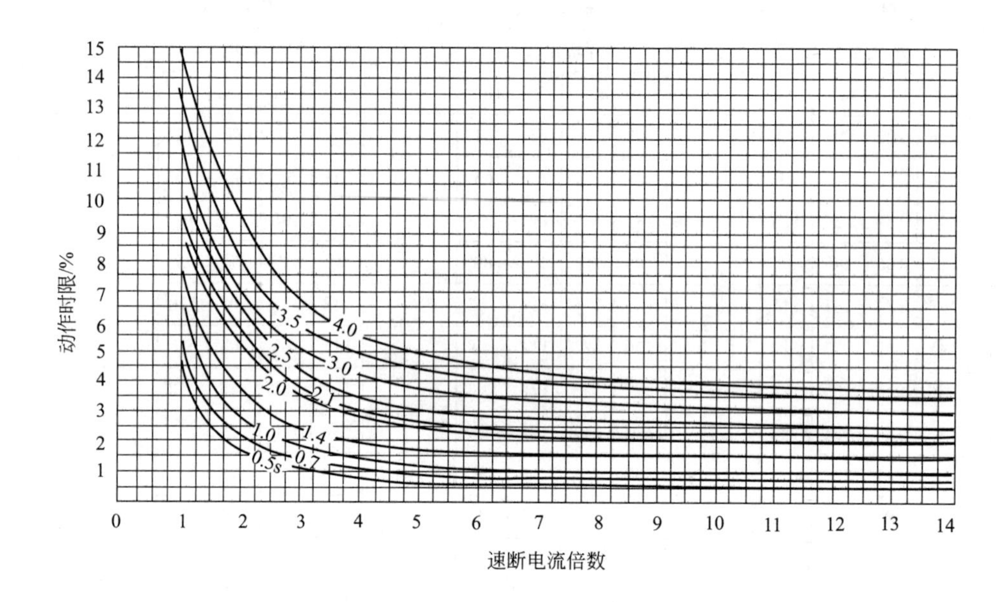

附表 20 DL-20（30）系列电流继电器的技术数据

<table>
<tr><th rowspan="2">型号</th><th rowspan="2">整定电流范围/A</th><th colspan="2">线圈串联</th><th colspan="2">线圈串联</th><th rowspan="2">动作时间</th><th rowspan="2">返回系数</th><th rowspan="2">最小整定电流时功率消耗/(V·A)</th><th rowspan="2">备注</th></tr>
<tr><th>动作电流/A</th><th>长期允许电流/A</th><th>动作电流/A</th><th>长期允许电流/A</th></tr>
<tr><td rowspan="2">DL-21C
31</td><td>0.0125～0.05</td><td>0.0125～0.025</td><td>0.08</td><td>0.0125～0.05</td><td>0.16</td><td rowspan="10">当 1.2 倍整定电流时，不大于 0.15s；当 3 倍整定电流时不大于 0.03s</td><td rowspan="9">0.8</td><td>0.4</td><td rowspan="10">DL-21C 型有一对常开接点；DL-22C 型有一对常闭接点；DL-23C 型常开常闭接点各有一对；DL-24C 型有 2 对常开接点；DL-25C 型有 2 对常闭接点</td></tr>
<tr><td>0.05～0.2</td><td>0.05～0.1</td><td>0.3</td><td>0.1～0.2</td><td>0.6</td><td>0.5</td></tr>
<tr><td rowspan="2">DL-22C
32</td><td>0.15～0.6</td><td>0.15～0.3</td><td>1</td><td>0.3～0.6</td><td>2</td><td>0.5</td></tr>
<tr><td>0.5～2</td><td>0.5～1</td><td>4</td><td>1～2</td><td>8</td><td>0.5</td></tr>
<tr><td rowspan="2">DL-23C
33</td><td>1.5～6</td><td>1.5～3</td><td>6</td><td>3～6</td><td>12</td><td>0.55</td></tr>
<tr><td>2.5～10</td><td>2.5～5</td><td>10</td><td>5～10</td><td>20</td><td>0.85</td></tr>
<tr><td rowspan="2">DL-24C
34</td><td>5～20</td><td>5～10</td><td>15</td><td>10～20</td><td>30</td><td>1</td></tr>
<tr><td>12.5～50</td><td>12.5～25</td><td>20</td><td>25～50</td><td>40</td><td>2.8</td></tr>
<tr><td rowspan="2">DL-25C</td><td>25～100</td><td>25～50</td><td>20</td><td>50～100</td><td>40</td><td>7.5</td></tr>
<tr><td>50～200</td><td>50～100</td><td>20</td><td>100～200</td><td>40</td><td>0.7</td><td>32</td></tr>
</table>

注：1. 此系列继电器可取代 DL-10 系列，用于电机、变压器、线路的过负荷及短路保护，作为启动元件；

2. 动作电流误差不大于 6%；

3. 接点开断容量：当不超过 250V、2A 时，在直流回路中不超过 50W，在交流回路中不超过 250V·A。

附表 21　DY、LY 系列电压继电器的技术数据

型号	特性	整定范围/A	线圈并联		线圈串联		动作时间/s	最小整定电压时的功率消耗/(V·A)	备　注
			动作电压/V	长期允许电压/V	动作电压/V	长期允许电压/V			
DY-21C～25C	过电压继电器	15～60	15～30	35	30～60	70	1.2 倍整定电流时为 0.15；3 倍整定电流时为 0.03；3 倍整定电流时为 0.01；1.1 倍整定电流时为 0.12	1	LY-21C、25C，LY-32 为一对常开接点；DY-24C、25C，LY-30 为 2 对常开接点 DY-22C，LY-31、34 为一对常闭接点；而 LY-36，DY-26C 为 2 对常闭接点 其他则为 1 组或 2 组转换接点
		50～200	50～100	110	100～200	220			
		100～400	100～200	220	200～400	440			
DY-30/60C		15～60	15～30	110	30～60			2.5	
LY-1A		6～12	3～6	100	6～12	100		10	
LY-21		60～200	60～100	110	100～200	220		1.5	
DY-26C、28C、29C	低电压继电器	12～48	12～24	35	24～48	70	0.5 倍整定电流时为 0.15；0.7 倍整定电流时为 0.02；0.5 倍整定电流时为 0.15	1	
		40～160	40～80	110	80～160	220			
		80～320	80～160	220	160～320	440			
LY-22		40～160	40～80	110	80～160	220		1.5	
LY-31～37		15～60	15～30	110	30～60	220		1	
		40～160	40～80	110	80～160	220			
		80～320	30～160	220	160～320	440			

注：1. 过电压继电器的返回系数不小于 0.8，低电压继电器的返回系数不大于 1.25；

2. 接点断开容量：与 DL-20（30）相同。

附表 22　中间继电器的技术数据

型号	额定电压/V	额定电流/A	动作电压不大于	保持电压不大于	动作时间/s	返回时间/s	功率消耗/W		接点容量	
							电压线圈	电流线圈	长期接通/A	开断
DZ-31B，32B	12，24，48，110，220		$0.7U_N$		0.05		5		≤5	在 $U \leqslant 220$V；$I \leqslant 1$A 时，直流为 50W 交流为 50V·A
DZB-11B，12B，15B，13B，14B	24，48，110，220	0，5，1，2，4，8	$0.7U_N$	$0.8I_N$	0.05		7 5.5 4	4 4 4	≤5	
DZS-11B，13B，12B，14B，15B，16B	12，24，48，110，220	2，4，6，1，2，4	$0.7U_N$		0.06	0.5	5		≤5	
DZ-15，16，17 DZB-115，138，127	12，24，48，110，220	0.5，1，2，4	$0.7U_N$		0.05	0.06	5 10 25	4.5 4.5	≤5	
DZS-115，117，145，127，138	24，48，110，220	1，2，4，8	$0.7U_N$	$0.8I_N$	0.6	0.5 0.4	5 6.5 5.5 5.5	2.5 2.5	≤5	

续表

型号	额定电压/V	额定电流/A	动作电压不大于	保持电压不大于	动作时间/s	返回时间/s	功率消耗/W		接点容量	
							电压线圈	电流线圈	长期接通/A	开断
DZJ-11,12,20	交流 110，220，36～220		$0.8U_N$ $0.8U_N$		0.06 0.06	0.06 0.06	5 4		≤5 ≤5	在U≤220V，I≤1时50W，250V·A 50W，250V·A
DZ-500	24，48，110，220		$0.7U_N$		0.04		3		≤5	50W，500V·A
DZB-500 DZK-900		0.5，1，2，4	$0.7U_N$ $0.5U_N$	$0.8I_N$ $0.8I_N$	0.05 0.02	0.05～ 0.008	8	2.5	≤5	(50W，500V·A) (30W，150V·A)

注：1. DZ-31B有3对常开接点，3对转换接点，DZ-32B有2对常开接点；

2. DZB-11B、13B、14B、15B各有3对常开，3对转换；而12B则有6对常开；

3. 其他各型接点数量可查阅有关技术资料。

附表23 时间继电器的技术数据

型号	电压种类	额定电压/V	时间整定范围/s	动作电压/V	消耗功率	接点数量			接点开断容量
						常开	滑动	切换	
DS-21，21C 22，22C， 23，23C 24，24C	直流	24，48 110，220	0.2～1.5 1.2～5 2.5～10 5～20	≤$0.75U_N$	对DS-21～DS-24≤10W 对DS21C～DS24C≤7.5W	1	1	1	当U≤220V，I≤1A时，直流为50W；接点关合电流为5A
DS-25 26 27 28	交流	110，127，220，380	0.2～1.5 1.2～5 2.5～10 5～20	≤$0.8U_N$	≤35V·A	1	1	1	
BS-11 12 13 14	直流	24；48，110，220	0.15～1.5 1～5 2～10 4～20	对110V、220V≤$0.8U_N$ 对24V、48V≤$0.9U_N$	在U_N下≤15W			3	当U≤220V，I≤0.2A时，直流为40W，交流为50V·A
BS-31 32 33 34	直流	48，110，220	3～10 5～20 6～30 1.5～5	对110V、220V≤$0.8U_N$ 对48V≤$0.9U_N$	在U_{NF}≤15W			4	U≤220V，I≤0.2A时，直流为40W，交流为50V·A
BSJ-1/10 1/4	交流	额定电流串联2.5A并联5A	0.5～10 0.25～4	可靠工作电流<$0.9I_N$	在$2I_N$下≤12V·A	2			当U≤220V，I≤0.2A时，直流为25W，交流为30V·A
DSJ-11 12 13	交流	100，120，127，220，380	0.1～1.3 0.25～3.5 0.9～9	≤$0.7U_N$	15V·A	1	1	1	当U≤220V，I≤5A时，交流为500V·A
BS-60A，70A BS-60B，70B BS-60C，70C BS-60D，70D BS-60E，70E	直流	110 220	0.05～0.5 0.15～1.5 0.5～5 1～10 3～30	≤$0.7U_N$自保持电流1A	BS-60 220V为9W，110V为6W；BS-70则分别为18W、12W				当U≤250V，I≤1A时，直流为30W

注：1. 型号中D—电磁式；B—半导体式；S—时间继电器；J—交流操作用的；C—长时工作的。

2. BS-60、BS-70系列中6表示单延时；7表示双延时；A、B、C、D、E分别表示不同延时，型号中的零可用1、2、3、4置换即构成61、71、62、72等型号，其中1表示具有瞬动转换延时常开接点；2表示同1且有电流自保持线圈；3表示具有瞬动常闭，延时常开接点；4表示同3且有电流自保持线圈。

附表 24　信号继电器的技术数据

型号	额定电压/V	额定电流/A	动作电压不大于	功率消耗/W		接点开断容量	备注
				电压	电流		
DX-11 电压型	12,24,48,110,220		0.6U_N	2		当 $U \leqslant$ 220V, $I \leqslant$ 2A 时,直流 50W,交流 250V·A	
DX-11 电流型		0.1, 0.015, 0.025, 0.05, 0.075 0.1,0.15,0.25,0.5,0.75,1	I_N		0.3		
DX-21/1,21/2 22/1,22/2 23/1,23/2	43 110 220	0.01,0.015,0.04,0.08 0.2,0.5,1	0.7U_N I_N	7	0.5	当 $U <$ 110V, $I <$ 0.2A 时,直流为 10W,纯阻性 30W	具有灯光信号
DX-31,32	12,24,48,110,220	0.01, 0.015, 0.025, 0.04, 0.05,0.075 0.08,0.1,0.15,0.2,0.25,0.5,1	0.7UN I_N	3	0.3	当 $U <$ 220V 时,直流为 30W,交流为 200V·A	具有掉牌信号
DXM-2A 电压型 或电流型	24,48,110,220	0.1, 0.015, 0.025, 0.05, 0.075 0.08,0.1,0.15,0.25,0.5,1,2	0.7U_N I_N	2	0.15	当 $U <$ 220V, $I <$ 0.2A 时,直流 20W,纯阻性 30W	灯光信号电压释放
DXM-3	110,220	0.05,0.075	0.7U_N　I_N			当 $U <$ 220V, $I <$ 0.2A 时,直流 20W,纯阻性 30W	

注：DX-20 系列只有 1 对常开接点，其他均有 2 对常开接点。

参考文献

[1] 李小雄．供配电系统运行与维护．北京：化学工业出版社，2010.
[2] 张莹．工厂供配电技术．第2版．北京：电子工业出版社，2006.
[3] 李友文．工厂供电．第2版．北京：化学工业出版社，2005.
[4] 陈小虎．工厂供电技术．北京：高等教育出版社，2000.
[5] 刘介才．供配电技术．第2版．北京：机械工业出版社，2005.
[6] 刘介才．供配电技术．第3版．北京：机械工业出版社，2011.
[7] 刘介才．工厂供电．第5版．北京：机械工业出版社，2010.
[8] 苏文成．工厂供电．第2版．北京：机械工业出版社，1990.
[9] 唐志平．工厂供配电．北京：电子工业出版社，2006.
[10] 陈化刚．企业供配电．北京：中国水利水电出版社，2006.
[11] 孙琴梅．工厂供配电技术．北京：中国电力出版社，2006.
[12] 沈胜标．二次回路．北京：高等教育出版社，2006.
[13] 张朝英．供电技术．北京：机械工业出版社，2005.
[14] 孙成普．供配电技术．北京：北京大学出版社，2006.
[15] 沈培坤，刘顺喜．防雷与接地装置．北京：化学工业出版社，2006.
[16] 宋继成．电气接线设计．北京：中国电力出版社，2006.
[17] 王玉华，赵志英．工厂供配电．北京：北京大学出版社，2006.
[18] 戴绍基．建筑供配电技术．北京：机械工业出版社，2003.
[19] 李俊，遇桂琴．供用电网络及设备．第2版．北京：中国电力出版社，2007.
[20] 田淑珍．工厂供配电技术及技能训练[M]．北京：机械工业出版社，2009.
[21] 王志国．供配电系统的运行与维护[M]．北京：北京理工大学出版社，2017.
[22] 李高建．工厂供配电技术[M]．北京：高等教育出版社，2017.